普通高等教育“十一五”国家级规划教材
高等学校交通运输与工程类专业教材建设委员会规划教材
陕西省省级精品课程指定教材

测 量 学

(第5版)

许娅娅 沈照庆 雒 应 主编

人民交通出版社股份有限公司
北 京

内 容 提 要

全书共分十四章，第一章介绍测量学的基本概念、基本理论；第二～四章阐述测量学的基本知识和测量仪器（包括常规和新型仪器）的操作使用方法以及测量误差的基本知识；第五章介绍 GNSS 基本原理和应用；第六章介绍控制测量，包括平面控制和高程控制的测量与计算方法；第七章介绍大比例尺数字化测图的方法、地形图识图和应用；第八章介绍施工放样的基本方法；第九章和第十章分别介绍道路中线测量纵、横断面测量；第十一章介绍桥梁工程测量；第十二章介绍隧道工程测量；第十三章介绍变形监测；第十四章为测量新技术原理和应用简介。

本书可作为高等院校非测绘类专业基础课教材，主要适用于道路桥梁与渡河工程（公路与城市道路、桥梁工程、隧道工程、岩土工程等）专业、交通工程专业和工程管理专业等，也可供其他专业和工程技术人员参考。

本书配有课件，教师可通过加入道路工程课群教学研讨 QQ 群（328662128）获取。

图书在版编目（CIP）数据

测量学 / 许娅娅，沈照庆，雒应主编. — 5 版. — 北京：人民交通出版社股份有限公司，2020.7（2024.11重印）

ISBN 978-7-114-15669-4

Ⅰ. ①测… Ⅱ. ①许… ②沈… ③雒… Ⅲ. ①测量学—教材 Ⅳ. ①P2

中国版本图书馆 CIP 数据核字（2019）第 130957 号

普通高等教育“十一五”国家级规划教材
高等学校交通运输与工程类专业教材建设委员会规划教材
陕西省省级精品课程指定教材
Celiang Xue

书　　名：测量学（第 5 版）
著 作 者：许娅娅　沈照庆　雒　应
责任编辑：李　瑞
责任校对：孙国靖　魏佳宁
责任印制：刘高彤
出版发行：人民交通出版社股份有限公司
地　　址：（100011）北京市朝阳区安定门外外馆斜街 3 号
网　　址：http://www.ccpcl.com.cn
销售电话：（010）85285911
总 经 销：人民交通出版社股份有限公司发行部
经　　销：各地新华书店
印　　刷：北京市密东印刷有限公司
开　　本：787 × 1092　1/16
印　　张：23
字　　数：548 千
版　　次：1997 年 9 月　第 1 版　2003 年 4 月　第 2 版
2009 年 5 月　第 3 版　2014 年 7 月　第 4 版
2020 年 7 月　第 5 版
印　　次：2024 年 11月　第 5 版　第 7 次印刷　总第 42 次印刷
书　　号：ISBN 978-7-114-15669-4
定　　价：59.00 元

第5版前言
FOREWORD

修编背景

党的十九大报告提出交通强国战略以来，我国高铁工程、港珠澳大桥等一批超级工程陆续建成，智慧建造和大数据概念日益兴起，北斗系统建设基本完成并开始面向全球服务，无人机技术蓬勃发展。这些极大促进了测绘理论、技术、方法和仪器设备的迅猛发展，涌现了一大批新技术、新方法、新设备。为使本课程反映最新测绘技术发展并更加紧密联系实际，更好地服务于教学和工程建设，特对《测量学》(第4版)重新编写，出版本教材第5版。

第5版的变化

第5版教材在第4版的基础上做了较大改进，对教材结构做了较大调整，删除了不合时宜的内容，增加了新技术和新方法在教材内容中的比重。在讲授测量学的基本知识、基本理论、基本概念、常规仪器的基础上，着重讲述控制测量和数字测图的方法和应用，详细介绍公路路线、桥梁、隧道测量的基本知识和新技术，增加了 GNSS 测量、变形监测和无人机倾斜摄影实景建模技术。具体如下：

第一章，增加了高程系统和我国常用的坐标系(2000 国家大地坐标系等)；

第二章，将第4版中第七章的第七节国家三、四等水准测量调至本章第四节；

第三章，压缩了角度测量内容，将其与距离测量、全站仪合并，删除了各种仪器检验与校正的相关内容；

第四章，改为测量误差的基本理论，将第4版第六章的内容提前到第四章，更有利于学生的理解和掌握；

第五章，增加了 GNSS 测量的内容，介绍四套卫星导航系统，详细讲述了 GNSS

测量原理、静态控制测量、动态 RTK 测量和网络 RTK 以及 CORS 技术；删除了第4版第五章全站仪与 GPS 测量的相关内容；

第六章，优化了控制测量的内容，加强了导线测量和三角高程测量的相关知识点，增加了 GNSS 静态控制测量的内容；

第七章，详细介绍了大比例尺数字化测图的方法和步骤，删除了传统的平板测量；

第八章，紧跟工程建设需要，以全站仪和 GNSS 为主要仪器介绍了角度、距离、点位和高程放样的原理和方法；

第九章和第十章，更新了路线测量和纵横面测量方法，删除了单圆曲线的计算与测设的相关内容；

第十一章和第十二章，优化了桥梁工程、隧道工程控制测量和施工测量方法；

第十三章，新增了变形监测的内容，包括桥隧变形监测、滑坡和地面变形监测等；

第十四章，更新了现代测量新技术的内容，重点介绍了 GIS、RS、三维激光扫描技术、无人机倾斜摄影实景建模等新技术，以拓宽学生的知识面，促进学生了解前沿技术。

本教材内容结构按照由浅入深、循序渐进的原则予以序化，更加符合认知规律；每章均附有思考题与习题，便于学生课后复习，全面理解学习要点，做到理论联系实际，达到最优的学习效果。

可与本教材配合使用的教学资源

·慕课资源

本课程为陕西省省级精品课，在精品课建设中形成的讲课视频、PPT 等课程资源，详见长安大学官网（http://celiang. chd. edu. cn），可配套本教材作为教学参考。

·教学课件

本教材由许娅娅教授制作了配套的多媒体课件，以供相关任课教师教学参考，需求者可通过加入道路工程教学研讨群（QQ 群：328662128）向人民交通出版社管理员编辑获取。

编写分工

本教材共分十四章。第一～四章由许娅娅编写；第五章、第十四章由沈照庆编写；第六章、第十一章、第十二章由雒应编写；第七章、第八章由慕慧编写；第九章、第十章由赵永平编写;第十三章由张文卿编写。全书由许娅娅、沈照庆、雒应统稿,许娅娅定稿。

意见反馈

限于编者水平,教材中不足之处在所难免,恳请读者批评指正。有关本教材的任何意见与建议,请反馈至人民交通出版社股份有限公司李瑞编辑(邮箱:lirui@ccpress.com.cn)。

编　者

2019 年 1 月于长安大学

目录
CONTENTS

第一章
绪论

【学习内容与要求】

本章学习测量学的基本概念。通过学习,了解测量学的分类、铅垂线、大地原点、大地坐标系和空间直角坐标系;熟悉地球曲率对距离测量、角度测量和高差测量的影响以及测量工作的基本原则;掌握大地水准面、独立平面直角坐标系、高斯平面直角坐标系和高程系统的概念。

第一节　测量学的任务与作用

测量学是研究地球的形状和大小以及确定地面(包括空中、地下和海底)点位的科学。它的任务包括测定和测设两个部分。测定(也称测量)是指使用测量仪器和工具,通过观测和计算,得到一系列测量数据,把地球表面的地形缩绘成地形图,供经济建设、规划设计、科学研究和国防建设使用。测设(也称放样)是指把图纸上规划设计好的建筑物、构筑物的位置在地面上标定出来,作为施工的依据。

测量学按照研究范围、研究对象及采用技术手段的不同,可分为以下几个分支学科:

1. 普通测量学

普通测量学是研究地球表面小范围测绘的基本理论、技术和方法,不考虑地球曲率的影响,把地球局部表面当作平面看待,是测量学的基础。

2. 大地测量学

大地测量学是研究整个地球的形状和大小,解决大地区控制测量和地球重力场问题的学科。由于人造地球卫星的发射和科学技术的发展,大地测量学又分为常规大地测量学和卫星大地测量学。

3. 摄影测量与遥感学

摄影测量与遥感学是研究利用摄影或遥感技术获取被测物体的信息(影像或数字形式),进行分析处理,绘制地形图或获得数字化信息的理论和方法的学科。由于获取像片的方法不同,摄影测量学又可分为地面摄影测量学、航空摄影测量学、水下摄影测量学和航天摄影测量学等。特别是由于遥感技术的发展,摄影方式和研究对象日趋多样,不仅是固体的、静态的对象,即使是液体、气体以及随时间而变化的动态对象,都属摄影测量学研究范畴。

4. 海洋测绘学

海洋测绘学是以海洋和陆地水域为对象所进行的测量和海图编绘工作,属于海洋测绘学的范畴。

5. 工程测量学

工程测量学是研究工程建设和自然资源开发领域,在规划、设计、施工、管理各阶段进行的控制测量、地形测绘和施工放样、变形监测的理论、技术和方法的学科。由于建设工程的不同,工程测量又可分为矿山测量学、水利工程测量学、公路测量学以及铁路测量学等。

6. 制图学

制图学是利用测量所得的成果资料,研究如何投影编绘和制印各种地图的工作,属于制图学的范畴。

本教材主要介绍普通测量学和部分工程测量学的内容。

测量学应用很广,在国民经济和社会发展规划中,测绘信息是重要的基础信息之一,各种规划及地籍管理,首先要有地形图和地籍图。另外,在各项经济建设中,从勘测设计阶段到施工、竣工阶段,都需要进行大量的测绘工作。在国防建设中,军事测量和军用地图是现代大规模的诸兵种协同作战不可缺少的重要保障。对于远程导弹、空间武器、人造卫星和航天器的发射,要保证其精确入轨,随时校正轨道和命中目标,除了应算出发射点和目标点的精确坐标、方位、距离外,还必须掌握地球的形状、大小的精确数据和有关地域的重力场资料。在科学试验方面,诸如空间科学技术的研究,地壳的变形、地震预报、灾情监测、空间技术研究、海底资源探测、大坝变形监测、加速器和核电站运营的监测等,以及地极周期性运动的研究,无一不需要测绘工作紧密配合和提供空间信息。即使在国家的各级管理工作中,测量和地图资料也是不可缺少的重要工具。

此外,建立各种地理信息系统(GIS)、数字城市、数字中国,都需要现代测绘科学提供基础数据信息。

测量学在土木工程专业领域有着广泛的应用。例如,在勘测设计的各个阶段,需要测区的地形信息和地形图或电子地图,供工程规划、选择厂址和设计使用。在施工阶段,要进行施工测量,将设计的建筑物、构筑物的平面位置和高程测设于实地,以便进行施工;伴随着施工的进展,不断地测设高程和轴线,以指导施工;根据需要还要进行设备的安装测量。在施工的同时,要根据建(构)筑物的要求,开始变形观测,直至建(构)筑物基本上停止变形为止,以监测施工的建(构)筑物变形的全过程,为保护建(构)筑物提供资料。施工结束后,及时地进行竣工测量,绘制竣工图,供日后扩建、改建、修建以及进一步发展提供依据。在建(构)筑物使用和工程的运营阶段,对某些大型及重要的建筑物和构筑物,还要继续进行变形观测和安全监测,为安全运营和生产提供资料。由此可见,测量工作在土木工程专业领域应用十分广泛,它贯穿于工程建设的全过程,特别是对于大型和重要的工程,测量工作更是非常重要。

本课程是土木工程专业的专业基础课。土木工程各专业的学生,在学习本课程之后,要求掌握普通测量学的基本知识和基本理论;了解先进测绘仪器的原理,具有使用测量仪器的操作技能,基本掌握数字测图的过程;在工程规划、设计和施工中能正确地应用地形图和测量信息;掌握处理测量数据的理论和评定精度的方法。在施工过程中,能正确使用测量仪器进行工程的施工放样工作。

测量学是一门实践性很强的课程,在教学过程中,除了课堂讲授之外,还有实验课和教学实习。学生在掌握讲授内容的同时,要认真参加实验课,以巩固和验证所学理论。教学实习是一个系统的实践环节,要自始至终完成各项作业的实习,才能对测量学的系统知识和实践过程有一个完整的、系统的认识。

第二节 测量坐标系

一、地球的形状与大小

测量工作的主要研究对象是地球的自然表面,但地球表面形状十分复杂。通过长期的测绘工作和科学调查,了解到地球表面上海洋面积约占71%,陆地面积约占29%,世界第一高峰珠穆朗玛峰高出海平面8 848.86m,而太平洋西部的马里亚纳海沟低于海水面达11 022m。尽管有这样大的高低起伏,但相对于地球半径6 371km来说仍可忽略不计。因此,测量中把地球总体形状看作是由静止的海水面向陆地延伸所包围的球体。

由于地球的自转运动,地球上任意一点都要受到离心力和地球引力的双重作用,这两个力的合力称为重力,重力的方向线称为铅垂线。铅垂线是测量工作的基准线。静止的水面称为水准面,水准面是受地球重力影响而形成的,是一个处处与重力方向垂直的连续曲面,并且是一个重力场的等位面。水准面可高可低,因此,符合上述特点的水准面有无数多个,其中与平均海水面吻合并向大陆、岛屿内延伸而形成的闭合曲面,称为大地水准面。大地水准面是测量工作的基准面。由大地水准面包围的地球形体,称为大地体。

大地水准面和铅垂线是测量外业所依据的基准面和基准线。用大地体表示地球体形是恰当的,但由于地球内部质量分布不均匀,引起铅垂线的方向产生不规则的变化,致使大地水准面是一个复杂的曲面[图1-1a)],无法在该曲面上进行测量数据处理。为了使用方便,通常用一个非常接近于大地水准面,并可用数学式表示的几何形体(即地球椭球)来代替地球的形状[图1-1b)]作为测量计算工作的基准面。地球椭球是一个椭圆绕其短轴旋转而成的形体,故地球椭球又称为旋转椭球。如图 1-2 所示，旋转椭球体的形状和大小是由其基本元素决定的。椭球的基本元素是：长半轴 a、短半轴 b 和扁率 $f=\frac{a-b}{a}$。

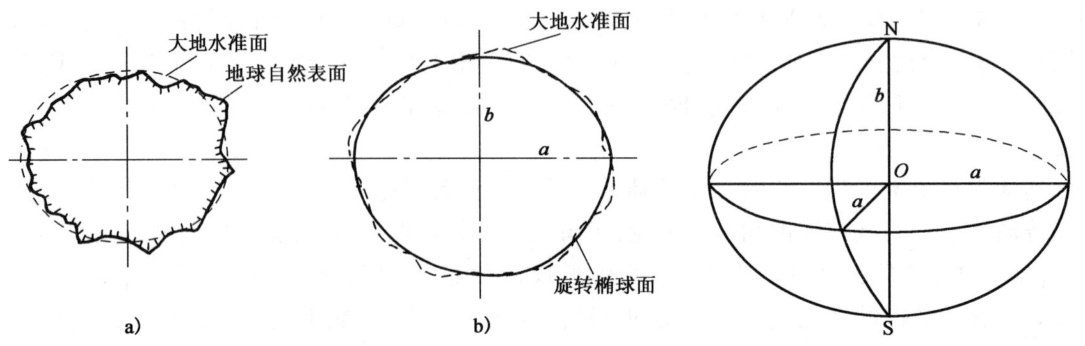

图 1-1　大地水准面　　　　图 1-2　旋转椭球体

在几何大地测量中，地球椭球体的形状和大小通常用 a 和 f 表示。其值可用传统的弧度测量和重力测量的方法测定，也可采用现代大地测量的方法测定。许多国内外学者曾分别测算出了不同地球椭球体的参数值，见表 1-1。

地球椭球体的几何参数　　表 1-1

椭球体名称	年份(年)	长半轴 a(m)	扁率 f	附　注
德兰布尔	1800	6 375 653	1:334.0	法国
白塞尔	1841	6 377 397.155	1:299.152 812 8	德国
克拉克	1880	6 378 249	1:293.459	英国
海福特	1909	6 378 388	1:297.0	美国
克拉索夫斯基	1940	6 378 245	1:298.3	苏联
1980 年大地测量参考系统	1979	6 378 140	1:298.257	IUGG 第 17 届大会推荐
WGS-84	1984	6 378 137	1:298.257 223 563	美国国防部制图局(DMA)

注：IUGG 为国际大地测量与地球物理联合会(International Union of Geodesy and Geophysics)。

我国采用的参考椭球体有中华人民共和国成立前的海福特椭球体和中华人民共和国成立之初的克拉索夫斯基椭球体。由于克拉索夫斯基椭球体参数同 1975 年国际推荐值相比，其长半轴相差 105m，因而 1978 年我国根据自己实测的天文大地资料推算出适合本地区的地球椭球体参数，采用了 1975 年国际椭球，该椭球的基本元素是：

$a=6\ 378\ 140\text{m}, b=6\ 356\ 755.3\text{m}, f=1/298.257$。

根据一定的条件，确定参考椭球与大地水准面的相对位置，所做的测量工作，称为参考椭球体的定位。在一个国家适当地点选一点 P，射向大地水准面并与参考椭球面相切，切点 P' 位于 P 点的铅垂线方向上(图 1-3)，这样椭球面上 P' 点的法线与该点对大地水准面的铅垂线重合，并使椭球的短轴与自转轴平行，且使椭球面与这个国家范围内的大地水准面差距尽可能小，从而确定了参考椭球面与大地水准面的相对位置关系，这就是椭球的定位工作。

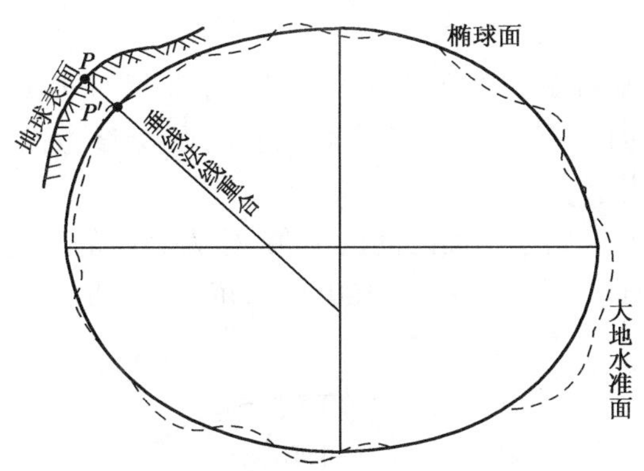

图 1-3 参考椭球体的定位

这里,P 点称为大地原点。我国大地原点位于陕西泾阳永乐镇石际寺村境内,南距西安市区约 36km,具体位置为:北纬 34°32′27.00″,东经 108°55′25.00″。中华人民共和国大地原点是国家坐标系(1980 西安坐标系)的基准点,如图 1-4 所示。在大地原点上进行了精密天文测量和精密水准测量,获得了大地原点的平面起算数据。这些数据在我国经济建设、国防建设和社会发展等方面发挥着重要作用。

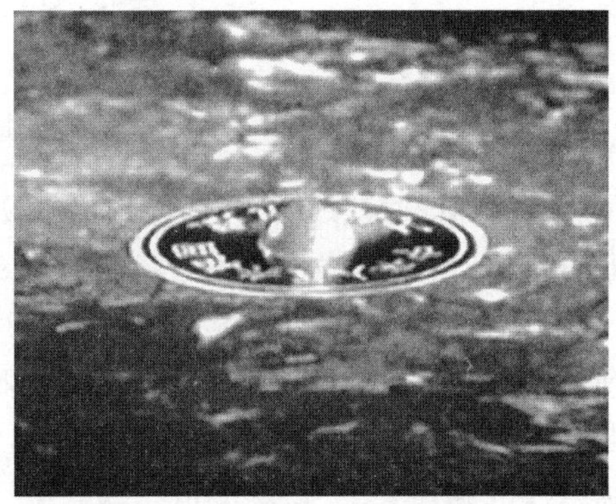

图 1-4 中华人民共和国大地原点

由于参考椭球体的扁率很小,当测区不大时,可将地球当作圆球,其半径的近似值为 6 371km。

二、测量坐标系

测量的基本任务就是确定地面点的位置。在测量工作中,通常采用地面点在基准面(如椭球体面)上的投影位置及该点沿投影方向到基准面(如椭球体面、大地水准面)的距离来表示。

在一般测量工作中,常将地面点的空间位置用大地经度、纬度(或高斯平面直角坐标)和高程表示,它们分别从属于大地坐标系(或高斯平面直角坐标系)和指定的高程系统,即使用一个二维坐标系(椭球面或平面)与一个一维坐标系的组合来表示。

由于卫星大地测量的迅速发展,地面点的空间位置也可采用三维的空间直角坐标表示。

1. 大地坐标系

大地坐标系是以参考椭球面作为基准面，以起始子午面（即通过格林尼治天文台的子午面）和赤道面作为在椭球面上确定某一点投影位置的两个参考面。地面上一点的位置（如 P），可用大地坐标（L,B）表示。

过地面某点的子午面与起始子午面之间的夹角，称为该点的大地经度，用 L 表示（图 1-5）。规定从起始子午面起算，向东为正，由 0°至 180°称为东经；向西为负，由 0°至 180°称为西经。

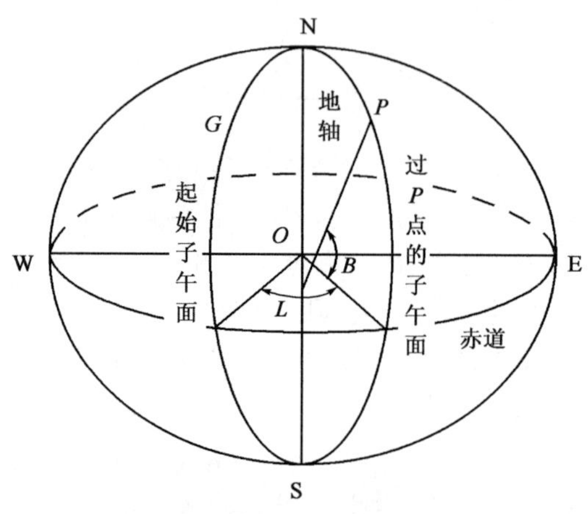

图 1-5　大地坐标系

过地面某点的椭球面法线（PP）与赤道面的交角，称为该点的大地纬度，用 B 表示（图 1-5）。规定从赤道面起算，由赤道面向北为正，从 0°到 90°称为北纬；由赤道面向南为负，从 0°到 90°称为南纬。

P 点的大地经度、纬度，可由天文观测方法测得 P 点的天文经、纬度（λ、ψ），再利用 P 点的法线与铅垂线的相对关系（称为垂线偏差）改算为大地经、纬度（L、B）。在一般测量工作中，可以不考虑这种改算。

2. 空间直角坐标系

以椭球体中心 O 为原点，起始子午面与赤道面交线为 X 轴，赤道面上与 X 轴正交的方向为 Y 轴，椭球体的旋转轴为 Z 轴，指向符合右手规则。在该坐标系中，P 点的点位用 OP 在这三个坐标轴上的投影 x、y、z 表示（图 1-6）。

3. 独立平面直角坐标系

独立平面直角坐标系，是以测区平均水准面的切平面为投影面而建立起来的，原点可在切平面上任意选取，但为避免坐标值为负，通常选在测区的西南角；过原点的子午线切线方向取为纵轴，规定为 X 轴，向北为正；过原点与 X 轴垂直的方向为横轴，规定为 Y 轴，向东为正；角度从 X 轴正向顺时针方向量取（图 1-7）。

测绘工作中所用的平面直角坐标系与解析几何中所用的平面直角坐标系有所区别。由图 1-8 可见，测量平面直角坐标系以纵轴为 x 轴，表示南北方向，向北为正；横轴为 y 轴，表示东西方向，向东为正；象限顺序依顺时针方向排列。当 x 轴与 y 轴如此互换后，平面三角公式均可用于测绘计算中。

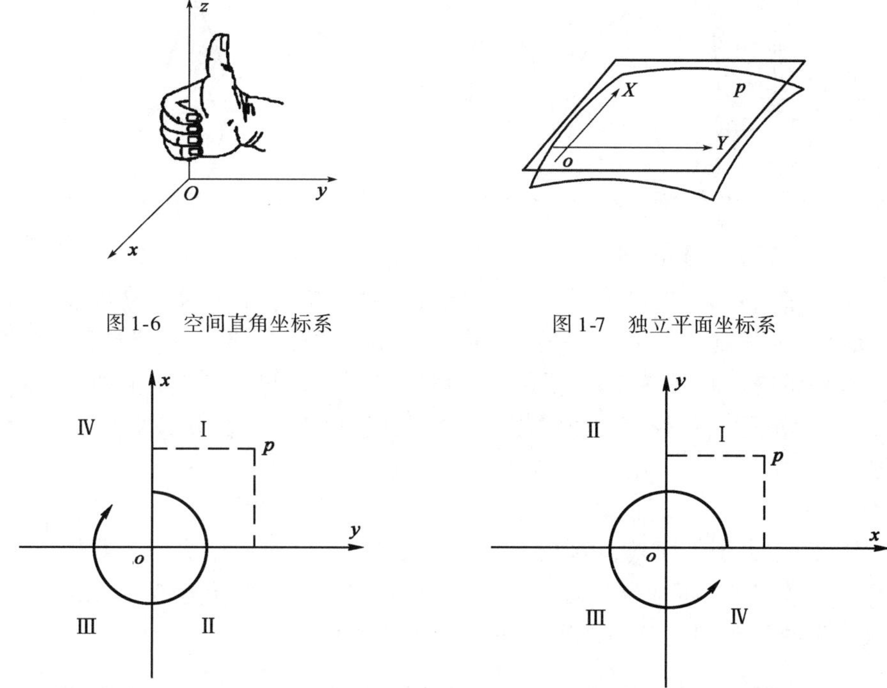

图 1-6　空间直角坐标系

图 1-7　独立平面坐标系

a) 测量平面直角坐标系

b) 数学平面直角坐标系

图 1-8　两种平面直角坐标系的比较

4. 高斯平面直角坐标系

(1)高斯投影

高斯平面直角坐标系采用高斯投影方法建立。高斯投影是由德国测量学家高斯于 1825 年至 1830 年首先提出,到 1912 年由德国测量学家克吕格推导出实用的坐标投影公式,所以又称高斯-克吕格投影。

如图 1-9 所示,设想有一个椭圆柱面横套在地球椭球体外面,使它与椭球上某一子午线(该子午线称为中央子午线)相切,椭圆柱的中心轴通过椭球体中心,然后用一定的投影方法,将中央子午线两侧各一定经差范围内的地区投影到椭圆柱面上,再将此柱面展开即成为投影平面。故高斯投影又称为横轴椭圆柱投影。

高斯投影具有以下特点:

①中央子午线和赤道的投影都为直线,并且正交,其他子午线和纬线的投影都为曲线。

②中央子午线投影后的长度不变,其他子午线投影后都有变形,并凹向中央子午线,距中央子午线越远,其变形越大。

③各纬线投影后凸向赤道。

(2)高斯平面直角坐标系

在投影面上,中央子午线和赤道的投影都是直线。以中央子午线和赤道的交点 O 作为坐标原点,以中央子午线的投影为纵坐标轴 X,规定 X 轴向北为正;以赤道的投影为横坐标轴 Y,Y 轴向东为正,这样便形成了高斯平面直角坐标系(图 1-10)。

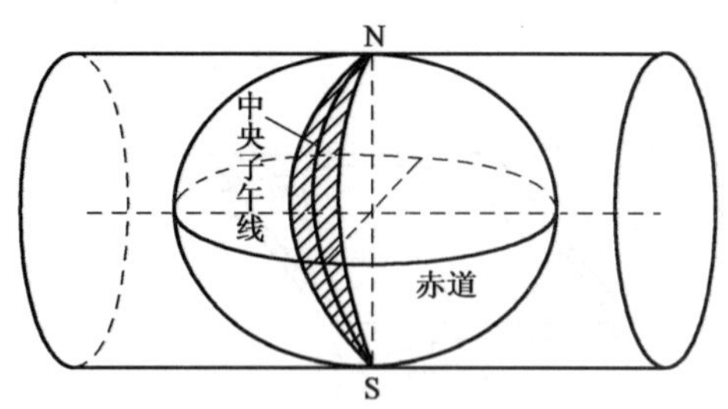

图 1-9　高斯投影

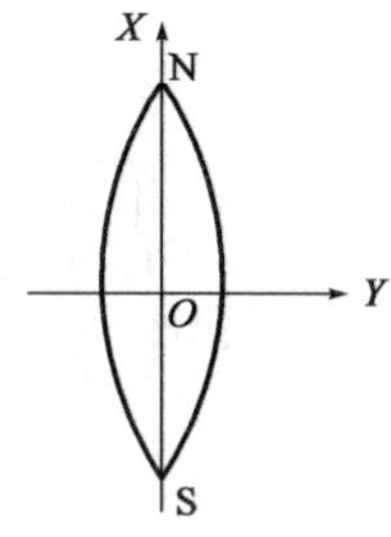

图 1-10　高斯平面直角坐标系

由于距中央子午线越远，其投影误差越大，当投影误差超过测图、施工精度要求时，是不允许的。为此，要将变形限制在一定的精度范围内。控制的方法是将投影区域限制在靠中央子午线两侧的狭长地带内，即分带投影。投影宽度以中央子午线间的经差 l 来划分，最常用的有 6°和 3°两种。显然分带越多，各带的范围越小，变形也就越小。但分带投影后，各带都有各自独立的坐标系。

(3)投影带

高斯投影中，除中央子午线外，其余各点均存在长度变形，且距中央子午线越远，长度变形越大。为了控制长度变形，将地球椭球面按一定的经度差分成若干范围不大的带，称为投影带。带宽一般分为经差 6°、3°，分别称为 6°带、3°带(图 1-11)。

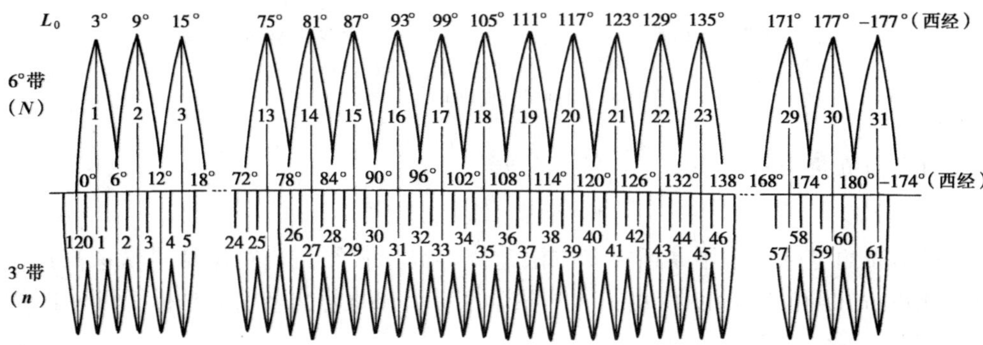

图 1-11　6°带与 3°带划分

6°带投影可以满足中小比例尺(1∶500 000 ~ 1∶25 000)测图精度要求。它是从通过英国格林尼治天文台子午线起，自西向东每隔 6°为一带，将全球分成 60 个带，编号为 1 ~ 60(图 1-11)，中央子午线的经度 L_0 与带号 n_6 间的关系见式(1-1)。

$$L_0 = 6°n_6 - 3° \tag{1-1}$$

若已知某点的大地经度 L，则可按式(1-2)计算该点所在 6°投影带的带号。

$$n_6 = \mathrm{int}\left(\frac{L}{6°}\right) + 1 \tag{1-2}$$

式中，int 为取整函数。

3°带投影则可满足大比例尺(大于或等于 1∶10 000)测图精度要求，即自东经 1.5°子午线起向东划分，每隔 3°为一带，将全球分成 120 个带，编号为 1 ~ 120(图 1-11)，它是在 6°带的基础上划分的。3°带的奇数带中央子午线与 6°带中央子午线重合；偶数带中央子午线与 6°带分带子午线重合。中央子午线的精度 L_0 与带号 n_3 间的关系见式(1-3)。

$$L_0 = 3^\circ n_3 \tag{1-3}$$

若已知某点的大地经度 L,则可按式(1-4)计算该点所在 3°投影带的带号。

$$n_3 = \mathrm{int}\left(\frac{L - 1.5^\circ}{3^\circ}\right) + 1 \tag{1-4}$$

我国幅员辽阔,南北在北纬 4° ~ 北纬 54°之间,东西在东经 74° ~ 东经 135°之间。按 6°带投影,位于 13 ~ 23 带之间;按 3°带投影,位于 25 ~ 45 带之间。由此可见,带号 24 是区分 6°带和 3°带的标志。

(4)邻带坐标换算

在高斯投影中,为了限制长度变形采用了分带投影的方法。由于各带独立投影,各带形成了独立的坐标系,在测量中若需要利用不同投影带的控制点,就必须进行两个坐标系之间的坐标换算,将不同带(坐标系)的点换算到同一坐标系中。另外,在大比例尺地形测量中,为了使投影变形在规定的限度内,往往要采用 3°带或 1.5°带投影,而国家控制点常采用 6°带坐标,这就产生了将 6°带坐标换算为 3°带坐标或 1.5°带坐标的问题。这种相邻带和不同投影带之间的坐标换算,称为邻带坐标换算,简称坐标换带(坐标换带计算见第六章控制测量)。

(5)国家统一坐标

由于我国位于北半球,在高斯平面直角坐标系内,X 坐标均为正值,而 Y 坐标值有正有负。为避免 Y 坐标出现负值,规定将 X 坐标轴向西平移 500km,即所有点的 Y 坐标值均加上 500km(图 1-12)。此外,为了便于区别某点位于哪一个投影带内,还应在横坐标值前冠以投影带带号,这种坐标称为国家统一坐标。

例如,位于第 19 带内的 B 点的高斯平面直角坐标 $x_B = 3\,275\,611.188\mathrm{m}$,$y_B = -316\,543.211\mathrm{m}$,则该点的国家统一坐标表示为 $X_B = 3\,275\,611.188\mathrm{m}$,$Y_B = 19\,183\,456.789\mathrm{m}$。

5. 高程系统

高程是指地面点沿基准线到基准面的距离。地面点位于基准面以上,高程为正;地面点位于基准面以下,高程为负。

根据选择的基准面和基准线的不同,可得到不同的高程系统,如图 1-13 所示。

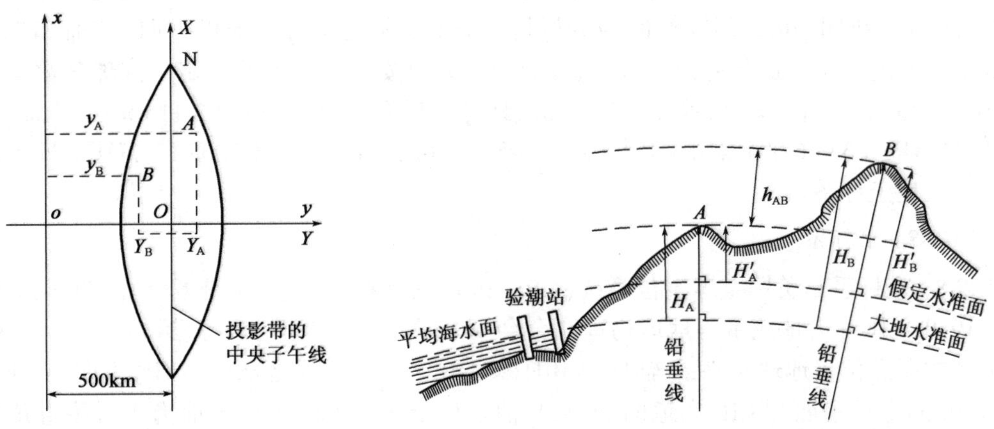

图 1-12 国家统一坐标

图 1-13 高程与高差

在地形测量和高程测量中,有时选择过某点的水准面作为基准面、铅垂线作为基准线,则称为相对高程。

两点同类高程之差称为高差。在以观测路线的前进方向为准的前提下，高差等于前视点的高程减去后视点的高程。

当前视点高于后视点时，高差为正；反之，高差为负。

图1-13中，H_A、H_B为A、B点的绝对高程，H'_A、H'_B为相对高程，h_{AB}为A、B两点间的高差，即：

$$h_{AB} = H_B - H_A = H'_B - H'_A \tag{1-5}$$

所以，两点之间的高差与基准面的性质无关。

三、我国常用的坐标系统

1.1954北京坐标系

1954年我国完成了北京天文原点的测定，采用了克拉索夫椭球参数（表1-1），并与苏联1942年坐标系进行联测，建立了1954北京坐标系。该坐标系属于参心坐标系，是苏联1942坐标系的延伸，大地原点位于苏联的普尔科沃。

2.1980西安坐标系

为了适应我国经济建设和国防建设发展的需要，我国在1972—1982年期间进行天文大地网平差时，建立了新的大地基准，相应的大地坐标系称为1980西安坐标系。大地原点位于陕西省西安市以北36km处的泾阳县永乐镇，简称西安原点。椭球参数采用1979年国际大地测量与地球物理联合会第17届大会推荐值（表1-1）。

该坐标系建立后，实施了全国天文大地网平差，平差后提供的大地点成果属于1980西安坐标系，它与1954北京坐标系的成果不同，使用时必须注意所用成果相应的坐标系统。

3.2000国家大地坐标系

2000国家大地坐标系，是我国当前最新的国家大地坐标系，英文名称为China Geodetic Coordinate System 2000，英文缩写为CGCS2000。

随着我国社会的进步，国民经济建设、国防建设和社会发展、科学研究等对国家大地坐标系提出了新的要求，迫切需要采用原点位于地球质量中心的坐标系统作为国家大地坐标系。2000国家坐标系是一种地心坐标系，坐标原点在地球质心（包括海洋和大气的整个地球质量的中心），Z轴指向由BIH（国际时间服务机构）1984.0所定义协议地极方向，X轴指向BIH 1984.0所定义的零子午面与协议地极赤道的交点，Y轴按右手坐标系确定。椭球参数有长半轴$a = 6\ 378\ 137\text{m}$、扁率$f = 1/298.257\ 222\ 101$、地球自转角速度$\omega = 7\ 292\ 115 \times 10^{-11}\text{rad/s}$、地心引力常数$GM = 3\ 986\ 004.418 \times 10^{8}\text{m}^3/\text{s}^2$。经国务院批准，我国自2008年7月1日起启用2000国家大地坐标系。

4.WGS-84坐标系

WGS-84坐标系是美国全球定位系统（GPS）采用的坐标系，属地心坐标系。WGS-84坐标系采用1979年国际大地测量与地球物理联合会第17届大会推荐的椭球参数（表1-1），WGS-84坐标系的原点位于地球质心；Z轴指向BIH1984.0定义的协议地球极（CIP）方向；X轴指向BIH1984.0的零子午面和CIP赤道的交点；Y轴垂直于X、Z轴，X、Y、Z轴构成右手直角坐标系。椭球参数有长半轴$a = 6\ 378\ 137\text{m}$、扁率$f = 1/298.257\ 223\ 563$。

5.独立坐标系

独立坐标系分为地方独立坐标系和局部独立坐标系两种。

基于方便实用的目的(如减少投影改正计算量),一个城市以当地的平均海拔高程面为基准面,过当地中央的某一子午线为高斯投影带的中央子午线,构成地方独立坐标系。地方独立坐标系隐含着一个与当地平均海拔高程面相对应的参考椭球,该椭球的中心、轴向和扁率与国家参考椭球相同,只是长半轴的值不一样。

大多数工程专用控制网均采用局部独立坐标系,对于范围不大的工程,一般以选测区的平均海拔高程面或某一特定高程面(如隧道的平均高程面、过桥墩顶的高程面)作为投影面,以工程的主要轴线为坐标轴,比如,隧道工程一般以贯通面的垂直方向、桥梁工程一般以桥轴线方向为 X 轴。

6. 高程基准

为了建立全国统一的高程系统,必须确定一个高程基准面。通常采用平均海水面代替大地水准面作为高程基准面,平均海水面的确定是通过验潮站多年验潮资料来求定的。我国确定平均海水面的验潮站设在青岛,根据青岛验潮站1950—1956年七年验潮资料求定的高程基准面,叫"1956年黄海平均高程面",以此建立了"1956年黄海高程系",我国自1959年开始,全国统一采用1956年黄海高程系。

由于海洋潮汐长期变化周期为18.6年,经对1952—1979年验潮资料的计算,确定了新的平均海水面,称为"1985国家高程基准"。经国务院批准,我国自1987年开始采用"1985国家高程基准"。

为维护平均海水面的高程,必须设立与验潮站相联系的水准点作为高程起算点,这个水准点叫水准原点。我国水准原点设在青岛市观象山上,命名为"中华人民共和国水准原点",也称"青岛水准原点",全国各地的高程都以它为基准进行测算。

经与青岛大港验潮站联测,按1956年黄海高程系统推算,水准原点的高程为72.289m,按"1985国家高程基准"推算,水准原点高程为72.260m。

第三节　用水平面代替水准面的限度

实际测量工作中,在一定的测量精度要求和测区面积不大的情况下,往往以水平面直接代替水准面,因此应当了解地球曲率对水平距离、水平角、高差的影响,从而决定在多大面积范围内能容许用水平面代替水准面。在分析过程中,将大地水准面近似看成圆球,半径 $R=$ 6 371km。

1. 水准面曲率对水平距离的影响

在图1-14中,AB 为水准面上的一段圆弧,长度为 S,所对圆心角为 θ,地球半径为 R。自 A 点作切线 AC,长为 t。如果用切于 A 点的水平面代替水准面,即以切线段 AC 代替圆弧 $\overset{\frown}{AB}$,则在距离上将产生误差 ΔS:

$$\Delta S = AC - \overset{\frown}{AB} = t - s$$

其中:

$$AC = t = R\tan\theta$$

$$\overset{\frown}{AB} = S = R \cdot \theta$$

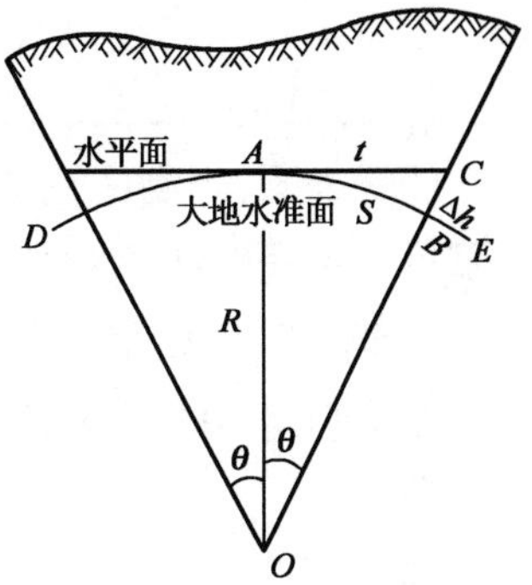

图1-14　用水平面代替水准面

则
$$\Delta S = R\left(\frac{1}{3}\theta^3 + \frac{2}{15}\theta^5 + \cdots\right)$$

因 θ 角值一般很小，故略去 5 次方以上各项，并以 $\theta = \frac{S}{R}$代入，则得：

$$\Delta S = \frac{1}{3}\frac{S^3}{R^2} \quad 或 \quad \frac{\Delta S}{S} = \frac{1}{3}\left(\frac{S}{R}\right)^2 \tag{1-6}$$

若取地球半径 $R = 6\,371\text{km}$，并用不同 θ 值代入，则可计算出水平面代替水准面所产生的距离误差和相对误差，见表 1-2。

水平面代替水准面对距离测量的影响 表 1-2

距离 S(km)	距离误差 ΔS(cm)	相对误差 K
1	0.00	—
5	0.10	1:5 000 000
10	0.82	1:1 217 700
15	2.77	1:541 516

由表 1-2 可见，当 $S = 10\text{km}$ 时，$\frac{\Delta S}{S} = \frac{1}{1\,217\,700}$，小于目前精密距离测量的容许误差。因此，可得出结论：在半径为 10km 的范围内进行距离测量工作时，用水平面代替水准面所产生的距离误差可以忽略不计。

2. 水准面曲率对水平角的影响

由球面三角学知道，同一个空间多边形在球面上投影的各内角之和，较其在平面上投影的各内角之和大一个球面角超 ε，它的大小与图形面积成正比。其计算公式为：

$$\varepsilon = \rho''\frac{P}{R^2} \tag{1-7}$$

式中：P——球面多边形面积；

R——地球半径；

$\rho'' = 206\,265''$。

以球面上不同面积代入式(1-7)，求出的球面角超见表 1-3。

水平面代替水准面对角度的影响 表 1-3

球面面积(km^2)	ε($''$)	球面面积(km^2)	ε($''$)
10	0.05	100	0.51
50	0.25	500	2.54

计算表明，当测区范围在 100km^2时，地球曲率对水平角的影响仅为 $0.51''$，在普通测量工作时可以忽略不计。

3. 水准面曲率对高差的影响

图 1-14 中 BC 为水平面代替水准面产生的高差误差。令 $BC = \Delta h$，则：

$$(R + \Delta h)^2 = R^2 + t^2$$

即
$$\Delta h = \frac{t^2}{2R + \Delta h}$$

上式中可用 S 代替 t ,Δh 与 $2R$ 相比可略去不计,故上式可写成:

$$\Delta h = \frac{S^2}{2R} \tag{1-8}$$

若以不同的距离 S 代入式(1-8),则可得相应的高程误差,见表 1-4。

水平面代替水准面的高程误差 表 1-4

S(m)	10	50	100	200	500	1000
Δh(mm)	0.0	0.2	0.8	3.1	19.6	78.5

由表 1-4 可见,水平面代替水准面,在 200m 的距离时,对高程的影响即达 3.1mm。因此,地球曲率对高差的影响很大。在高程测量中,即使在很短的距离内也必须考虑地球曲率的影响。

综上所述,在面积为 100km^{2}的范围内,不论是进行水平距离或水平角测量,都可以不考虑地球曲率的影响,在精度要求较低的情况下,这个范围还可以相应扩大。但地球曲率对高程测量的影响是不能忽视的。

第四节 测量工作的基本概念

一、测量工作的基本原则

测量工作中将地球表面的形态分为地物和地貌两类。地面上的河流、道路、房屋等称为地物;地面高低起伏的山峰、沟、谷等称为地貌。地物和地貌总称为地形。测量学的主要任务是测绘地形图和施工放样。不论采用何种方法,使用何种仪器进行测定或放样,都会给其成果带来误差。为了防止测量误差的逐渐传递,累计增大到不能容许的程度,要求测量工作遵循在布局上"由整体到局部"、在精度上"由高级到低级"、在次序上"先控制后碎部"的原则。

二、控制测量的概念

控制测量包括平面控制测量和高程控制测量。

1. 平面控制测量

平面控制测量又分为三角测量和导线测量等。

三角测量是将选择的控制点连成三角形,并构成锁状和网状,如图 1-15 所示。我国基本的平面控制网主要是采用三角测量的方法建立的。三角测量分成四个等级,一等精度最高,由纵横交叉的三角锁组成,如第六章图 6-1 所示,锁段长 200km,两端基线长不小于 5km,三角形边长为 20 ~25km。二等三角网布置在一等三角锁环内,构成网状,边长为 13km 左右。三、四等三角网为二等三角网的加密,三等三角网的边长一般为 8km,四等为 2 ~6km,是在二等三角网基础上的加密。三、四等三角网是地形测量和工程测量的基础。

导线测量是指将控制点依次连成折线或多边形(图 1-16),测定所有转折角和边长,从而计算导线点的坐标。导线测量按其精度分为精密导线测量和图根导线测量。精密导线测量可以代替同级的三角测量；而图根导线测量则直接用于加密测图控制点，在小区域内，也可以作为独立的测图控制。

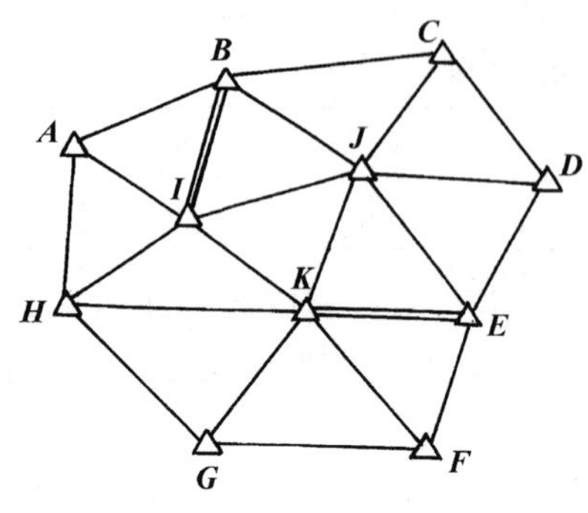

图 1-15　三角测量

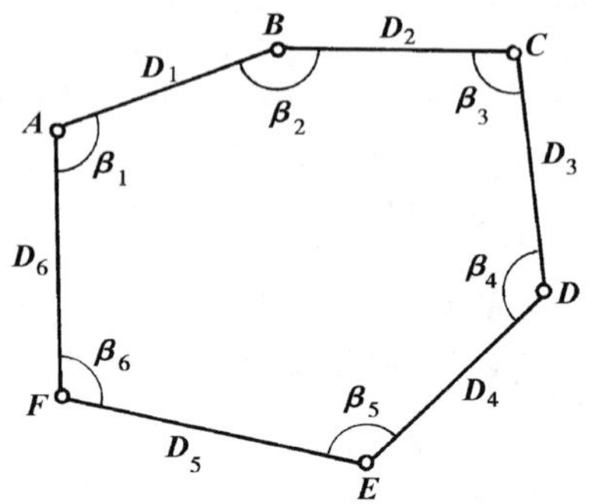

图 1-16　导线测量

2. 高程控制测量

高程控制测量分为水准测量和三角高程测量。

我国高程控制测量是用水准测量的方法建立的，按其精度分为四等。一等水准测量的精度最高，三、四等水准测量除了用于加密二等水准网以外，还直接为地形测量和工程测量提供高程控制点。

三、测量的基本工作

测量工作有外业与内业之分。在野外利用测量仪器和工具测定地面上两点的水平距离、角度、高差，称为测量的外业工作。在室内将外业的测量成果进行数据处理、计算和绘图，称为测量的内业工作。

如图 1-17 所示，设 A 为平面坐标和高程已知的点，直线 MA 的坐标方位角已知，B 点为待求点。在实际测量工作中，B 点的平面坐标和高程并不是直接测得的，而是通过观测水平角 β 和水平距离 D_{AB} 以及 AB 两点间的高差 h_{AB}，再根据已知点 A 的平面坐标和高程，以及直线 MA 的坐标方位角，推算出的。其中，通过观测而获得水平角的工作称为水平角观测；通过观测而获得距离的工作称为距离测量；通过观测而获得地面点间高差的工作称为高程测量。由此可

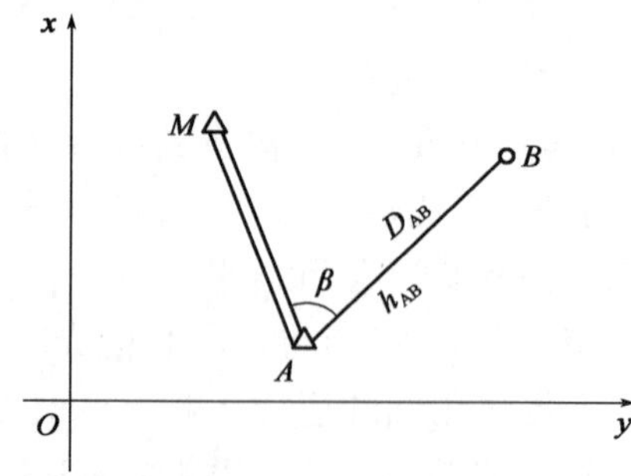

图 1-17　确定地面点点位的三要素

见,在三维投影定位中,水平角、水平距离和高差是确定地面点点位必不可缺的三个基本要素,而与之对应的水平角观测、距离测量和高程测量是确定地面点点位必不可缺的三项基本测量工作。

综上所述,测量的基本工作是测角度、测距离、测高差,这些数据是研究地球表面上点与点之间相对位置的基础,即确定地面点位的三要素。而测图、放样、用图是土木工程专业工程技术人员的基本技能。

【思考题与习题】

1. 测量学的基本任务是什么?对你所学专业起什么作用?
2. 测定与测设有何区别?
3. 何谓水准面?何谓大地水准面?它们在测量工作中的作用各是什么?
4. 何谓绝对高程和相对高程?何谓高差?
5. 表示地面点位的有哪几种坐标系统?各有什么用途?
6. 测量学中的平面直角坐标系与数学中的平面直角坐标系有何不同?
7. 中华人民共和国大地原点位于东经108°55′25.00″,试计算它所在的6°带及3°带的带号,以及中央子午线的经度。
8. 用水平面代替水准面,对距离、水平角和高程有何影响?
9. 测量工作的原则是什么?
10. 确定地面点位的三项基本测量工作是什么?

第二章
水准测量

【学习内容与要求】

本章学习水准测量原理、水准测量的实施方法及成果整理。通过学习，了解自动安平水准仪、精密水准仪和电子水准仪；熟悉水准测量原理和微倾式水准仪的构造及使用，熟悉水准测量误差来源及注意事项；掌握地面点高程测量实施方法和成果计算。

测量地面上各点高程的工作，称为高程测量。高程测量根据所使用的仪器和施测方法不同，分为水准测量、三角高程测量和GNSS高程测量等。其中，水准测量是高程测量中最基本的和精度较高的一种测量方法。本章将着重介绍水准测量原理、微倾式水准仪的构造和使用、普通水准测量的施测和国家三、四等水准测量等内容。

第一节　水准测量原理

水准测量是利用一条水平视线，并借助水准尺，来测定地面两点间的高差，这样就可由已知点的高程推算出未知点的高程。如图2-1所示，欲测定A、B两点之间的高差h_{AB}，可在A、B两点上分别竖立有刻划的尺子——水准尺，并在A、B两点之间安置一台能提供水平视线的仪器——水准仪。根据仪器的水平视线，在A点尺上读数，设为a，在B点尺上读数，设为b，则

A、B 两点间的高差为：

$$h_{AB} = a - b \tag{2-1}$$

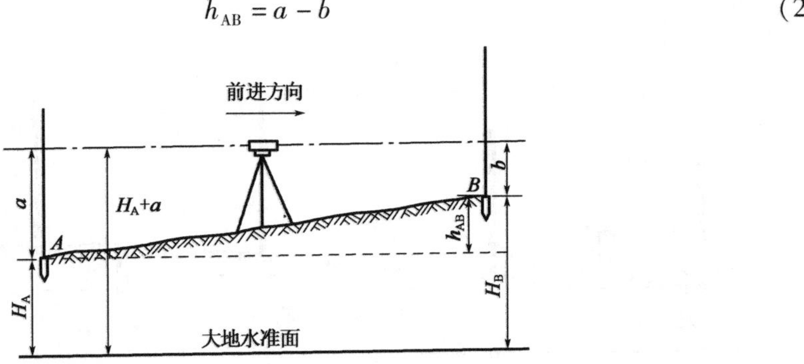

图 2-1 水准测量原理

如果水准测量是由 A 到 B 进行的，如图 2-1 中的箭头所示，A 点为已知高程点，故 A 点尺上读数 a 称为后视读数；B 点为欲求高程的点，则 B 点尺上读数 b 为前视读数，高差等于后视读数减去前视读数。$a > b$，高差为正；反之，为负。

若已知 A 点的高程 H_A，则 B 点的高程为：

$$H_B = H_A + h_{AB} = H_A + (a - b) \tag{2-2}$$

还可通过仪器的视线高 H_i 计算 B 点的高程，即：

$$\left.\begin{aligned} H_i &= H_A + a \\ H_B &= H_i - b \end{aligned}\right\} \tag{2-3}$$

式(2-2)是直接利用高差 h_{AB} 计算 B 点高程的，称高差法；式(2-3)是利用仪器视线高程 H_i 计算 B 点高程的，称仪高法。当安置一次仪器要求测出若干个前视点的高程时，仪高法比高差法方便。

当 A、B 两点相距较远或高差较大(图 2-2)，往往安置一次仪器不能测定其间的高差值时，则必须在两点之间架设若干个临时的立尺点，作为高程传递的过渡点，并分段连续安置仪器、竖立水准尺，以此测定转点之间的高差，最后取其代数和，从而求得 A、B 两点间的高差：

$$h_{AB} = h_1 + h_2 + \cdots + h_n = \sum_{i=1}^{n} h_i \tag{2-4}$$

式中：$h_1 = a_1 - b_1, h_2 = a_2 - b_2, \cdots, h_n = a_n - b_n$

$$\begin{aligned} h_{AB} &= (a_1 - b_1) + (a_2 - b_2) + \cdots + (a_n - b_n) \\ &= (a_1 + a_2 + \cdots + a_n) - (b_1 + b_2 + \cdots + b_n) \\ &= \sum_{i=1}^{n} a_i - \sum_{i=1}^{n} b_i \end{aligned}$$

由此可见，在实际测量工作中，起点至终点的高差可由各段高差求和而得，也可利用所有后视读数之和减去前视读数之和而求得。

若已知 A 点的高程为 H_A，则 B 点的高程 H_B 为：

$$H_B = H_A + h_{AB} = H_A + \sum_{i=1}^{n} h_i \tag{2-5}$$

在观测过程中，中间的立尺点仅起传递高程的作用，这些点称为转点。转点无固定标志，无须算出高程。

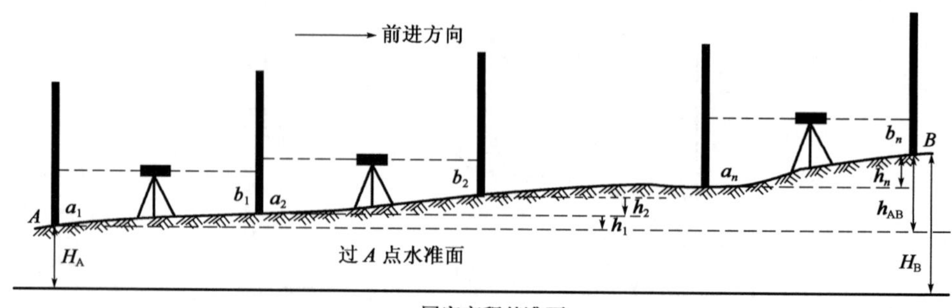

图 2-2　水准测量

第二节　水准仪及其使用

水准仪按其精度可分为 $DS_{0.5}$、DS_1、DS_3 和 DS_{10} 四个等级。其中 D、S 分别为"大地测量"和"水准仪"汉语拼音的第一个字母。数字 0.5、1、3、10 是指仪器的精度，即每公里往返测高差中数的偶然中误差（毫米数）。DS_3 级和 DS_{10} 级水准仪称为普通水准仪，用于国家三、四等水准及普通水准测量；$DS_{0.5}$ 级和 DS_1 级水准仪称为精密水准仪，用于国家一、二等精密水准测量。由于一般工程测量和施工测量中广泛使用 DS_3 级水准仪，因此，本节将着重介绍这类仪器。

一、光学水准仪

1. DS_3 级微倾式水准仪

根据水准测量的原理，水准仪的主要作用是提供一条水平视线，并能照准水准尺进行读数。因此，水准仪主要由望远镜、水准器及基座三部分构成。图 2-3 所示是我国生产的 DS_3 级微倾式水准仪。

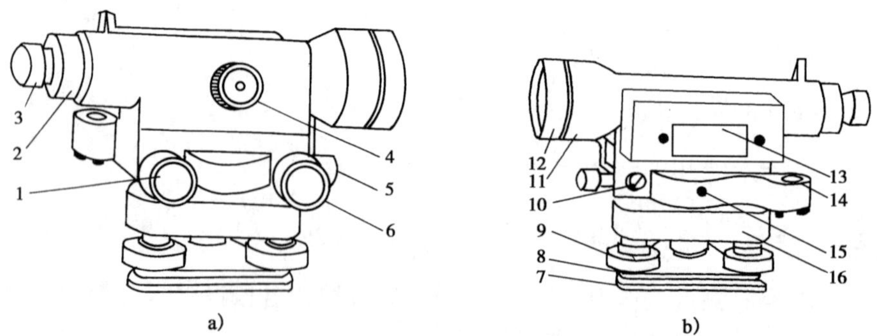

图 2-3　DS_3 级水准仪

1-微倾螺旋；2-分划板护罩；3-目镜；4-物镜对光螺旋；5-制动螺旋；6-微动螺旋；7-底板；8-三角压板；9-脚螺旋；10-弹簧帽；11-望远镜；12-物镜；13-管水准器；14-圆水准器；15-连接小螺栓；16-轴座

(1)望远镜

图 2-4 所示是 DS_3 水准仪望远镜的构造图,它主要由物镜、目镜、对光透镜和十字丝分划板组成。物镜和目镜多采用复合透镜组,十字丝分划板上刻有两条互相垂直的长线,如图 2-4 中的 7,竖直的一条称竖丝,横的一条称为中丝,是为了瞄准目标和读取读数用的。在中丝的上下还对称地刻有两条与中丝平行的短横线,是用来测量距离的,称为视距丝。十字丝分划板是由平板玻璃圆片制成的,平板玻璃片装在分划板座上,分划板座由止头螺栓固定在望远镜筒上。

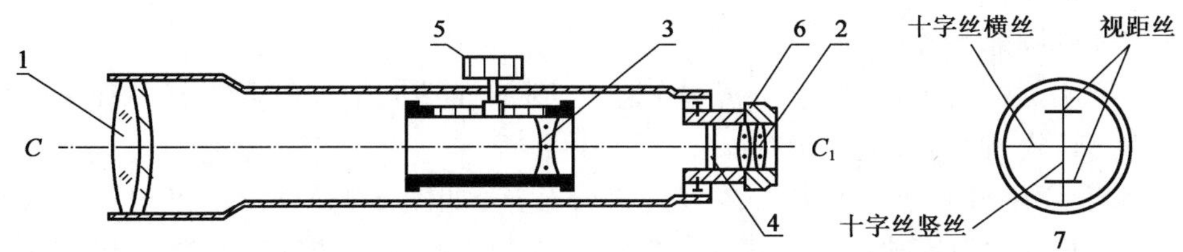

图 2-4 望远镜

1-物镜;2-目镜;3-调焦透镜;4-十字丝分划板;5-物镜调焦螺旋;7-十字丝放大像

十字丝交点与物镜光心的连线,称为视准轴或视线(图 2-4 中的 C-C_1)。水准测量是在视准轴水平时,用十字丝的中丝截取水准尺上的读数。

图 2-5 为望远镜成像原理图。目标 AB 经过物镜后形成一个倒立而缩小的实像 ab,移动对光凹透镜可使不同距离的目标均能成像在十字丝平面上。再通过目镜,便可看清同时放大了十字丝和目标影像 a_1b_1。

从望远镜内所看到的目标影像的视角与肉眼直接观察该目标的视角之比,称为望远镜的放大率。如图 2-5 所示,从望远镜内看到目标的像所对视角为 β,用肉眼看目标所对的视角可近似地认为是 α,故放大率 $V=\beta/\alpha$。DS_3 级水准仪望远镜的放大率一般为 28 倍。

(2)水准器

水准器是用来指示视准轴是否水平或仪器竖轴是否竖直的装置。有管水准器和圆水准器两种。管水准器用来指示视准轴是否水平;圆水准器用来指示竖轴是否竖直。

①管水准器。

管水准器又称水准管,是一纵向内壁磨成圆弧形(圆弧半径一般为 7 ~ 20m)的玻璃管,管内装酒精和乙醚的混合液,加热融封冷却后留有一个气泡(图 2-6)。由于气泡较轻,故恒处于管内最高位置。

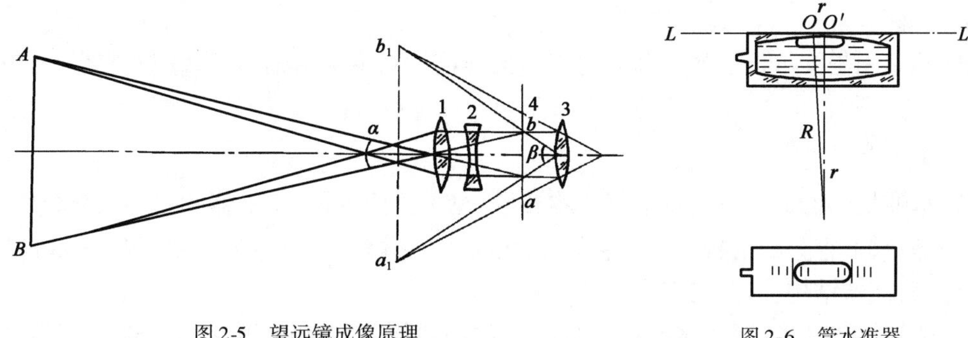

图 2-5 望远镜成像原理

1-物镜;2-对光凹透镜;3-目镜;4-十字丝平面

图 2-6 管水准器

水准管上一般刻有间隔为2mm的分划线，分划线的中点O，称为水准管零点（图2-6）。通过零点作水准管圆弧的切线，称为水准管轴（图2-6中L-L）。当水准管的气泡中点与水准管零点重合时，称为气泡居中；这时水准管轴L-L处于水平位置。水准管圆弧2mm（$O'O=2\text{mm}$）所对的圆心角τ，称为水准管分划值。用公式表示为：

$$\tau''=\frac{2}{R}\cdot\rho'' \tag{2-6}$$

式中：$\rho''=206\,265''$；

R——水准管圆弧半径（mm）。

式（2-6）说明圆弧的半径R越大，角值τ越小，则水准管灵敏度越高。安装在DS_3级水准仪上的水准管，其分划值不大于20″/2mm。

微倾式水准仪在水准管的上方安装一组符合棱镜，如图2-7a）所示。通过符合棱镜的反射作用，使气泡两端的像反映在望远镜旁的符合气泡观察窗中。若气泡两端的半像吻合，就表示气泡居中，如图2-7b）所示。若气泡的半像错开，则表示气泡不居中，如图2-7c）所示。这时，应转动微倾螺旋，使气泡的半像吻合。

②圆水准器。

如图2-8所示，圆水准器顶面的内壁是球面，其中有圆分划圈，圆圈的中心为水准器的零点。通过零点的球面法线为圆水准器轴线，当圆水准器气泡居中时，该轴线处于竖直位置。当气泡不居中时，气泡中心偏移零点2mm，轴线所倾斜的角值，称为圆水准器的分划值，一般为8′～10′。由于它的精度较低，故只用于仪器的概略整平。

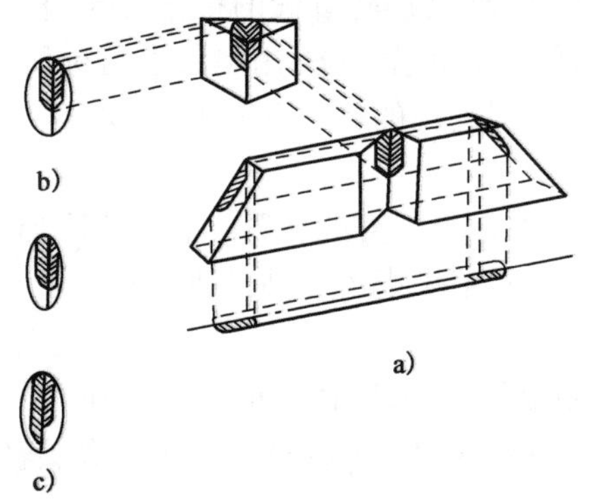

图2-7　水准管的符合棱镜系统

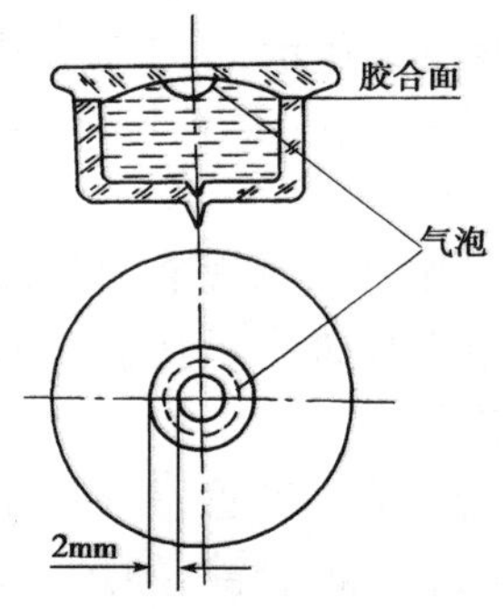

图2-8　圆水准器

（3）基座

基座的作用是支承仪器的上部并与三脚架连接。它主要由轴座、脚螺旋、底板和三角压板构成，如图2-3所示。

2. 精密水准仪

精密水准仪的构造与DS_3水准仪基本相同，也是由望远镜、水准器和基座三部分组成。其不同之处是：水准管分划值较小，一般为10″/2mm；望远镜放大率较大，一般不小于40倍；望远镜的亮度好，仪器结构稳定，受温度变化影响小等。

为了提高读数精度，精密水准仪上设有光学测微器，图2-9是其工作原理示意图，它由平行玻璃板P、传动杆、测微轮和测微尺等部件组成。平行玻璃板装置在望远镜物镜前，其旋转

轴 A 与平行玻璃板的两个平面相平行，并与望远镜的视准轴成正交。平行玻璃板通过传动杆与测微分划尺相连。测微分划尺上有100个分格，它与水准尺上一个分格（1cm或5mm）相对应，所以测微时能直接读到0.1mm（或0.05mm）。当平行玻璃板与视线正交时，视线将不受平行玻璃板的影响，对准水准尺上 B 处，读数为148（cm）$+a$。转动测微轮带动传动杆，使平行玻璃板绕 A 轴俯仰一个小角，这时视线不再与平行玻璃板面垂直，而受平行玻璃板折射影响，使得视线上下平移。当视线下移对准水准尺上148cm分划时，从测微分划尺上可读出 a 的数值。

图2-10是我国靖江测绘仪器厂生产的 DS_1 级水准仪，光学测微器最小读数为0.05mm。

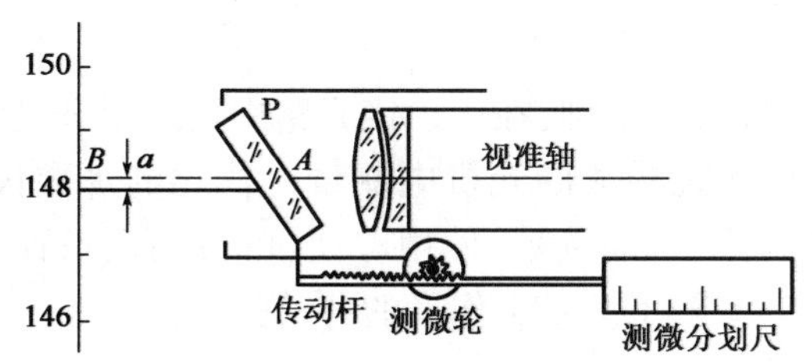

图2-9 精密水准仪的测微装置

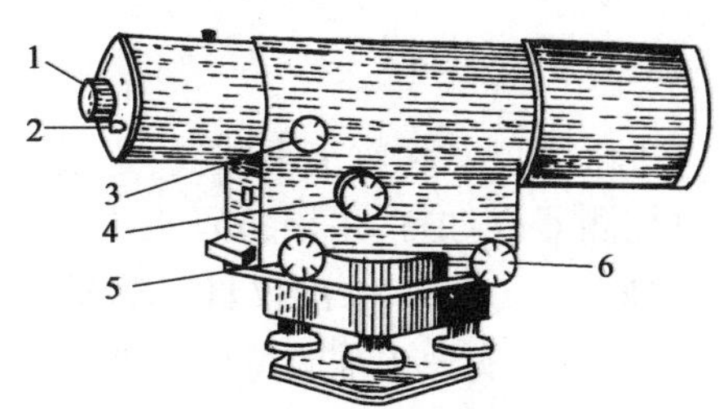

图2-10 DS_1 级水准仪

1-目镜；2-测微尺读数目镜；3-物镜对光螺旋；4-测微轮；5-倾斜螺旋；6-微动螺旋

3. 自动安平水准仪

自动安平水准仪是一种不用符合水准器和微倾螺旋，只用圆水准器进行粗略整平，然后借助安平补偿器自动地把视准线轴置平，读出视线水平读数的仪器。据统计，该仪器与普通水准仪比较，能提高观测速度约40%，从而显示了它的优越性。

(1)自动安平原理

如图2-11a)所示，当望远镜视准轴倾斜了一个小角 α 时，由水准尺上的 a_0 点过物镜光心 O 所形成的水平线，不再通过十字丝中心 Z，在离 Z 为 l 的 A 点处，显然

$$l = f \cdot \alpha \tag{2-7}$$

式中：f——物镜的等效焦距；

α——视准轴倾斜的小角。

在图2-11a)中，若在距十字丝分划板 S 处，安装一个补偿器K，使水平光线偏转 β 角，以通过十字丝中心 Z，则：

$$l = S \cdot \beta \tag{2-8}$$

故有

$$f \cdot \alpha = S \cdot \beta \tag{2-9}$$

这就是说，式(2-9)的条件若能得到保证，虽然视准轴有微小倾斜，但十字丝中心 Z 仍能读出视线水平时的读数 a_0，从而达到自动补偿的目的。

还有另一种补偿[图2-11b)]，借助补偿器K，将 Z 移至 A 处，这时视准轴所截取尺上的读数仍为 a_0。这种补偿器是将十字丝分划板悬吊起来，借助重力，在仪器微倾的情况下，十字丝分划板回到原来的位置，自动安平的条件仍为式(2-9)。

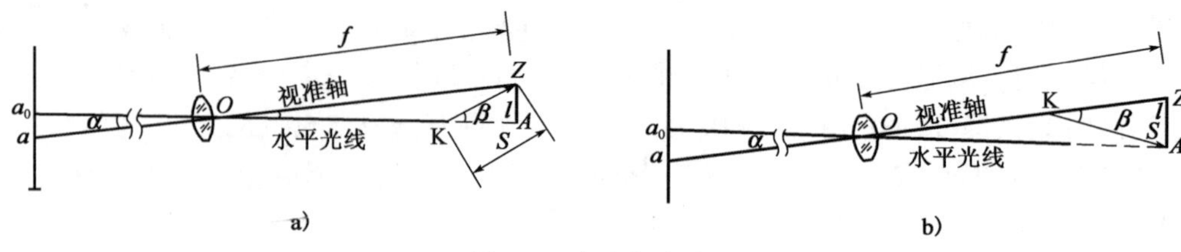

图 2-11　自动安平原理

(2)补偿器

略。

二、电子水准仪

电子水准仪又称数字水准仪，是以自动安平水准仪为基础，在望远镜光路中增加了分光镜和光电探测器(CCD)，采用条码水准尺和图像处理系统构成的光机电测量一体化的水准仪，如图 2-12 所示。数字水准仪具有测量速度快、精度高、自动读数、使用方便、可自动记录存储测量数据、易于实现水准测量外内业一体化的优点，减轻了测量工作者的劳动强度。

Leica DNA03　　Trimble DiNi10

图 2-12　电子水准仪

目前电子水准仪采用的自动电子读数方法有以下三种：相关法，如 Leica 公司 NA2002、NA3003、DNA10 和 DNA03 电子水准仪；几何位置法，如 Zeiss 公司的 DiNi10、DiNi20 电子水准仪；相位法，如 Topcon 公司的 DL-101C、DL-102C 电子水准仪。

下面以 NA2002 电子水准仪为例，介绍相关法电子水准仪的基本原理。

1. 电子水准仪的一般结构

电子水准仪的望远镜光学部分和机械结构与光学自动安平水准仪基本相同。图 2-13 为 NA2002 电子水准仪望远镜光学部分和主要部件的结构略图。图中的部件较自动安平水准仪多了调焦发送器、补偿器监视、分光镜和线阵探测器 4 个部件。

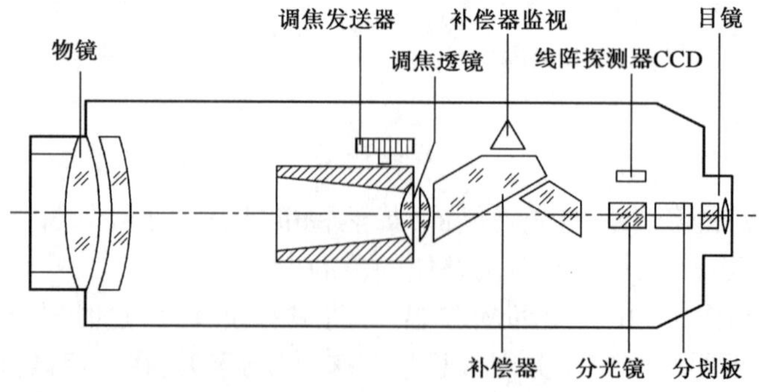

图 2-13　NA2002 电子水准仪结构略图

调焦发送器的作用是测定调焦透镜的位置，由此计算仪器至水准尺的概略视距值。补偿器监视的作用是监视补偿器在测量时的功能是否正常。分光镜则是将经由物镜进入望远镜的光分离成红外光和可见光两个部分。红外光传送给线阵探测器作标尺图像探测的光源，可见光源穿过十字丝分划板经目镜供观测员观测水准尺。基于 CCD 摄像原理的线阵探测器是仪器的核心部件之一，其长约 6.5mm，由 256 个光敏二极管组成。每个光敏二极管的口径约为 25μm，构成图像的一个像素。这样水准尺上进入望远镜的条码图像将分成 256 个像素，并以模拟的视频信号输出。

2. 相关法的基本原理

线阵探测器获得的水准尺上的条码图像信号（即测量信号），通过与仪器内预先设置的"已知代码"（参考信息）按信号相关方法进行比对，使测量信号移动以达到两信号的最佳符合，从而获得标尺读数和视距读数。

进行数据相关处理时，要同时优化水准仪视线在标尺上的读数（参数 h）和仪器到水准尺的距离（参数 d），因此这是一个二维（d 和 h）的离散相关函数。为了求得函数的峰值，需要在整条尺子上搜索。在这样一个大范围内搜索最大相关值大约要计算 50 000 个相关系数，较为费时。为此，采用了粗相关和精相关两个运算阶段来完成此项工作。由于仪器距水准尺的远近不同时，水准尺图像在视场中的大小也不相同，因此粗相关的一个重要步骤就是用调焦发送器求得概略视距值，将测量信号的图像缩放到与参考信号大致相同。即距离参数 d 由概略视距值确定，完成粗相关，这样可使相关运算次数减少约 80%。然后再按一定的步长完成精相关的运算工作，求得图像对比的最大相关值 h_0，即水平视准轴在水准尺上的读数。同时亦求得精确的视距值 d_0。

由相关计算的过程可知，计算方法可分为如下三个部分：

（1）调焦发送器：根据调焦量确定概略视距，而不用在全部的视距范围进行二维相关，可以减少约 80% 的计算量。

（2）粗相关：CCD 的 A/D 转换为一位，测量信号的一位灰度值与参考信号相关，确定一个大致的视距范围。计算量小，精度低。

（3）精相关：CCD 的 A/D 转换为八位，在粗相关确定的范围内进行高精度计算，确定高程和精确的视距读数。

相关法计算的硬件实现如图 2-14 所示。

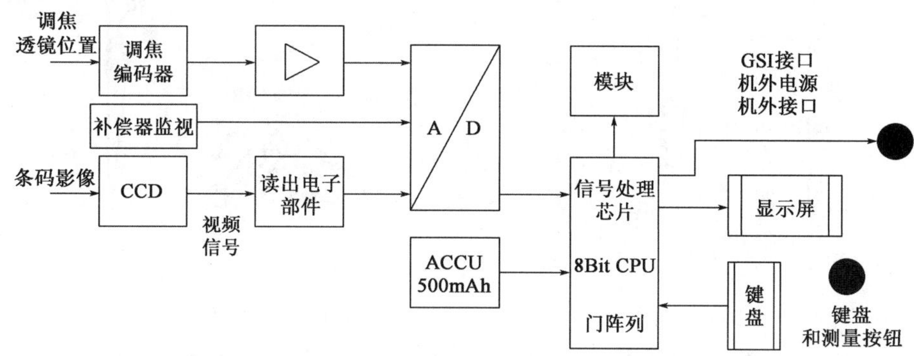

图 2-14　相关法计算的硬件实现

与光学水准仪相比，电子水准仪的主要不同点是在望远镜中安置了一个由光敏二极管构成的线阵探测器，采用数字图像识别系统，并配有条码数字水准尺。水准尺的分划用条纹编码代替厘米间隔的米制长度分划。线阵探测器将条码水准尺上的条码图像用电信号传输给信息处理机，信息处理后即可求得水平视线的水准尺读数和视距值，因此，电子水准仪将原有的用人眼观测读数彻底改变为由光电设备自动探测水平视准轴的水准尺读数。

三、水准尺和尺垫

国家三、四等水准测量或普通水准测量所使用的水准尺是用干燥木料或玻璃纤维合成材料制成，一般长3~5m，按其构造不同可分为折尺、塔尺、直尺等。折尺可以对折，塔尺可以缩短，这两种尺运输方便，但用旧后的接头处容易损坏，影响尺长的精度，所以三、四等水准测量规定只能用直尺。为使尺子不弯曲，其横剖面做成丁字形、槽形、工字形等。尺面每隔1cm涂有黑白或红白相间的分格，每分米有数字注记。为倒像望远镜观测方便起见，注字常倒写。尺子底面钉以铁片，以防磨损。水准尺一般式样如图2-15所示。

三、四等水准测量采用的尺长为3m，以厘米为分划单位的区格式木质双面水准尺。双面水准尺的一面分划黑白相间称为黑面尺（也叫主尺），另一面分划红白相间称为红面尺（也叫辅助尺）。黑面分划的起始数字为“零”，而红面底部起始数字不是“零”，一般为4 687mm或4 787mm。为使水准尺能更精确地处于竖直位置，可在水准尺侧面装一圆水准器。

作为转点用的尺垫[或称尺台，如图2-16a)所示]系用生铁铸成，一般为三角形，中央有一突起的圆顶，以便放置水准尺，下有三尖脚可以插入土中。尺垫应重而坚固，方能稳定。在土质松软地区，尺垫不易放稳，可用尺桩[或称尺钉，如图2-16b)所示]作为转点。尺桩长约30cm，粗2~3cm，使用时打入土中，比尺垫稳固，但每次需用力打入，用后又需拔出。

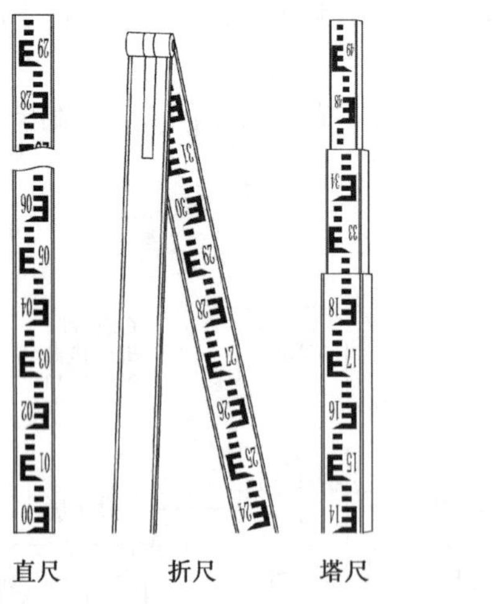

图2-15　水准尺

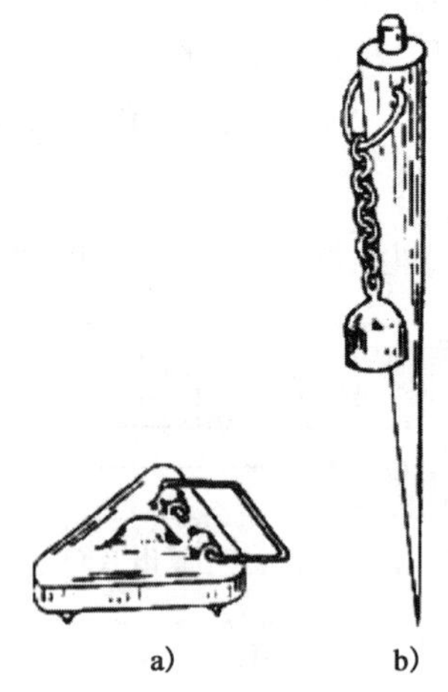

图2-16　尺垫与尺桩

一、二等水准测量使用尺长更稳定的铟瓦水准尺，这种水准尺的分划是漆在铟瓦合金带上，铟瓦合金带则以一定的拉力引张在木质尺身的沟槽中。这样铟瓦合金带的长度不会受木质尺身伸缩变形的影响。

铟瓦水准标尺的分格值有 10mm 和 5mm 两种。分格值为 10mm 的铟瓦水准标尺如图 2-17a）所示，它有两排分划，尺面右边一排分划注记从 0cm 到 300cm，称为基本分划，左边一排分划注记从 300cm 到 600cm，称为辅助分划。同一高度的基本分划与辅助分划读数相差一个常数，称为基辅差，通常又称尺常数。水准测量作业时，可以用尺常数检查读数的正确性。分格值为 5mm 的铟瓦水准尺如图 2-17b）所示，它也有两排分划，但两排分划彼此错开 5mm，所以实际上左边是单数分划，右边是双数分划，也就是单数分划和双数分划各占一排，而没有辅助分划。

木质尺面右边注记的是米数，左边注记的是分米数，整个注记从 0.1m 到 5.9m，实际分格值为 5mm，分划注记比实际数值大了 1 倍，所以用这种水准标尺所测得高差值必须除以 2 才是实际的高差值。

与电子水准仪相配套的是条码水准尺，其条码设计随电子读数方法的不同而异，目前，采用的条纹编码方式有二进制码条码、几何位置测量条码、相位差法条码等。

用于精密水准测量的电子水准仪，其配用的条码标尺有两种，一种为铟瓦尺，另一种为玻璃钢尺。

NA2002 水准仪配用的条码标尺是用膨胀系数小于 10×10^{-6} 的玻璃纤维合成材料制成，质量轻，坚固耐用。该尺一面采用伪随机条形码（属于二进制码），如图 2-18 所示，供电子测量用；另一面为区格式分划，供光学测量使用。尺子由三节 1.35m 长的短尺插接使用，三节全长 4.05m。使用时，仪器至标尺的最短可测量距离为 1.8m，最远为 100m。注意标尺不被障碍物（如树枝等）遮挡，因为标尺影像的亮度对仪器探测有较大影响，可能会不显示读数。

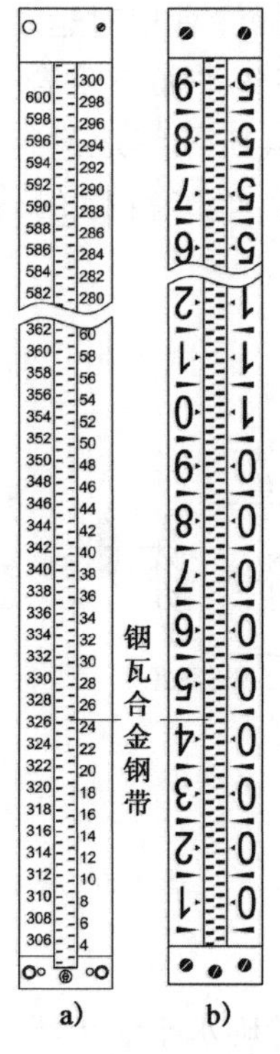

图 2-17　铟瓦水准尺

图 2-18　条码水准尺

四、水准仪的使用

使用微倾式水准仪的基本操作包括安置水准仪、粗略整平、瞄准、精确整平和读数等步骤。

1. 安置水准仪

在测站上打开三脚架，张开三脚架使其高度适中且架头大致水平，检查脚架腿是否安置稳固，脚架伸缩螺旋是否拧紧。然后从仪器箱中取出水准仪，安放在三脚架头上，一手握住仪器，一手立即将三脚架中心连接螺旋旋入仪器基座的中心螺孔中，适度旋紧，使仪器固定在三脚架头上。

2. 粗略整平

粗平是借助圆水准器的气泡居中，使仪器竖轴大致铅直，从而视准轴粗略水平。如图2-19a）所示，气泡未居中而位于 a 处，则先按图上箭头所指的方向用两手相对转动脚螺旋①和②，使气泡移到 b 的位置［图2-19b）］，再转动脚螺旋③，即可使气泡居中。在整平的过程中，气泡的移动方向与左手大拇指运动的方向一致。

3. 瞄准

首先进行目镜对光，即把望远镜对着明亮的背景，转动目镜对光螺旋，使十字丝清晰。再松开制动螺旋，转动望远镜，用望远镜筒上的照门和准星瞄准水准尺，拧紧制动螺旋。然后从望远镜中观察；转动物镜对光螺旋进行对光，使目标清晰，再转动微动螺旋，使竖丝对准水准尺。

当眼睛在目镜端上下微微移动时，若发现十字丝与目标像有相对运动［图2-20b）］，这种现象称为视差。产生视差的原因是目标成像的平面和十字丝平面不重合。由于视差的存在会影响到读数的正确性，必须消除视差。消除的方法是重新仔细地进行物镜对光，直到眼睛上下移动，读数不变为止。此时，从目镜端见到十字丝与目标的像都十分清晰，如图2-20a）所示。

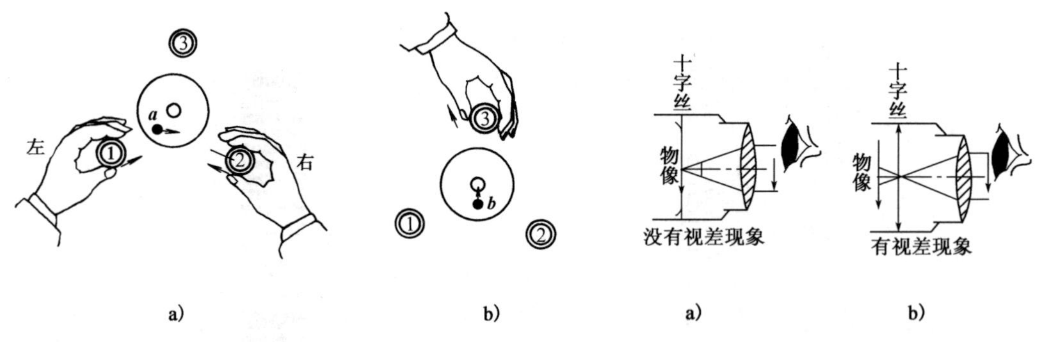

图2-19　圆水准器整平方法

图2-20　视差产生原因

4. 精确整平与读数

读数之前应用微倾螺旋调整水准管气泡居中，使视线精确水平。由于气泡的移动有惯性，所以转动微倾螺旋的速度不能快，特别在符合水准器的两端气泡影像将要对齐的时候尤应注意。只有当气泡已经稳定不动而又居中的时候才可达到精平的目的。

仪器精确整平后即可在水准尺上读数。为了保证读数的准确性,并提高读数的速度,可以首先看好厘米的估读数(即毫米数),然后再将全部读数报出。一般习惯上报 4 个数字,即米、分米、厘米、毫米,并且以毫米为单位。如图 2-21 所示,水准标尺的黑面读数为 1 608(即1.608m),红面读数为 6 295(即6.295m)。

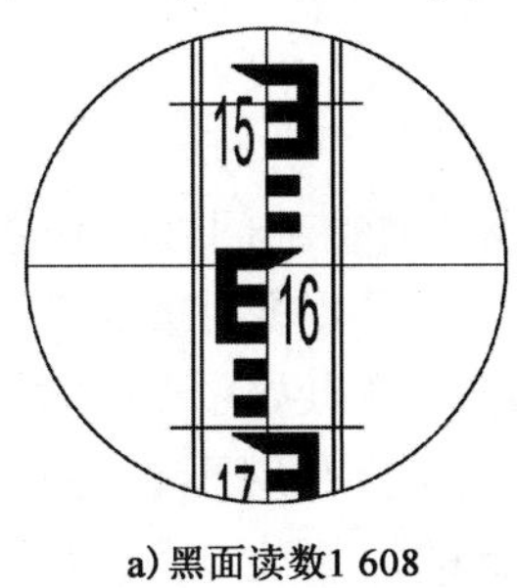

a) 黑面读数1 608

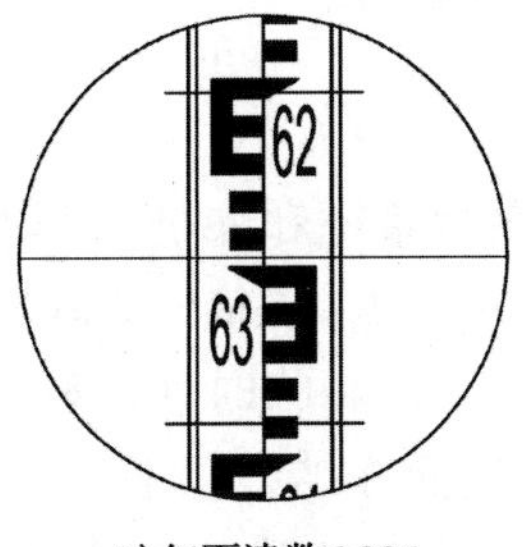

b) 红面读数6 295

图 2-21 水准仪读数

带有光学测微器装置的水准仪,使用铟瓦水准尺。在仪器精平后,十字丝横丝往往不是恰好对准水准尺上某一整分划线,这时转动测微螺旋,使视线上、下移动,使十字丝的楔形丝正好夹住一个整分划线,水平视线在水准标尺的全部读数应为分划线读数加上测微器读数。图 2-22是 N3 水准仪的读数视场图,读数为 14 865(即 1.486 5m)。图 2-23 是 S1 型水准仪的读数视场图,读数为 19 815(即 1.981 5m)。

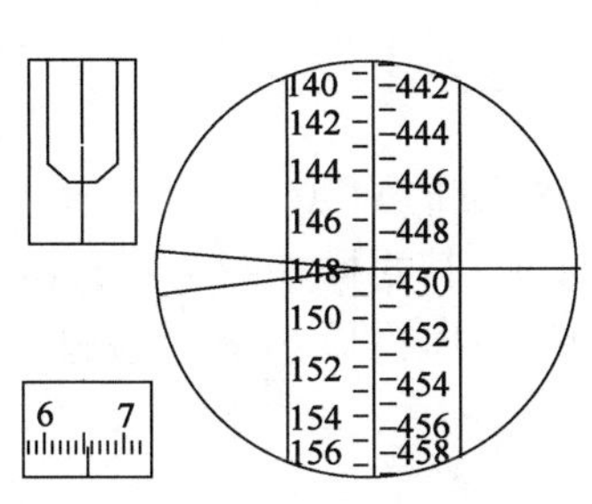

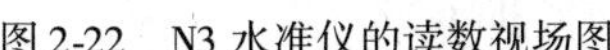
图 2-22 N3 水准仪的读数视场图

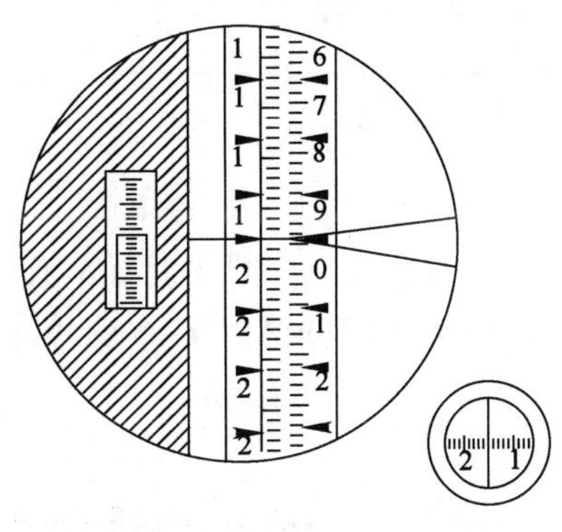

图 2-23 S1 型水准仪的读数视场图

精确整平和读数虽是两项不同的操作步骤,但在水准测量的实施过程中,把两项操作视为一个整体。即每次读数时都要先精平后读数,读数后还要检查管水准气泡是否完全符合。只有这样,才能取得准确的读数。

用数字水准仪进行水准测量,需配合相应的条码水准标尺。仪器的安置、整平、照准、调焦等步骤与光学水准仪一样。测量时,选取好测量模式,瞄准标尺,点击测量键开始测量,仪器将同时测量距离和标尺上的读数,距离和高差等结果即可显示在屏幕上,并可按记录键保存测量结果。

数字水准仪也可像普通自动安平水准仪一样配合分划水准标尺使用,不过这时的测量精度低于电子测量的精度。特别是对于精密水准测量,由于数字水准仪没有光学测微器,作为普通自动安平水准仪使用时,其精度更低。

第三节　普通水准测量实施及成果处理

一、水准点和水准路线

1. 水准点

为了统一全国的高程系统和满足各种测量的需要，测绘部门在全国各地埋设并测定了很多高程点，这些点称为水准点(Bench Mark)，简记为 BM。水准测量通常是从水准点引测其他点的高程。水准点有永久性和临时性两种。国家等级水准点如图 2-24 所示，一般用石料或钢筋混凝土制成，深埋到地面冻结线以下。在标石的顶面设有用不锈钢或其他不易锈蚀的材料制成的半球状标志。有些水准点也可设置在稳定的墙脚上，称为墙上水准点，如图 2-25 所示。

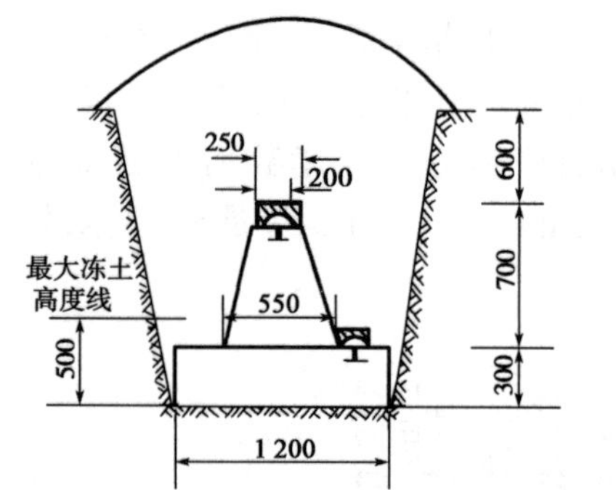

图 2-24　国家等级水准点(尺寸单位:mm)

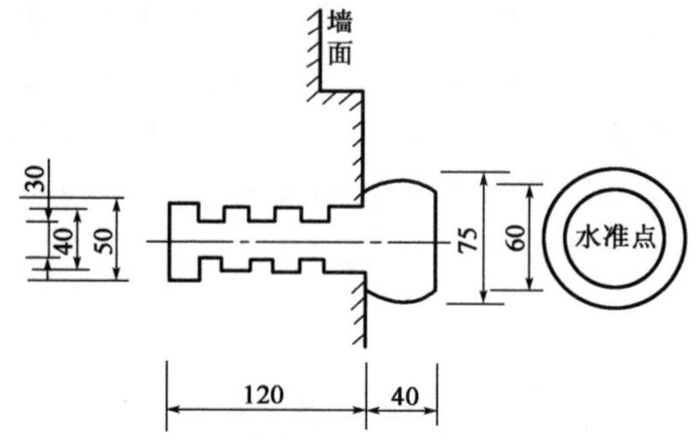

图 2-25　墙上水准点(尺寸单位:mm)

工地上的永久性水准点一般用混凝土或钢筋混凝土制成，其式样如图 2-26a)所示。临时性的水准点可用地面上突出的坚硬岩石或用木桩打入地下，桩顶钉以半球形铁钉，如图 2-26b)所示。

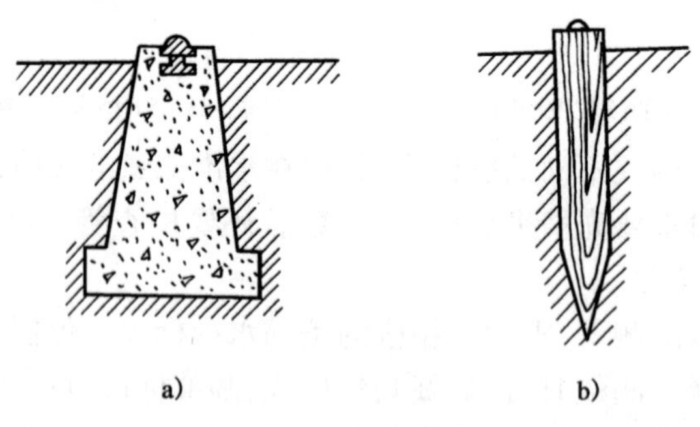

图 2-26　一般水准点

埋设水准点后，应绘出水准点与附近固定建筑物或其他地物的关系图，在图上还要写明水准点的编号和高程，称为点之记，以便于日后寻找水准点位置之用。水准点编号前通常加 BM 字样，作为水准点的代号。

2. 水准路线

在两水准点之间进行水准测量所经过的路线称为水准路线。根据测区的情况不同,水准路线可布设成以下几种形式:

(1) 闭合水准路线

如图2-27a)所示,从某一已知水准点BM_{I}开始,沿各高程待定的水准点1、2、3、4进行水准测量,最后仍回到原水准点BM_{I},称为闭合水准路线。沿闭合环进行水准测量时,各段高差的总和理论上应等于零,可以作为水准测量正确与否的检验。

(2)附合水准路线

如图2-27b)所示,从已知水准点BM_{I}出发,沿各高程待定的水准点1、2、3进行水准测量,最后附合到另一个已知高程的水准点BM_{II}上,称为附合水准路线。在其上进行水准测量所得各段的高差总和理论上应等于两端已知水准点间的高差,可以作为水准测量正确与否的检验。

(3) 支水准路线

如图2-27c)所示,从一个已知高程的水准点BM_{I}出发,沿各高程待定的水准点1、2进行水准测量,其路线既不闭合又不附合,称为支水准路线。对支水准路线应进行往、返水准测量,往测高差总和与返测高差总和绝对值应相等,而符号相反,以此作为支水准路线测量正确与否的检验。

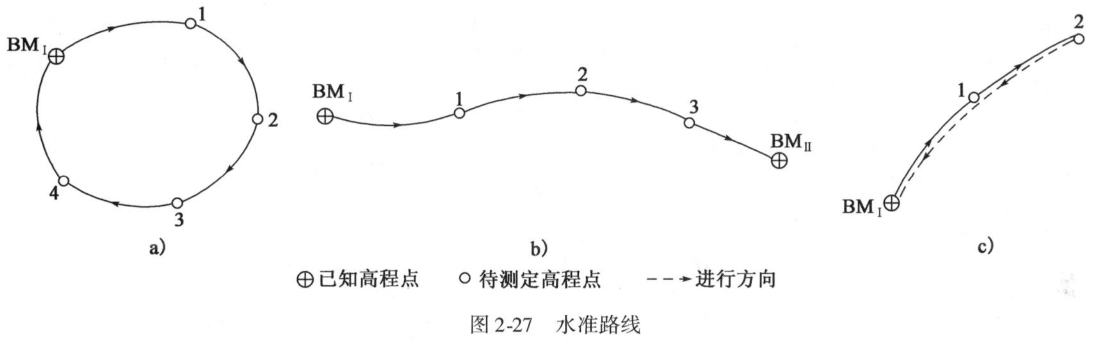

图2-27 水准路线

二、普通水准测量的实施

国家三、四等以下的水准测量为普通水准测量。一般情况下,从一已知高程的水准点出发,要用连续水准测量的方法,才能算出另一待定水准点的高程,如图2-28所示,当欲测的高程点距水准点较远或高差较大时,就需要连续多次安置仪器以测出两点的高差。已知BM_A的高程为27.354m,欲测定BM_B的高程。首先将水准仪安置在BM_A和ZD_1点约等距离的测站Ⅰ上,水准仪粗平、瞄准、精平后对BM_A尺的后视读数为1.467m,转动望远镜瞄准ZD_1尺,精平后对ZD_1尺的前视读数为1.124m,将后视读数和前视读数记入表2-1中,BM_A和ZD_1的高差为+0.343m,填入高差栏中。水准仪由测站Ⅰ搬到测站Ⅱ,BM_A上水准尺搬到ZD_2上,ZD_1上的水准尺、尺垫不动,将尺面转向水准仪,和测站Ⅰ一样在ZD_1上读得后视读数为1.385m,ZD_2上的前视读数为1.674m,则ZD_1和ZD_2之间的高差为 −0.289m。依次测出各段的高差,将所有的前、后读数和高差填入表2-1。

按$\sum a - \sum b = \sum h$,检查BM_A、BM_B之间的高差计算有无错误。最后按已知BM_A的高程计算BM_B的高程H_B为:

$$H_B = 27.354 + 0.828 = 28.182(\text{m})$$

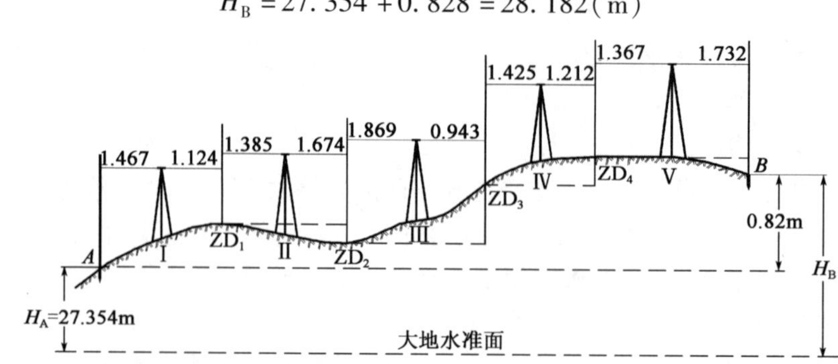

图 2-28 水准测量的实施

水 准 测 量 手 簿

表 2-1

日 期________ 仪 器________ 观 测________

天 气________ 地 点________ 记 录________

测 点		水准尺读数		高差(m)		高程(m)	备 注
		后视(a)	前视(b)	+	−		
						27.354	
BM_A		1.467					
ZD_1		1.385	1.124	0.343			
ZD_2		1.869	1.674		0.289		
ZD_3		1.425	0.943	0.926			
ZD_4		1.367	1.212	0.213			
B			1.732		0.365	28.182	
计算校核	Σ	7.513	6.685	1.482	0.654		
		$\sum a - \sum b = +0.828$		$\sum h = +0.828$			

上述水准测量称为往测。为保证观测的质量，一般要求用同样的方法返测一次，两次观测的高差不符值在误差容许范围内，方可取平均值作为最后结果。

三、水准测量的检核方法

1. 计算检核

由式(2-5)可知，B 点对 A 点的高差等于各转点之间高差的代数和，也等于后视读数之和减去前视读数之和，因此，此式可用做计算的检核。如表 2-1 中，

$$\sum h = +0.828(\text{m})$$

$$\sum a - \sum b = 7.513 - 6.685 = +0.828(\text{m})$$

这说明高差计算是正确的。

终点 B 的高程 H_B 减去 A 点的高程 H_A，也应等于 $\sum h$，即：

$$H_B - H_A = \sum h$$

在表 2-1 中为：

$$28.182 - 27.354 = +0.828(m)$$

这说明高程计算也是正确的。

计算检核只能检查计算是否正确，并不能检核观测和记录时是否产生错误。

2. 测站检核

如上所述，B 点的高程是根据 A 点的已知高程和转点之间的高差计算出来的。若其中测错任何一个高差，B 点高程就不会正确。因此，对每一站的高差，都必须采取措施进行检核测量。这种检核称为测站检核。测站检核通常采用变动仪器高法或双面尺法。

(1)变动仪器高法：是在同一个测站上用两次不同的仪器高度，测得两次高差以相互比较进行检核。即测得第一次高差后，改变仪器高度(应大于 10cm)重新安置，再测一次高差。若两次所测高差之差不超过容许值(例如等外水准容许值为 6mm)，则认为符合要求，取其平均值作为最后结果，否则必须重测。

(2)双面尺法：是仪器的高度不变，而立在前视点和后视点上的水准尺分别用黑面和红面各进行一次读数，测得两次高差，相互进行检核。若同一水准尺红面与黑面读数(加常数后)之差不超过 3mm，且两次高差之差，未超过 5mm，则取其平均值作为该测站观测高差。否则，需要检查原因，重新观测。

四、水准测量的成果整理

水准测量的外业工作结束后，应按水准路线的形式进行成果处理，计算水准路线的高差闭合差和进行高差闭合差的分配，最后计算各点的高程。以上工作，称为水准测量的内业。

1. 计算高差闭合差

在水准测量中，由于测量误差的影响，使水准路线的实测高差值与理论值不符合，其差值称为高差闭合差，用 f_h 表示。高差闭合差的计算随水准路线的形式不同而异。

(1)闭合水准路线

闭合水准路线的高差总和的理论值应为零，即 $\sum h_{理} = 0$，由于存在测量误差，闭合水准路线的实测高差总和 $\sum h_{测}$ 不等于零，其闭合差为：

$$f_h = \sum h_{测} \tag{2-10}$$

(2)附合水准路线

附合水准路线的起、终点高程 $H_{终}$、$H_{起}$之差即为高差理论值，即：

$$\sum h_{理} = H_{终} - H_{起} \tag{2-11}$$

附合水准路线实测高差的总和 $\sum h_{测}$ 和理论高差之差，即是附合水准路线的高差闭合差，其值为：

$$f_h = \sum h_{测} - (H_{终} - H_{起}) \tag{2-12}$$

(3)支水准路线

支水准路线一般均需要往、返观测。其往、返测得的高差代数和在理论上应等于零。实际由于测量误差的存在，往、返测量的高差代数和不等于零，其闭合差为：

$$f_h = \sum h_{往} + \sum h_{返} \tag{2-13}$$

当闭合差在容许误差的范围之内时，认为精度合格，成果可用。否则，应查明原因进行重测，直到符合要求为止。

普通水准测量高差闭合差的容许值为：

平原微丘区 $$f_{h容} = \pm 30\sqrt{L} \tag{2-14}$$

山岭重丘区 $$f_{h容} = \pm 12\sqrt{n} \text{或} f_{h容} = \pm 45\sqrt{L} \tag{2-15}$$

式中：$f_{h容}$——容许闭合差（mm）；

L——水准路线长度（km）；

n——测站数。

2. 分配高差闭合差

当 $|f_h| < |f_{h容}|$ 时，说明水准测量的成果合格，可进行高差闭合差的分配。对于闭合和附合水准路线按与测段长度 L 或测站数 n 成正比的关系，将高差闭合差反符号分配到各段高差上，使改正后的高差和满足理论值。

对于支水准路线，则用 $h = \frac{1}{2}(\sum h_{往} - \sum h_{返})$ 计算高差。

3. 计算各点的高程

用改正后的高差，计算各待定点的高程。

【例 2-1】 如图 2-29 所示，A、B 为两个水准点。A 点高程为 56.345m，B 点高程为 59.039m。各测段的高差观测值见表 2-2。试计算 1、2、3 点的高程。

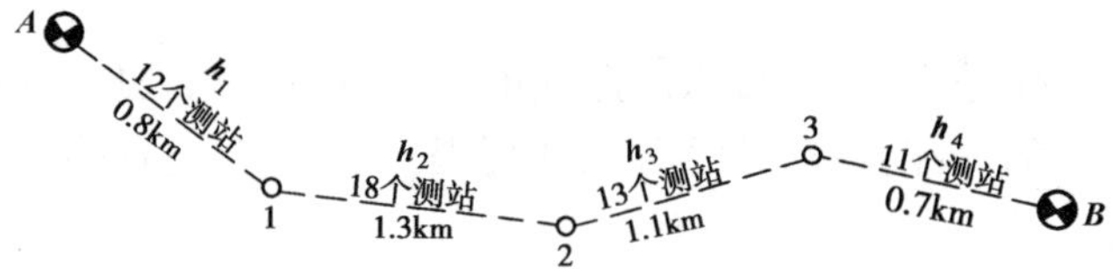

图 2-29 附合水准路线观测成果略图

解：（1）高差闭合差的计算

$$f_h = \sum h_{测} - (H_B - H_A) = 2.741 - (59.039 - 56.345) = +0.047(\text{m})$$

设为山地，故

$$f_{h容} = \pm 12\sqrt{n} = \pm 12\sqrt{54} = \pm 88(\text{mm})$$

$|f_h| < |f_{h容}|$，其精度符合要求。

（2）高差闭合差的调整

在同一条水准路线上，假设观测条件是相同的，可认为各站产生的误差机会是相同的，故闭合差的调整按与测站数（或距离）成正比例反符号分配的原则进行。本例中，测站数 $n = 54$，故每一站的高差改正数为：

$$-\frac{f_h}{n} = -\frac{47}{54} = -0.87(\text{mm})$$

各测段的改正数，按测站数计算，分别列入表 2-2 中的第（6）栏内。改正数总和的绝对值应与闭合差的绝对值相等。第（5）栏中的各实测高差分别加第（6）栏内改正数后，便得到改正后的高差，列入第（7）栏。最后求改正后的高差代数和，其值应与 A、B 两点的高差（$H_B - H_A$）相等，否则，说明计算有误。

水准测量成果计算表 表 2-2

测段编号	测点	距离 L (km)	测站数	实测高差 (m)	改正数 (m)	改正后的高差 (m)	高程 (m)	备注
(1)	(2)	(3)	(4)	(5)	(6)	(7)	(8)	(9)
	A						56.345	
1		0.8	12	+2.785	−0.010	+2.775		
	1						59.120	
2		1.3	18	−4.369	−0.016	−4.385		
	2						54.735	
3		1.1	13	+1.980	−0.011	+1.969		
	3						56.704	
4		0.7	11	+2.345	−0.010	+2.335		
	B						59.039	
Σ		3.9	54	+2.741	−0.047	+2.694		
辅助计算	$f_h = +47\text{mm}, n = 54, -f_h/n = -0.87\text{mm}, f_{h容} = \pm 12\sqrt{54}\text{mm} = \pm 88\text{mm}$							

(3)各点高程的计算

根据检核过的改正后高差,由起始点 A 开始,逐点推算出各点的高程,列入第(8)列栏中。最后算得 B 点高程应与已知的高程 H_B 相等,否则说明高程计算有误。

第四节 国家三、四等水准测量

在地形测图和施工测量中,多采用三、四等水准测量作为首级高程控制。

三、四等水准路线的布设,在加密国家控制点时,多布设为附合水准路线结点网的形式;在独立测区作为首级高程控制时,应布设成闭合水准路线形式;而在山区、带状工程测区,可布设为水准支线。

三、四等水准测量的精度要求较普通水准测量的精度高,其技术指标见表 6-14。三、四等水准测量的水准尺,通常采用木质的两面有分划的红黑面双面标尺,表 6-16 中的黑红面读数差,即指一根标尺的两面读数去掉常数之后所容许的差数。

1. 测站观测程序

照准后视标尺黑面,按下、上、中丝读数;

照准前视标尺黑面,按下、上、中丝读数;

照准前视标尺红面,按中丝读数;

照准后视标尺红面,按中丝读数。

这样的顺序简称为"后—前—前—后"(黑、黑、红、红)。

四等水准测量每站观测顺序也可为"后—后—前—前"(黑、红、黑、红)。

三、四等水准测量的观测记录及计算的示例见表 2-3。

无论何种顺序,视距丝和中丝的读数均应在仪器精平时读取。

2. 计算与校核

首先将观测数据(1)、(2)……(8)按表 2-3 的形式记录。

(1)视距计算

后视距离(9) = 100[(1) − (2)]

前视距离(10) = 100[(4) - (5)]

前后视距差值(11) = (9) - (10)，此值应符合表 6-16 的要求。

视距差累积值(12) = 前站(12) + 本站(11)，其值应符合表 6-16 的要求。

(2)高差计算

先进行同一标尺红、黑面读数校核，后进行高差计算。

前视黑、红读数差：(13) = K_{106} + (6) - (7)

后视黑、红读数差：(14) = K_{105} + (3) - (8)

(13)、(14)应等于零，不符值应满足表 6-16 的要求，否则应重新观测。

三、四等水准测量记录、计算表(双面尺法)　　表 2-3

测站编号	后尺 上丝	前尺 下丝	方向及尺号	标尺读数		K + 黑 - 红	高差中数	备注
	后尺 下丝	前尺 上丝						
	后视距	前视距		黑面	红面			
	视距差 d	Σd						
	(1)	(4)	后	(3)	(8)	(14)		
	(2)	(5)	前	(6)	(7)	(13)		
	(9)	(10)	后—前	(15)	(16)	(17)	(18)	
	(11)	(12)						
1 (BM_1—ZD_1)	1.571	0.739	后 105	1.384	6.171	0		
	1.197	0.363	前 106	0.551	5.239	-1		
	37.4	37.6	后—前	+0.833	+0.932	+1	+0.8325	
	-0.2	-0.2						
2 (ZD_1—ZD_2)	2.121	2.196	前 105	1.934	6.621	0		
	1.747	1.821	后 106	2.008	6.796	-1		
	37.4	37.5	后—前	-0.074	-0.175	+1	-0.0745	
	-0.1	-0.3						K 为水准尺常数，如 K_{105} = 4.787，K_{106} = 4.687
3 (ZD_2—ZD_3)	1.914	2.055	后 105	1.726	6.513	0		
	1.539	1.678	前 106	1.866	6.554	-1		
	37.5	37.7	后—前	-0.140	-0.041	+1	-0.1405	
	-0.2	-0.5						
4 (ZD_3—ZD_4)	1.965	2.141	前 105	1.832	6.519	0		
	1.700	1.874	后 106	2.007	6.793	+1		
	26.5	26.7	后—前	-0.175	-0.274	-1	-0.1745	
	-0.2	-0.7						
5 (ZD_4—BM_2)	1.540	2.813	后 105	1.304	6.091	0		
	1.069	2.357	前 106	2.585	7.272	0		
	47.1	45.6	后—前	-1.281	-1.181	0	-1.2810	
	+1.5	+0.8						
每页检核								

黑面高差：(15) = (3) − (6)

红面高差：(16) = (8) − (7)

红、黑面高差之差：(17) = (15) − (16) ±0.100

计算校核：(17) = (14) − (13)

平均高差：(18) $= \frac{1}{2}$ {(15) + [(16) ±0.100]}

式中，0.100 为单、双号两尺常数 K 值之差。

(3)计算的校核

高差部分按页分别计算后视红、黑面读数总和与前视读数总和之差，它应等于红、黑面高差之和。

对于测站数为偶数：

$$\sum[(3)+(8)] - \sum[(6)+(7)] = \sum[(15)+(16)] = 2\sum(18)$$

对于测站数为奇数：

$$\sum[(3)+(8)] - \sum[(6)+(7)] = \sum[(15)+(16)] = 2\sum(18) \pm 0.100$$

视距部分，后视距总和与前视距总和之差应等于末站视距差累积值。校核无误后，可计算水准路线的总长度 $L = \sum(9) + \sum(10)$。

3. 成果计算

在完成一测段单程测量后，须立即计算其高差总和。完成一测段往、返观测后，应立即计算高差闭合差，进行成果检核。其高差闭合差应符合表 6-14 的规定。然后对闭合差进行调整，最后按调整后的高差计算各水准点的高程。

第五节 水准测量误差分析

一、水准测量误差来源

水准测量误差包括仪器误差、观测误差和外界条件的影响三个方面。

1. 仪器误差

(1)视准轴与水准管轴不平行误差

在水准测量时，仪器虽然已经检验校正，但无法做到视准轴与水准管轴严格平行。视准轴与水准管轴在竖直面内投影所形成的夹角称为 i 角(在水平面内投影所形成的夹角称为交叉误差 i_w)。由于 i 角的影响，在水准气泡居中时，视准轴并不水平，这样必然给水准尺上的读数带来误差。如图 2-30 所示，δ_1、δ_2 分别为 i 角在后、前尺上的读数误差，S_1、S_2 分别为后视和前视距离。若不顾及地球曲率和大气折光的影响，则 A、B 两点的高差为：

$$h_{AB} = a_0 - b_0 = (a - \delta_1) - (b - \delta_2)$$

由于 i 角很小，则有 $\delta_1 = \frac{i}{\rho}S_1$，$\delta_2 = \frac{i}{\rho}S_2$。故有：

$$h_{AB} = (a - b) + (S_2 - S_1)\frac{i}{\rho} \tag{2-16}$$

对于一个测段，则有：

$$\sum h = \sum(a - b) - \frac{i}{\rho}\sum(S_1 - S_2) \tag{2-17}$$

由此可见，若使 $S_1 = S_2$，则可在每一站的高差中消除 i 角的影响。实际上，要求每一站的后、前视距离完全相等是非常困难的，也没有必要。所以，可根据不同等级的精度要求，对每一段的前后视距累积差规定一个限值，即可忽略 i 角对所测高差的影响。

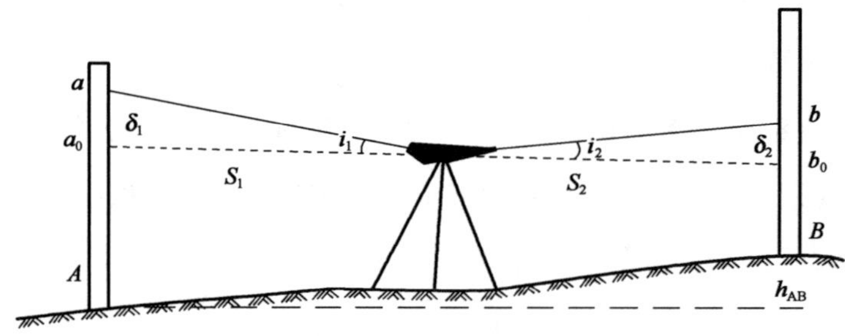

图 2-30　i 角对读数的影响

(2)水准尺误差

水准尺的刻画不准确、尺长变化及标尺弯曲等因素，均将直接影响水准测量结果的精度。因此，水准尺必须经过检验合格后方可使用。至于尺的零点差，可通过在一水准测段中使测站为偶数的方法予以消除。

2. 观测误差

(1)水准管气泡居中误差

设水准管分划值为τ''，居中误差一般为 $\pm 0.15\tau''$，采用符合式水准器时，气泡居中精度可提高 1 倍，故居中误差为：

$$m_\tau = \pm\frac{0.15\tau''}{2\rho''}D \tag{2-18}$$

式中：D——水准仪到水准尺的距离。

(2)水准尺读数误差

在水准尺上估读毫米数的误差，与人眼的分辨能力、望远镜的放大倍率以及视线长度有关，通常按下式计算：

$$m_v = \frac{60''}{V}\frac{D}{\rho''} \tag{2-19}$$

式中：V——望远镜的放大倍率；

60″——人眼的极限分辨能力。

(3)视差影响

当存在视差时，十字丝平面与水准尺影像不重合，若眼睛观察的位置不同，便读出不同的读数，因而也会产生读数误差。

(4)水准尺倾斜影响

水准尺倾斜将使尺上读数增大，如水准尺倾斜3°30′，在水准尺上1m处读数时，将会产生2mm的误差；若读数大于1m，误差将超过2mm。

3. 外界条件的影响

(1)仪器下沉

由于仪器下沉，使视线降低，从而引起高差误差。若采用"后—前—前—后"的观测顺序，可减弱其影响。

(2)尺垫下沉

如果在转点发生尺垫下沉，将使下一站后视读数增大，这将引起高差误差。采用往返观测的方法，取成果的中数，可以减弱其影响。

(3)地球曲率及大气折光影响

如图2-31所示，用水平视线代替大地水准面在尺上读数产生的误差为Δh[见式(1-8)]，此处用C代替Δh，则：

$$C=\frac{D^2}{2R} \tag{2-20}$$

式中：D——仪器到水准尺的距离；

R——地球的平均半径，取6 371km。

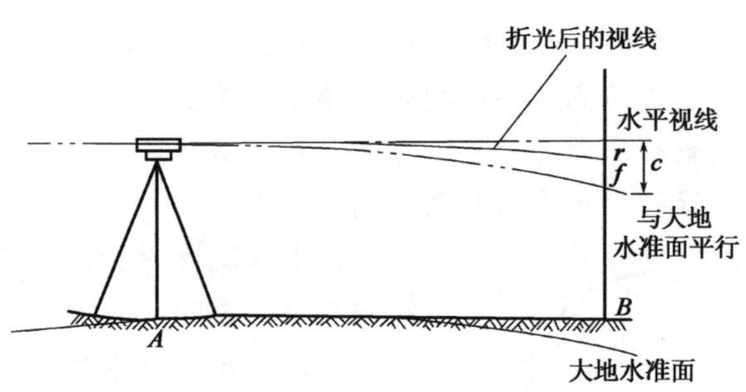

图2-31　地球曲率及大气折光误差

实际上，由于大气折光，视线并非是水平的，而是一条曲线(图2-31)，曲线的曲率半径约为地球半径的7倍，其折光量的大小对水准尺读数产生的影响为：

$$r=\frac{D^2}{2\times 7R} \tag{2-21}$$

折光影响与地球曲率影响之和为：

$$f = C - r^{❶} = \frac{D^2}{2R} - \frac{D^2}{14R} = 0.43\frac{D^2}{R} \tag{2-22}$$

如果使前后视距离 D 相等，由式(2-22)计算的 f 值则相等，地球曲率和大气折光的影响将得以消除或大大减弱。

(4)温度影响

温度的变化不仅引起大气折光的变化，而且当烈日照射水准管时，由于水准管本身和管内液体温度的升高，气泡会向着温度高的方向移动，从而影响仪器水平，产生气泡居中误差。因此在烈日下观测时应注意撑伞遮阳，以减弱其影响。

二、水准测量时应注意的事项

水准测量成果不合要求，多数是由于测量人员疏忽大意造成的，为此除要求测量人员对工作认真负责外，在测量时注意以下事项，可以减少不必要的返工重测。

(1)将三脚架中心螺旋与仪器基座牢固连接，防止摔坏仪器。

(2)当符合水准气泡居中时方可读数，读数完成后需再次检查符合水准气泡是否居中。

(3)记录员要给观测员回报并确认每一个读数，防止听错或记错。

(4)在观测员未完成本站观测时，立尺员不得碰动尺垫或尺桩。

(5)每一测段的往测与返测，其测站数均应为偶数，否则应加入标尺零点差改正。由往测转为返测时，前后两根水准标尺必须互换位置，并应重新安置仪器。

【思考题与习题】

1. 设 A 为后视点，B 为前视点；A 点高程是 20.016m。当后视读数为 1.124m，前视读数为 1.428m 时，A、B 两点高差是多少？B 点比 A 点高还是低？B 点的高程是多少？并绘图说明。

2. 解释下列名词：视准轴、转点、水准管轴、水准管分划值、视线高程。

3. 何谓视差？产生视差的原因是什么？怎样消除视差？

4. 水准仪上的圆水准器和管水准器作用有何不同？

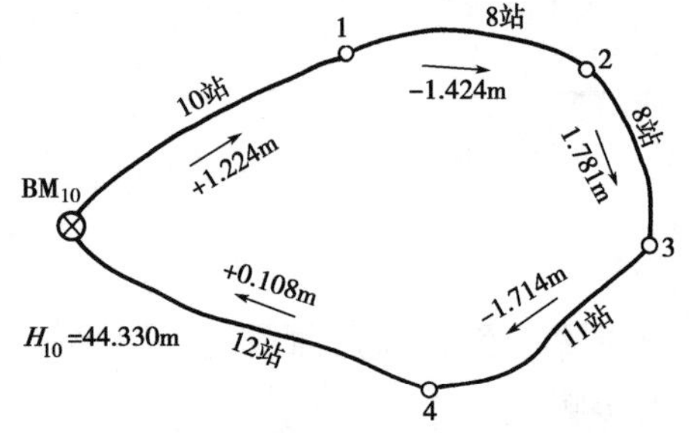

图2-32　某闭合水准路线观测成果

5. 水准测量时，注意前、后视距离相等，可消除哪几项误差？

6. 试述水准测量的计算校核。它主要校核哪两项计算？

7. 调整表 2-4 中附合路线普通水准测量观测成果，并求出各点的高程。

8. 调整图 2-32 所示的闭合普通水准路线的观测成果，并求出各点的高程。

---

❶ 根据〔日〕须田教明和〔美〕候承业的论文，认为因温度梯度变化使光线经大气折光后，可向上或向下弯曲，故 r 有正负之分，此处我们仍取负号。

附合路线等外水准测量观测成果　　表2-4

测段	测点	测站数	实测高差（m）	改正数（mm）	改正高差（m）	高程（m）	备注
	BM_A					57.967	
A—1		7	+4.363				
	1						
1—2		3	+2.413				
	2						
2—3		4	-3.121				
	3						
3—4		5	+1.263				
	4						
4—5		6	+2.716				
	5						
5—*B*		8	-3.715				
	BM_B					61.819	
辅助计算							

第三章

角度测量与距离测量

【学习内容与要求】

本章学习角度测量原理及观测计算方法，距离测量与直线定向，全站仪的结构与使用。通过学习，了解各类经纬仪、测距仪及全站仪的构造；熟悉经纬仪、测距仪和罗盘仪的使用；掌握角度测量、距离测量和方位角观测计算方法，掌握直线定向、标准方向线、方位角的概念，掌握全站仪的基本功能和使用方法。

第一节　角度测量原理与经纬仪

角度测量是确定地面点位置的基本测量工作之一。角度测量分为水平角测量和竖直角测量。水平角测量的主要目的是确定地面点的水平位置，竖直角测量目的是确定地面两点间的高差。

一、水平角测量原理

所谓水平角，就是相交的两空间直线之间的夹角在水平面上的投影，角值为0°～360°。如图3-1所示，设A、B、C为地面上任意三点，M与N分别为过直线AC和直线BC所作的两个竖直面，它们与水平面H的交线为A_1C_1、B_1C_1，则水平面H上的夹角β就是直线AC与直线BC

间的水平角。

根据水平角的定义，在过 C 点的铅垂线上，任取一水平面，都可得到 AC 与直线 BC 间的水平角。由此可以设想，为了测得水平角 $\angle ACB$ 的角值，可在 O 点上水平地安置一个带有顺时针刻度的圆盘，其圆心 O 与 C 点位于同一铅垂线上。若竖直面 M 和 N 在刻度盘上截取的读数分别为 a 和 b，则水平角 β 的角值为：

$$\beta = b - a \tag{3-1}$$

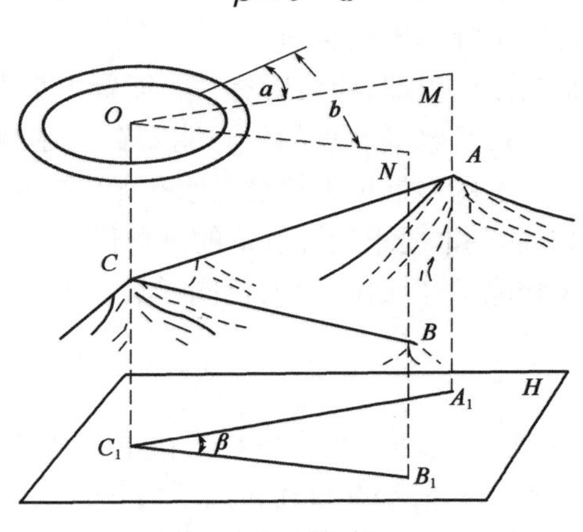

图 3-1 水平角测量原理

二、竖直角测量原理

竖直角是同一竖直面内目标方向与一特定方向之间的夹角。目标方向与水平方向之间的夹角称为竖直角，又称为高度角，一般用 α 表示。竖直角有仰角、俯角。

仰角：竖直面内目标方向在水平方向之上的竖直角，如图 3-2 所示的 $\angle AOH$。仰角为正值，角值的大小为：0 ~ +90°。

俯角：竖直面内目标方向在水平方向之下的竖直角，如图 3-2 所示的 $\angle BOH$。俯角为负值，角值的大小为：0 ~ −90°。

目标方向与天顶方向（即铅垂线的反方向）之间的夹角称为天顶距，一般用 Z 表示，天顶距的大小从 0° ~ 180°，如图 3-2 所示。

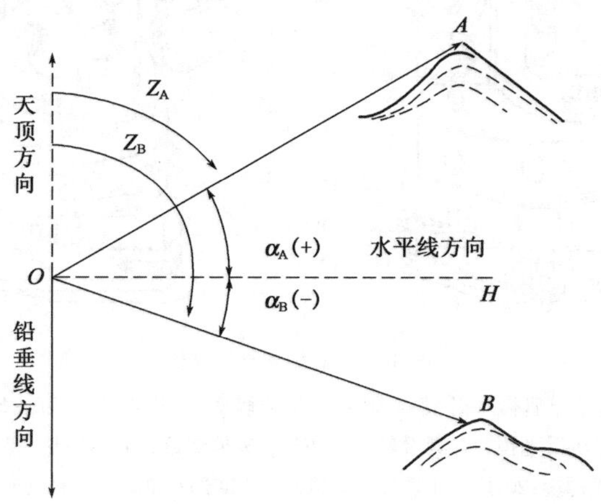

图 3-2 竖直角测量原理

设在 O 观测 A 的天顶距为 Z_A，竖直角为 α，故天顶距 Z_A 与竖直角 α 的关系为：

$$\alpha = 90° - Z_A \tag{3-2}$$

式中，当 $Z_A < 90°$ 时，α 为正，是仰角；当 $Z_A > 90°$ 时，α 为负，是俯角。

根据竖直角的基本概念，测定竖直角必然也与观测水平角一样，其角值也是度盘上两个方向读数之差，所不同的是两方向中必须有一个是水平方向。不过任何注记形式的竖直度盘（简称竖盘），当视线水平时，其竖盘读数应为定值，通常为90°的整倍数，所以在测定竖直角时只需读取目标点的竖盘读数，即可计算出竖直角。

根据上述原理，用于测量角度的仪器，应装置有一个能置于水平位置的水平度盘和铅垂位置的竖直度盘及相应的读数设备，且水平度盘的中心能安置在过测站点的铅垂线上。为了能瞄准远近高低不同的目标，仪器上的望远镜不仅能在水平面内左右旋转，而且还能在竖直面内上下转动。经纬仪就是根据上述基本要求设计制造的测角仪器。经纬仪根据度盘刻度和读数方式不同，可分为光学经纬仪和电子经纬仪（全站仪同样具备电子经纬仪的功能）。

三、DJ_6 光学经纬仪

经纬仪的主要功能就是测定（或放样）水平角和竖直角。其次，在经纬仪上都安置有测距装置（如视距丝）用于距离测量。另外，经纬仪还被用于诸如直线延伸等工作中。

国产的光学经纬仪是按精度分类的，其系列标准有 DJ_{07}、DJ_1、DJ_2、DJ_6、DJ_{30} 等。“D”“J”分别为“大地测量仪器”“经纬仪”的汉语拼音首字母，07、1、2、6、30 分别表示该等级经纬仪的精度指标，即一测回水平方向中误差不超过 ±0.7″、±1.0″、±2.0″、±6.0″、±30.0″。

1. DJ_6 级光学经纬仪的基本构造

各种 DJ_6 级光学经纬仪的构造大致相同，如图 3-3 所示。

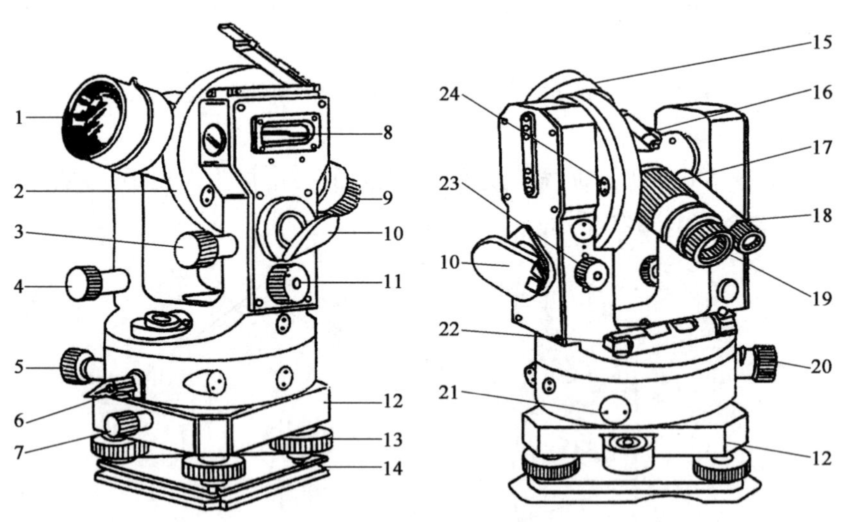

图 3-3　DJ_6 级光学经纬仪

1-物镜；2-竖直度盘；3-竖盘指标水准管微动螺旋；4-望远镜微动螺旋；5-水平微动螺旋；6-水平制动螺旋；7-轴座固定螺旋；8-竖盘指标水准管；9-目镜；10-反光镜；11-测微轮；12-基座；13-脚螺旋；14-连接板；15-望远镜；16-照准器；17-对光螺旋；18-读数显微镜；19-目镜对光螺旋；20-拨盘手轮；21-堵盖；22-照准部水准管；23-自动归零锁紧手轮；24-堵盖

经纬仪主要由照准部、水平度盘和基座三部分组成。

(1)照准部

照准部是指位于基座上方,能绕其旋转轴旋转部分的总称,如图3-4所示。照准部旋转轴称为经纬仪的竖轴。照准部水准器的水准轴与竖轴正交,水平度盘平面应与竖轴正交,竖轴应通过水平度盘的刻划中心。当水准气泡居中时,仪器的竖轴应在铅垂线方向,水平度盘处于水平位置。

(2)水平度盘

水平度盘是一个刻有分划线的光学玻璃圆盘,相邻两分划线间距所对的圆心角称为度盘的格值,又称度盘的最小分格值。一般 DJ_6 经纬仪的度盘格值为1°,DJ_2 经纬仪的度盘格值为20′,并按顺时针方向注有数字。水平度盘与照准部是分离的,观测水平角时,其位置相对固定,不随照准部一起转动。若需改变水平度盘的位置,可通过照准部上的水平度盘变换手轮或复测扳手将度盘配置到所需要的位置。

(3)基座

基座是仪器的底座,由一固定螺旋将两者连接在一起。使用时应检查固定螺旋是否旋紧。如果松开,测角时仪器会产生带动和晃动,迁站时还容易把仪器摔在地上,造成损坏。将三脚架上的连接螺旋旋进基座的中心螺母中,可使仪器固定在三脚架上。基座上还装有三个脚螺旋用于整平仪器。

目前生产的光学经纬仪一般均装有光学对中器,与垂球对中相比,具有精度高和不受风的影响等优点。

2. 读数设备及读数方法

光学经纬仪的水平度盘分划和竖直度盘分划经读数光学系统,成像在望远镜旁的读数显微镜中。不同级别的经纬仪,或由不同厂家生产的同一级别的经纬仪,由于采用的读数装置不同,其读数方法也不一定相同。目前大部分 DJ_6 经纬仪都采用分微尺测微器读数装置。

分微尺测微器结构简单,读数方便,如图3-5为分微尺测微器读数窗。读数窗上半部的影像为水平度盘读数,一般标有"H"或"水平"字样,下半部为竖直度盘读数,一般标有"V"或"竖

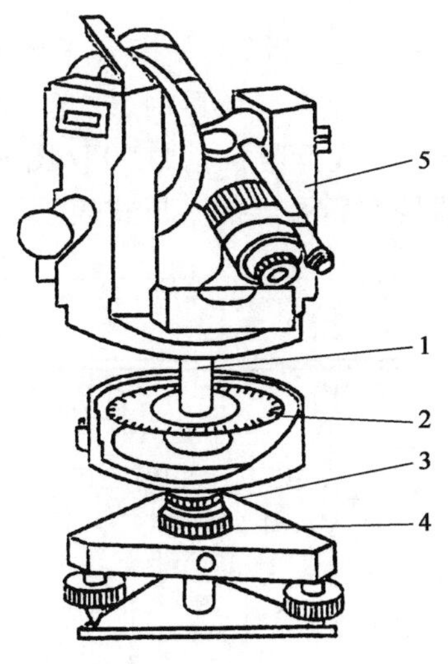

图3-4 光学经纬仪结构图

1-度盘旋转轴;2-水平度盘;3-度盘旋转轴套;4-基座轴套;5-照准部

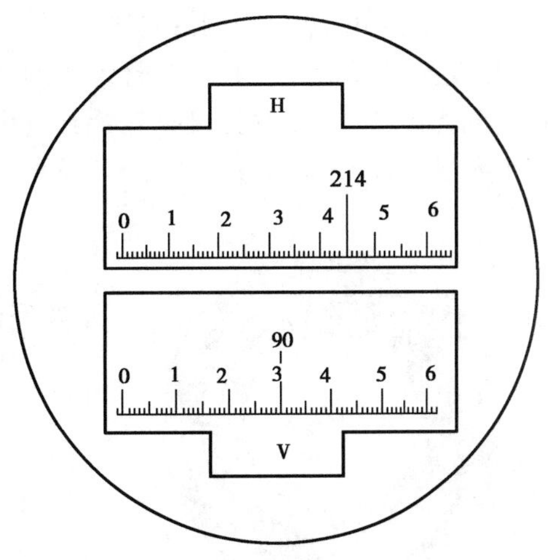

图3-5 分微尺测微器的读数窗

直”字样。上半部和下半部各有一个分微尺，其长度与成像在读数窗分划面上的度盘分划值间隔的宽度相等。分微尺分为60小格，相当于把度盘上1°的分划间隔分成60等份，每小格的格值为1′，为了读数方便，每10小格标有注记。读数时，是以度盘的分划线作为读数的指标线。如图3-5所示，“度”位由落在分微尺上的度盘分划线注记数直接读出，水平度盘的“度”位读数为214°，“分”位则从分微尺读出，其值等于分微尺的0分划线至度盘分划线之间的整格数，水平度盘的“分”位读数为44′，“秒”位为不足一格的估读数，一般最小可估读到0.1格（即$0.1\times1' = 6''$）。“秒”位读数为0.9格（即54″），就得到水平度盘读数为214°44′54″；同理，竖直度盘读数为90°30′00″。实际上在读数时，只要看度盘哪一条分划线与分微尺相交，度数就是这条分划线的注记数，分数则为这条分划线所指分微尺上读数。

四、电子经纬仪

电子经纬仪在结构和外观上与光学经纬仪基本类似，使用方法与光学经纬仪也基本相同。

电子经纬仪与光学经纬仪的根本区别在于用电子测角系统代替光学读数系统，能自动显示测量数据。电子经纬仪采用电子度盘以及由它和机、光、电器件组成的测角系统。电子经纬仪有3种测角系统，即编码度盘测角系统、光栅度盘测角系统和动态法测角系统，各种测角系统的测角原理亦不相同。

1. 编码度盘测角系统

编码度盘测角系统采用的是编码度盘，它是在度盘上设置n个等间隔的同心圆环，每个圆环称为一个码道。同时沿直径方向将度盘全周等分为2^n个同心角扇形，此扇形称为码区，这样构成编码度盘。

图3-6所示为一个纯二进制编码度盘，共有4个码道和16个码区，每个码区的角值为$360°/16 = 22.5°$，按一定规则将扇形圆环涂成透光和不透光的黑区和白区，透光表示“0”，不透光表示“1”。这样对每一个码区沿径向由里向外可表示1个二进制数，里圈为高位数，外圈为低位数。如图3-6中由“0000”起，顺时针方向可以读得“0001”“0010”……“1111”，相应于十进制数的0～15。

若在编码度盘的一侧沿码区对每个码道安置一个发光二极管，并在另一侧安置接收二极管，当发光二极管和接收二极管组成的光电探测器阵列位于某一码区时，发光二极管的光通过码道的黑区或白区，使各接收二极管输出高电位信号“1”或低电位信号“0”（图3-7）。由于每一个码区对应一个二进制数，经三极管放大和译码器处理后可以数字形式表示编码度盘上码

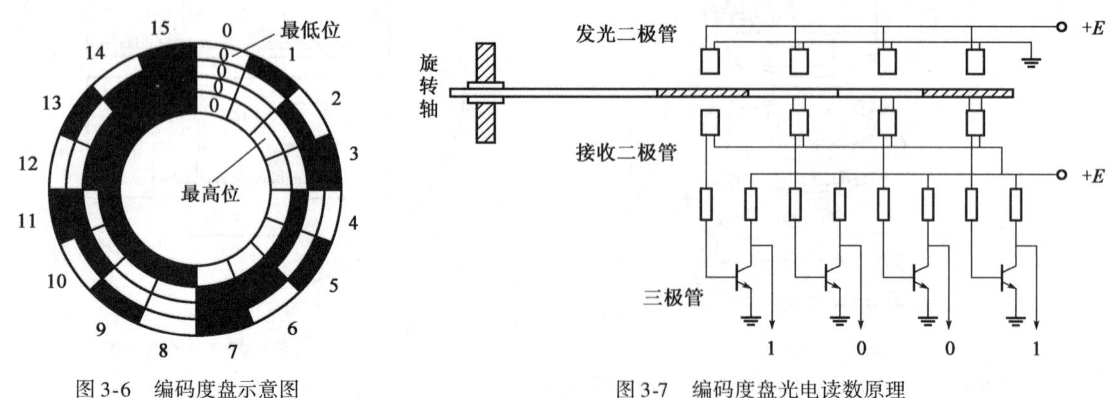

图3-6　编码度盘示意图　　　　图3-7　编码度盘光电读数原理

区的绝对位置，故称绝对测角法。如图 3-7 所示为“1001”。

编码度盘的分辨率 δ 与区间数 s 有关，区间数 s 取决于码道数 n，它们之间的关系为：

$$s = 2^n, \delta = \frac{360°}{s} \tag{3-3}$$

n 越大，分辨率越高，但由于制造工艺的限制，n 不可能太大。由此可见，直接利用编码度盘不容易达到较高的精度，因此，编码度盘只用于角度粗测，精测时必须采用电子测微技术。

2. 光栅度盘测角系统

在光学玻璃度盘的径向上均匀地刻制明暗相间的等角距细线条就构成光栅度盘，如图 3-8 所示。光栅的基本参数是刻划线密度（即每毫米刻的线条数）和栅距（相邻两栅之间的距离）。在图 3-9 中，设光栅的刻线宽度为 a，缝隙宽度为 b，通常 $a = b$，栅距为 $d = a + b$。圆光栅中，栅距所对应的圆心角即为栅距的分划值。电子经纬仪采用圆光栅，光栅的线条处为不透光区，缝隙处为透光区。在光栅度盘上下对应位置装上照明器和光电接收管，则可将光栅的透光与不透光信号转变为电信号。若照明器和接收管随照准部相对于光栅盘移动，则可由计数器累计求得所移动的栅距数，从而得到转动的角度值。因为光栅盘是靠累计计数，因而称这种系统为增量式读数系统。

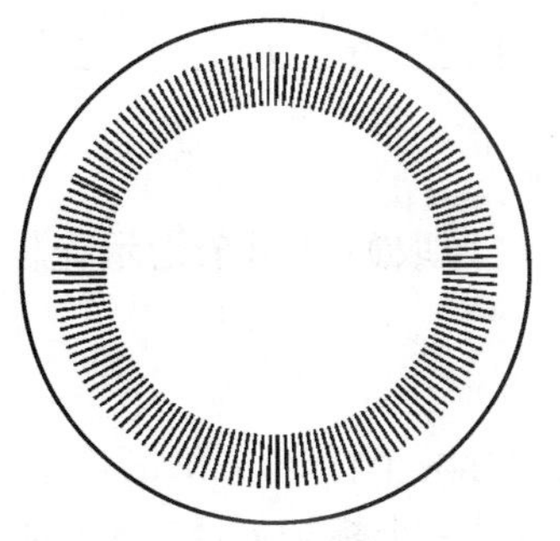

图 3-8 径向光栅

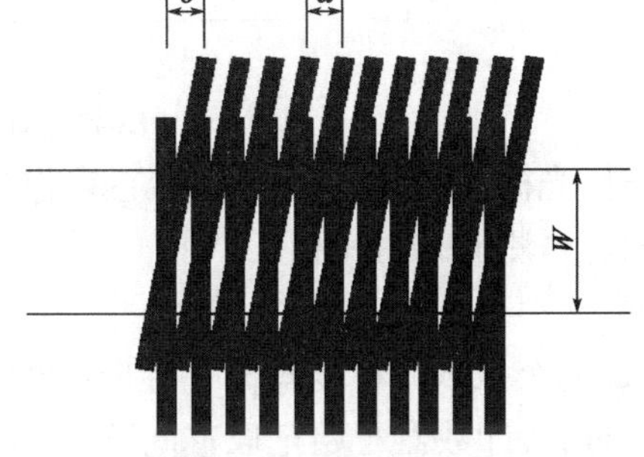

图 3-9 莫尔条纹

一般光栅的栅距已很小，而分划值却仍然较大。例如在 80mm 直径的度盘上刻有 12 500 条线（刻线密度为 50 线/mm），其栅距的分划值为 1′44″，为了提高测角精度，还必须对栅距进行细分，即将一个栅距用电子的方法细分成几十到上千等份。由于栅距太小，计数和细分都不易准确，所以在光栅测角系统中都采用莫尔条纹技术，将栅距放大，然后再进行细分和计数。产生莫尔条纹的方法是：取一小块与光栅盘具有相同密度和栅距的光栅，称为指示光栅。将指示光栅与光栅盘以微小的间距重叠起来，并使其刻线相互倾斜一个微小夹角 θ，这时就会出现放大为明暗交替的条纹，这些条纹称为莫尔条纹（栅距由 d 放大到 W），如图 3-9 所示。测角过程中，转动照准部时同时带动指示光栅相对于度盘横向移动，所形成的莫尔条纹也随之移动。设栅距的分划值为 δ，则纹距的分划值亦为 δ。在照准部瞄准方向的过程中，可累计出移动条纹的个数 n 和计数不足整条纹距（不足一分划值）的小数 $\Delta\delta$，则角度值 ψ 可写为：

$$\psi = n\delta + \Delta\delta \tag{3-4}$$

3. 动态测角原理

光电扫描动态测角系统的示意图如图 3-10 所示，度盘刻有 1 024 个分划，两条分划条纹的角距为 $\varphi_0 = \frac{360°}{1\ 024} = 21'5''.625$（$\varphi_0$ 为光栅盘的单位角度）。

在光栅盘条纹圈外缘，按对径位置设置一对与基座相固联的固定检测光栅 L_S；在靠近内缘处设置一对与照准部相固联的活动检测光栅 L_R（图 3-10 中仅画出其中的一个）。对径设置的检测光栅可用来消除光栅盘的偏心差。φ 表示望远镜照准某方向后，L_S 和 L_R 之间的角度。由图 3-10 可以看出：

$$\varphi = N\varphi_0 + \Delta\varphi \tag{3-5}$$

式中：N——φ 角内所包含的条纹间隔数（单位角度数）；

$\Delta\varphi$——不足一个单位角度 φ_0 的尾数。

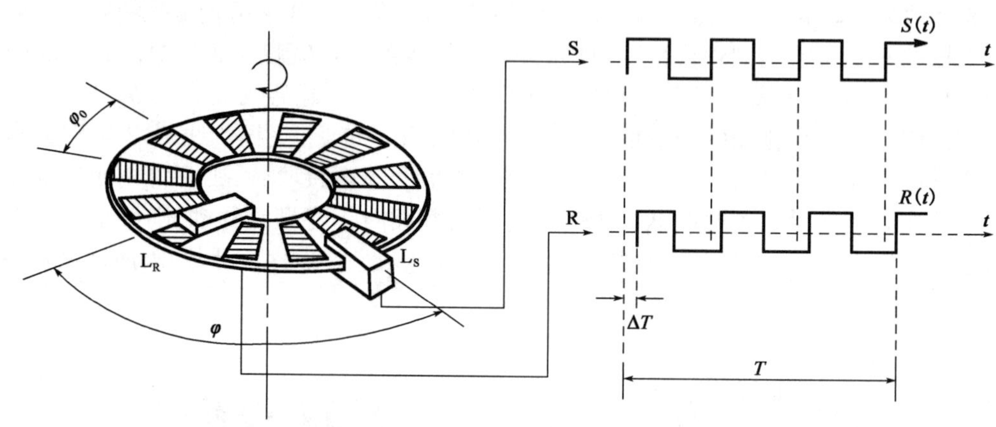

图 3-10　动态测角原理

在测角时，光栅盘由马达驱动绕中心轴作匀速旋转，计取通过两个指示光栅间的分划信息，通过粗测与精测而求得角值。

(1)粗测

即求出 φ 的个数 N。在度盘同一径向的外内缘上设有两个标记 a 和 b，度盘旋转时，从标记 a 通过 L_S 时起，计数器开始记取整间隙 φ_0 的个数；当另一个标记 b 通过 L_R 时，计数器停止计数，此时计数器所得到的数值即为 φ_0 的个数 N。

(2)精测

即 $\Delta\varphi$ 的测量。分别通过光栅 L_S 和 L_R 产生两个信号 S 和 R，$\Delta\varphi$ 可由 S 和 R 的相位差求得。精测开始后，当某一分划通过 L_S 时开始精测计数，计取通过的计数脉冲的个数，一个脉冲代表一定的角度值（例如 2″），而另一分划继而通过 L_R 时停止计数。由计数器中所计的数值即可求得 $\Delta\varphi$。度盘一周有 1 024 个间隔，每一个间隔计数一次 $\Delta\varphi$ 的数，则度盘转一周可测得 1 024 个 $\Delta\varphi$，然后取平均值，可求得最后的 $\Delta\varphi$。测角精度完全取决于精测的精度。

动态测角系统消除了度盘分划误差。在测量中，不需配置度盘和测微器位置，从而提高了测角精度。粗测、精测数据经由微机处理器进行衔接处理后，即得角度值，并可自动显示。

第二节　角度测量及误差分析

一、经纬仪的安置

在角度观测之前，必须正确安置经纬仪，经纬仪安置包括对中和整平。

1. 对中

对中是将经纬仪中心安置在测站点的铅垂线上。

从仪器箱中取出经纬仪放在三脚架架头上,注意位置适中。另一只手用中心连接螺旋将经纬仪牢固地与三脚架连接在一起。旋转脚螺旋并通过光学对中器或激光对中器观察地面标志点的移动情况,使对中器的十字中心或激光点中心对准地面标志点,此时圆水准器可能不居中。松开脚架腿固定螺栓,伸缩三个脚架腿的长度,使圆水准器居中,此时地面标志点略偏离对中器十字中心。重复上述操作,直至地面标志点位于十字中心,且圆水准器也处于居中状态。

2. 整平

整平的目的是使仪器的竖轴竖直,水平度盘处于水平位置。

任选两个脚螺旋,转动照准部使管水准轴与所选两个脚螺旋中心连线平行,相对转动两个脚螺旋使管水准器气泡居中,如图 3-11a)所示。管水准器气泡在整平中的移动方向与转动脚螺旋左手大拇指运动方向一致。转动照准部 90°,使管水准器处于垂直于该两个脚螺旋连线方向位置,此时转动第三个脚螺旋使管水准器气泡居中,如图 3-11b)所示。如此反复,直至水准器气泡在任意位置都精确居中。

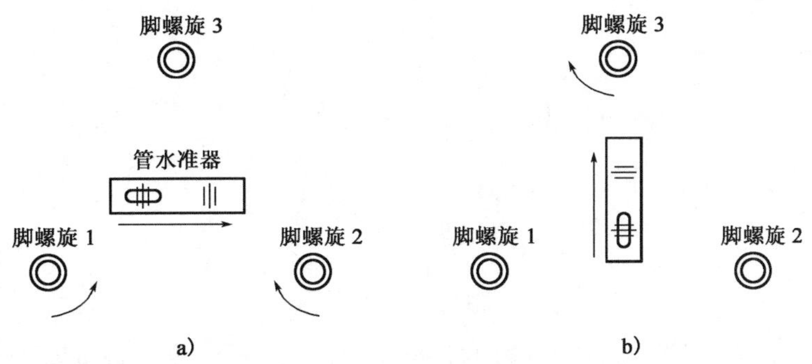

图 3-11　经纬仪整平

安置好仪器之后即可开始观测。角度测量时照准的目标通常是竖立在目标点上的测钎、觇牌等。照准目标要注意消除视差,水平角观测时应尽可能瞄准目标的下部,如图 3-12 所示。读数方法如图 3-5 所示。

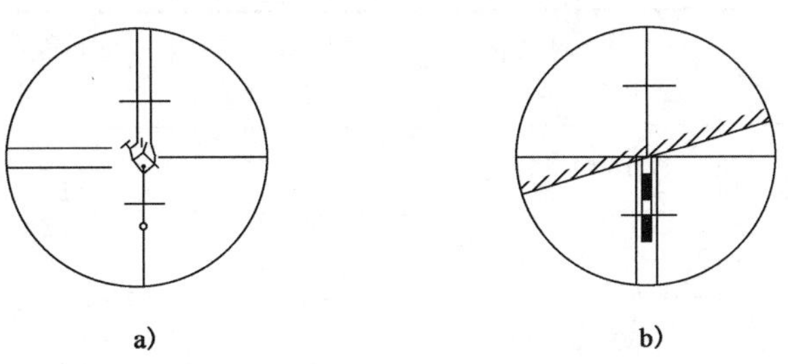

图 3-12　瞄准目标

二、水平角测量

水平角的测量方法,一般是根据观测条件、测角精度要求、所使用的仪器以及观测方向的数目而定。工程上常用的方法有测回法和方向观测法。

1. 测回法

测回法适用于观测只有两个方向的单角。这种方法要用盘左和盘右两个位置进行观测。观测时目镜朝向观测者，如果竖盘位于望远镜的左侧，则称为盘左；如果位于右侧，则称为盘右。通常先以盘左位置测角，称为上半测回，再以盘右位置测角，称为下半测回。两个半测回合在一起称为一测回。有时水平角需要观测数测回。

如图3-13所示，将仪器安置在O点上，用测回法观测水平角AOB，具体步骤如下：

（1）盘左位置，松开水平制动螺旋和望远镜制动螺旋，用望远镜上的准星、照门或粗瞄器瞄准左边的目标A，旋紧两制动螺旋，进行目镜和物镜对光，使十字丝和目标成像清晰，消除视差，再用水平微动螺旋和望远镜微动螺旋精确瞄准目标的底部，读取水平度盘读数$a_{上}$（0°01′12″），记入记录手簿（表3-1）。松开水平制动螺旋，转动照准部，以同样方法瞄准右边的目标B，读取水平度盘读数$b_{上}$（57°18′48″），记入记录手簿。

上半测回所测角值为：

$$\beta_{上} = b_{上} - a_{上} = 57°18'48'' - 0°01'12'' = 57°17'36''$$

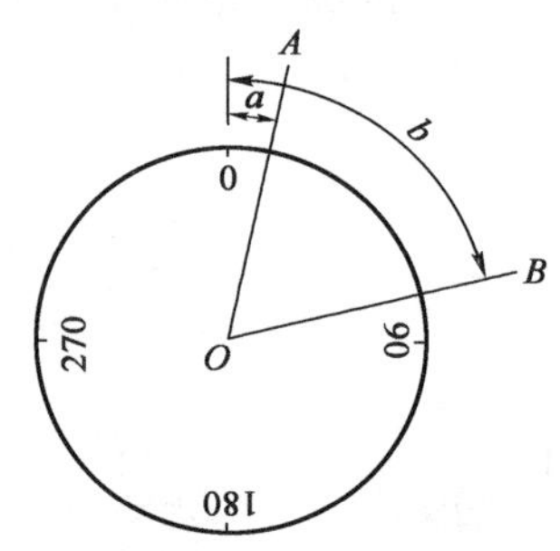

图3-13　测回法

（2）倒镜成为盘右位置，先瞄准右边的目标B，读取水平度盘读数$b_{下}$（237°18′54″），记入记录手簿。再瞄准左边的目标A，读取读数$a_{下}$（180°01′06″），记入记录手簿。

下半测回所测角值为：

$$\beta_{下} = b_{下} - a_{下} = 237°18'54'' - 180°01'06'' = 57°17'48''$$

测回法观测记录手簿　　表3-1

测站点	盘位	目标	水平度盘读数（° ′ ″）	半测回角值（° ′ ″）	一测回角值（° ′ ″）	备　注
O	左	A	0 01 12	57 17 36	57 17 42	A, B, β, O（示意图）
		B	57 18 48			
	右	A	180 01 06	57 17 48		
		B	237 18 54			

DJ_6级光学经纬仪盘左、盘右两个"半测回"角值之差不超过40″时，取其平均值即为一测回角值：

$$\beta = \frac{1}{2}(\beta_{上} + \beta_{下}) = 57°17'42''$$

由于水平度盘注记是顺时针方向增加的,因此在计算角值时,无论是盘左还是盘右,均应用右边目标的读数减去左边目标的读数,如果不够减,则应加上360°再减。

当测角精度要求较高,可以观测几个测回时,为了减少度盘分划不均匀误差的影响,各测回间应利用度盘变换手轮变换,根据测回数 n,按 180°/n 变换水平度盘位置。例如观测三个测回,180°/3 = 60°,第一测回盘左时起始方向的读数应配置在0°稍大些,第二测回盘左时起始方向的读数应配置在60°左右,第三测回盘左时起始方向的读数应配置在60° + 60° = 120°左右。

2. 方向观测法

方向观测法也称为方向法,它是水平角观测的一种常用方法。在一个测站上需要观测2个以上的方向时,一般采用方向观测法。若方向数大于3个,每半测回均应从一个选定的零方向开始观测,依次观测完应测目标后,还应再次观测零方向(归零),称为全圆方向法观测。

(1)观测步骤

如图3-14所示,仪器安置在 O 点上,观测 A、B、C、D 各方向之间的水平角,其观测步骤如下:

①盘左。

选择方向中一明显目标(如 A)作为起始方向(或称零方向),精确瞄准 A,水平度盘配置在0°或稍大些,读取读数记入记录手簿,然后顺时针方向依次瞄准 B、C、D,读取读数记入记录手簿中。为了检核水平度盘在观测过程中是否发生变动,应再次瞄准 A,读取水平度盘读数,此次观测称为归零,A 方向两次水平度盘读数之差称为半测回归零差。

以上为上半测回。

②盘右。

按逆时针方向依次瞄准 A、D、C、B、A,读取水平度盘读数,记入记录手簿中,检查半测回归零差,此为下半测回。

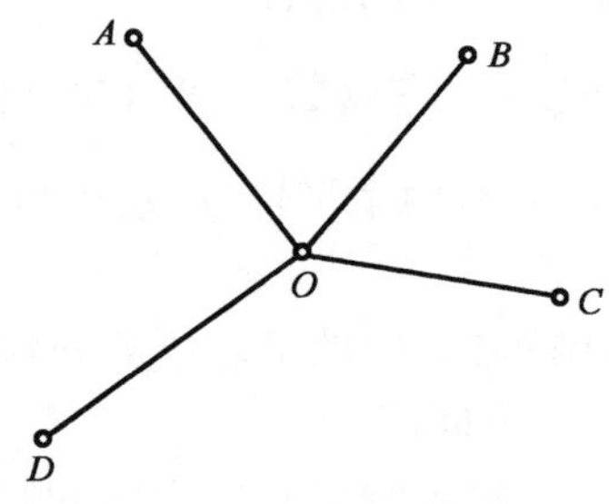

图3-14 方向观测法

这样就完成了一个测回的观测工作。如果要观测 n 个测回,每测回仍应按 180°/n 的差值变换水平度盘的起始位置。

方向观测法的记录格式见表3-2。

(2)计算步骤

①计算半测回归零差,不得大于限差规定值(表3-3),否则应重测。

方向观测法记录手簿 表 3-2

测站	测回数	目标	水平度读数		2C (″)	平均读数 (° ′ ″)	归零方向值 (° ′ ″)	各测回平均归零方向值 (° ′ ″)	备注
			盘左 (° ′ ″)	盘右 (° ′ ″)					
O	1	A	0 02 42	180 02 42	0	(0 02 38) 0 02 42	0 00 00	0 00 00	
		B	60 18 42	240 18 30	+12	60 18 36	60 15 58	60 15 56	
		C	116 40 18	296 40 12	+6	116 40 15	116 37 37	116 37 28	
		D	185 17 30	5 17 36	−6	185 17 33	185 14 55	185 14 47	
		A	0 02 30	180 02 36	−6	0 02 33			
	2	A	90 01 00	270 01 06	−6	(90 01 09) 90 01 03	0 00 00		
		B	150 17 06	330 17 00	+6	150 17 03	60 15 54		
		C	206 38 30	26 38 24	+6	206 38 27	116 37 18		
		D	275 15 48	95 15 48	0	275 15 48	185 14 39		
		A	90 01 12	270 01 18	−6	90 01 15			

水平角方向观测法限差要求 表 3-3

仪　　器	半测回归零差 (″)	一测回内 2C 互差 (″)	同一方向值各测回互差 (″)
DJ_2	12	18	12
DJ_6	18		24

②计算两倍照准误差 2C 值。同一方向盘左读数减去盘右读数 ±180°，称为两倍照准误差，简称 2C。2C 属于仪器误差，同一台仪器 2C 值应当是一个常数。因此 2C 的变动大小反映了观测的质量，其限差要求见表 3-3。由于 DJ_6 级经纬仪的读数受到度盘偏心差的影响，因而未对 2C 互差作出规定。

③计算各方向的盘左和盘右读数的平均值，即：

$$平均读数 = \frac{1}{2}[盘左读数 + (盘右读数 \pm 180°)] \tag{3-6}$$

在计算平均读数后，起始方向 OA 有两个平均读数，应再取平均，写在表中括号内，作为 A 的方向值。

④计算归零方向值。将计算出的各方向的平均读数分别减去起始方向 OA 的两次平均读数（括号内之值），即得各方向的归零方向值。

⑤计算各测回平均归零方向值。对各测回同一方向的归零方向值进行比较，其差值不应大于表 3-3 之规定。取各测回同一方向归零方向值的平均值作为该方向的最后结果。

如果欲求水平角值，只需将相关的两平均归零方向值相减即可得到。

三、竖直角测量

1. 竖盘装置的构造

经纬仪上的竖盘装置包括竖直度盘、指标水准管和指标水准管微动螺旋三部分。竖盘固定在望远镜横轴一端,随望远镜一起在竖直面内转动。指标线和竖直度盘水准管连在一起,水准气泡居中后,读数指标即处于正确位置。此时望远镜视准轴水平,竖盘读数为90°的整数倍(即0°、90°、180°、270°中的一个)。所以,观测竖角时,必须用竖盘指标水准管微动螺旋使指标水准管气泡居中才能读数。

经纬仪的竖盘刻划的注记有顺时针方向[图3-15a)]和逆时针方向[图3-14b)]两种,一般为全圆式注记。

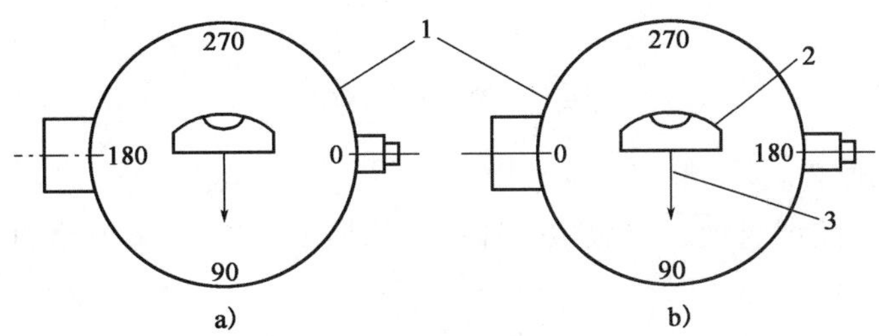

图3-15 竖盘装置

1-竖盘;2-指标水准管;3-指标

目前,许多型号的经纬仪上都安装有一个竖盘指标自动补偿器,使用这种仪器时,仪器整平后就可以读得相当于指标处于正确位置的读数,使用极为方便。

2. 竖直角计算公式

如前所述,竖直角为同一竖直面内目标视线方向与水平线的夹角。在竖直角观测中,照准目标时的竖盘读数并非竖直角,应根据盘左、盘右的读数值来计算竖直角。但由于竖盘的注记形式不同,其竖直角的计算公式也不一样,应根据竖盘的具体注记形式推导其相应的计算公式。

以仰角为例,只需将所使用仪器望远镜,大致放在水平位置观察一下读数,再将望远镜慢慢上倾并观察读数是增大还是减小,即可得出计算公式。

当望远镜视线上倾,竖盘读数增加时,竖直角=照准目标时读数-视线水平时读数;当望远镜视线上倾,竖盘读数减小时,竖直角=视线水平时读数-照准目标时读数。

(1)顺时针注记形式

图3-16为顺时针注记竖盘。盘左时,视线水平的读数为90°,当望远镜逐渐抬高(仰角)时,竖盘读数在减小,因此竖直角

$$\alpha_{左}=90°-L \tag{3-7}$$

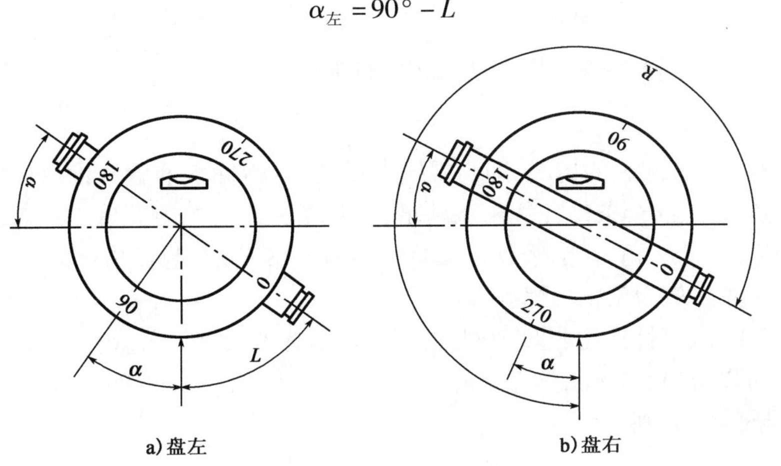

图3-16 顺时针注记竖盘形式

同理

$$\alpha_{右}=R-270°\tag{3-8}$$

式中：L、R——盘左、盘右瞄准目标的竖盘读数。

一测回的竖直角值为：

$$\alpha=\frac{1}{2}(\alpha_{左}+\alpha_{右})$$

或者

$$\alpha=\frac{1}{2}(R-L-180°)\tag{3-9}$$

（2）逆时针注记形式

图3-17为逆时针注记竖盘。仿照顺时针注记的推求方法，可得其竖直角计算公式：

$$\alpha_{左}=L-90°\tag{3-10}$$

$$\alpha_{右}=270°-R\tag{3-11}$$

一测回的竖直角值为：

$$\alpha=\frac{1}{2}(\alpha_{左}+\alpha_{右})$$

或者

$$\alpha=\frac{1}{2}(L-R+180°)\tag{3-12}$$

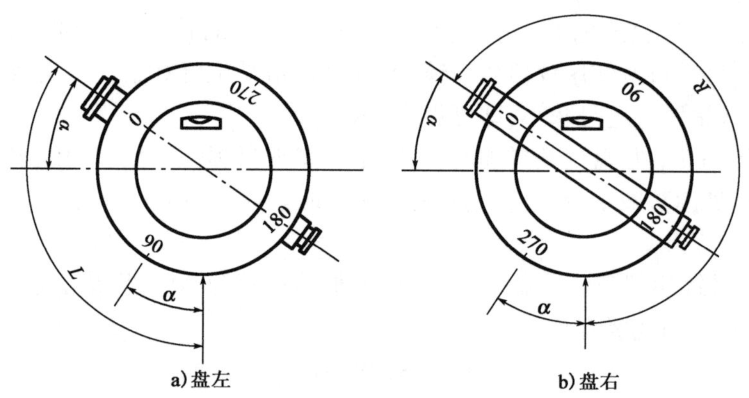

图3-17 逆时针注记的竖盘形式

3．竖盘指标差

上面述及的是一种理想的情况，即当视线水平，竖盘指标水准管气泡居中时，竖盘读数为90°或270°。但实际上这个条件往往未能满足，竖盘指标不是恰好指在90°或270°整数上，而与90°或270°相差一个x角，称为竖盘指标差。如图3-18所示，竖盘指标的偏移方向与竖盘注记增加方向一致时，x值为正，反之为负。

下面以图3-18顺时针注记竖盘为例，说明竖盘指标差的计算公式。

由图3-18可以看出，由于指标差x的存在，使得盘左、盘右读得的L、R均大了一个x。为了得到正确的竖直角α，则：

$$\alpha=90°-(L-x)\tag{3-13}$$

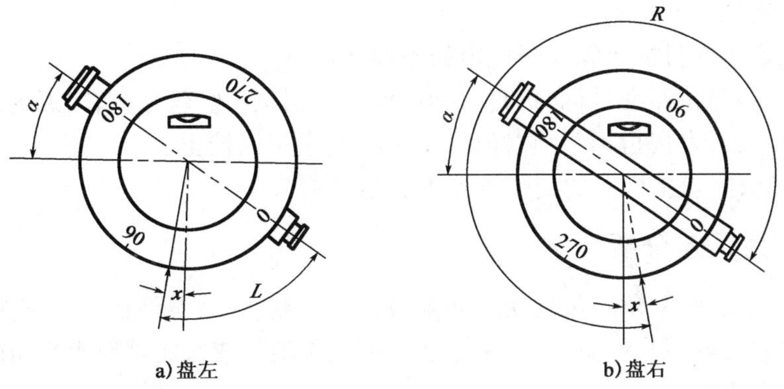

图 3-18 竖直度盘指标差

$$\alpha = (R - x) - 270° \tag{3-14}$$

式(3-13)与式(3-14)相加,可得:

$$\alpha = \frac{1}{2}(R - L - 180°) \tag{3-15}$$

式(3-15)与式(3-9)完全相同,说明用盘左、盘右各观测一次竖直角,然后取其平均值作为最后结果,可以消除指标差的影响。

如将式(3-13)与式(3-14)相减,可得:

$$x = \frac{1}{2}(L + R - 360°) \tag{3-16}$$

式(3-16)即为竖盘指标差的计算公式。对于逆时针注记竖盘同样适用。

4. 竖直角观测与计算

竖直角观测方法有中丝法和三丝法。中丝法,即以十字丝横丝瞄准目标的观测方法。将仪器安置在测站上,按下列步骤进行观测:

(1)在盘左位置用十字丝中横丝照准目标,调整竖盘指标水准管气泡居中后,读取竖盘读数 L,记入记录手簿(表 3-4)。

(2)在盘右位置用十字丝中横丝照准目标,调整竖盘指标水准管气泡居中后,读取竖盘读数 R,记入记录手簿,测回观测结束。

(3)根据仪器竖盘注记形式确定竖直角计算公式,计算竖直角和指标差。

竖直角观测记录手簿 表 3-4

测站点	目标	盘位	竖盘读数(° ′ ″)	半测回竖直角(° ′ ″)	指标差(″)	一测回竖直角(° ′ ″)	备 注
O	A	左	73 44 12	+16 15 48	+12	+16 16 00	270 180 0 90
		右	286 16 12	+16 16 12			
	B	左	114 03 42	−24 03 42	+18	−24 03 24	
		右	245 56 54	−24 03 06			

(4)竖直角观测的有关规定：

①竖直角测定应在目标成像清晰稳定的条件下进行。

②盘左、盘右两盘位照准目标时，其目标成像应分别位于竖丝左、右附近的对称位置。

③观测过程中，若发现指标差绝对值大于30″时，应予以校正。

④DJ_6级经纬仪竖盘指标差的变化范围不应超过15″。

四、角度测量误差分析

与水准测量相同，水平角测量的误差亦来自仪器误差、观测误差和外界条件的影响三个方面。研究这些误差的成因及性质，以便采取适当措施来消除或减弱其对水平角的影响，从而提高测角的精度是必要的。

1. 仪器误差

仪器误差有属于制造方面的，如度盘偏心、度盘刻划、水平度盘与竖轴不垂直等；有属于校正不完善的，如竖轴与照准部水准管轴不完全垂直(竖轴误差)，视准轴不垂直于横轴(视准轴误差)，横轴不垂直竖轴(横轴误差)，还有竖盘指标差等。在这些误差中，度盘偏心误差、视准轴误差、横轴误差及竖盘指标差(竖直角测量)都可以通过盘左、盘右观测取平均值的方法来消除或减弱其影响。度盘分划误差一般均很小，在水平角精密测量时，为提高测角精度，可利用度盘变换手轮或复测扳手，在各测回之间变换度盘起始位置的方法减小其影响。

但竖轴误差是比较特殊的误差，由于用盘左、盘右观测同一方向，竖轴误差所引起的水平度盘读数误差大小相等但符号相同，因此不能用盘左和盘右观测消除其影响。此外，这一影响亦与竖直角的大小成正比，所以在山区或坡度较大的地区进行测量时，应对仪器进行严格的检验和校正，并在测量中仔细整平。

2. 观测误差

(1)仪器对中误差

仪器对中误差是指仪器中心没有置于测站点的铅垂线上所产生的误差。如图3-19所示，O为测站点，O'为仪器中心，与测站点的偏心距为e，应测的角为β，实测的角度为β'，对中误差对测角的影响为：

$$\Delta\beta=\beta-\beta'=\delta_1+\delta_2$$

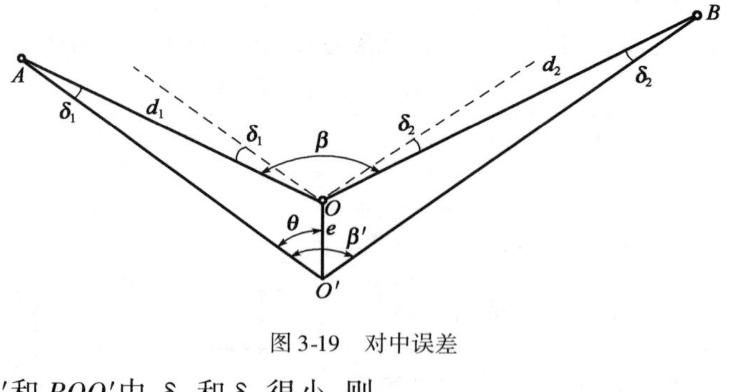

图3-19　对中误差

在三角形AOO'和BOO'中，δ_1和δ_2很小，则：

$$\delta_1=\frac{e\sin\theta}{d_1}\rho''$$

$$\delta_2 = \frac{e\sin(\beta' - \theta)}{d_2}\rho''$$

式中:$\rho'' = 206\,265''$。

因此

$$\Delta\beta = e \cdot \rho''\left[\frac{\sin\theta}{d_1} + \frac{\sin(\beta' - \theta)}{d_2}\right] \tag{3-17}$$

由式(3-17)可知,对中误差对测角的影响与偏心距成正比,与边长成反比,此外,与所测角度的大小和偏心的方向有关。

如果 $e = 3\text{mm}$,$\theta = 90°$,$\beta' = 180°$,$d_1 = d_2 = 100\text{m}$,则:

$$\Delta\beta = \frac{2 \times 0.003 \times 206\,265''}{100} = 12''$$

由此看来,在进行水平角测量时,应认真仔细地进行对中,特别是边长较短的情况下尤应如此。

(2)目标偏心误差

目标偏心误差是指实际瞄准的目标位置偏离地面标志点而产生的误差。如图 3-20 所示,O 为测站点,A 为测点标志中心,B 为瞄准的目标位置,其水平投影为 B',x 即为目标偏心对水平度盘读数的影响。

由图 3-20 可知:

$$x = \frac{e}{d}\rho'' = \frac{l\sin\alpha}{d}\rho'' \tag{3-18}$$

如果观测时瞄在花杆离地面 2m 处,花杆倾斜 30′,边长为 100m,则:

$$x = \frac{2\sin 0°30'}{100} \times 206\,265'' = 36''$$

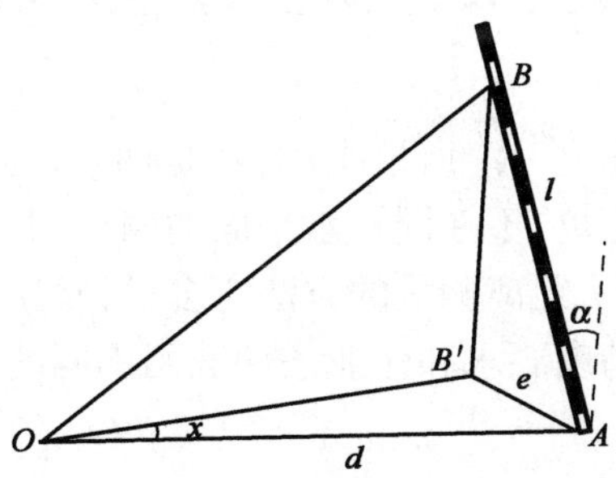

图 3-20 目标偏心误差

由上可知,目标偏心对测角的影响是不容忽视的。目标倾斜越大,瞄准部位越高,则目标偏心越大,对测角的影响就越大,因此观测时应尽量瞄准花杆底部,花杆也要尽量竖直。另外,目标偏心对测角的影响与边长成反比,在边长较短时,应特别注意将目标竖直并立于点位中心,而且观测时应尽量照准目标底部。

(3)瞄准误差

瞄准误差是指望远镜瞄准目标的精确程度。望远镜瞄准精度主要受人眼的分辨角 p 和望远镜的放大率 v 的影响,表示为:

$$\mathrm{d}\beta = \frac{p}{v} \tag{3-19}$$

当以十字丝双丝瞄准时，p 可取 10″，望远镜放大率 v 为 28 倍，则：

$$\mathrm{d}\beta = \frac{10''}{28} = 0.4''$$

实际上，瞄准精度还要受目标的形状、亮度、影像稳定及大气条件等因素的影响，因此 $\mathrm{d}\beta$ 还要增大某一倍数 K，即：

$$\mathrm{d}\beta = \frac{Kp}{v} \tag{3-20}$$

实验证明，在目标亮度适宜，成像稳定的情况下，K 可取 1.5 ~ 3。

（4）读数误差

读数误差是衡量仪器读数准确程度的概念，它主要取决于仪器的读数设备。对于 DJ_6 级光学经纬仪，读数误差不超过分划值的十分之一，即不超过 6″。如果读数显微镜目镜未调好，视场照明不佳，则读数误差还会增大，但应小于 18″。

3. 外界条件的影响

外界条件的影响主要是指各种外界条件的变化对角度观测值精度的影响。外界条件的影响因素很多，如温度变化会影响仪器的正常状态；视线贴近地面或通过建筑物旁、冒烟的烟囱上方、接近水面的上空都会产生不规则折光；大风会影响仪器的稳定；地面辐射热会影响大气的稳定；空气透明度会影响瞄准精度，以及地面松软会影响仪器稳定等。这些影响是非常复杂的，要想完全避免这些因素的影响是不可能的。但由于这些影响因素大多与时间有关，因此，在进行角度测量时只能采取一些措施，如选择有利的观测条件和时间，安稳脚架、打伞遮阳等，使其影响降到最低程度。

第三节　距 离 测 量

距离测量是测量的基本工作之一。所谓距离，就是两点间连线的直线长度。两点间连线投影在水平面的长度称为水平距离，不在同一水平面的两点间连线的直线长度称为倾斜距离。距离测量是测量的基本工作之一，距离测量的方法有多种，常用的方法有钢尺量距、光电测距、视距测量。可根据不同的测距精度要求和作业条件选用不同的测距方法。

一、钢尺量距

钢尺是用于直接丈量距离的工具，是带宽 10 ~ 15mm，厚 0.2 ~ 0.4mm，长度有 20m、30m、50m 的卷钢带，尺面的基本分划为厘米，分米及米处均有毫米分划。钢尺量距需要测钎、花杆（标杆）、垂球、温度计、拉力器等。

钢尺的尺长方程式是在一定拉力下（如对 30m 钢尺，拉力为 100kN），钢尺长度与温度的函数关系，其形式为：

$$L = L_0 + \Delta L + \alpha(t - t_0)L_0 \tag{3-21}$$

式中，L 为钢尺在温度 t 时的实际长度；L_0 为钢尺的名义长度；ΔL 为尺长改正数，即钢尺在温度 t_0 时实际长度与名义长度之差；α 为钢尺膨胀系数，即温度每变化 1℃时单位长度的变化率，其值一般为 $(1.15 \sim 1.25) \times 10^{-5}$/℃；$t$ 为钢尺量距时的温度；t_0 为钢尺检定时的标准温度。尺长方程式在已知长度上比对得到,称为尺长检定,一般由专业的检定部门实施。

钢尺量距一般包括以下几方面工作:

(1)定线。若丈量距离大于尺段长度时,应在距离两端点之间用经纬仪定向,按尺段长度设置定向桩,并在桩顶刻划标志。

(2)量距,即丈量两相邻定向桩顶标志之间的距离。丈量时,对钢尺施以检定时的拉力(一般 30m 钢尺为 100kN,50m 钢尺为 150kN)。当钢尺达到规定拉力、尺身稳定时,司尺员按一定程序、统一口令,前后读尺员进行钢尺读数,两端读数之差即为该尺段的长度 ℓ_i。

(3)测量定向桩之间的高差。为将丈量距离转换成水平距离,需用水准测量方法测定相邻桩顶间的高差 h_i。

(4)成果整理。对各段观测值进行尺长改正、温度改正、倾斜改正后相加即得所需距离:

$$D = \sum \ell_i + \frac{\Delta L}{L_0} \sum \ell_i + \alpha(t - t_0) \sum \ell_i - \sum \frac{h_i^2}{2L_i} \tag{3-22}$$

二、视距法测距

1. 概述

视距测量是一种根据几何光学原理,应用三角定理进行测距的技术,用简便的操作方法即能迅速测出两点间距离的方法。

视距测量是一种间接测距方法,利用定角测距方式进行测量。由于十字丝分划板的上、下视距丝的位置固定,因此通过视距丝的视线所形成的夹角是不变的,即为定角。

视距测量测距简单,作业方便,观测速度快,一般不受地形条件的限制,但测程较短,测距精度较低,在比较好的外界条件下测距相对精度仅有 1/300 ~ 1/200。

2. 视距测量原理

(1)视准轴水平时的视距公式

视距法测距是利用测量仪器望远镜十字丝的上、下丝获得尺子刻划读数 M、N,从而实现距离测量。如图 3-21 表示经纬仪望远镜的几何光路原理:L_1 是目镜前的十字丝板,a、b 是上、下丝的位置,二者间的距离为 p;L_2 是望远镜的凹透镜;L_3 是望远镜的物镜;F 是物镜焦点。

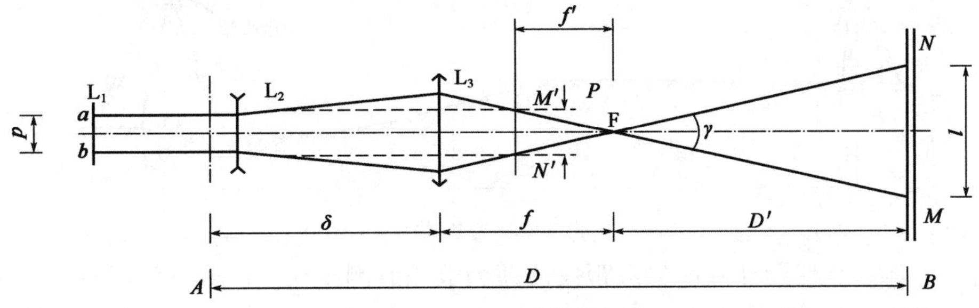

图 3-21 视距测量原理

A 为经纬仪的安置中心,B 为立尺点,M、N 是经纬仪望远镜视准轴处于水平状态瞄准直立的尺子后上、下丝在尺面截获的刻划值读数,且 $N > M$。N、M 的间隔长度 l 称为视距差,即:

$$l = N - M \tag{3-23}$$

可根据几何光学原理推得望远镜视距法测距公式为：

$$D = Kl + C \tag{3-24}$$

式中，K 称为乘常数，C 称为加常数。通常，在设计望远镜时，适当选择有关参数后，可使乘常数 $K = 100$，加常数 $C = 0$。故式(3-24)可简化为：

$$D = Kl = 100l \tag{3-25}$$

(2)视准轴倾斜时的视距公式

当视准轴倾斜时，如尺子仍竖直立着，则视准轴不与尺面垂直，此时，水平距离的计算公式为：

$$S = Kl\cos^2\alpha \tag{3-26}$$

而两点间的高差由竖直角 α、仪器高 i 及中丝读数 j 按下式计算：

$$h = D\tan\alpha + i - j \tag{3-27}$$

三、电磁波测距

1. 概述

电磁波测距是用电磁波作为载波进行距离测量的一种技术方法。与传统测距方法相比，光电测距仪具有精度高、测程远、操作简便、作业速度快和劳动强度低等优点。

光电测距的基本原理是通过测定电磁波在待测距离两端点间往返一次的传播时间 t 和电磁波在大气中的传播速度 c，来计算两点间的距离 D(图 3-22)，其计算公式为：

$$D = \frac{1}{2}ct \tag{3-28}$$

式中，c 为光波在大气中的传播速度，$c = \frac{c_{真}}{n}$($c_{真} = 299\,792\,458\text{m/s}$，为真空光速)，$n$ 是光在大气中的折射率；t 为电磁波在待测距离上往返传播的时间。常用的时间测定方法有相位法、脉冲法等(本节只介绍相位法)。

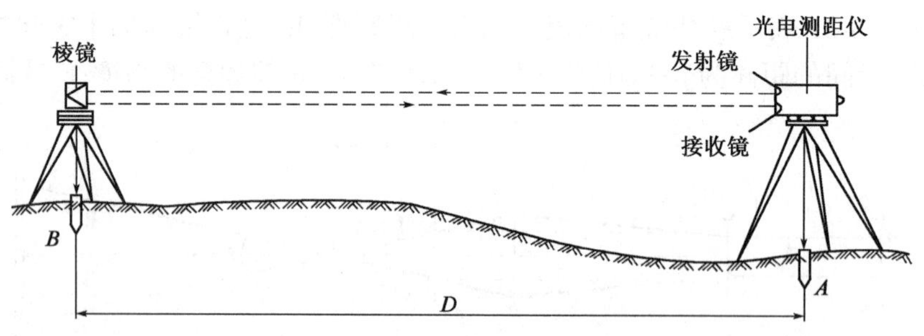

图 3-22　光电测距

根据这一基本原理设计制造的测距仪器即为电磁波测距仪。电磁波测距仪按载波的不同可分为微波测距仪(以微波为载波的测距仪)、光电测距仪(以激光和红外光为载波的测距仪)。按测程的远近可分为远程(20km 以上)、中程(5～20km)和短程(5km 以下)测距仪，远程一般都是激光测距仪，中、短程一般都是红外光电测距仪。按测量精度分为 Ⅰ 级($m_D \leqslant 5\text{mm}$)、Ⅱ 级($5\text{mm} > m_D \geqslant 10\text{mm}$)、Ⅲ 级($m_D > 10\text{mm}$)，$m_D$ 为每千米测距中误差。

2. 相位式光电测距仪

(1)相位式测距的基本原理

相位式光电测距是通过测量调制光在测线上往返传播所产生的相位移，测定调制波长的相对值来求出距离 D。仪器的基本工作原理可用方框图(图 3-23)来说明。

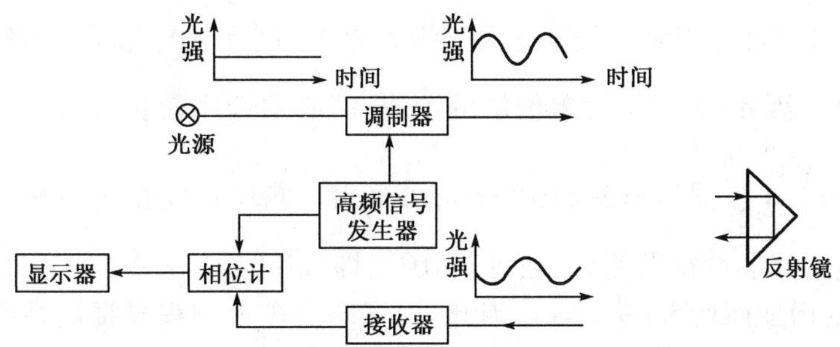

图 3-23　相位式光电测距仪工作原理

由光源发出的光通过调制器后，成为光强随高频信号变化的调制光射向测线另一端的反射镜。经反射镜反射后被接收器所接收，然后由相位计将发射信号(又称参考信号)与接收信号(又称测距信号)进行相位比较，获得调制光在被测距离上往返传播所引起的相位移 φ，并由显示器显示出来。

(2)相位式测距的基本公式

如将调制波的往程和返程摊平，则有如图 3-24 所示的波形。

由图 3-24 可见，调制光全程的相位变化值为：

$$\varphi = N \cdot 2\pi + \Delta\varphi = 2\pi\left(N + \frac{\Delta\varphi}{2\pi}\right) \tag{3-29}$$

对应的距离值为：

$$D = \frac{\lambda}{2}(N + \Delta N) \tag{3-30}$$

式中：$\Delta N = \Delta\varphi / 2\pi$；

N——相位移的整周期数或调制光整波长的个数，其值可为零或正整数；

λ——调制光的波长；

$\Delta\varphi$——不足一个整周期的相位移尾数。

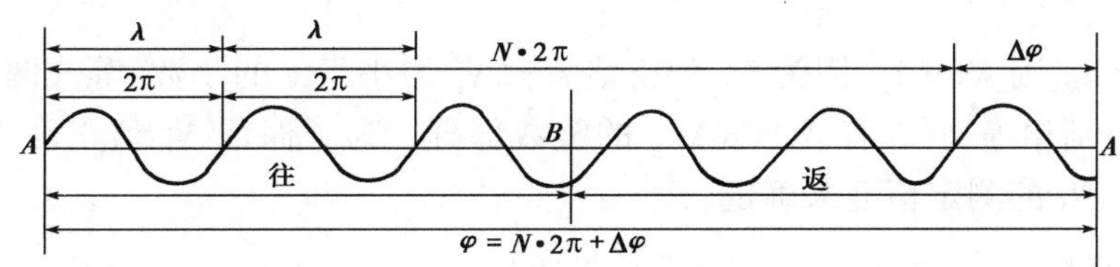

图 3-24　相位法测距的原理

通常令 $u = \frac{\lambda}{2}$，则：

$$D = u(N + \Delta N) \tag{3-31}$$

上式即为相位式测距的基本公式。这种测距方法的实质相当于用一把长度为 u 的尺子来丈量欲测距离，如同钢尺量距。这一根“尺子”称为“测尺”，$u=\frac{\lambda}{2}$称为测尺长度。

在相位式测距仪中，一般只能测定 $\Delta\varphi$，而无法测定整周期数 N，因此使式(3-31)产生多值解，距离 D 无法确定。

(3)N 值的确定

由式(3-31)可以看出，当测尺长度 u 大于距离 D 时，则 $N=0$，此时可求得确定的距离值，即 $D=u\frac{\Delta\varphi}{2\pi}=u\Delta N$。因此，为了扩大单值解的测程，就必须选用较长的测尺，即选用较低的调制频率。根据 $u=\frac{\lambda}{2}=\frac{c}{2f}$，取 $c=3\times10^5\text{km/s}$，可算出与测尺长度相应的测尺频率(即调制频率)，见表3-5。由于仪器测相误差(一般可达 10^{-3}，即$(m_{\Delta\varphi}/2\pi)<1/1\,000$)对测距误差的影响也将随测尺长度的增加而增大(表3-5)，因此，为了解决扩大测程与提高精度的矛盾，可以采用一组测尺共同测距，用短测尺(又称精测尺)保证精度，用长测尺(又称粗测尺)保证测程，从而也解决了“多值性”的问题。这就如同钟表上用时、分、秒互相配合来确定12h内的准确时刻一样。根据仪器的测程与精度要求，即可选定测尺数目和测尺精度。

测尺频率与测距误差的关系 表3-5

测尺频率	15MHz	1.5MHz	150kHz	15kHz	1.5kHz
测尺长度	10m	100m	1km	10km	100km
精度	1cm	10cm	1m	10m	100m

设仪器中采用了两把测尺配合测距，其中精测频率为 f_1，相应的测尺长度为 $u_1=\frac{c}{2f_1}$；粗尺频率为 f_2，相应的测尺长度为 $u_2=\frac{c}{2f_2}$。若用两者测定同一距离，则由式(3-31)可写出下列方程组

$$\left.\begin{aligned}D&=u_1(N_1+\Delta N_1)\\D&=u_2(N_2+\Delta N_2)\end{aligned}\right\}\tag{3-32}$$

将以上两式稍加变换即得：

$$N_1+\Delta N_1=\frac{u_2}{u_1}(N_2+\Delta N_2)=K(N_2+\Delta N_2)$$

式中，$K=\frac{u_2}{u_1}=\frac{f_1}{f_2}$，称为测尺放大系数。

若已知 $D<u_2$，则 $N_2=0$。因为 N_1 为正整数，ΔN_1 为小于1的小数，等式两边的整数部分和小数部分应分别相等，所以有 $N_1=K\Delta N_2$ 的整数部分。为了保证 N_1 值正确无误，测尺放大系数 K 应根据 ΔN_2 的测定精度来确定。

3. 全反射棱镜

使用激光测距仪、红外测距仪在进行距离测量时，一般需要与一个合作目标相配合才能工作，这种合作目标叫反射器。对激光测距仪和红外测距仪而言，大多采用全反射棱镜作为反射器，全反射棱镜也称为反光镜。

棱镜，是用光学玻璃精心磨制成的四面体，如同从立体玻璃上切下的一角，如图3-25a)、b)所示。

将图 3-25 中的 b)放大并转向,即成图 3-25c)所示的情况。其中 ADB、ADC、BDC 三个面互相垂直,这三个面作为反射面,可对向反射光束。

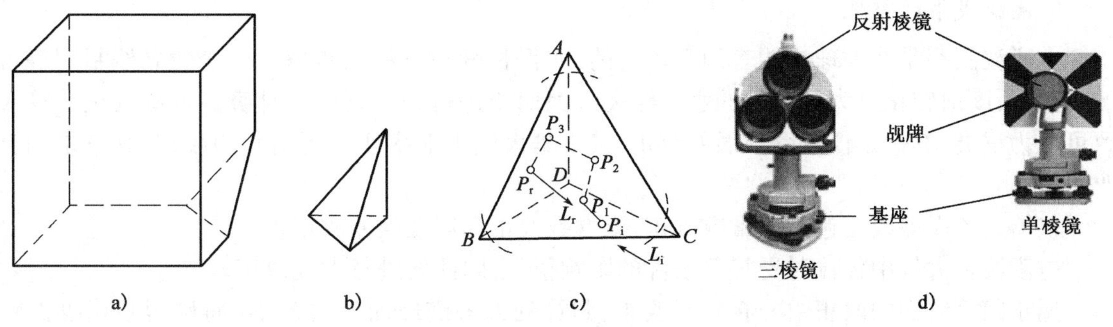

图 3-25 全反射棱镜

假设入射光 L_i 从任意方向射入到棱镜的透射面 P_i 点,入射光 L_i 因玻璃的折射作用而射向 BDC 面的 P_1 点,并从 P_1 点反射到 ADC 面的 P_2,从 P_2 点反射到 ADB 的 P_3 点,从 P_3 点再反射到 ABC 面的 P_r 点。入射光 L_i 便从透射面 ABC 的 P_r 点反射出来成为反射光 L_r。在理想的情况下,反射光 L_r 的方向应平行于入射光 L_i 的方向,如果前述三面不能保证严格垂直,则会给平行性带来误差,此项误差可用下式估算。

$$Q_r = 6.5n\Delta\alpha \tag{3-33}$$

式中:n——玻璃的折射率;

$\Delta\alpha$——3 个反射面实际夹角与 90°之差;

Q_r——平行性的误差。

例如,当 $\Delta\alpha = 2'$,$n \approx 1$ 时,$Q_r \approx 13''$。实际应用的反光镜,有单块棱镜、三棱镜[图 3-25d)]、六棱镜、九棱镜等,适用于不同的距离。

由于光在玻璃中的折射率为 1.5 ~ 1.6,而光在空气中的折射率近似等于 1,也就是说光在玻璃中的传播要比空气中慢,因此光在棱镜中传播所用的超量时间会使所测距离增大某一数值,称为棱镜常数。棱镜常数的大小与棱镜直角玻璃锥体的尺寸和玻璃的类型有关,一般会在厂家所附的说明书或在棱镜上标出,供测距时使用。

4. 距离测量

测距时,将测距仪和反射镜分别安置在测线的两端,仔细地对中。接通测距仪的电源,然后照准反射镜,检查经反射镜反射回的光强信号。合乎要求后即可开始测距。为防止出现粗差和减少照准误差的影响,可进行若干个测回的观测。这里,一测回的含义是指照准目标一次,读数 2 ~ 4 次。一测回内读数次数可根据仪器读数出现的离散程度和大气透明度作适当增减。根据不同精度要求和测量规范的规定确定测回数。往、返测回数各占总测回数的一半,对精度要求不高时,只作单向观测。

将测距读数值记入手簿中,接着读取竖盘读数,记入手簿的相应栏内。测距时尚应由温度计读取大气温度值,由气压计读取气压值。观测完毕后可按气温和气压进行气象改正,按测线的竖角值进行倾斜改正,最后求得测线的水平距离。

测距时应避免各种不利因素影响测距精度,如避开发热体(散热塔、烟囱等)的上空及附近，安置测距仪的测站应避开受电磁场干扰的地点，距高压线应大于5m，测距时的视线背景部分不应有反光物体等。

5. 测距成果的整理

电磁波测距是在地球自然表面上进行的，所得长度距离的初步值。出于建立控制网等目的，应将长度值转化算为标石间的水平距离。因而要进行一系列改正计算。这些改正计算大致可分为三类：其一是仪器系统误差改正，其二是大气折射率变化所引起的改正，其三是归算改正。

仪器系统误差改正包括加常数改正、乘常数改正和周期误差改正。

电磁波在大气中传输时受气象条件的影响很大，因而要进行大气改正。

属于归算方面的改正主要有倾斜改正，归算到参考椭球面上的改正（简称为归算改正）、投影到高斯平面上的改正（简称为投影改正）。如果有偏心观测的成果，还要进行归心改正。对于较长距离（例如10km以上），有时还要加入坡道弯曲改正。

某些类型的测距仪，通过设置比例因子，在一定范围内可自动进行一些改正计算。

下面讨论对短程光电测距仪测定的距离进行改正计算。

（1）加常数改正

如图3-26所示，由于测距仪的距离起算中心与仪器的安置中心不一致，以及反射镜等效反射面与反射镜安置中心不一致，使仪器测得距离 $D_0 - d$ 与所要测定的实际距离 D 不相等，其差数与所测距离长短无关，称为测距仪的加常数。

$$k = D - (D_0 - d) \tag{3-34}$$

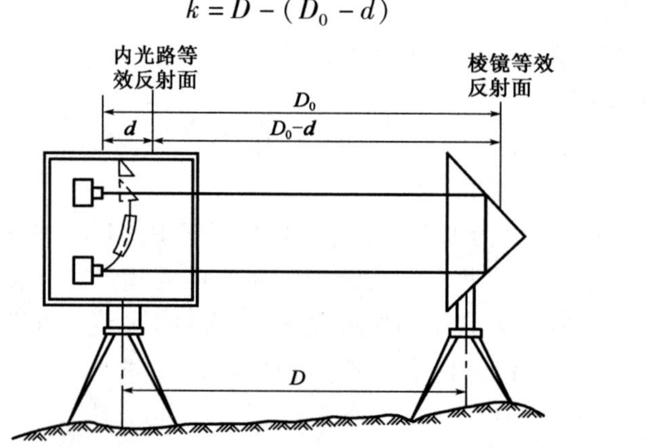

图3-26 加常数

实际上，测距仪的加常数包含仪器加常数和反射镜常数，当测距仪和反射镜构成固定的一套设备后，其加常数可测出。由于加常数为一固定值，可预置在仪器中，使之测距时自动加以改正。但是仪器在使用一段时间后，此加常数可能会有变化，应进行检验，测出加常数的变化值（称为剩余加常数），必要时可对观测成果加以改正。

（2）乘常数改正

测距仪在使用过程中，因实际的调制光频率与设计的标准频率之间有偏差，而引起的一个计算改正数的乘常数，也称为比例因子。乘常数可通过一定的检测方法求得，必要时可对观测成果进行改正。如果有小型频率计，直接测定实际工作频率，就可方便地求得乘常数改正值。

(3)气象改正

光的传播速度受大气状态(温度 t、气压 P、湿度 e)的影响。制造仪器时只能选取某个大气状态(假定大气状态)来定出调制光的波长,而实际测距时的大气状态一般不会与假定状态相同,因而使测尺长度发生变化,使得测距成果中含有系统误差,所以必须加气象改正。

(4)倾斜改正

由测距仪测得的距离观测值经加常数、乘常数和气象改正后,得到改正后的倾斜距离,若测得测线的竖角,可按下式直接计算水平距离:

$$S = D_{\alpha} \cdot \cos\alpha \tag{3-35}$$

6. 光电测距的主要误差来源

由相位式测距的基本公式知:

$$D = N\frac{c}{2nf} + \frac{\varphi}{2\pi} \cdot \frac{c}{2nf} + K \tag{3-36}$$

式中各符号意义同前。

对式(3-36)取全微分后,转换成中误差表达式为:

$$m_{\mathrm{D}}^2 = \left[\left(\frac{m_{\mathrm{c}}}{c}\right)^2 + \left(\frac{m_{\mathrm{n}}}{n}\right)^2 + \left(\frac{m_{\mathrm{f}}}{f}\right)^2\right]D^2 + \left(\frac{\lambda}{4\pi}\right)^2 m_{\varphi}^2 + m_{\mathrm{k}}^2 \tag{3-37}$$

式中:λ——调制波的波长,$\lambda = \dfrac{c}{f}$;

m_{c}——真空中光速测定中误差;

m_{n}——折射率求定中误差;

m_{f}——测距频率中误差;

m_{φ}——相位测定中误差;

m_{k}——仪器中加常数测定中误差。

此外,理论研究和实践均表明:由于仪器内部信号的串扰会产生周期误差,设其测定的中误差为 m_{A},测距时不可避免地存在对中误差 m_{g},因而测距误差较为完整的表达式应为:

$$m_{\mathrm{D}}^2 = \left[\left(\frac{m_{\mathrm{c}}}{c}\right)^2 + \left(\frac{m_{\mathrm{n}}}{n}\right)^2 + \left(\frac{m_{\mathrm{f}}}{f}\right)^2\right]D^2 + \left(\frac{\lambda}{4\pi}\right)^2 m_{\varphi}^2 + m_{\mathrm{k}}^2 + m_{\mathrm{A}}^2 + m_{\mathrm{g}}^2 \tag{3-38}$$

由式(3-38)可见,测距误差可分为两部分:一部分是与距离 D 成比例的误差,即光速值误差、大气折射率误差和测距频率误差;另一部分是与距离无关的误差,即测相误差、加常数误差、对中误差。周期误差有其特殊性,它与距离有关但不成比例,进行仪器设计和调试时可严格控制其数值,实用中如发现其数值较大而且稳定,可以对测距成果进行改正,这里暂不考虑。

故一般将测距仪的精度表达式简写成:

$$m_{\mathrm{D}} = \pm(A + B \cdot D) \tag{3-39}$$

式中:A——固定误差(mm);

B——比例误差系数(mm/km);

D——被测距离(km)。

第四节　直 线 定 向

在测量工作中,常常需要确定两点间平面位置的相对关系。除了测定两点间的距离外,还需确定两点所连直线的方向。一条直线的方向是根据某一基本方向来确定的。确定一条直线与一基本方向之间的水平角,称为直线定向。

一、基本方向

1. 真北方向

过地面某点真子午线的切线北端所指示的方向称为真北方向。真北方向可采用天文测量的方法测定,如观测太阳、北极星等,也可采用陀螺经纬仪测定。

2. 磁北方向

磁针自由静止时其指北端所指的方向,称为磁北方向,可用罗盘仪测定。

3. 坐标北方向

坐标纵轴(X 轴)正向所指示的方向,称为坐标北方向。实际应用中常取与高斯平面直角坐标系中 X 坐标轴平行的方向为坐标北方向。

二、方位角

由直线起点的基本方向北端开始,顺时针量至直线的水平角称为该直线的方位角,方位角的取值范围 $0° \sim 360°$。

1. 真方位角

从直线上某点的真子午线方向北端顺时针量至该直线的水平角值,称为该直线在该点处的真方位角,用 A 表示。由于地面直线各点(赤道上的点除外)处的真子午线彼此不平行,所以同一条直线上各点的真方位角也各不相等,这将给应用带来不便。

2. 磁方位角

从直线上某点的磁子午线方向北端顺时针量至该直线的水平角值,称为该直线在该点处的磁方位角,用 A_m 表示。由于磁子午线收敛于磁南极和磁北极,所以同一直线上各点的磁方位角互不相等。地球上磁子午线方向不是固定不变的,而是因地而异;同一地点,也随时间有微小的周年变化和周日变化。磁子午线是一种不稳定的标准方向线,所以磁方位角表示直线方向的精度不高,只能用于直线的粗略定向。

3. 坐标方位角

从直线上某点的坐标纵轴线方向北端顺时针量至该直线的水平角值,称为该直线在该点处的坐标方位角,用 α 表示。实际应用中常取与高斯平面直角坐标系中 X 坐标轴平行的方向为坐标纵轴线方向。由于各点处的坐标纵轴线方向相互平行,因此,同一投影带内各点的标准方向线是一致的,所以同一直线上各点的坐标方位角是相等的,这将给方向计算带来方便。

三、磁偏角与子午线收敛角

(1)磁偏角 δ:过一点的真北方向与磁北方向之间的夹角,如图 3-27 所示。

(2)子午线收敛角 γ:过一点的真北方向与坐标北方向之间的夹角,如图 3-27 所示。

δ 与 γ 的符号规定相同,即磁北或坐标北方向在真北方向东侧时,δ 与 γ 均为正数;磁北方向或坐标北方向在真北方向西侧时,δ 与 γ 均为负,如图 3-28 所示。

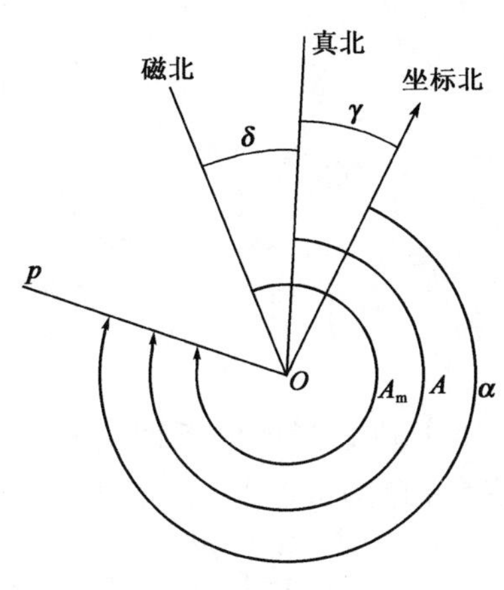

图 3-27 三种方位角的关系

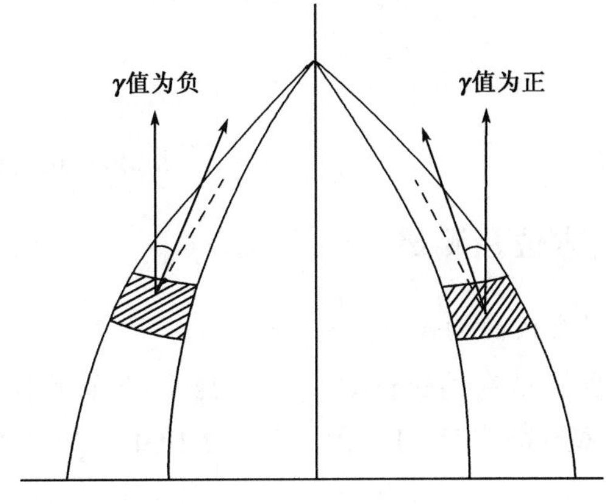

图 3-28 γ 符号规定

四、方位角之间的相互换算

由于三个指北的标准方向并不重合,所以一直线的三种方位角并不相等,它们之间存在着一定的换算关系。

由图 3-27 可知,一条直线的真方位角 A、磁方位角 A_m、坐标方位角 α 之间有如下关系式:

$$A = A_m + \delta \tag{3-40}$$

$$A = \alpha + \gamma \tag{3-41}$$

$$\alpha = A_m + \delta - \gamma \tag{3-42}$$

式中:δ——磁偏角;

γ——子午线收敛角。

五、正、反坐标方位角

一条直线的坐标方位角,由于起始点的不同而存在着两个值,如图 3-29 中,$\alpha_{1,2}$表示 P_1P_2 方向的坐标方位角,$\alpha_{2,1}$表示 P_2P_1 方向的坐标方位角。$\alpha_{1,2}$和 $\alpha_{2,1}$互称为正、反坐标方位角,$\alpha_{1,2}$为正坐标方位角,$\alpha_{2,1}$为反坐标方位角;反之,$\alpha_{2,1}$为正坐标方位角,则 $\alpha_{1,2}$为反坐标方位角。

由于在同一高斯平面直角坐标系内各点处坐标北方向均是平行的,所以一条直线的正反坐标方位角相差 180°,即:

$$\alpha_{1,2} = \alpha_{2,1} \pm 180° \tag{3-43}$$

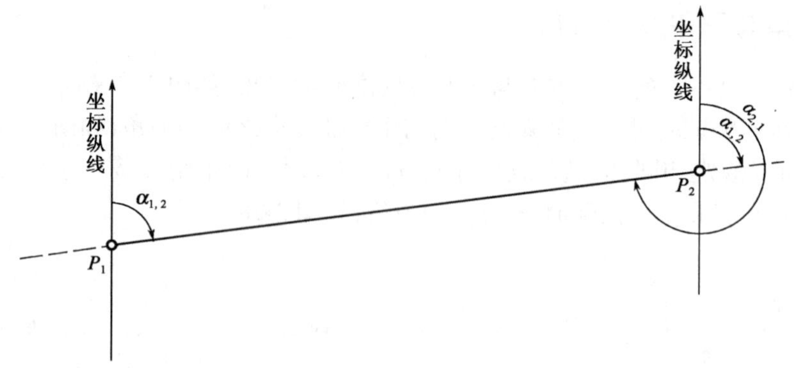

图 3-29　正、反坐标方位角

六、方位角测量

1. 罗盘仪的构造

罗盘仪是利用磁针测定直线磁方位角的仪器，通常用于独立测区的近似定向，以及线路和森林的勘测定向。图 3-30 为 DQL-1 罗盘仪。它主要由望远镜、罗盘盒、基座三部分组成。

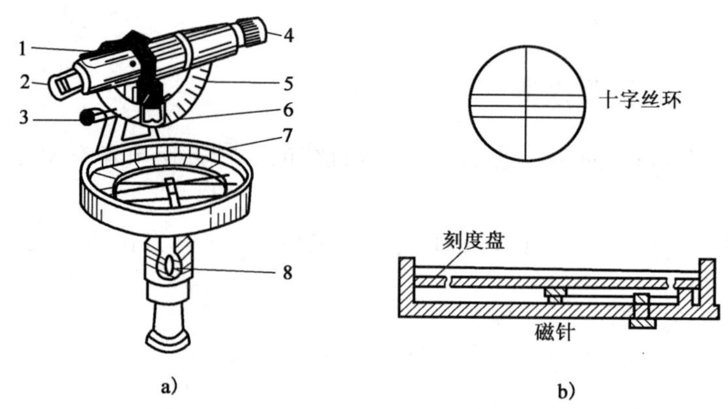

图 3-30　罗盘仪

1-望远镜制动螺旋；2-目镜；3-望远镜微动螺旋；4-物镜；5-竖直度盘；6-竖直度盘指针；7-罗盘盒；8-球臼

（1）望远镜

望远镜用于瞄准目标，它由物镜、十字丝、目镜组成。使用时先转动目镜进行调焦使十字丝清晰，然后用望远镜大致照准目标，再转动物镜对光螺旋使目标清晰，最后以十字丝竖丝精确对准目标。望远镜一侧为竖直度盘，可以测量竖直角。

（2）罗盘盒

罗盘盒如图 3-30b）所示。罗盘盒内有磁针和刻度盘。磁针用于确定南北方向并用作指标读数，它安装在度盘中心顶针上，可自由转动，为减少顶针的磨损，不用时用磁针制动螺旋将磁针抬起，固定在玻璃盖上。磁针南端装有铜箍以克服磁倾角，使磁针转动时保持水平。刻度盘最小刻划为 1°或 30′，每 10°一注记，按逆时针方向从 0°注记到 360°，并且 0°与 180°的连线与望远镜的视准轴一致。由于观测时随望远镜转动的不是磁针（磁针永指南北），而是刻度盘,为了直接读取磁方位角,所以刻度以逆时针注记。此外,罗盘盒内还装有两个水准管或一圆水准器以使度盘水平。

(3)基座

基座是球臼结构,安在三脚架上,松开球臼接头螺旋,可摆动罗盘盒使水准气泡居中,此时刻度盘已处于水平位置,旋紧接头螺旋。

2. 罗盘仪的使用

测定直线磁方位角的方法如下:

(1)安置罗盘仪于直线的一个端点,进行对中和整平。

(2)用望远镜瞄准直线另一端点的标杆。

(3)松开磁针制动螺旋,将磁针放下,待磁针静止后,磁针在刻度盘上所指的读数即为该直线的磁方位角。读数时,刻度盘的0°刻划若在望远镜的物镜一端,则应按磁针北端读数;若在目镜一端,则应按磁针南端读数。图3-31中刻度盘0°刻划在物镜一端,应按北针读数,其磁方位角为240°。

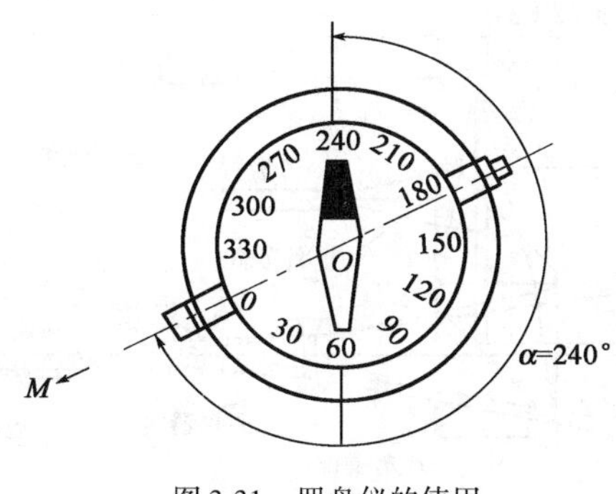

图3-31 罗盘仪的使用

第五节 全 站 仪

全站仪,即全站型电子速测仪(Electronic Total Station),是由电子测角、电子测距、电子计算和数据存储单元等组成的三维坐标测量系统,测量结果可自动显示,并能与外围设备交换信息的多功能测量仪器。由于全站型电子速测仪能够较完整地实现测量和处理过程的电子化和一体化,所以通常简称为全站仪。

一、全站仪的构造

全站仪主要由电子测角、光电测距和内置微处理器组成。另外,还具有各种通信接口,如USB接口或六针圆形孔RS-232接口等。全站仪在获得观测数据之后,可通过这些通信接口与计算机相连,在相应的专业软件支持下,实现数字化测量。

全站仪主要构造如图3-32所示,其种类和型号众多,原理、构造和功能基本相同。

1. 全站仪的望远镜

目前的全站仪基本上采用望远镜光轴(视准轴)和测距光轴完全同轴的光学系统,如图3-33

所示，一次照准就能同时测出距离和角度。望远镜能做360°自由纵转，其操作同一般经纬仪。

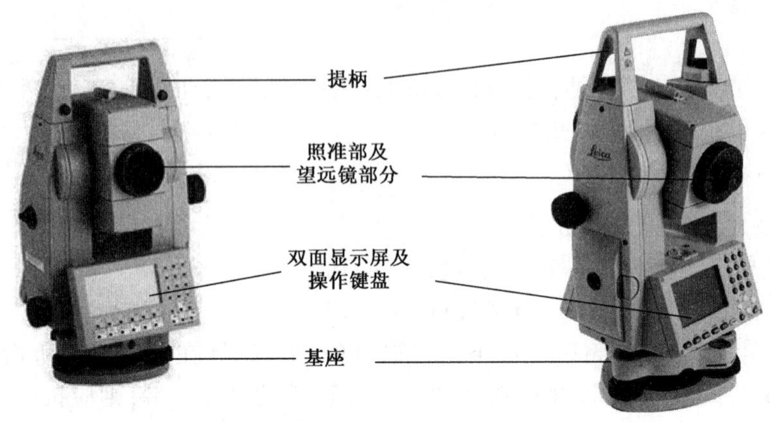

图3-32　全站仪

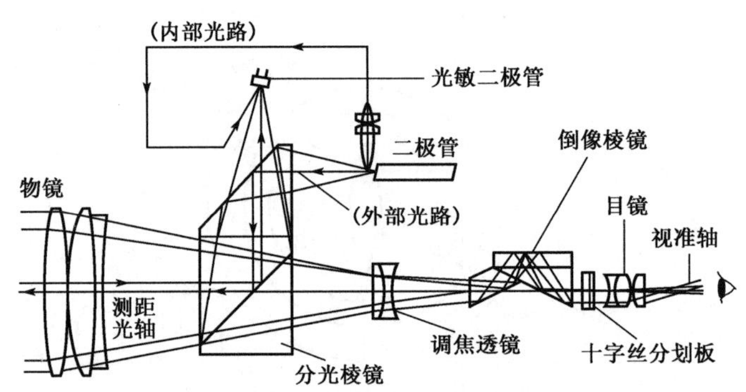

图3-33　全站仪的望远镜光路图

望远镜由物镜、分光棱镜、聚光棱镜、目镜等组成，是角度测量和距离测量的光学部分。可见光通过望远镜进入视场，完成角度测量的瞄准工作。物镜和分光棱镜组成测距仪光路，光路包括内部光路和外部光路，光纤连接发光二极管和接收管形成内部光路，红外发光二极管(LED)发出的红外光通过闸门的转换经过内部光路和外部光路到达接收二极管，完成距离测量。

2. 竖轴倾斜的自动补偿

经纬仪照准部的整平可使竖轴铅直，但受气泡灵敏度和作业的限制，仪器的精确整平有一定困难。这种竖轴不铅直的误差称为竖轴误差。竖轴误差对水平方向和竖直角的影响不能通过盘左、盘右读数取中数消除。因此，在一些较高精度的电子经纬仪和全站仪中安置了竖轴倾斜自动补偿器，以自动改正竖轴倾斜对水平方向和竖直角的影响。精确的竖轴补偿器，仪器整平到3′范围以内，其自动补偿精度可达0.1″。TOPCON公司的双轴液体补偿器如图3-34所示，图中由发光管1发出的光，经发射物镜组6发射到液体4，全反射后，又经接收物镜组7聚焦至光电接收器2上。光电接收器为一光电二极管阵列。一方面将光信号转变为电信号，另一方面，还可以探测出光落点的位置。光电二极管阵列可分为4个象限，其原点为竖轴竖直时光落点的位置。当竖轴倾斜时(在补偿范围内)，光电接收器接收到的光落点位置就发生了变化，其变化量即反映了竖轴在纵向(沿视准轴方向)上的倾斜分量L和横向(沿横轴方向)上的

倾斜分量 T。位置变化信息传输到内部的微处理器进行处理，对所测的水平角和竖直角自动加以改正（补偿）。

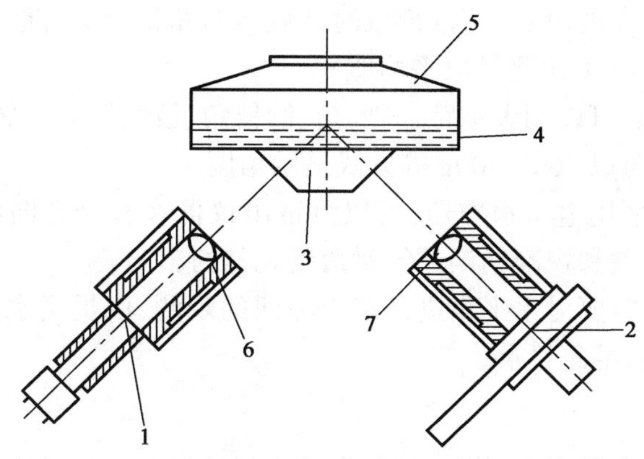

图 3-34 双轴液体补偿器

1-发光管；2-接收二极管阵列；3-棱镜；4-硅油；5-补偿器液体盒；6-发射物镜；7-接收物镜

若竖轴在纵向倾斜分量为 L，横向倾斜分量为 T，则补偿器对竖直角（或天顶距）和水平角的改正公式为：

$$Z = Z_L + L \text{ 或 } V = V_L + L \tag{3-44}$$

$$H = H_L + T/\tan Z = H_L + T\cot Z = H_L + T\tan V \tag{3-45}$$

式中：Z——显示（改正后）的天顶距；

Z_L——观测（未改正）的天顶距（下标 L 意为盘左观测）；

V_L——观测（未改正）的竖直角；

V——显示（改正后）的竖直角；

H——显示（改正后）的水平方向值；

H_L——观测（未改正）的水平方向值。

3. 全站仪电子电路

全站仪电子电路包括两部分，一部分是由光栅度盘或编码度盘、光电转换器、放大器、计数器、显示器和逻辑电路等组成的测角部分，另一部分是由发光二极管、接收管、电子电路组成的距离测量部分，二者之间用串行通信连接成一个整体，从而完成电子经纬仪及测距仪的全部功能。

与全站仪配合使用的主要测量器材是反射棱镜。棱镜分单棱镜、三棱镜、九棱镜等几种形式，常用的主要是单棱镜和三棱镜两种。单棱镜主要用于测短距离，三棱镜主要用于测长距离。

二、全站仪的常用功能

全站仪可以同时完成水平角、垂直角和距离测量，加之仪器内部有固化的测量应用程序，因而可以现场完成多种测量工作，提高了野外测量的效率和质量。

1. 角度测量

全站仪具有电子经纬仪的测角系统，除一般的水平角和垂直角测量外，还具有以下附加功能：

（1）水平角设置：将某方向水平读数设置为零或任意值；任意方向值的锁定（照准部旋转时方向值不变）；右角/左角的测量（照准部顺时针旋转时角值增大/照准部逆时针旋转时角值增大）；角度重复测量模式（多次测量取平均值）。

（2）垂直角显示变换：可以用天顶距、高度角、倾斜角、坡度等方式显示垂直角。

（3）角度单位变换：可以 360°、400g 等方式显示角度。

（4）角度自动补偿：使用电子水准器，可以测定出仪器在各个方向的倾斜量，从而具有自动补偿竖轴误差、横轴误差和视准轴误差等对角度观测的影响。

在高精度测量中，有时要对水平角进行多个测回的观测，以提高水平角观测精度，全站仪机载多测回观测功能可满足此要求。

2. 距离测量

（1）全站仪具有光电测距仪的测距系统，除了能测量仪器至反射棱镜的距离（斜距）外，还可根据全站仪的类型、反射棱镜数目和气象条件，改变其最大测程，以满足不同的测量目的和作业要求。

（2）测距模式的变换。

①按具体情况，可设置为高精度测量和快速测量模式。

②可选取距离测量的最小分辨率，通常有 1cm、1mm、0.1mm 几种。

③可选取测距次数，主要有单次测量（能显示一次测量结果，然后停止测量）；连续测量（可进行不间断测量，只要按停止键，测量马上停止）；指定测量次数；多次测量平均值自动计算（根据所设定的测量次数，测量完成后显示平均值）。

（3）可设置测距精度和时间，主要有精密测量（测量精度高，需要数秒测量时间）；简易测量（测量精度低，可快速测量）；跟踪测量（自动跟踪反射棱镜进行测量，测量精度低）。

（4）各种改正功能：在测距前设置相关参数，距离测量结果可自动进行棱镜常数改正、气象（温度和气压）改正和大气折射率误差等改正。

（5）斜距归算功能：由测量的垂直角（天顶距）和斜距可计算出仪器至棱镜的平距和高差，并立即显示出来。如事先输入仪器高和棱镜高，测距测角后便可计算出测站点与目标点间的平距和高差。

3. 坐标测量

对仪器进行必要的参数设定后，全站仪可直接测定点的三维坐标，如在地形测量数据采集时使用可大大提高作业效率。

如图 3-35 所示，B 为测站点，A 为后视点，已知 A、B 两点的坐标分别为（N_A，E_A，Z_A）和（N_B，E_B，Z_B），用全站仪测量测点 1 的坐标（N_1，E_1，Z_1）。为此，根据坐标反算公式先计算出 BA 边的坐标方位角。

$$\alpha_{BA} = \tan^{-1}\frac{E_A - E_B}{N_A - N_B} \tag{3-46}$$

实际上，在将测站点和后视点坐标输入仪器后，瞄准后视点 A，通过操作键盘，即将水平度盘读数设置为该方向的坐标方位角，此时水平度盘读数就与坐标方位角值相同。当用仪器瞄准 1 点，显示的水平度盘读数就是测站至 1 点的坐标方位角。测出测点到 1 点的斜距后，1 点

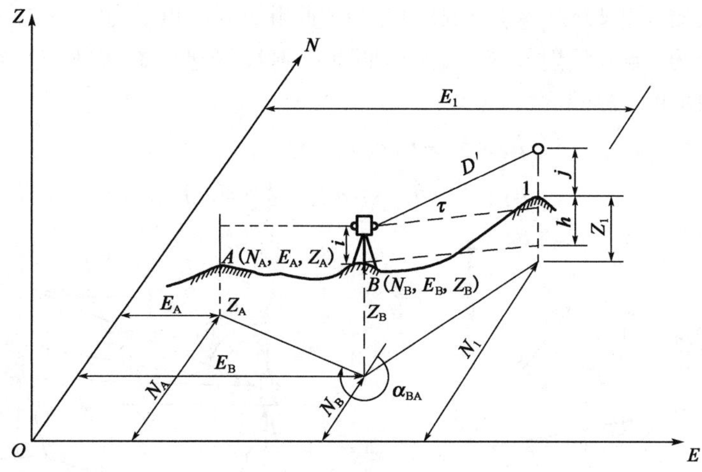

图 3-35 三维坐标测量原理

的坐标可按下列公式计算：

$$\left.\begin{aligned} N_1 &= N_B + D'\cos\tau\cos\alpha \\ E_1 &= E_B + D'\cos\tau\sin\alpha \\ Z_1 &= Z_B + D'\sin\tau + i - j \end{aligned}\right\} \tag{3-47}$$

式中：N_1、E_1、Z_1——测点坐标；

N_B、E_B、Z_B——测站点坐标；

D'——测站点至测点斜距；

τ——测站点至测点方向的竖直角；

α——测站点至测点方向的坐标方位角；

i——仪器高；

j——目标高（棱镜高）。

上述计算是由仪器机内软件计算的，通过操作键盘即可直接得到测点坐标。

4. 自由设站

全站仪自由设站功能是根据后方交会原理，通过测量测站点到各个已知点的角度和距离，解算出未知测站点坐标，并自动对仪器进行设置，以方便坐标测量或放样。

5. 对边测量

对边测量用于在不搬动仪器的情况下，直接测量某一起始点（P_1）与任何一个其他点间的斜距、平距和高差，其原理如图 3-36 所示。在测站点上依次测量各反射棱镜的距离 S_1、S_2 和水平角 θ_1 及高差 h_{A1}、h_{A2}，则可求得 P_1 至 P_2 间的距离 C 和高差 h_{12}：

$$C = \sqrt{S_1^2 + S_2^2 - 2S_1S_2\cos\theta_1} \tag{3-48}$$

$$h_{12} = h_{A2} - h_{A1} \tag{3-49}$$

在测量两点间高差时，将棱镜安置在测杆上，并使所有各点的目标高相同。

6. 悬高测量

悬高测量用于测定无法放置棱镜的地物（如电线、桥梁等）高度。如架空的电线和管道等因远离地面无法设置反射棱镜，采用悬高测量，就能测量其高度。如图 3-37 所示，把反射棱镜设在欲测目标正下方，输入反射棱镜高，然后照准反射棱镜进行距离测量，再转动望远镜照准目标，便能显示地面至目标的高度。

$$\left.\begin{aligned} H_t &= h_1 + h_2 \\ h_2 &= S\sin\theta_{z1} \times \cot\theta_{z2} - S\cos\theta_{z1} \end{aligned}\right\} \tag{3-50}$$

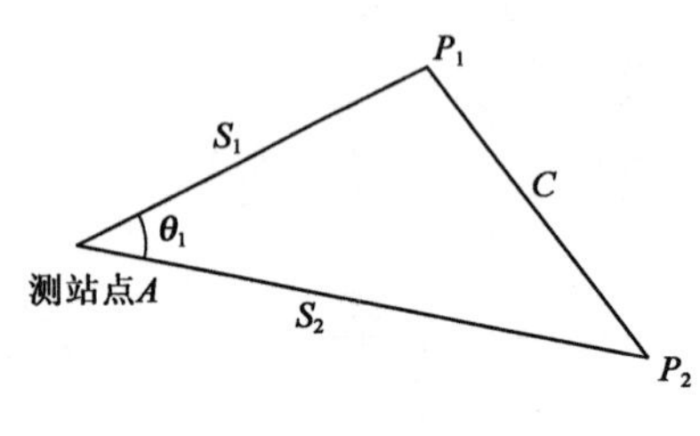

图 3-36　对边测量

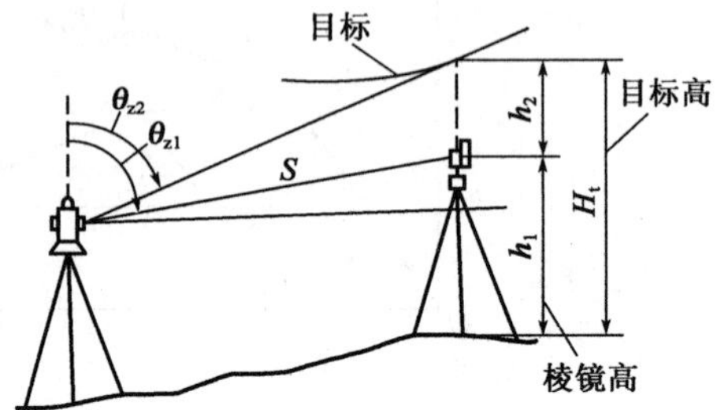

图 3-37　悬高测量

7. 点位放样

将待建物的设计位置在实地标定出来的测量工作称为放样。全站仪经测站设置和定向后，便可照准棱镜测量，仪器自动显示棱镜位置与设计位置的差值，据此修正棱镜位置直至到达设计位置。依据放样元素的不同，可采用极坐标法、直角坐标法和正交偏距法等方式。

8. 面积测量

通过顺序测定地块边界点坐标，按照任意多边形面积计算方法，可确定地块面积。

9. 主要辅助功能

(1)休眠和自动关机功能：当仪器长时间不操作时，可自动进入休眠状态，需要操作时可按功能键唤醒，使仪器恢复到先前状态。也可设置仪器在一定时间内无操作时自动关机，以节省电源。

(2)电子水准器：由仪器内部的倾斜传感器检测竖轴的倾斜状态，以数字和图形形式显示，指导测量员高精度置平仪器。

(3)数据管理功能：测量数据可存储到仪器内存、扩展存储器(如 PC 卡)，还可由数据输出端口实时输出到其他记录设备中，实时查询测量数据。

三、全站仪的数据记录与传输

全站仪观测数据的记录，随仪器的结构不同有三种方式：一种是通过电缆，将仪器的数据存储在外接记录器中，外接记录器可以是电子手簿、掌上电脑、智能手机、笔记本电脑等；另一种是仪器内部有一个大容量的存储器，用于记录数据，仪器内存记录的数据可以通过数据电缆传输到计算机上，或通过 USB 接口直接复制到移动存储器上；还有的仪器是采用数据记录卡，测量数据直接记录到数据卡上，再通过读卡器或数据电缆将数据传输到计算机上。

全站仪除了可以实时显示测量结果，存储测量数据到内存或存储卡中，还可以将数据通过输出端口传输到其他设备。外业测量中常用计算机或专用电子手簿作为接收设备，对测量数据进行现场检核、处理和存储。另外，通过外接设备可以对仪器进行参数设置和指令控制，让仪器完成特定的测量工作，已知控制点数据和放样数据文件等可以上传到仪器内存或存储卡中，在作业时使用，上述操作多数全站仪是通过串行通信实现的。

1. 全站仪的数据结构及控制指令

(1)输出数据结构

全站仪的输出数据由规定格式的 ASCII 字符串组成，各厂家标准格式不同，详细格式需参阅仪器技术资料。

(2)输入数据结构

已知点数据或放样数据可作为全站仪的输入数据，作业前在计算机上编辑成文件或由软件直接生成，而后上传到仪器中。不同仪器要求的输入数据文件格式不同，编辑时可参考仪器技术手册进行。

(3)控制指令

全站仪可由计算机来控制进行测量、记录、变更测量模式等操作，它是通过计算机向全站仪发送字符串形式的指令实现的。不同的仪器操作指令的格式、内容是不同的，在仪器的技术手册中有详细的描述。例如某种全站仪要启动测量获得水平角，并将数据发送到计算机的指令为：

GET/M/WI21 < CR/LF >

其中：GET/M/表示启动测量并从全站仪获得测量值，WI21 表示测量水平角，CR(ASCII 13)/LF(ASCII 10)为回车换行。

2. 数据通信的实现

实现全站仪与外设(PC 机、掌上电脑等)的通信，除需要了解仪器的接口功能、数据格式及控制指令外，还需要通信软件。目前可以用操作系统自带的超级终端或其他专用数据通信软件，将全站仪内存或数据卡记录的数据传输到外部设备上，再进行数据格式转换，也可以自己编写相应的数据通信程序，直接进行数据传输和格式转换。

四、自动全站仪

自动全站仪是一种能自动识别、照准和跟踪反射棱镜的一种全站仪，又称为测量机器人。图 3-38 是三种自动全站仪。

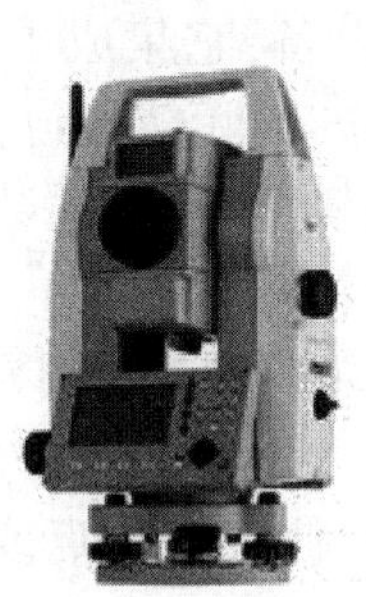

Leica TM30

Topcon MS 05

Trimble S8

图 3-38 三种自动全站仪

自动全站仪由伺服马达驱动照准部和望远镜的转动及定位。它的基本原理是：仪器向目标发射激光束，经反射棱镜返回，并被仪器中的 CCD 相机接收，从而计算出反射光点中心位置，得到水平方向和天顶距的改正数，最后启动马达，驱动全站仪转向棱镜，自动精确照准目标。目前广泛应用在地形测量、工业测量、自动引导测量、变形监测等工作中。例如，对大坝、边坡、地铁、隧道、桥梁、超高层建筑进行大范围无人值守全天候、全方位自动监测；建立数字化成图、GIS数据字库；进行汽轮机叶片形变测量、风洞实验测试等。

全自动全站仪有以下优点：可以自动进行气象改正；实现24h连续自动观测，实时数据处理，即时图形显示；内有线性变换和赫尔默特变换等，可消除和减弱各种误差；提供测点三维坐标，满足测点、放样、位移、沉降、挠度、倾斜等变形监测内容，可达到亚毫米级精度。

自动全站仪具有自动跟踪与识别目标的功能，因此可以进行全天候的数据采集，如在变形监测、多角多测回测量数据采集中都可以使用，具体流程包括测站设置、限差设置、学习测量和自动测量等。

1. 测站设置

测站设置时可以输入测站坐标、观测测回数、仪器高等信息。

2. 限差设置

在自动测量之前可以进行各项限差的设置，如水平角多测回观测可以设置水平角 $2C$ 限差、半测回归零差、一测回 $2C$ 互差、测回间方向值之差等，设置完各项限差后，可以开始学习测量。

3. 学习测量

在最初的半个测回，需要人工照准各个测量点，输入各个测量点的点号、棱镜高等信息，完成学习测量。此时仪器会自动确定各个测量点之间的相对关系，以便进行后续的自动测量。

4. 自动测量

在自动测量时，可以从学习测量的点列表中选择需要自动测量的点，仪器即可按照预先设置的各项参数，自动完成后续测量工作，并将原始数据自动记录下来。在测量完成后，可以让仪器自动进行相关数据处理，或将仪器记录数据导入计算机中，进行其他后处理工作。

五、超站仪

超站仪（图3-39）是全站仪与GPS的完美结合，它是集成GPS接收机的高性能全站仪。无须控制点、长导线和后方交会操作，只需安装超站仪，并使用GPS确定该点的准确位置，然后就可以使用全站仪进行测量、放样。仅仅通过简单的安装调试，就可以简单快速地进行测量作业。

超站仪（SmartStation）是徕卡公司推出的地面测量仪器设备，它集成了现代全站仪、GPS等技术发展的多种最新成果，SmartStation实现了全站仪与GPS的无缝集成，实现了无控制点测量的功能；同时在目标快速自动搜索、较长距离高精度无棱镜测距、测量数据的无线传输等方面采用了众多的新技术。

超站仪的工作原理：一种是通过接收城市的台站网、单基站或现场临时建立的基准站的信号，利用其自身RTK定位功能得到建站点的坐标，借助现场控制点图定向，然后进行碎部点测量或放样。另一种就是在没有控制点的情况下，借助现场一些假定控制点或明显标志点进行定向，然后就可以进行碎部点测量或放样。在第二种情况中，当完成本站测量后可搬至上一站假定控制点处，同样利用RTK功能得到本站坐标后，在定向时，选择已知后视点定向的方法，这时程序会将上一站的错误数据进行纠正与更新，得到正确的坐标成果。在不同的建站点照准同一标志点定向后进行测量或放样，程序会统一将数据进行纠正与更新。

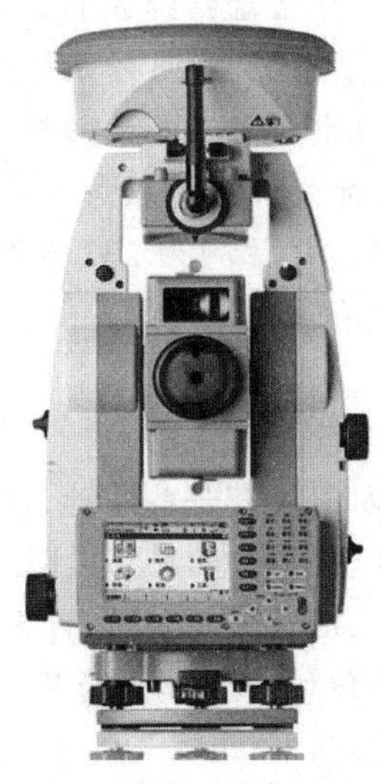

图 3-39　超站仪(SmartStation)

超站仪的作业模式可以大大改善传统的作业方法,应用领域非常广泛,对于偏远山区的矿山测量、线路测量、工程放样、地形测图等劳动强度较大的测量工作,以及建筑场所、快速发展中的城市地区,都能够大大提高工作效率,节省人力物力资源。

除全站仪外,还有手持激光测距仪、激光断面仪、激光准直仪和三维激光扫描仪等电子仪器。

【思考题与习题】

1. 什么是水平角?在同一竖直面内不同高度的点在水平度盘上的读数是否一样?
2. 什么是竖直角?如何区分仰角和俯角?
3. 角度测量时,对中、整平的目的是什么?简述用光学对中器对中整平的过程。
4. 整理表 3-6 测回法观测水平角的记录手簿。

测回法观测记录手簿　　表 3-6

测　站　点	盘　　位	目　　标	水平度盘读数 (°　′　″)	半测回角值 (°　′　″)	一测回角值 (°　′　″)
O	左	*A*	0　02　00		
		B	120　18　24		
	右	*A*	180　02　06		
		B	300　18　06		

5. 将某经纬仪置于盘左,当视线水平时,竖盘读数为 90°;当望远镜逐渐上仰,竖盘读数在减小。试写出该仪器的竖直角计算公式。
6. 进行竖直角观测时,为什么在读取竖盘读数前一定要使竖盘指标水准管的气泡居中?
7. 什么是竖盘指标差?指标差的正、负是如何定义的?

8. 顺时针与逆时针注记的竖盘，计算竖盘指标差的公式有无区别？

9. 在进行角度测量时，采用盘左、盘右观测，可以消除哪些误差对测角的影响？

10. 竖轴误差是怎样产生的？如何减弱其对测角的影响？

11. 在什么情况下，对中误差和目标偏心差对测角的影响大？

12. 用钢尺丈量 AB、CD 两段距离，AB 往测为 232.355m，返测为 232.340m；CD 段往测为 145.682m，返测为 145.690m，两段丈量结果各为多少？两段距离丈量精度是否相同？为什么？

13. 什么叫直线定向？为什么要进行直线定向？

14. 测量上作为定向依据的基本方向线有哪些？什么叫方位角？

15. 真方位角、磁方位角、坐标方位角三者的关系是什么？

16. 已知 A 点的磁偏角为西偏 21′，过 A 点的真子午线与中央子午线的收敛角为 +3′，直线 AB 的坐标方位角 $\alpha = 64°20'$，求 AB 直线的真方位角与磁方位角。

17. 红外测距仪为什么要配置两把以上“光尺”？

第四章

测量误差的基本理论

【学习内容与要求】

本章学习测量误差的有关知识。通过学习,了解测量误差的定义、来源、分类和特点,了解权的定义、特点以及使用方法;熟悉偶然误差的特性和评定精度的指标;掌握算术平均值(最或是值)及其中误差的定义和计算方法,掌握误差传播定律及其使用。

第一节　测量误差概述

测量工作中的大量实践表明,当对某一客观存在的量进行多次观测时,不论测量仪器多么精密,观测进行得多么仔细,观测值之间总是存在着差异。例如,用经纬仪反复观测某一角度,各次测量结果都不会完全相同。再如,观测了某一平面三角形的三个内角,其观测值之和往往不等于其理论值 180°。为什么会出现这些现象呢?这是由于观测值中不可避免地包含有观测误差的缘故。

测量工作中,一般把观测值与真值之差称为误差,严格意义上讲应称之为真误差。由于在实际工作中真值不易测定,一般把某一量的准确值与其近似值之差也称为误差。

一、测量误差产生的原因

产生测量误差的原因,概括起来有以下三个方面:

1. 观测者的原因

由于观测者的感觉器官的辨别能力存在一定的局限性，所以，测量仪器的安置、瞄准、读数等操作都会产生误差。例如，在厘米分划的水准标尺上，毫米数只能估读而得，但1mm以下的估读误差是完全有可能发生的。此外，观测者的技术水平和工作态度也会给观测成果带来不同程度的影响。

2. 测量仪器的原因

测量工作是需要利用特制的仪器、工具或传感器等进行的，而每一种测量仪器都只具有一定限度的精确度，导致测量结果受到一定的影响。例如，测角仪器的度盘分划误差可能达到3″，由此使所测的角度产生误差。另外，仪器制造或结构上的不完善使得仪器本身也具有一定的误差，如水准仪的视准轴不平行于水准管轴，经纬仪的水平度盘可能偏心、度盘刻划不均匀等，也会引起测量误差。

3. 外界环境的影响

测量工作进行时所处的外界环境中的空气温度、湿度、风力、气压、日光照射、大气折光、烟雾等客观情况时刻在变化，这些都会使测量结果产生误差。例如，温度变化使钢尺产生伸缩，风吹和日光照射使仪器的安置不稳定，大气折光使望远镜的瞄准产生偏差等。

上述观测者、测量仪器和外界环境是测量工作得以进行的必要条件，通常把这三个方面综合起来称为观测条件。这些观测条件都有其本身的局限性并影响着测量精度，因此，测量成果中的误差是不可避免的，误差的大小决定了观测成果的精度。凡是观测条件相同的同类观测称为“等精度观测”；观测条件不同的同类观测则称为“不等精度观测”，这对于观测值的成果处理应有所区别。

二、测量误差的分类及其处理方法

测量误差按其产生的原因和对观测结果影响性质的不同，可以分为系统误差、偶然误差和粗差三类。

1. 系统误差

在相同的观测条件下，对某一量进行一系列的观测，如果出现的误差在符号和数值上都相同，或按一定的规律变化，这种误差称为“系统误差”。例如，用名义长度为30m而实际正确长度为30.004m的钢卷尺量距，每量一尺段就有使距离量短了0.004m的误差，其量距误差的符号不变，且与所量距离的长度成正比。因此，系统误差具有积累性。

又如，若水准仪的水准管轴与视准轴不平行，则会产生i角误差，使得中丝在水准尺上的读数不准确。水准仪离水准尺越远，i角误差就会越大。由于i角误差是有规律的，因此它也是系统误差。

正是由于系统误差对观测值的影响具有一定的数学或物理上的规律性，因此，只要这种规律性能够被找到，则系统误差对观测值的影响就可以被改正，或者用一定的测量方法加以抵消或削弱。具体措施主要有：

(1)用一定的观测方法加以消除。例如，水准测量时，将水准仪安置在距前、后水准尺等距离的地方可以消除i角误差和地球曲率对高差的影响，通过“后、前、前、后”的观测顺序可以减弱水准仪下沉对高差的影响；在用经纬仪进行水平角观测时，通过盘左盘右观测取平均值的方法可以消除经纬仪的横轴误差、视准轴误差、水平度盘偏心误差的影响。

(2)用计算的方法加以改正。例如,在精密钢尺量距中加入尺长改正、温度改正和高差改正;在三角高程测量中加入球气差改正;光电测距中的仪器加常数和乘常数改正等。

(3)将系统误差限制在允许范围内。有的系统误差既不便于计算改正,又不能通过一定的观测方法加以消除,如经纬仪的竖轴误差对水平角观测结果的影响。对于这类系统误差,则只能按照规范的要求精确检校测量仪器,将仪器的系统误差降低到最小限度或限制在一个允许的范围之内。

2. 偶然误差

在相同的观测条件下,对某一量进行一系列的观测,如果误差在数值大小和符号上都表现出偶然性,即从单个误差看,该系列误差的大小和符号没有规律性,但就大量误差的总体而言,具有一定的统计规律,这种误差称为偶然误差。

例如,在厘米分划的水准尺上估读毫米数的读数误差,测量时气候变化对观测数据产生微小变化,计算时的舍入误差等都属于偶然误差。如果观测数据的误差是由许多微小偶然误差项的总和构成的,则其总和也是偶然误差。比如测角误差可能是照准误差、读数误差、外界条件变化等多项误差的代数和。也就是说,测角误差实际上是许许多多微小误差项的总和,而每项微小误差又随着偶然因素的影响而发生无规则的变化,其数值忽大忽小,符号或正或负,无论是数值的大小或符号的正负都不能事先预知,这是观测数据中存在偶然误差的最普遍的情况。

总之,偶然误差是由偶然因素引起的,不是观测者所能控制的一种误差,它不可避免,也无法用计算的方法或用一定的观测方法简单地加以消除,只能根据偶然误差的特性来合理地处理观测数据,以减小偶然误差对测量成果的影响。

3. 粗差

粗差即粗大误差,是指比在正常条件下所可能出现的最大偶然误差还要大的误差。通俗地说,粗差是比偶然误差大上好几倍的误差。如瞄错目标、读错大数等。

粗差也称为"错误"。因此,严格意义上讲,粗差并不属于测量误差的范畴。

粗差是一种大量级的误差。一般认为粗差是由于工作人员的工作态度不认真或各种干扰所造成的,如瞄错、读错等。事实上,大量实践证明,粗差也是不可避免地存在于观测值之中的。特别是随着各种现代化电子测绘仪器的普及,粗差的出现更是不可防范。但由于粗差是一种大量级的误差,而且它对于观测成果的影响比较严重,因此观测值中是不允许存在粗差的,必须将其剔除。因此,在测量工作中,除认真仔细作业外,还必须采取必要的检核措施来避免粗差的产生。

三、测量误差的处理原则

为了防止粗差的产生和提高观测成果的精度,在测量工作中,一般需要进行多于必要观测数的观测,称为"多余观测"。例如,一段距离用钢尺进行往、返丈量,如果将往测作为必要观测,则返测就属于多余观测;又如,由三个地面点构成一个平面三角形,在三个点上进行水平角观测,其中两个角度属于必要观测,则第三个角度的观测就属于多余观测。有了多余观测,就可以发现观测值中的错误,以便将其剔除和重测。

由于观测值中的偶然误差不可避免，有了多余观测，观测值之间必然产生矛盾（往返差、不符值、闭合差），根据差值的大小，可以评定测量的精度。差值如果大到一定程度，就认为观测值误差超限，应予重测（返工）；差值如果不超限，则按偶然误差的规律加以处理，称为闭合差的调整，以求得最可靠的数值。

至于观测值中的系统误差，应该尽可能按其产生的原因和规律加以改正、消除或削弱。

四、测量平差

先看两个简单的测量实例。

【例4-1】 设地面上有一条边，为了求得其长度而进行距离测量。若只测量一次，则其观测值就是该边的长度，若观测值中存在大误差，那么所求边长就完全不正确。考虑到观测误差的不可避免性，实际上是对该边进行多次重复观测，并取其平均值作为该边的长度，这是一个最优的结果。因为根据偶然误差的定义，误差在大小和符号上呈现偶然性，即可正、可负，多次观测的误差在平均值中的影响可以得到削弱或消除，而且在多次重复观测值的相互比较中，误差大小可以相互进行检核。

【例4-2】 设地面上有一平面三角形，如图4-1所示，为了确定其形状，观测了该三角形的三个内角，分别为L_1、L_2和L_3，且$L_1+L_2+L_3\neq180°$。若令$L_1+L_2+L_3-180°=\omega$，则ω称为三角形闭合差或不符值，也是三个内角的观测误差之和（反号）。三角形存在闭合差的情况下，任取其中的两个内角观测值，就可决定其形状。但问题是哪一个三角形的形状是符合真实形状的呢？按最优化数学方法，就是平均分配闭合差于每个观测值，对各观测值进行改正，得到观测值的平差值，用$\hat{L}$表示，则有：

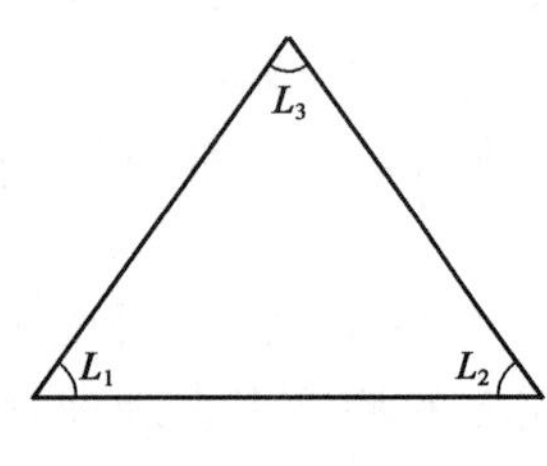

图4-1 三角形

$$\hat{L}_1=L_1-\frac{\omega}{3},\hat{L}_2=L_2-\frac{\omega}{3},\hat{L}_3=L_3-\frac{\omega}{3}$$

及

$$\hat{L}_1+\hat{L}_2+\hat{L}_3=180°$$

由$\hat{L}_1$、$\hat{L}_2$和$\hat{L}_3$决定的三角形形状是唯一的，而且是最优的。

从以上两例可以看出，由于观测值中存在着偶然误差，对同一量进行多次观测，其观测值间会产生差异，对于一个几何图形，如三角形，则产生角度闭合差，致使所求的未知量（例4-1中的长度，例4-2中的三角形形状）产生多解。这在生产实际中是完全不能允许的。为此，需要对观测值进行处理，从而达到消除观测值之间的矛盾的目的，求得最优结果。这就是测量平差要解决的问题。

测量平差，是测量数据调整的意思。其基本定义是，依据某种最优化准则，由一系列带有观测误差的观测值，求定未知量的最优估值及其精度的理论和方法。

学习测量误差理论知识的目的，是为了使读者了解各种误差的规律，学会如何正确地处理观测数据，即根据一组带有误差的观测值，求出未知量的最优估值，并衡量其精度；同时，根据测量误差理论来指导实践，使测量成果能达到预期的要求。这不仅是学习本门课程的需要，也是今后从事各种科学研究、处理观测资料和实验数据的需要，是当代理工科大学生必备的基础知识。

第二节　偶然误差的特性

任意被观测的量,客观上总存在一个能代表其真正大小的数值,这一数值就称为该观测量的真值。

设某一观测量的真值为 X,在相同的观测条件下对此量进行 n 次观测,得到的观测值分别为 l_1、l_2……l_n,由于各观测值都带有一定的误差,因此,每一观测值与其真值 X 之间必存在一差数 Δ,即:

$$\Delta_i = l_i - X \qquad (i = 1,2,\cdots,n) \tag{4-1}$$

式中,Δ_i 称为“真误差”。此处 Δ 仅表现为偶然误差。

从单个偶然误差来看,其符号的正负和数值的大小没有任何规律性。但是,人们根据大量的测量实践发现,如果观测的次数很多,观察大量的偶然误差,就能发现隐藏在偶然性下面的必然规律。而且进行统计的偶然误差的数量越多,规律性也越明显。下面就结合某观测实例,用统计方法进行说明和分析。

在某一测区,在相同的观测条件下共观测了 358 个三角形的全部内角,由于每个三角形内角之和的真值(180°)为已知,因此,可以按式(4-1)计算每个三角形内角之和的偶然误差 Δ(三角形闭合差),将它们分为负误差和正误差,按误差绝对值由小到大排列次序。以误差区间 $d\Delta = 3''$进行误差个数 k 的统计,并计算其相对个数 k/n($n = 358$),k/n 称为误差出现的频率。偶然误差的统计见表 4-1。

偶然误差的统计　　表 4-1

误差区间 $d\Delta('')$	负误差		正误差		误差绝对值	
	k	k/n	k	k/n	k	k/n
0~3	45	0.126	46	0.128	91	0.254
3~6	40	0.112	41	0.115	81	0.226
6~9	33	0.092	33	0.092	66	0.184
9~12	23	0.064	21	0.059	44	0.123
12~15	17	0.047	16	0.045	33	0.092
15~18	13	0.036	13	0.036	26	0.073
18~21	6	0.017	5	0.014	11	0.031
21~24	4	0.011	2	0.006	6	0.017
24 以上	0	0	0	0	0	0
Σ	181	0.505	177	0.495	358	1.000

为了直观地表示偶然误差的正负和大小的分布情况,可以按表 4-1 的数据作图,如图 4-2 所示。图中以横坐标表示误差的正负和大小,以纵坐标表示误差出现于各区间的频率(k/n)除以区间间隔($d\Delta$),每一区间按纵坐标画成矩形小条,则每一小条的面积代表误差出现于该区间的频率,而各小条的面积总和等于 1。该图在统计学上称为“频率直方图”,其特点是能形象地表示出误差的分布情况。

从表 4-1 的统计中,结合图 4-2,可以归纳出偶然误差的特性如下:

(1)在一定观测条件下的有限次观测中，偶然误差的绝对值不会超过一定的限值。

(2)绝对值较小的误差出现的频率大，绝对值较大的误差出现的频率小。

(3)绝对值相等的正、负误差具有大致相等的出现频率。

(4)当观测次数无限增大时，偶然误差的理论平均值趋近于零，即偶然误差具有抵偿性。用公式表示为：

$$\lim_{n\to+\infty}\frac{\Delta_1+\Delta_2+\cdots+\Delta_n}{n}=\lim_{n\to+\infty}\frac{[\Delta]}{n}=0 \tag{4-2}$$

式中，[ ]表示取括号中数值的代数和。

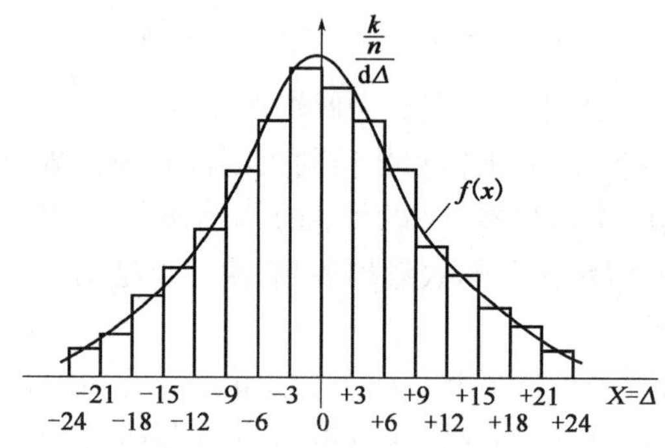

图4-2 频率直方图

上述的第(4)个特性是由第(3)个特性导出的。第(3)个特性说明了在大量偶然误差中，正负误差有互相抵消的特点。因此，当 n 无限增大时，真误差的理论平均值必然趋向于零。

需要指出的是，对于一系列的观测而言，不论其观测条件是好是坏，也不论是对同一个量还是对不同的量进行观测，只要这些观测是在相同的条件下独立进行的，则它所产生的一组偶然误差都必然具有上述的四个特性。而且，当观测值的个数 n 愈大时，这种特性就表现得愈明显。偶然误差的这种特性，也称为统计规律性。

图4-2是根据表4-1中的358个三角形角度观测值闭合差绘出的误差出现频率直方图，表现为中间高、两边低并向横轴逐渐逼近的对称图形，并不是一种特例，而是统计偶然误差时出现的普遍规律，并且可以用数学公式来表示。

若误差的个数无限增大($n\to+\infty$)，同时又无限缩小误差的区间 $d\Delta$，则图4-2中各小长条的顶边的折线就逐渐成为一条光滑的曲线。该曲线在概率论中称为“正态分布曲线”或称“误差分布曲线”，它完整地表示了偶然误差出现的概率 P。即当 $n\to+\infty$时，上述误差区间内误差出现的频率趋于稳定，成为误差出现的概率。

正态分布曲线的数学方程式为：

$$f(\Delta)=\frac{1}{\sqrt{2\pi}\sigma}e^{-\frac{\Delta^2}{2\sigma^2}} \tag{4-3}$$

式中，圆周率 $\pi=3.1416$，自然对数的底 $e=2.7183$，σ 为标准差，标准差的平方 σ^2 为方差。方差为偶然误差平方的理论平均值：

$$\sigma^2=\lim_{n\to\infty}\frac{\Delta_1^2+\Delta_2^2+\cdots+\Delta_n^2}{n}=\lim_{n\to\infty}\frac{[\Delta^2]}{n} \tag{4-4}$$

因此,标准差 σ 为:

$$\sigma=\lim_{n\to\infty}\sqrt{\frac{[\Delta^2]}{n}}=\lim_{n\to\infty}\sqrt{\frac{[\Delta\Delta]}{n}} \tag{4-5}$$

由上式可知,标准差的大小决定于在一定条件下偶然误差出现的绝对值的大小。由于在计算标准差时取各个偶然误差的平方和,因此,当出现有较大绝对值的偶然误差时,在标准差的数值大小中会得到明显的反映。

上述式(4-3)称为“正态分布的密度函数”,以偶然误差 Δ 为自变量,以标准差 σ 为密度函数的唯一参数,σ 是曲线拐点的横坐标值。

第三节　衡量精度的指标

测量平差的基本内容之一,就是衡量测量成果的精度。在相同的观测条件下,对某一量所进行的一组观测对应着一种误差分布,因此,这一组中的每一个观测值都具有同样的精度。为了衡量观测值精度的高低,可以采用误差分布表或绘制频率直方图来评定,但这样做很不方便,有时也不可能。因此,需要建立一个统一的衡量精度的标准,给出一个数值概念,使得该标准及其数值大小能反映出误差分布的离散或密集的程度,称为衡量精度的指标。

一、精度的含义

在测量中,一般用精确度来评价观测成果的优劣。精确度是准确度与精密度的总称。准确度主要取决于系统误差的大小;精密度主要取决于偶然误差的分布。对于已基本排除了系统误差,而以偶然误差为主的一组观测值,主要用精密度来评价该组观测值质量的优劣。精密度简称精度,就是指误差分布的密集或离散的程度。

倘若两组观测成果的误差分布相同,则两组观测结果的精度相同;反之,若误差分布不同,则精度也就不同。在相同的观测条件下所进行的一组观测,由于它是对应着同一种误差分布,因此对于这一组中的每一个观测值,都称为同精度观测值。

二、衡量精度的指标

测量平差的基本内容之一,就是衡量测量成果的精度,下面介绍几种常用的精度指标。

1. 方差和中误差

设对某一未知量 x 进行了 n 次等精度观测,其观测值为 l_1、l_2……l_n,相应的真误差为 Δ_1、Δ_2……Δ_n,则定义该组观测值的方差为[见式(4-4)]:

$$D=\lim_{n\to\infty}\frac{[\Delta\Delta]}{n} \tag{4-6}$$

显然,方差 D 为当观测次数 n 趋于无穷大时的理论平均值。

中误差 σ 在数理统计中也称为“标准差”,其定义式如下[见式(4-5)]:

$$\sigma=\sqrt{D}=\lim_{n\to\infty}\sqrt{\frac{[\Delta\Delta]}{n}} \tag{4-7}$$

为了统一衡量在一定观测条件下观测结果的精度，用中误差 σ 作为依据是比较合适的。但是，在实际测量工作中，不可能对某一量作无穷多次观测，因此，当 n 为有限值时，σ 的估值 $\hat{\sigma}$ 为：

$$\hat{\sigma} = \pm\sqrt{\frac{[\Delta\Delta]}{n}} \tag{4-8}$$

在测量工作中，$\hat{\sigma}$ 常用符号 m 代替，习惯写为：

$$m = \hat{\sigma} = \pm\sqrt{\frac{\Delta_1^2 + \Delta_2^2 + \cdots + \Delta_n^2}{n}} = \pm\sqrt{\frac{[\Delta\Delta]}{n}} \tag{4-9}$$

显然，m 也是中误差的估值。但是，在不特别强调“估值”的意义的情况下，也将 m 称为“中误差”。

【例 4-3】 对 10 个三角形的内角进行了两组观测，根据两组观测值中的偶然误差（三角形的角度闭合差——真误差），分别计算其中误差，结果列于表 4-2 中。

按观测值的真误差计算中误差 表 4-2

次　序	第一组观测值			第二组观测值		
	观测值	真误差 Δ(″)	Δ_i^2(″)	观测值	真误差 Δ(″)	Δ_i^2(″)
1	180°00′03″	−3	9	180°00′00″	0	0
2	180°00′02″	−2	4	179°59′59″	+1	1
3	179°59′58″	+2	4	180°00′07″	−7	49
4	179°59′56″	+4	16	180°00′02″	−2	4
5	180°00′01″	−1	1	180°00′01″	−1	1
6	180°00′00″	0	0	179°59′59″	+1	1
7	180°00′04″	−4	16	179°59′52″	+8	64
8	179°59′57″	+3	9	180°00′00″	0	0
9	179°59′58″	+2	4	179°59′57″	+3	9
10	180°00′03	−3	9	180°00′01″	−1	1
Σ| |		24	72		24	130
中误差	$m_1 = \pm\sqrt{\frac{\Sigma\Delta^2}{10}} = \pm 2.7''$			$m_2 = \pm\sqrt{\frac{\Sigma\Delta^2}{10}} = \pm 3.6''$		

由此可见，第二组观测值的中误差 m_2 大于第一组观测值的中误差 m_1。虽然这两组观测值的误差绝对值之和是相等的，可是在第二组观测值中出现了较大的误差（$-7''$，$+8''$），因此，计算出来的中误差就较大，或者相对来说其精度较低。

在一组观测值中，如果中误差已经确定，就可以画出它所对应的偶然误差的正态分布曲线。按式(4-3)，当 $\Delta = 0$ 时，$f(\Delta)$ 有最大值，其最大值为 $\frac{1}{\sqrt{2\pi}m}$。

当 m 较小时，曲线在纵轴方向的顶峰较高，在纵轴两侧迅速逼近横轴，表示小误差出现的频率较大，误差分布比较集中；当 m 较大时，曲线的顶峰较低，曲线形状平缓，表示误差分布比较离散。以上两种情况的正态分布曲线如图 4-3 所示。

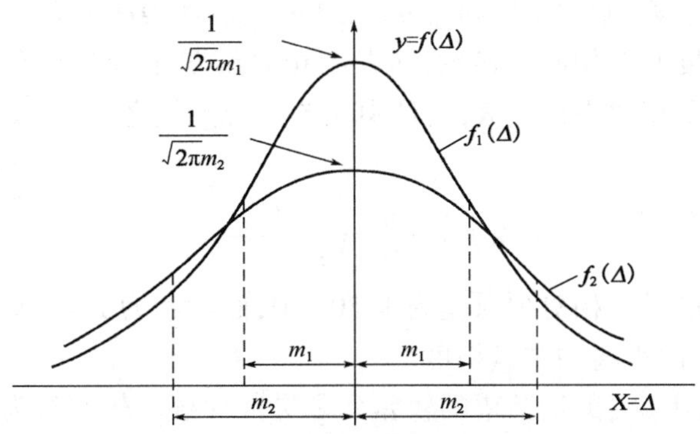

图 4-3　不同中误差的正态分布曲线

目前，在测量数据处理中，统一采用中误差作为衡量精度的指标。

2. 极限误差（$\Delta_{限}$）

由频率直方图（图 4-2）可知：图中各矩形小条的面积代表误差出现在该区间中的频率，当统计误差的个数无限增加、误差区间无限减小时，频率逐渐趋于稳定而成为概率，直方图的顶边即形成正态分布曲线。因此，根据正态分布曲线，可以表示出误差出现在微小区间 $d\Delta$ 中的概率：

$$p(\Delta)=f(\Delta)\cdot d\Delta=\frac{1}{\sqrt{2\pi}m}e^{-\frac{\Delta^2}{2m^2}}d\Delta \tag{4-10}$$

根据上式的积分，可以得到偶然误差在任意大小区间中出现的概率。设以 k 倍中误差作为区间，则在此区间中误差出现的概率为：

$$P(|\Delta|<km)=\int_{-km}^{+km}\frac{1}{\sqrt{2\pi}m}e^{-\frac{\Delta^2}{2m^2}}d\Delta \tag{4-11}$$

分别以 $k=1$、$k=2$、$k=3$ 代入上式，可得到偶然误差的绝对值不大于 1 倍中误差、2 倍中误差和 3 倍中误差的概率：

$$\left.\begin{aligned}P(|\Delta|\leqslant m)&=0.683=68.3\%\\P(|\Delta|\leqslant 2m)&=0.954=95.4\%\\P(|\Delta|\leqslant 3m)&=0.997=99.7\%\end{aligned}\right\} \tag{4-12}$$

由式（4-12）可知，偶然误差的绝对值大于 2 倍中误差的约占误差总数的 5%，而大于 3 倍中误差的仅占误差总数的 0.3%。由于出现的概率很小，故可以认为，绝对值大于 $3m$ 的真误差实际上是不可能出现的。故通常以 3 倍中误差作为真误差极限误差的估值，即：

$$\Delta_{限}=3|m| \tag{4-13}$$

在实际工作中，测量规范要求观测值中不应该存在较大的误差，常以 2 倍或 3 倍中误差作为偶然误差的容许值，称为容许误差，即：

$$\Delta_{容}=2|m| 或 \Delta_{容}=3|m| \tag{4-14}$$

前者要求较严，后者要求较宽。如果在观测值中，某误差超过了规定的容许误差，则认为该观测值不可靠，其中可能含有系统误差或粗差，应舍去不用或重测。

3. 相对中误差

有时仅仅依靠中误差还不能完全表达观测结果的好坏。例如，某观测者分别丈量的

1 000m及 80m 两段距离，观测值的中误差均为 ±2cm。虽然表面上看两者观测精度相同，但就单位长度而言，两者精度并不相同。显然，前者的相对精度比后者要高。为此，通常又采用另一种衡量精度的方法，即相对中误差 K，它是中误差与观测值之比，它是一个不名数，常用分子为 1 的分式来表示，即：

$$K=\frac{|m|}{D}=\frac{1}{D/|m|} \tag{4-15}$$

如上述两段距离，前者的相对中误差为 1/50 000，而后者为 1/4 000。因此，用相对误差可以很容易地衡量出这两段距离的丈量精度。

在距离测量中，常用往返测量结果的较差率来进行检核。较差率为：

$$\frac{|D_{往}-D_{返}|}{D_{平均}}=\frac{|\Delta D|}{D_{平均}}=\frac{1}{D_{平均}/|\Delta D|} \tag{4-16}$$

较差率是真误差的相对误差，它只反映了往返测的符合程度，以资检核。显然，较差率越小，观测结果越可靠。

相对中误差仅适用距离测量，测角测量时，不能用相对误差来衡量测角精度，因为测角误差与角度大小无关。

与相对误差相对应，真误差、中误差和极限误差均称为绝对误差。

第四节　误差传播定律

一、观测值的函数

上述几例中介绍的都是对于某一量（例如一个角度、一段距离）直接进行多次观测，以求得其最优估值，并计算出观测值的中误差，作为衡量其精度的标准。但是，在测量工作中，有一些需要知道的量并非直接观测值，而是根据一些直接观测值用一定的数学公式（函数关系）计算而得，因此称这些量为观测值的函数。由于观测值中含有误差，使函数受其影响也含有误差，称之为“误差传播”。阐述观测值的中误差与观测值函数的中误差之间关系的定律，称为误差传播定律。

在测量工作中，一般有下列一些函数关系：

1. 和差函数

例如，两点间的水平距离 D 分为 n 段来丈量，各段量得的长度分别为 d_1、d_2……d_n，则 $D=d_1+d_2+\cdots+d_n$，即距离 D 是各分段观测值 d_1、d_2……d_n 之和，这种函数称为和差函数。其一般形式为：

$$Z=x_1+x_2+\cdots+x_n \tag{4-17}$$

2. 倍数函数

例如，用尺子在 1∶1 000 的地形图上量得两点间的距离 d，其相应的实地距离 $D=1\,000d$，则 D 是 d 的倍数函数。其一般形式为：

$$Z=kx \tag{4-18}$$

3. 线性函数

例如，计算某观测量的算术平均值的公式为：

$$\bar{x}=\frac{1}{n}(l_1+l_2+\cdots+l_n)=\frac{1}{n}l_1+\frac{1}{n}l_2+\cdots+\frac{1}{n}l_n \tag{4-19}$$

式中，在直接观测值 l_n 之前乘以某一系数（系数不一定相同），并取其代数和，因此，可以把算术平均值看成是各个观测值的线性函救。和差函数与倍数函数也属于线性函数。线性函数的一般形式可写为：

$$Z=k_1x_1+k_2x_2+\cdots+k_nx_n \tag{4-20}$$

4. 一般函数

例如，已知直角三角形的斜边 c 和一锐角 α，则可求出其对边 a 和邻边 b，公式为 $a=c\sin\alpha$，$b=c\cos\alpha$。凡是在变量之间用数学运算符乘、除、乘方、开方、三角函数等组成的函数称为非线性函数。线性函数和非线性函数总称为一般函数。其一般形式为：

$$Z=f(x_1,x_2,\cdots,x_n) \tag{4-21}$$

根据观测值的中误差求观测值函数的中误差，需要用误差传播定律。它根据函数的形式把函数的中误差以一定的数学式表达出来，反映了观测值中误差与观测值函数中误差之间的特定关系。

二、误差传播定律

下面以一般函数关系为例来推导误差传播定律。

设有一如式(4-21)所示的一般函数，其中 x_1、x_2……x_n 为可直接观测的未知量，Z 为不便于直接观测的未知量。

设 $x_i(i=1,2,\cdots,n)$ 的独立观测值为 l_i，其相应的真误差为 Δx_i。由于 Δx_i 的存在，使函数 Z 也产生相应的真误差 ΔZ。将式(4-21)取全微分，得：

$$\mathrm{d}Z=\frac{\partial f}{\partial x_1}\mathrm{d}x_1+\frac{\partial f}{\partial x_2}\mathrm{d}x_2+\cdots+\frac{\partial f}{\partial x_n}\mathrm{d}x_n$$

因误差 Δx_i 及 ΔZ 都很小，故在上式中，可近似用 Δx_i 及 ΔZ 代替 $\mathrm{d}x_i$ 及 $\mathrm{d}Z$，于是有：

$$\Delta Z=\frac{\partial f}{\partial x_1}\Delta x_1+\frac{\partial f}{\partial x_2}\Delta x_2+\cdots+\frac{\partial f}{\partial x_n}\Delta x_n \tag{4-22}$$

式中，$\frac{\partial f}{\partial x_i}$为函数 f 对各自变量的偏导数。将 $x_i=l_i$ 带入各偏导数中，即为确定的常数，设 $\left(\frac{\partial f}{\partial x_i}\right)_{x_i=l_i}=f_i$，则式(4-22)可写成：

$$\Delta Z=f_1\Delta x_1+f_2\Delta x_2+\cdots+f_n\Delta x_n \tag{4-23}$$

为了求得函数和观测值之间的中误差的关系式，设对各 x_i 进行了 k 次观测，则可写出 k 个类似于式(4-23)的关系式：

$$\begin{aligned}
\Delta Z^{(1)}&=f_1\Delta x_1^{(1)}+f_2\Delta x_2^{(1)}+\cdots+f_n\Delta x_n^{(1)}\\
\Delta Z^{(2)}&=f_1\Delta x_1^{(2)}+f_2\Delta x_2^{(2)}+\cdots+f_n\Delta x_n^{(2)}\\
&\cdots\cdots\\
\Delta Z^{(k)}&=f_1\Delta x_1^{(k)}+f_2\Delta x_2^{(k)}+\cdots+f_n\Delta x_n^{(k)}
\end{aligned}$$

将以上各式等号两边平方后再相加，得：

$$[\Delta Z^2]=f_1^2[\Delta x_1{}^2]+f_2^2[\Delta x_2^2]+\cdots+f_n^2[\Delta x_n^2]+\sum_{\substack{i,j=1\\i\neq j}}^{n}2f_if_j[\Delta x_i\Delta x_j]$$

上式两端分别除以 k，即：

$$\frac{[\Delta Z^2]}{k}=f_1^2\frac{[\Delta x_1^2]}{k}+f_2^2\frac{[\Delta x_2^2]}{k}+\cdots+f_n^2\frac{[\Delta x_n^2]}{k}+\sum_{\substack{i,j=1\\i\neq j}}^{n}2f_if_j\frac{[\Delta x_i\Delta x_j]}{k} \tag{4-24}$$

设对各 x_i 的观测值 l_i 为彼此独立的观测，则 $\Delta x_i\Delta x_j$ 在当 $i\neq j$ 时，也是偶然误差。根据偶然误差的第(4)个特性可知，式(4-24)的最后一项当 $k\to\infty$时趋近于零，即：

$$\lim_{k\to\infty}\frac{[\Delta x_i\Delta x_j]}{k}=0$$

故式(4-24)可写为：

$$\lim_{k\to\infty}\frac{[\Delta Z^2]}{k}=\lim_{k\to\infty}\left(f_1^2\frac{[\Delta x_1^2]}{k}+f_2^2\frac{[\Delta x_2^2]}{k}+\cdots+f_n^2\frac{[\Delta x_n^2]}{k}\right)$$

根据中误差的定义，上式可写成：

$$\sigma_Z^2=f_1^2\sigma_1^2+f_2^2\sigma_2^2+\cdots+f_n{}^2\sigma_n^2$$

当 k 为有限值时，上式可进一步写为：

$$m_Z^2=f_1^2m_1^2+f_2^2m_2^2+\cdots+f_n^2m_n^2 \tag{4-25}$$

即：

$$m_Z=\pm\sqrt{\left(\frac{\partial f}{\partial x_1}\right)^2m_1^2+\left(\frac{\partial f}{\partial x_2}\right)^2m_2^2+\cdots+\left(\frac{\partial f}{\partial x_n}\right)^2m_n^2} \tag{4-26}$$

上式即为由观测值中误差计算其函数中误差的一般形式，称为中误差传播公式。而其他函数，如和差函数、倍数函数、线性函数等，都是上式的特例。

此外，在应用式(4-26)时，必须注意：各观测值必须是相互独立的变量。而当 l_i 为未知量 x_i 的直接观测值时，可认为各 l_i 之间满足相互独立的条件。

通过以上误差传播定律的推导，可以总结出求观测值函数中误差的 4 个步骤：

(1)列出观测值与其函数之间的正确表达式。

(2)若该函数为非线性函数，应对其求全微分。

(3)应用误差传播定律，写出观测值函数中误差的表达式。

(4)代入相应的数值，计算出观测值函数的中误差。

三、误差传播定律的应用

【例 4-4】 线性函数的中误差计算，设有线性函数：

$$Z=k_1x_1+k_2x_2+\cdots+k_nx_n \tag{4-27}$$

式中，k_1、k_2……k_n 为任意常数，x_1、x_2……x_n 为独立变量，其中误差分别为 m_1、m_2……m_n。试计算函数 Z 的中误差。

解：按照误差传播定律，由于此时

$$\frac{\partial f}{\partial x_1}=k_1,\frac{\partial f}{\partial x_2}=k_2,\cdots,\frac{\partial f}{\partial x_n}=k_n$$

于是可以得到线性函数 Z 的中误差：

$$m_Z=\pm\sqrt{k_1^2m_1^2+k_2^2m_2^2+\cdots+k_n^2m_n^2} \tag{4-28}$$

若对某一量进行了 n 次等精度观测，其算术平均值可以写成式(4-19)。按式(4-28)，得：

$$m_{\bar{x}} = \pm\sqrt{\left(\frac{1}{n}\right)^2 m_1^2 + \left(\frac{1}{n}\right)^2 m_2^2 + \cdots + \left(\frac{1}{n}\right)^2 m_n^2}$$

由于是等精度观测，因此，$m_1 = m_2 = \cdots = m_n = m$，$m$ 为观测值的中误差。由此得到按观测值的中误差计算算术平均值的中误差的公式：

$$m_{\bar{x}} = \pm\frac{m}{\sqrt{n}} \tag{4-29}$$

由此可见，算术平均值的中误差是观测值中误差的$\frac{1}{\sqrt{n}}$。因此，对于某一量进行多次等精度观测而取其算术平均值，是提高观测成果精度的一种有效方法。

【例 4-5】 设对某个三角形进行角度测量，观测了其中的两个内角 α 和 β，测角中误差分别为 $m_\alpha = \pm 3.0''$、$m_\beta = \pm 4.0''$，现按公式 $\gamma = 180° - \alpha - \beta$ 求得其第三个内角 γ，试计算 γ 角的中误差 m_γ。

解：按误差传播定律对式 $\gamma = 180° - \alpha - \beta$ 进行全微分，可得 $\mathrm{d}\gamma = -\mathrm{d}\alpha - \mathrm{d}\beta$，于是：

$$m_\gamma = \pm\sqrt{m_\alpha^2 + m_\beta^2} = \pm\sqrt{(\pm 3.0'')^2 + (\pm 4.0'')^2} = \pm 5.0''$$

【例 4-6】 平面直角坐标计算（坐标正算）的精度。首先按两点间的坐标方位角 α 和水平距离 D 计算两点间的坐标增量 Δx 和 Δy，然后按其中一个已知点 A 的坐标计算另一个待定点 B 的坐标。设已知观测值 α 和 D 的中误差 m_α 和 m_D，试计算出坐标增量的中误差 $m_{\Delta x}$ 和 $m_{\Delta y}$。

解：计算两点间坐标增量的函数式为：

$$\Delta x = D\cos\alpha$$
$$\Delta y = D\sin\alpha$$

按误差传播定律，对上式求全微分，可得：

$$\mathrm{d}\Delta x = \cos\alpha \cdot \mathrm{d}D - D\sin\alpha \cdot \mathrm{d}\alpha$$
$$\mathrm{d}\Delta y = \sin\alpha \cdot \mathrm{d}D + D\cos\alpha \cdot \mathrm{d}\alpha$$

将上式化为中误差的表达式，并将方位角误差以秒表示，则有：

$$\left.\begin{aligned} m_{\Delta x} &= \sqrt{\cos^2\alpha \cdot m_D^2 + (D\sin\alpha)^2 \frac{m_\alpha^2}{\rho''^2}} \\ m_{\Delta y} &= \sqrt{\sin^2\alpha \cdot m_D^2 + (D\cos\alpha)^2 \frac{m_\alpha^2}{\rho''^2}} \end{aligned}\right\} \tag{4-30}$$

而 A、B 两点间的相对点位中误差可由下式计算：

$$M_{AB} = \sqrt{m_{\Delta x}^2 + m_{\Delta y}^2} = \sqrt{m_D^2 + \left(D\frac{m_\alpha}{\rho''}\right)^2} \tag{4-31}$$

上式右端根号内第一项为两点间的纵向误差，第二项为横向误差，即两点间的距离误差形成纵向误差，方位角误差形成横向误差。

在例 4-6 中，设 A、B 两点间的距离、方位角分别为：

$$D = 360.440\text{m} \pm 0.030\text{m},\ \alpha = 60°24'30'' \pm 16''$$

代入式(4-30)和式(4-31)，计算出的距离和方位角中误差结果如下：

$$m_{\Delta x} = \pm 0.028\text{m}, m_{\Delta y} = \pm 0.030\text{m}, M_{AB} = \pm 0.041\text{m}$$

为方便应用，由式(4-25)及以上几例可以导出下列简单函数式的中误差传播公式，见表4-3。

几种简单函数式的中误差传播公式　　表4-3

函数名称	函数式	中误差传播公式
和差函数	$Z = x_1 \pm x_2 \pm \cdots \pm x_n$	$m_Z = \pm \sqrt{m_1^2 + m_2^2 + \cdots + m_n^2}$
倍数函数	$Z = kx$	$m_Z = \pm km$
线性函数	$Z = k_1 x_1 \pm k_2 x_2 \pm \cdots \pm k_n x_n$	$m_Z = \pm \sqrt{k_1^2 m_1^2 + k_2^2 m_2^2 + \cdots + k_n^2 m_n^2}$

第五节　等精度直接观测平差

一、算术平均值

设在相同的观测条件下对某量进行了 n 次同精度观测，其真值为 X，观测值为 l_1、l_2……l_n，相应的真误差为 Δ_1、Δ_2……Δ_n，则：

$$\Delta_1 = l_1 - X$$
$$\Delta_2 = l_2 - X$$
$$\cdots\cdots$$
$$\Delta_n = l_n - X$$

将上列等式相加，得：

$$[\Delta] = [l] - nX$$

两端再同除以 n，可得：

$$\frac{[\Delta]}{n} = \frac{[l]}{n} - X = L - X \tag{4-32}$$

式(4-32)中，L 为算术平均值，即：

$$L = \frac{l_1 + l_2 + \cdots + l_n}{n} = \frac{[l]}{n} \tag{4-33}$$

根据偶然误差的第(4)个特性，当 $n \to \infty$ 时，$\frac{[\Delta]}{n} \to 0$，即：

$$\lim_{n \to \infty} \frac{[\Delta]}{n} = 0$$

于是 $L \approx X$，即当观测次数 n 无限多时，观测值的算术平均值就趋向于未知量的真值。但是，在实际工作中，不可能对某一量进行无限次的观测。因此，当观测次数有限时，就把有限次观测值的算术平均值作为该量的“最或是值”或“最或然值”。

二、观测值的改正数

算术平均值与观测值之差称为观测值的改正数，改正数一般用符号 v 来表示。

$$
\begin{aligned}
v_1 &= L - l_1 \\
v_2 &= L - l_2 \\
&\cdots\cdots \\
v_n &= L - l_n
\end{aligned}
\tag{4-34}
$$

将上列等式相加，得：

$$[v] = nL - [l]$$

再根据式(4-33)，得到：

$$[v] = n\frac{[l]}{n} - [l] = 0 \tag{4-35}$$

由此可见，一组观测值取算术平均值后，其改正值之和恒等于零。这一特性可以作为计算中的校核。

三、精度评定

1. 等精度观测值的中误差

前已述及，等精度观测值中误差的定义式为：$m = \pm\sqrt{\frac{[\Delta\Delta]}{n}}$。但由于未知量的真值 X 无法确知，真误差 Δ_i 也是未知数，故不能直接用其定义式来计算观测值的中误差。在实际工作中，一般用观测值的改正数 v_i 来计算观测值的中误差。

由真误差 Δ_i 和改正数 v_i 的定义可知：

$$
\begin{aligned}
\Delta_i &= l_i - X \\
v_i &= L - l_i \qquad (i = 1, 2, \cdots, n)
\end{aligned}
$$

以上两式对应相加，得：

$$\Delta_i + v_i = L - X$$

设 $L - X = \delta$，将其代入上式，移项后可得：

$$
\begin{aligned}
\Delta_1 &= -v_1 + \delta \\
\Delta_2 &= -v_2 + \delta \\
&\cdots\cdots \\
\Delta_n &= -v_n + \delta
\end{aligned}
$$

上列各式分别先自乘，然后求和，有：

$$[\Delta\Delta] = [vv] + n\delta^2 - 2\delta[v]$$

因为$[v] = 0$，故有：

$$[\Delta\Delta] = [vv] + n\delta^2$$

上式两端再同除以 n，则有：

$$\frac{[\Delta\Delta]}{n} = \frac{[vv]}{n} + \delta^2 \tag{4-36}$$

又因为

$$\delta = L - X = \frac{[l]}{n} - X = \frac{[l - X]}{n} = \frac{[\Delta]}{n}$$

故：

$$\delta^2 = \frac{[\Delta]^2}{n^2} = \frac{1}{n^2}(\Delta_1^2 + \Delta_2^2 + \cdots + \Delta_n^2 + 2\Delta_1\Delta_2 + 2\Delta_1\Delta_3 + \cdots)$$

$$= \frac{[\Delta\Delta]}{n^2} + \frac{2}{n^2}(\Delta_1\Delta_2 + \Delta_1\Delta_3 + \cdots)$$

由于 Δ_1、Δ_2……Δ_n 是彼此独立的偶然误差，故 $\Delta_1\Delta_2$、$\Delta_1\Delta_3$ 等也具有偶然误差的性质。当 $n\to\infty$时，上式等号右侧第二项应趋近于零；当 n 为较大的有限值时，其值远比第一项小，故可忽略不计。于是，式(4-36)可以写为：

$$\frac{[\Delta\Delta]}{n} = \frac{[vv]}{n} + \frac{[\Delta\Delta]}{n^2}$$

根据中误差的定义，上式可进一步写为：

$$m^2 = \frac{[vv]}{n} + \frac{m^2}{n}$$

即：

$$m = \pm\sqrt{\frac{[vv]}{n-1}} \tag{4-37}$$

式(4-37)即为等精度观测中用观测值的改正数计算观测值中误差的公式，称为白塞尔公式。

比较式(4-37)与式(4-39)，可见除了以[vv]代替[$\Delta\Delta$]之外，还以 $n-1$ 代替了 n。简单的解释为：在真值已知的情况下，所有的 n 次观测值均属多余观测；而在真值未知的情况下，则有一次观测值是必要观测，其余的 $n-1$ 次观测值是多余的。因此，n 和 $n-1$ 是分别代表真值已知和真值未知两种不同情况下的多余观测数。

2. 算术平均值的中误差

设对某量进行了 n 次等精度观测，其观测值为 $l_i(i=1,2,\cdots,n)$，观测值中误差为 m，其算术平均值(最或是值)为 L，则有：

$$L = \frac{[l]}{n} = \frac{1}{n}l_1 + \frac{1}{n}l_2 + \cdots + \frac{1}{n}l_n$$

按误差传播定律，可算得该观测值的算术平均值的中误差为：

$$M = \pm\sqrt{\left(\frac{1}{n}\right)^2 m^2 + \left(\frac{1}{n}\right)^2 m^2 + \cdots + \left(\frac{1}{n}\right)^2 m^2}$$

即：

$$M = \pm\frac{m}{\sqrt{n}} = \pm\sqrt{\frac{[vv]}{n(n-1)}} \tag{4-38}$$

式(4-38)即为等精度观测值的算术平均值的中误差计算公式。

【例 4-7】 设对某角进行了 5 次等精度观测，观测结果见表 4-4，试求其观测值的中误差及算术平均值的中误差。

等精度角度观测值及其改正数　　表 4-4

观测值	v	vv
$l_1=35°18'28''$	-3	9
$l_2=35°18'25''$	0	0
$l_3=35°18'26''$	-1	1
$l_4=35°18'22''$	+3	9
$l_5=35°18'24''$	+1	1
$L=\frac{[l]}{n}=35°18'25''$	$[v]=0$	$[vv]=20$

解:根据表中数据,由式(4-37)(白塞尔公式)可算得观测值的中误差为:

$$m=\pm\sqrt{\frac{[vv]}{n-1}}=\pm\sqrt{\frac{20}{5-1}}=\pm2.2''$$

由式(4-38)可算得其算术平均值的中误差为:

$$M=\pm\frac{m}{\sqrt{n}}=\pm\frac{2.2''}{\sqrt{5}}=\pm1.0''$$

同时,从式(4-38)可以看出:算术平均值的中误差与观测次数的平方根成反比。因此,增加观测次数可以提高算术平均值的精度。不同的观测次数对应的 M 值见表 4-5。

不同观测次数下的 M 值　　表 4-5

观测次数 n	2	4	6	8	10	12	14	16
算术平均值中误差 M (以中误差 m 为单位计)	±0.71	±0.50	±0.41	±0.35	±0.32	±0.29	±0.27	±0.25

以观测次数 n 为横坐标,算术平均值中误差 M 为纵坐标,并令 $m=\pm1$,可以画出如图 4-4 所示的 M 值与观测次数 n 的关系曲线。从图 4-4 中可以看出,当观测次数达到了一定数值后(如 10 次以后),随着观测次数的增加,中误差减小得愈来愈慢。此时,再增加观测次数,工作量增加了不少,但提高精度的效果就不太明显了。故不能单靠增加观测次数来提高测量成果的精度,还应设法提高观测值本身的精度。例如,采用精度较高的仪器,提高观测技能,在良好的外界条件下进行观测等。

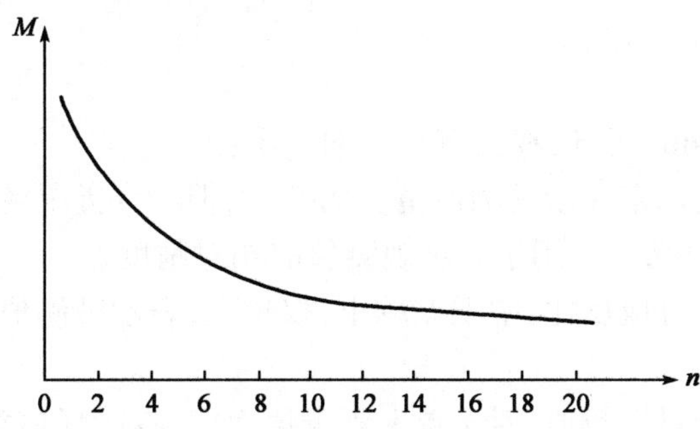

图 4-4　M 值与观测次数 n 的关系曲线

因此,测量一般精度的角,要求观测 1 ~ 3 个测回;对于中等精度要求的角,观测 3 ~ 6 个测回即可;只有对精度要求很高的角,才观测 9 ~ 24 个测回。

第六节　不等精度直接观测平差

对于某一未知的量,如何从 n 次等精度观测中确定未知量的最或是值(即取算术平均值),以及评定其精度的问题,前节已做了详细叙述。但是,在测量实践中,除了等精度观测以外,还有不等精度观测。例如,有一个待定水准点,需要从两个已知点经过两条不同长度的水准路线测定其高程,则从两条路线分别测得的高程是不等精度观测,不能简单地取其算术平均值,并据此评定其精度。这时,就需要引入"权"的概念来处理这个问题。

一、权

"权"的原意为秤锤,是指用来测定物体质量的器具,此处用作"权衡轻重"之意。某一观测值或观测值的函数的精度越高(中误差 m 越小),其权应越大。在测量误差理论中,一般用符号 P 表示权。

1. 权的定义

一定的观测条件,对应着一定的误差分布,而一定的误差分布对应着一个确定的中误差。对不同精度的观测值来说,中误差越小,则精度越高,观测结果也越可靠,因而应具有较大的权。故可以用中误差来定义权。

设有一组不等精度观测值为 l_i,相应的中误差为 $m_i(i=1,2,\cdots,n)$,选定任一大于零的常数 λ,定义权 P_i 为:

$$P_i=\frac{\lambda}{m_i^2} \tag{4-39}$$

在式(4-39)中,称 P_i 为观测值 l_i 的权。对一组已知中误差的观测值而言,选定一个 λ 值,就有一组对应的权。

由式(4-39)可以确定出各观测值权之间的比例关系:

$$P_1:P_2:\cdots:P_n=\frac{\lambda}{m_1^2}:\frac{\lambda}{m_2^2}:\cdots:\frac{\lambda}{m_n^2}=\frac{1}{m_1^2}:\frac{1}{m_2^2}:\cdots:\frac{1}{m_n^2} \tag{4-40}$$

2. 权的性质

由式(4-39)和式(4-40)可知,权具有如下的性质:

(1)权与中误差都是用来衡量观测值精度的指标,但中误差是绝对性数值,用于表示观测值的绝对精度;权是相对性数值,用于表示观测值的相对精度。

(2)权与中误差的平方成反比,中误差越小,权越大,表示观测值越可靠,精度越高。

(3)权始终取正号。

(4)由于权是一个相对性数值,对于单一观测值而言,权无任何意义。

(5)权的大小随常数 λ 的不同而不同,但权之间的比例关系始终保持不变。

(6)在同一个问题中只能选定一个 λ 值,不能同时选用几个不同的 λ 值,否则就破坏了权之间的比例关系。

二、测量中常用的定权方法

1. 等精度观测值的算术平均值的权

设一次观测的中误差为 m，由式(4-38)知 n 次等精度观测值的算术平均值的中误差 $M = m/\sqrt{n}$。由权的定义，可设 $\lambda = m^2$，则一次观测值的权即为：

$$P = \frac{\lambda}{m^2} = \frac{m^2}{m^2} = 1$$

算术平均值 L 的权为：

$$P_L = \frac{\lambda}{m^2/n} = \frac{m^2}{m^2/n} = n \tag{4-41}$$

由此可知，取一次观测值之权为 1，则 n 次观测的算术平均值的权为 n。故权与观测次数成正比。

在不等精度观测中引入"权"的概念，可以建立起各观测值之间的精度比值关系，以便更合理地处理观测数据。

例如，设一次观测值的中误差为 m，其权为 P_0，并设 $\lambda = m^2$，则 $P_0 = \frac{m^2}{m^2} = 1$。

权值等于 1 的权称为单位权，而权值等于 1 的中误差称为单位权中误差，一般用符号 μ 表示。对于中误差为 m_i 的观测值(或观测值的函数)，其权 P_i 为：

$$P_i = \frac{\mu^2}{m_i^2} \tag{4-42}$$

则相应的中误差的另一表达式可写为：

$$m_i = \mu\sqrt{\frac{1}{P_i}} \tag{4-43}$$

2. 权在水准测量中的应用

设水准测量中每一测站观测高差的精度相同，其中误差为 $m_{站}$，则不同测站数的水准路线观测高差的中误差为：

$$m_i = m_{站}\sqrt{N_i} \qquad (i = 1,2,\cdots,n) \tag{4-44}$$

式中，N_i 为各水准路线的测站数。

若取 C 个测站的高差中误差为单位权中误差，即 $\mu = \sqrt{C}m_{站}$，则各水准路线的权为：

$$P_i = \frac{\mu^2}{m_i^2} = \frac{C}{N_i} \tag{4-45}$$

同理，可得：

$$P_i = \frac{C}{L_i} \tag{4-46}$$

式(4-46)中，L_i 为各水准路线的长度。

由式(4-45)和式(4-46)可知，当各测站观测高差为等精度时，各水准路线的权与测站数或路线长度成反比。

3. 权在距离丈量中的应用

设单位长度(1km)的距离丈量中误差为 m，则长度为 S 的距离丈量中误差为 $m_S = m\sqrt{S}$。

若取长度为 C 的距离丈量中误差为单位权中误差，即 $\mu = m\sqrt{C}$，则可得 S 的距离丈量的权为：

$$P_S = \frac{\mu^2}{m_S^2} = \frac{C}{S} \tag{4-47}$$

由式(4-47)可知，距离丈量的权与长度成反比。

从上述几种定权公式中可以看出，在定权时，并不需要预先知道各观测值中误差的具体数值。在观测方法确定之后，权就可以预先确定。这一点说明，可以事先对最后观测结果的精度进行估算，这在实际测量工作中具有很重要的意义。

三、加权算术平均值

对某一未知的观测量，L_1、L_2……L_n 为一组不等精度的观测值，其中误差为 m_1、m_2……m_n，按式(4-39)计算其权为 P_1、P_2……P_n。按下式计算其加权算术平均值 x，作为该观测量的最或是值：

$$x = \frac{P_1L_1 + P_2L_2 + \cdots + P_nL_n}{P_1 + P_2 + \cdots + P_n} = \frac{[PL]}{[P]} \tag{4-48}$$

根据同一量的 n 次不等精度观测值，计算其加权算术平均值 x 后，还可用下式来计算各观测值的改正数 v_i：

$$\left.\begin{aligned} v_1 &= x - L_1 \\ v_2 &= x - L_2 \\ &\cdots\cdots \\ v_n &= x - L_n \end{aligned}\right\} \tag{4-49}$$

即：

$$v_i = x - L_i$$

若将上式两边乘以相应的权：

$$P_iv_i = P_ix - P_iL_i$$

并将 n 个等式相加后，可得：

$$[Pv] = [P]x - [PL] = [P]\frac{[PL]}{[P]} - [PL] = 0 \tag{4-50}$$

因此，上式可以用作计算中的检核。

四、加权算术平均值的中误差

不等精度观测值的加权算术平均值的计算公式(4-48)可以写成如下的线性函数的形式：

$$x = \frac{P_1}{[P]}L_1 + \frac{P_2}{[P]}L_2 + \cdots + \frac{P_n}{[P]}L_n$$

根据线性函数的中误差传播公式，可得加权算术平均值的中误差：

$$M_x = \sqrt{\left(\frac{P_1}{[P]}\right)^2 m_1^2 + \left(\frac{P_2}{[P]}\right)^2 m_2^2 + \cdots + \left(\frac{P_n}{[P]}\right)^2 m_n^2}$$

按式(4-42)，上式中 $m_i^2 = \frac{\mu^2}{P_i}$（$\mu$ 为单位权中误差），则加权算术平均值的中误差为：

$$M_x = \mu \sqrt{\frac{P_1}{[P]^2} + \frac{P_2}{[P]^2} + \cdots + \frac{P_n}{[P]^2}}$$

即：

$$M_x = \frac{\mu}{\sqrt{[P]}} \tag{4-51}$$

由式(4-42)可知,加权算术平均值的权即为观测值的权之和：

$$P_x = [P] = \frac{\mu^2}{M_x^2} \tag{4-52}$$

五、单位权中误差的计算

根据一组对同一观测量的不等精度观测值,可以计算该类观测值的单位权中误差。由式(4-42)可得：

$$\mu^2 = P_i m_i^2 \tag{4-53}$$

对于同一观测量,若有 n 个不等精度观测值,则有：

$$\mu^2 = P_1 m_1^2, \mu^2 = P_2 m_2^2, \cdots, \mu^2 = P_n m_n^2$$

将上面的 n 个 μ^2 求和,得：

$$\mu^2 = \frac{[Pm^2]}{n} = \frac{[Pmm]}{n}$$

此时,用真误差 Δ_i 代替中误差 m_i,得到在观测量的真值已知的情况下用真误差求单位权中误差的公式：

$$\mu = \pm \sqrt{\frac{[P\Delta\Delta]}{n}} \tag{4-54}$$

将式(4-54)代入式(4-51)中,可得加权算术平均值的中误差为：

$$M_x = \frac{\mu}{\sqrt{[P]}} = \pm \sqrt{\frac{[P\Delta\Delta]}{n[P]}} \tag{4-55}$$

在观测量的真值未知的情况下,用观测值的加权算术平均值 x 代替真值 X,用观测值的改正值 v_i 代替真误差 Δ_i,并仿照式(4-37)的推导,得到按不等精度观测值的改正数计算单位权中误差的公式：

$$\mu = \pm \sqrt{\frac{[Pvv]}{n-1}} \tag{4-56}$$

将式(4-56)代入式(4-51)中,可得加权算术平均值的中误差的实用计算公式：

$$M_x = \frac{\mu}{\sqrt{[P]}} = \pm \sqrt{\frac{[Pvv]}{[P](n-1)}} \tag{4-57}$$

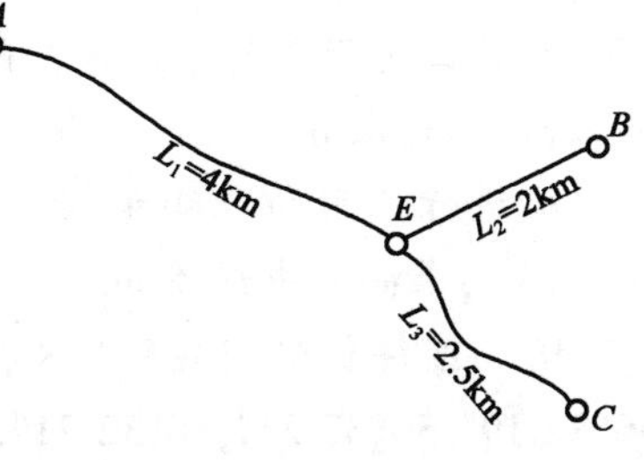

图 4-5 不等精度观测水准路线图

【例 4-8】 在水准测量中,从三个已知高程点 A、B、C 出发,来测量 E 点的高程值,水准路线如图 4-5 所示。测后分别得到 E 点的三个高程观测值:42.347m、42.320m、

42.332m，L_i 为各水准路线的长度，求 E 点高程的最或是值及其中误差。

解：取各水准路线长度 L_i的倒数乘以 C 为权，并令$C=1$，计算数据见表 4-6。

E 点高程最或是值（加权算术平均值）**的计算** 表 4-6

测段	高程观测值（m）	水准路线长度 L_i（km）	权 $P_i=\frac{1}{L_i}$	v（mm）	Pv（mm）	Pvv（mm）
AE	42.347	4.0	0.25	-17.0	-4.2	71.4
BE	42.320	2.0	0.50	+10.0	+5.0	50.0
CE	42.332	2.5	0.40	-2.0	-0.8	1.6
			$[P]=1.15$		$[Pv]=0$	$[Pvv]=123.0$

E 点高程的最或是值为：

$$H_E=\frac{0.25\times42.347+0.50\times42.320+0.40\times42.332}{0.25+0.50+0.40}=42.330(\mathrm{m})$$

单位权观测值中误差为：

$$\mu=\pm\sqrt{\frac{[Pvv]}{n-1}}=\pm\sqrt{\frac{123.0}{3-1}}=\pm7.8(\mathrm{mm})$$

最或是值中误差为：

$$M_{H_E}=\pm\frac{\mu}{\sqrt{[P]}}=\pm\frac{7.8}{\sqrt{1.15}}=+7.3(\mathrm{mm})$$

【思考题与习题】

1. 什么是误差？产生测量误差的原因有哪些？

2. 测量误差可以分为几类？这几类误差各有何特点？

3. 偶然误差和系统误差有什么不同？偶然误差具有哪些特性？

4. 在角度测量中采用正倒镜观测、水准测量中前后视距相等，这些规定都是为了消除什么误差？

5. 何为精度？测量工作中常用的衡量精度的指标有哪些？

6. 什么是中误差？为什么中误差能作为衡量精度的标准？

7. 什么是误差传播定律？函数 $z=z_1+z_2$，其中 $z_1=x+2y$，$z_2=2x-y$，x 和 y 相互独立，其 $m_x=m_y=m$，求 m_z。

8. 进行三角高程测量，按 $h=D\tan\alpha$ 计算高差，已知 $\alpha=20°$，$m_a=\pm1'$，$D=250\mathrm{m}$，$m_D=\pm0.13\mathrm{m}$，求高差中误差 m_h。

9. 用经纬仪观测某角共 8 个测回，结果如下：56°32′13″，56°32′21″，56°32′17″，56°32′14″，56°32′19″，56°32′23″，56°32′21″，56°32′18″，试求该角最或是值及其中误差。

10. 用水准仪测量 A、B 两点高差 9 次，得下列结果（以 m 为单位）：1.253，1.250，1.248，

1.252,1.249,1.247,1.250,1.249,1.251,试求A、B两点高差的最或是值及其中误差。

11. 用经纬仪测水平角,一测回的中误差$m=\pm15''$,欲使测角精度达到$m=\pm5''$,需观测几个测回?

12. 什么是单位权?什么是单位权中误差?为什么不等精度观测需用权来衡量?

第五章

GNSS 测量

【学习内容与要求】

通过本章学习,使学生了解 GNSS 的基本构建过程和发展现状,理解 GNSS 的基本概念、定义和参数,掌握 GNSS 定位导航的基本原理,重点掌握利用 GNSS 进行静态相对定位和实时动态 GNSS 定位导航的原理及实施方法,掌握相关仪器操作和数据处理软件使用方法,最后了解网络 RTK 和 CORS 技术的原理以及使用方法。

第一节 GNSS 概述

全球导航卫星系统(Global Navigation Satellite System,GNSS)是随着现代科学技术的迅速发展而建立起来的新一代精密卫星导航定位系统。GNSS 系统分为空间部分、地面控制部分和用户部分(图 5-1)。空间部分主要由一定数量的卫星组成,地面控制由主控站(监测和控制卫星运行)、跟踪站[编算卫星星历(导航电文)]和注入站(保持系统时间)组成,用户部分由民用终端和军用终端组成。

一、GNSS 的发展

1957 年 10 月 4 日,苏联成功地发射了世界上第一颗人造地球卫星后,人们就开始利用卫星进行定位和导航研究,人类的空间科学技术和研究应用跨入了一个崭新的时代,世界各国争相利用人造地球卫星为军事、经济和科学文化服务。同时,卫星导航定位技术在大地测量学中的应用也取得了惊人的发展,卫星导航定位技术目前已基本取代了地基无线电导航、传统大地测量和天文测量导航定位技术,并推动了大地测量与导航定位领域的全新发展。当今,GNSS系统不仅是保障国家安全和经济稳定的基础设施,也是体现现代化大国地位和国家综合国力的重要标志。

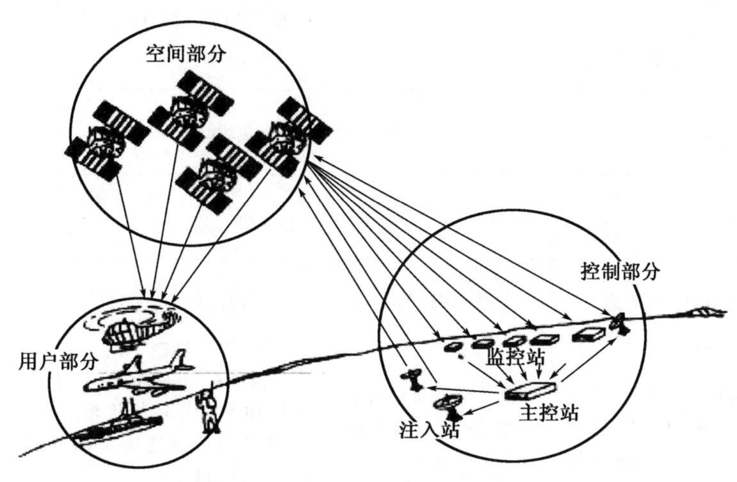

图 5-1 GNSS 系统

未来几年全球导航卫星系统将进入一个新的阶段。到 2020 年,随着北斗和 GALILEO 等系统的部署完成,美国的 GPS(Global Positioning System)、俄罗斯的格洛纳斯(GLONASS)、欧盟的伽利略系统(GALILEO)和中国的"北斗"卫星导航系统(BDS)将是 GNSS 的四大主要系统。全球卫星导航领域将呈现 GPS、GLPNASS、Galileo 与 BDS 四大系统并存的局面,它们的民用部分将会呈现出彼此补充、用户共享的姿态,更多的卫星和信号会使全球卫星系统的连续性、精度、效率、可用性和可靠性等整体性能提高,用户可以根据各个导航卫星系统的不同特点和优势,针对自己所需的精度、可靠性和费用,有选择地主动采用最佳方案,综合利用多系统导航卫星信息。

二、四大 GNSS 系统简介

随着测绘科学的发展,卫星大地测量技术的进步,GPS、GLPNASS、GALILEO 与 BDS 四大系统将进一步改进和完善,四者各有优缺点和侧重点,并将出现相互竞争和合作的局面。各导航系统比较见表 5-1。

卫星导航系统比较 表 5-1

系统	GPS	BDS	GLPNASS	GALILEO
所属国家和地区	美国	中国	俄罗斯	欧盟
开发历程	20 世纪 70 年代美国军方开发,1994 年建设完成	20 世纪 80 年代建成北斗一代,2012 年北斗二代亚太地区组网完成	20 世纪 80 年代初开始建造,1995 年投入使用	20 世纪 90 年代提出,2008 年 4 月开始建设

续上表

系统	GPS	BDS	GLPNASS	GALILEO
覆盖范围	全球、全天候	全球	全球	全球
导航卫星数量	21 颗工作卫星、3 颗备用卫星	已发射 54 颗导航卫星	24 颗，因经费问题经常运行数量达不到设计数量，最少时仅有 6 颗在运行，目前 18 颗在运行	27 颗运行卫星，3 颗备用卫星，目前还没有建成
定位精度（原始）	10m（民用）	6m	5～20m	5m 左右
定位精度（处理后）	1mm	1mm	1mm	1mm
用户范围	军民两用，军用为主	军民两用，军用为主	军民两用，军用为主	军民两用，民用为主
建设进展	1994 年 GPS 卫星导航系统建设完成，目前在研制第三代 GPS 系统	北斗全球星座部署将基本完成，已开始向全球提供服务	目前有 20 颗卫星，只有 18 颗处于运行状态，1 颗处于系统连接，1 颗处于维修状态	2016 年已发射 18 颗卫星，并开始提供服务
优劣比较	成熟	独有位置报告、短报文通信服务，突出互动性和开放性	抗干扰能力强	多国参与

1. 美国的全球导航卫星系统——GPS

1973 年 12 月，美国国防部批准美国海陆空三军联合研制新一代卫星导航定位系统，即为目前的全球定位系统 GPS。GPS 全球导航定位系统的前身是美国海军导航卫星系统，其具有全能型、实时性、全天候等优势，能够给客户提供精准的三维坐标以及速度等方面的导航信息。GPS 采用 WGS-84 坐标系。至今，GPS 系统共拥有工作卫星 21 颗，卫星均匀地分布在 6 个相对于赤道倾角为 55°的近似圆形轨道上，距离地球表面的平均高度约为 20 200km，运行速度为 3 800m/s。

卫星的运行周期，即绕地球一周的时间约为 12 恒星时（11h58min），每颗卫星可覆盖全球约 38% 的面积。这样，对于地面的观测者来说，每天将提前 4min 见到同一颗 GNSS 卫星。位于地平线以上的卫星颗数随着时间和地点的不同而不同，最少可见 4 颗，最多可见 11 颗。

2. 俄罗斯的全球导航卫星系统——GLONASS

俄罗斯的全球导航卫星系统 GLONASS 是苏联从 20 世纪 80 年代初开始建设的与美国 GNSS 系统相似的卫星定位系统，GLONASS 卫星均匀地分布在 3 个等间距椭圆轨道平面内，轨道倾角为 64.8°，每个轨道上等间距地分布着 8 颗卫星。卫星距离地面高度约为 19 100km，卫星运转周期为 11h15min。由于 GLONASS 卫星轨道倾角大于 GNSS 卫星的轨道倾角，故在高纬度（50°以上）地区的可视性较好。地面用户每天提前 4.07min 见到同一颗卫星，在中国境内可见到24颗中高度角5°以上的卫星有11颗,比能够见到的GPS卫星要多3~4颗。

每颗GLONASS卫星上都装有铯原子钟,以产生高稳定的时间标准,并向所有星载设备提供同步信号。俄罗斯在恢复GLONASS系统运行的基础上又相继发射了6颗卫星,计划将整个GLONASS系统星座的运行卫星数目提升至30颗,并于2015年将定位精度提升至3m以内。当前GLONASS系统与GPS系统的定位精度基本一致,预计在2020年将赶超GPS,定位精度将达到0.6m。

3. 欧盟伽利略全球导航定位系统——GALILEO

GALILEO系统的基本服务有导航、定位、授时;特殊服务有搜索与救援;拓展应用服务系统应用于飞机导航和着陆系统、铁路安全运行调度、海上运输系统、陆地车队运输调度和精确农业。GALILEO系统的主要特点是,向用户提供公开服务、商业服务、政府服务等不同模式的服务。它除具有与GNSS系统相同的全球定位导航功能外,还具有全球搜救功能。为此,GALILEO卫星除了搭载导航设备外,每颗卫星还装备一种救援收发器,接收来自遇险用户的求救信号,并将它转发给地面救援协调中心,以便组织对遇险用户的救援。

4. 中国的卫星导航定位系统——北斗号(BDS)

北斗卫星导航系统(BeiDou Navigation Satellite System,英文简称“COMPASS”,中文英译名称“BD”或“Beidou”)是中国自主建设、独立运行,并与世界其他卫星导航系统兼容共用的全球卫星导航系统。按照“自主、开放、兼容、渐进”的发展原则,遵循先区域、后全球的总体思路,我国北斗卫星导航系统按三步走发展规划稳步有序推进:第一步,1994年启动北斗卫星导航试验系统建设,并于2000年形成区域有源服务能力;第二步,2004年启动北斗卫星导航系统建设,2012年形成区域无源服务能力;第三步,2020年北斗卫星导航系统形成全球无源服务能力。

我国在2007年初发射两颗北斗静止轨道卫星,2018年左右满足中国及周边地区用户的卫星导航的需求,并进行组网试验。初步建设成由5颗静止轨道卫星、30颗非静止轨道卫星组成的卫星导航定位系统,并逐步拓展成为全球导航定位卫星系统(北斗二号)。其服务范围为亚太地区,定位精度为±10m,测速精度为0.2m/s,授时精度为50μs,短信字数每次为120个字。

2017年11月5日,我国第三代导航卫星——北斗三号的首批组网卫星(2颗)以“一箭双星”的发射方式顺利升空,它标志着我国正式开始建造“北斗”全球卫星导航系统。2017—2020年,我国将先后发射35颗北斗三号导航卫星(5颗静止轨道卫星+3颗倾斜地球同步轨道卫星+27颗中圆轨道卫星),建成采用无源与有源导航方式相结合的全球卫星导航系统。其服务范围为全球,定位精度为2.5~5m,测速精度为0.2m/s,授时精度为20μs,每次短信字数也增加了,北斗三号卫星星座如图5-2所示。它将为民用用户免费提供约10m精度的定位服务,0.2m/s的测速服务,并且将为付费用户提供更高精度等级的服务。随着“北斗”地基增强系统提供初始服务,北斗系统还可提供米级、亚米级、分米级,甚至厘米级的服务,届时,“北斗”的定位精度将与美国GPS相媲美。

三、GNSS系统的应用

GNSS定位技术是目前测绘领域应用最为广泛的技术,它以高精度、全天候、高效率、多功能、易操作等特点著称,比其他测量定位技术具有更强的优势。

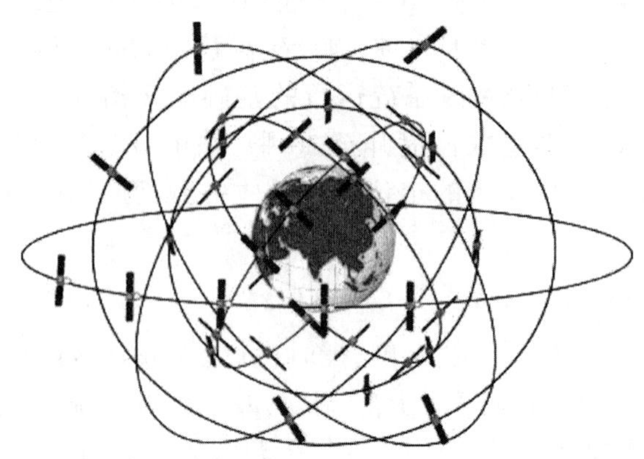

图 5-2　北斗三号卫星星座

1. 在大地测量中的应用

GNSS 定位技术以其高精度、高效率、低成本等优良特性完全取代了用常规测角、测距手段建立大地控制网的方式，成为大地控制测量的主力军。GNSS 定位技术应用于全球或全国性的高精度 GNSS 网，其广泛应用于城市或工矿区城市控制网建立、检核，改善已有地面网，以及对已有的地面网进行加密。GNSS 工程网在建立时，相邻点间的距离为几千米至几十千米，其主要任务是直接为国民经济建设服务。我国建立区域大地控制网的手段已基本被 GNSS 技术所取代。

2. 在工程测量中的应用

目前，GNSS 定位技术广泛应用于工程测量，甚至应用于以毫米级乃至亚毫米级精度为目的的精密工程测量。它具有精度高、观测时间短、测站间不需要通视、全天候作业、花费时间少和作业方法多样等优点，使三维坐标测设简单易行。在水利施工、输电线路施测、道路（铁路、公路）测量、精密设备安装、水下地形测量等现场，都能见到 GNSS 的身影。

3. 在变形监测中的应用

变形监测一般包括建筑物的位移和人为原因造成的建筑物或地壳的形变监测。工程变形监测通常要达到毫米级或亚毫米级的精度，而监测的边长一般为 300 ~ 1 000m。与传统方法相比较，应用 GNSS 不仅具有精度高、速度快、操作简便等优点，而且利用 GNSS 技术、计算机技术、数据通信技术及数据处理与分析技术进行集成，可实现从数据采集、传输、管理到变形分析及预报的全自动化、实时监测的目的。GNSS 用于工程结构和局部性变形监测的精度可达到亚毫米级，从而为大型建筑物（如大坝、桥梁、大型厂房等）及滑坡崩塌等高精度工程结构变形提供一种极为有效的手段。

4. 在海洋测量中的应用

海洋测绘主要包括海上定位、海洋大地测量、水下地形测量、海洋划界、航道测量以及海洋资源勘探与开采、海底管道敷设、近海工程、疏浚等海洋工程测量。此外，还有为科学研究服务的平均海平面测量、海面地形测量、海流和海面变化、板块运动及海啸等测量。

海上定位是海洋测绘中最基本的工作。由于海域辽阔，GNSS 卫星定位技术有得天独厚的优势。海上一般定位导航，采用一台 GNSS 接收机进行单点定位（绝对定位），其实时定位精度,对于 C/A 码伪距可达 15 ~25m,已满足多数海洋定位工作。对于精度要求较高的定位,可采用 GNSS 实时动态(GNSS-RTK)定位差分法,包括单站差分 GNSS(SRDGNSS)、局域差分 GNSS(LADGNSS)和广域差分 GNSS(WADGNSS)等,精度一般可达到米级和亚米级。

除上述的几个应用外,GNSS 技术在军事、农业、渔业、林业、大气研究、资源调查、环境监测、移动通信、考古、智能交通等领域均有较好的应用价值和前景。

第二节 GNSS 卫星定位的基本原理

一、GNSS 定位方法分类

应用 GNSS 卫星信号进行定位的方法,可以按照用户接收机天线在测量中所处的状态,或者按照参考点的位置,分为以下几种:

1. 静态定位和动态定位

如果在定位过程中,用户接收机天线处于静止状态,或者认为待定点在协议地球坐标系中的位置是固定不动的,那么确定这些待定点位置的定位测量就称为静态定位。由于地球本身在运动,因此严格地说,接收机天线的所谓静止状态,是指相对周围的固定点天线位置没有可觉察的变化,或者变化非常缓慢,以致在观测期内觉察不出而可以忽略。

在进行静态定位时,由于待定点位置固定不动,因此可通过大量重复观测提高定位精度。正是由于这一原因,静态定位在大地测量、工程测量、地球动力学研究和大面积地壳形变监测中,获得了广泛的应用。随着快速解算整周未知数技术的出现,快速静态定位技术已在实际工作中使用,静态定位作业时间大为减少,从而在地形测量和一般工程测量领域内也将获得广泛的应用。

相反,如果在定位过程中,用户接收机天线处在运动状态,这时待定点位置将随时间变化。确定这些运动着的待定点的位置,称为动态定位。例如,为了确定车辆、船舰、飞机和航天器运行的实时位置,就可以在这些运动着的载体上安置 GNSS 信号接收机,采用动态定位方法获得接收机天线的实时位置。

2. 绝对定位和相对定位

根据参考点位置的不同,GNSS 定位测量又可分为绝对定位和相对定位。

绝对定位是以地球质心为参考点,测定接收机天线(即待定点)在协议地球坐标系中的绝对位置。由于定位作业仅需使用一台接收机工作,所以又称为单点定位。

单点定位外业工作和数据处理都比较简单,但其定位结果受卫星星历误差和信号传播误差影响较显著,所以定位精度较低。这种定位方法,适用于低精度测量领域,例如船只、飞机的导航,海洋捕鱼,地质调查等。

如果选择地面某个固定点为参考点,确定接收机天线相位中心相对参考点的位置,则称为相对定位。由于相对定位至少使用两台以上接收机,同步跟踪 4 颗以上 GNSS 卫星,因此相对定位所获得的观测量具有相关性,并且观测量中所包含的误差也同样具有相关性。采用适当的数学模型,即可消除或者削弱观测量所包含的误差,使定位结果达到相当高的精度。相对定位既可作静态定位，也可作动态定位，其结果是获得各个待定点之间的基线向量，即三维坐标差（$\Delta x, \Delta y, \Delta z$）。目前，静态相对定位由于其精度可达 $10^{-6} \sim 10^{-9}$，所以是精密定位的基本模式。

此后，随着整周未知数快速逼近技术的发展，快速静态相对定位方法也曾被采用，并且已在某些应用领域内取代传统的静态相对定位方法。另外，还有一种准动态相对定位作业模式，它也是一种快速定位技术，但其定位精度不理想，且要求在作业过程中卫星不能失锁，因此应用不广。

在动态相对定位技术中，差分 GNSS 定位即所谓 DGNSS 定位受到了普遍重视。在进行 DGNSS 定位时，一台接收机被安置在参考点上固定不动，其余接收机则分别安置在需要定位的运动载体上（图 5-3）。固定接收机和流动接收机可分别跟踪 4 颗以上 GNSS 卫星的信号，并以伪距作为观测量。根据参考点的已知坐标，可计算出定位结果的坐标改正数或距离改正数，并可通过数据传输电台（数据链）发射给流动用户，以提高流动站定位结果的精度。

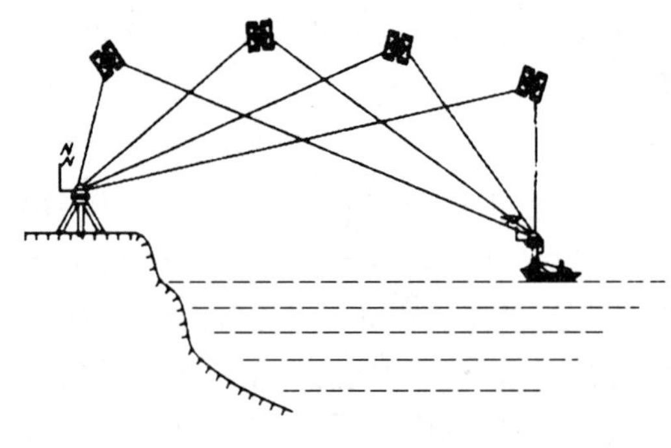

图 5-3　GNSS 定位示意图

GNSS 是建立在 C/A 码伪距测量基础上的一种实时定位技术，其定位精度为米级，主要用于导航、地质勘探、水深和水下地形测量等精度要求不太高的测量项目。

20 世纪 90 年代中期开发出一种载波相位差分实时动态定位技术，称为 RTK GNSS 技术。由于这种技术采用了载波相位观测量作为基本观测量，其定位精度能够达到厘米级。在 RTK GNSS 测量作业模式下，位于参考站的 GNSS 接收机，通过数据链将参考点的已知坐标和载波相位观测量一起传输给位于流动站的 GNSS 接收机，流动站的 GNSS 接收机根据参考站传递的定位信息和自己的测量成果，组成差分模型并进行基线向量的实时解算，可获得厘米级精度的定位结果。RTK GNSS 测量极大地提高了 GNSS 测量的工作效率，特别适用于各类工程测量以及各种用途的大比例尺测图或 GIS 数据采集，为 GNSS 测量开拓了更广阔的应用前景。

二、GNSS 卫星定位测量的主要误差来源

正如其他测量工作一样，GNSS 测量同样不可避免地会受到测量误差的干扰。按误差性质来讲，影响 GNSS 测量精度的误差主要是系统误差和偶然误差，其中，系统误差的影响又远大于偶然误差，相比之下，后者甚至可以忽略不计。从误差来源分析，GNSS 测量误差大体上又可分为以下三类：

1. 与 GNSS 卫星有关的误差

这类误差主要包括卫星星历误差和卫星钟误差，两者都是系统误差。在 GNSS 测量作业中，可通过一定的方法消除或者削弱其影响，也可采用某种数学模型对其进行改正。

2. 与 GNSS 卫星信号传播有关的误差

GNSS 卫星发射的信号,需穿过地球上空电离层和对流层才能到达地面。当信号通过电离层和对流层时,由于传播速度发生变化而产生时延,使测量结果产生系统误差,称为 GNSS 信号的电离层折射误差和对流层折射误差。在 GNSS 测量作业中,同样可通过一定的方法消除或者削弱其影响,也可通过观测气象元素并采用一定的数学模型对其进行改正。

当卫星信号到达地面时,往往受到某些物体表面反射,使接收机收到的信号不单纯是直接来自卫星的信号,而包含一部分反射信号,从而产生信号的多路径误差。多路径误差取决于测站周围的环境,具有随机性质,是一种偶然误差。

3. 与 GNSS 信号接收机有关的误差

这类误差包括接收机的分辨率误差、接收机的时钟误差以及接收机天线相位中心的位置偏差。

接收机的分辨率误差也就是 GNSS 测量的观测误差,具有随机性质,是一种偶然误差,通过增加观测量可以明显减弱其影响。接收机时钟误差,是指接收机内部安装的高精度石英钟的钟面时间相对 GNSS 标准时间的偏差。这项误差与卫星钟误差一样属于系统误差,并且一般比卫星钟误差大,同样可通过一定的方法消除或削弱。在进行 GNSS 定位测量时,是以接收机天线相位中心代表接收机位置的。理论上讲,天线相位中心与天线几何中心应当一致,但事实上天线相位中心随着信号强度和输入方向的不同而变化,使天线相位中心偏离天线几何中心而产生定位系统误差。

在 GNSS 定位测量中,除了上述 3 种主要误差源以外,还受到其他一些误差来源的影响。其中,最主要的是地球自转影响和相对论效应。

卫星在协议地球坐标系中的瞬间位置,是根据信号发播的瞬间时刻计算的,当信号到达测站时,由于地球自转影响,卫星在上述瞬间的位置也产生了相应的旋转变化。因此,对于卫星瞬时位置,应加地球自转改正。

根据相对论原理,处在不同运动速度中的时钟振荡器会产生频率偏移,而引力位不同的时钟振荡器会产生引力频移现象。在进行 GNSS 定位测量时,由于卫星钟和接收机时钟所处的状态不同,即它们的运动速度和引力位不同,因此卫星钟和接收机时钟就会由于相对论原因而产生相对钟差,称为相对论效应。

人们想了很多办法来削弱和消除上述各种误差的影响,比如,针对实时广播星历提供的卫星坐标精度不高的问题,国际上的 GNSS 服务机构 IGS 提供了事后的 GNSS 卫星的精密星历,其轨道坐标精度可达 3 ~ 5cm。同时也提供卫星钟差、电离层延迟的精密事后修正数据,利用这些数据,人们可以进行多种精密定位和定时。

第三节 GNSS 静态相对定位的实施

GNSS 静态相对定位工作主要包括 GNSS 外业观测和数据处理。

一、GNSS 控制网的外业观测

GNSS 静态相对定位的外业观测工作包括天线安置、观测作业、观测记录和观测数据检查等。

1. 天线安置

天线精确安置是实现精确定位的重要条件之一，因此要求天线应尽量利用三脚架安置在标志中心的垂线方向上直接对中观测。一般最好不要进行偏心观测。对于有观测墩的强制对中点，应将天线直接强制对中到中心。

对天线进行整平，使基座上的圆水准气泡居中。天线定向标志线指向正北。定向误差不大于 ±5°。

天线安置后，应在各观测时段前后，各量测天线高一次。两次测量结果之差不应超过3mm，并取其平均值。

天线高指的是天线相位中心至地面标志中心之间的垂直距离。而天线相位中心至天线底面之间的距离在天线内部无法直接测定，由于其是一个固定常数，通常是由厂家直接给出，天线底面至地面标志中心的高度可直接测定，两部分之和为天线高。

对于有觇标、钢标的标志点，安置天线时应将觇标顶部拆除，以防止对 GNSS 信号的遮挡，也可采用偏心观测，归心元素应精确测定。

2. 观测作业

GNSS 定位观测主要是利用接收机跟踪接收卫星信号，储存信号数据，并通过对信号数据的处理获得定位信息。

利用 GNSS 接收机作业的具体操作步骤和方法，随接收机的类型和作业模式不同而有所差异。总体而言，GNSS 接收机作业的自动化程度很高，随着其设备软硬件的不断改善发展，性能和自动化程度将进一步提高，需要人工干预的地方越来越少，作业将变得越来越简单，尽管如此，作业时仍需注意：

(1)首次使用某种接收机前，应认真阅读操作手册，作业时应严格按操作要求进行。

(2)在启动接收机之前，首先应通过电缆将外接电源和天线连接到接收机专门接口上，并确认各项连接准确无误。

(3)为确保在同一时间段内获取相同卫星的信号数据，各接收机应按观测计划规定的时间作业，且各接收机应具有相同获取信号数据的时间间隔(采样间隔)。

(4)接收机跟踪锁住卫星，开始记录数据后，如果能够查看，作业员应注意查看有关观测卫星数量、相位测量残差、实时定位结果及其变化和存储介质的记录情况。

(5)在一个观测时段中，一般不得关闭并重新启动接收机；不准改变卫星高度角限值，数据采样间隔及天线高的参数值。

(6)在出测前应认真检查电源电量是否饱满，作业时，应注意供电情况，一旦听到低电压报警要及时更换电池，否则可能会造成观测数据被破坏或丢失。

(7)在进行长距离或高精度 GNSS 测量时，应在观测前后测量气象元素，如观测时间长，还应在观测中间加测气象元素。

(8)每日观测结束后，应及时将接收机内存中的数据传输到计算机中，并保存在软、硬盘中，同时还需检查数据是否正确完整，当确保数据正确无误地记录保存后，应及时清除接收机内存中的数据以确保下次观测数据的记录有足够的存储空间。

3. 观测记录

GNSS 接收机获取的卫星信号由接收机内置的存储介质记录，其中包括：载波相位观测值及相应的观测历元,伪距观测值,相应的 GNSS 时间、GNSS 卫星星历以及卫星钟差参数,测站信息及单点定位近似坐标值。

在观测现场,观测者还应填写观测手簿,对于测站间距离小于 10km 的边长,可不必记录气象元素。为保证记录的准确性,必须在作业过程中随时填写,不得测后补记。

4. 观测数据检查

为了确保有效的观测时间和原始观测数据的质量,数据采集工作结束后,应将 GNSS 观测数据文件转换为标准化的 RINEX 格式,并采用 TEQC 软件对所有的 GNSS 原始观测数据进行质量检验,将不合格的观测数据剔除。

二、数据处理

与所有测量任务相同,由 GNSS 定位技术所获得的测量数据,同样需要经过数据处理,方能成为合理而实用的成果。

GNSS 外业观测结束后,应及时对所获得的外业数据进行处理,解算出基线向量,并对基线向量的解算结果进行质量评估。然后对由合格基线向量所构建成的 GNSS 基线向量网进行平差计算,得出网中各点的坐标成果。

此外,由于 GNSS 定位结果属于协议地球地心坐标系(WGS-84 坐标系),在 GNSS 定位测量数据处理中,还需要考虑如何将 GNSS 测量成果由 WGS-84 世界地心坐标系转换至实用的国家坐标系或地方独立坐标系。

1. GNSS 基线向量解算

对两台及两台以上接收机同步观测的数据,需根据双差模型和三差模型对每一个观测值建立相应的观测方程,双差模型共应建立$(n_i-1)(n^j-1)n_t$个方程,三差模型共应建立$(n_i-1)(n^j-1)(n_t-1)$个方程(n_i为测站数,n^j为观测的卫星数,n_t为观测历元数),无论采用哪种模型,均应按最小二乘原理对其进行求解,从而求出方程中的未知参数。

由于通常一个时段接收的卫星数据量非常大,所列的方程数也很多,所以,相对定位的基线向量一般均采用仪器厂家提供的专门软件来求解。不同厂家的软件功能和使用上均可能有所不同,但大体上均包括如下基本处理过程:

(1)数据传输:将 GNSS 接收机记录的观测数据传输到计算机内存或存储介质上。

(2)数据分流:从原始数据中,剔除无效观测值和冗余信息,形成各种数据文件,如星历文件、载波相位和伪距观测文件、测站信息文件。

(3)GNSS 数据的预处理:对数据进行平滑滤波检验,剔除粗差;统一数据文件格式,将不同类型接收机的数据记录格式统一为标准化的文件格式,探测周跳,修复观测值。

(4)基线向量解算:一般先采用三差模型法对基线向量进行预求解,然后再采用双差模型对基线向量进行精确求解。

2. GNSS 网平差与坐标转换

由同步观测和异步观测的基线向量互相联结构成 GNSS 网,称为 GNSS 基线向量网。由于存在观测误差,网中由不同时段观测的基线向量组成的闭合图形存在不符值。因此,应在 WGS-84 坐标系统下,以 GNSS 基线向量及其相应的方差阵作为观测信息,对 GNSS 网进行平差计算,消除不符值,获得网中点的平差后的三维坐标、基线边长的平差值、基线向量观测值改正数及其对观测值、点位坐标的精度评定。

GNSS 网平差可采用多种平差方法进行。为检验基线向量观测值的网内部符合精度以及观测值是否存在系统误差和粗差，一般常采用无约束平差法，即以 WGS-84 坐标下一个点的三维坐标作为位置基准的平差，该平差避免了基准信息误差，因此，平差后的结果，可以准确地反映观测值的精度。并可通过单位权方差检验，观测值改正数的分布及其粗差检验，发现网中可能存在的系统误差及粗差。

除此以外，常用的 GNSS 网平差，包括约束平差和联合平差。约束平差是以国家大地坐标或地方坐标系下的某些点的坐标、边长、方位角作为网平差的基准信息，也就是作为平差的约束条件，利用 GNSS 网的 WGS-84 坐标系与国家或地方坐标系之间的转换参数进行平差计算。平差后不但可获得 GNSS 网的坐标平差值及精度评定，而且还实现了将 WGS-84 坐标系统成果向国家或地方坐标系统的转换。联合平差是 GNSS 基线向量观测值与地方常规观测值的联合平差，平差计算中除包含基线观测值和基准约束数据外，还包含边长、方位、高差等一些常规观测值。由于联合平差仍带有约束条件，所以，平差后也可将 GNSS 成果转换到国家或地方坐标系。

三、技术总结

在完成了 GNSS 网的布测后，应该认真完成技术总结报告。每项 GNSS 工程的技术总结不仅是工程一系列必要文档的主要组成部分，而且它还能够使各方面对工程的各个细节有完整而充分的了解，便于今后对成果充分而全面地加以利用。另一方面，通过对整个工程的总结，测量作业单位还能够总结经验，发现不足，为今后开展新的工程项目提供参考。

技术总结内容一般应包括：

(1)测区范围与位置，自然地理条件，气候特点，交通及经济等情况。

(2)任务来源，测区已有测量成果的情况，施测目的和基本精度要求。

(3)施测单位，施测起止时间，技术依据，作业人员情况，使用接收机类型和数量以及检验情况，观测方法，重测、补测情况，作业环境，重合点情况，工作量与工作日情况。

(4)野外数据检核情况和分析，起算数据和坐标系统，数据后处理内容、方法及软件情况，精度分析。

(5)外业观测数据质量分析与野外检核情况。

(6)方案实施与规范执行情况。

(7)工作量与定额计算。

(8)提交成果中尚存在的问题和需要说明的其他问题。

(9)上交资料清单。

(10)各种附表与附图。

第四节　实时 GNSS 的原理与应用

一、GNSS-RTK 动态测量的基本原理

RTK 是 Real-Time-Kinematic 的缩写，即实时动态测量。它是一种差分 GNSS 测量技术。

RTK 利用两台以上的 GNSS 接收机，将其中一台接收机设置在基准站（也即已知点）上，另外一台或数台接收机安置在流动站（也即待定点）上，同时接收所有相同的可见 GNSS 卫星信号，同步观测获得所需的观测数据，使用无线电传输技术把基准站上的观测数据发送到流动站上；利用载波相位原理进行测量，通过差分技术消除减弱基准站和流动站间共有误差，有效提高了 GNSS 测量结果的精度，实时地解算并得到流动站上的三维坐标；最后根据计算结果的收敛情况，实时地判定解算结果是否满足要求，从而减少冗余观测量，缩短观测时间，将测量结果实时显示给用户，极大地提高了测量工作的效率。

GNSS 实时差分定位的原理如图 5-4 所示，在已有精确地心坐标的点上或任意点上安放 GNSS 接收机（称为基准站），利用已知的地心坐标和星历计算 GNSS 观测值的校正值，并通过无线电通信设备（称为数据链）将校正值发送给运动中的 GNSS 接收机（称为流动站）。流动站利用校正值对自己的 GNSS 观测值进行修正，将载波相位观测值实时进行差分处理，得到基准站和流动站坐标差 $\Delta x, \Delta y, \Delta z$；此坐标差加上基准站坐标得到流动站每个点的 GNSS 坐标基准下的坐标；通过坐标转换参数转换得出流动站每个点的平面坐标 x、y 和高程 h 及相应的精度。

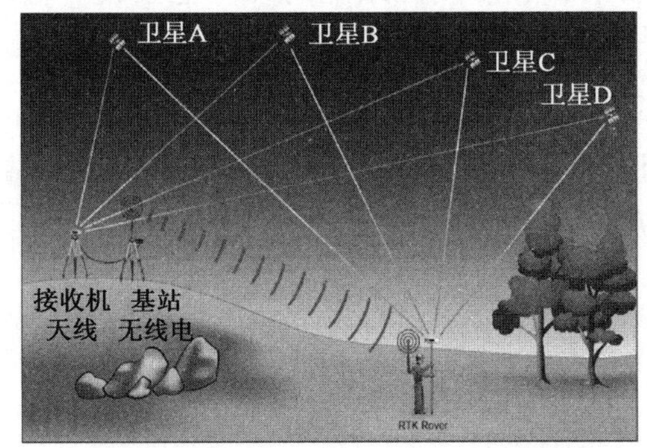

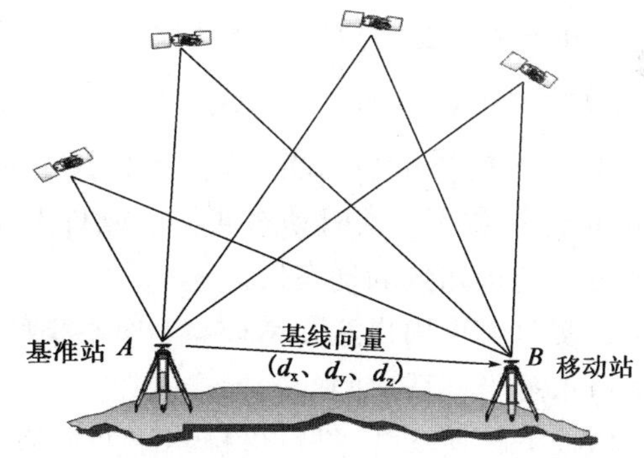

图 5-4 GNSS-RTK 动态测量的基本原理

GNSS 实时差分定位系统由基准站、流动站和无线电通信链三部分组成。

基准站：接收 GNSS 卫星信号并实时向流动站提供差分修正信号。

流动站：接收 GNSS 卫星信号和基准站发送的差分修正信号，对 GNSS 卫星信号进行修正，并进行实时定位。

二、RTK 测量系统的组成

载波相位差分实时动态 GNSS 测量系统（RTK）的构成，主要包括 GNSS 接收设备、数据传输系统、软件系统三部分。其硬件构成如图 5-5 所示。

1. GNSS 接收设备

GNSS RTK 测量系统中至少应包含两台 GNSS 接收机，其中一台安置在基准站上，另一台或若干台分别安置在不同的流动站上。基准站应设在坐标已知且观测条件较好的控制点上。作业期间，基准站的接收机应连续跟踪全部可见的 GNSS 卫星，并将观测数据通过数据传输系统，实时地发送给流动站。GNSS 接收机可以是单频或双频，当系统中包含多个用户接收机时，基准站上的接收机宜采用双频接收机。

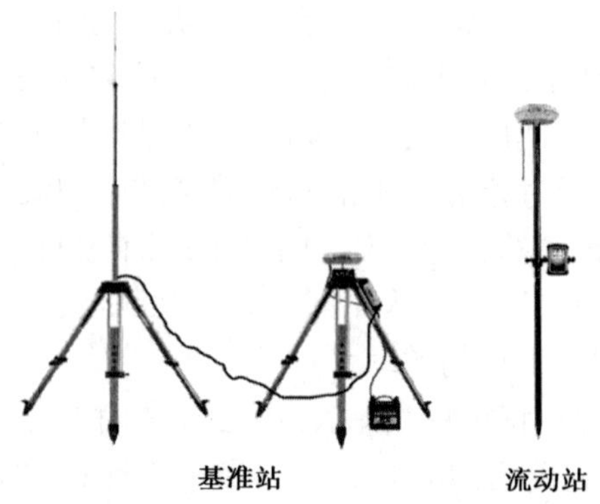

图 5-5　RTK GNSS 测量系统示意图

2. 数据传输系统

基准站与用户站之间的联系是由数据传输系统(数据链)完成的,数据传输设备是实现实时动态测量的关键设备之一,它由调制解调器和无线电台组成。在基准站上,调制解调器将有关的数据进行编码和调制,然后由无线电发射台发射出去。用户站上的无线电接收台将其接收下来,并由解调器将数据解调还原,送入用户站上的 GNSS 接收机中。

3. 实时动态测量的软件系统

软件系统的质量与功能,对于保障实时动态测量的可行性、测量结果的精确性与可靠性,具有决定性的意义。实时动态测量的软件系统应具有如下主要功能:

(1)整周未知数的动态快速解算。

(2)实时解算用户站在 WGS-84 地心坐标系下的三维坐标。

(3)求解坐标系之间的转换参数。

(4)根据转换参数,进行坐标系统的转换。

(5)解算结果质量分析与精度评定。

(6)测量结果的显示与绘图。

三、RTK 测量的步骤

GNSS RTK 测量包括测量前的准备工作、基准站设置、流动站设置、系统初始化、数据采集 5 个部分。

1. 测量前的准备工作

RTK 测量系统的硬件部分至少由一组收发电台和两台 GNSS 接收机组成,一台接收机作为基准站(参考站),另一台作为流动站。在赴野外进行工作之前,一定要检查 RTK GNSS 测量系统在运输箱中的所有必需部件和测量所需的已知数据以及其他资料是否齐备,电池电量是否饱满,以免影响工作。

2. 基准站设置

(1)选择合适的基准站点

要成功地进行 RTK 测量,首先要选择合适的站点来安置基准站系统。选择基准站点有两个问题需要考虑:

①基准站 GNSS 天线与卫星之间应无遮挡物,保证地平线 15°以上没有障碍。尽管在基准站站点附近可允许有一些障碍物,但最好的情况是对空开阔,以保证 RTK 系统可接收到最多的可用卫星数量。

②相对于周围的地形,基准站点应处于较高处,目的是为了获得基准站电台传输的最大可能作用半径。若基准站和流动站之间有明显障碍,其作用域将会缩小。

(2)基准站系统的架设

基准站接收机通常要安置在已知点上,接收机天线可架设在三脚架或固定高度的 GPS 观测墩上,架设好之后要从互为 120°角的三个方向分别量测基准站 GNSS 接收机的天线高度,并取其平均值作为最终结果,以确保天线高正确无误。

如果电缆的长度够长,电台天线可架设在基准站点附近的任何位置。在选好合适的位置后,用相应的电缆将电台天线与电台、电台与 GNSS 接收机、电台与外接电源、GNSS 天线与 GNSS 接收机、电子手簿与 GNSS 接收机分别连接起来,这些电缆的长度将决定电台天线的可能位置。此外,可用所提供的托架将电台天线架设在 GNSS 天线三脚架上,或者将电台天线另行架设。有时也会将电台天线架设在高杆上,以获得基准站和流动站之间的更大工作范围。

(3)基准站功能验证

打开 GNSS 接收机上的电源开关,接通电源。打开电子手簿,确认所有部件电源接通。GNSS 接收机和电台上均有 LED 指示灯明示电源已接通,部件处于启动状态。然后设置 GNSS 接收机为 RTK 基准站模式,并用电子手簿中的 RTK 软件确定基准站系统是否工作正常。至此,基准站系统已设置完毕。

3. 流动站设置

流动站系统的设置同基准站系统基本一样。为了便于进行 RTK 测量,流动站 GNSS 接收机一般放置在背包里,而 GNSS 天线则安置在一根固定高度的测杆上,该测杆可精确地在测点上对中、整平。由于流动站的电台是接收电台,功率较小,电台天线可安置在流动站背包外的可伸缩杆上。对于目前比较流行的一体机而言,由于接收机的天线、主机和电台均集成在一起,故只需将其安置在固定高度的测杆顶部即可,电子手簿一般固定在测杆的中部,以方便操作。

在所有部件都连接好之后,接通电源,打开电子手簿,设置流动站接收机为 RTK 模式,然后确认流动站系统是否工作正常,完成流动站系统的设置。

4. 系统初始化

用流动站系统进行测量定位和数据采集之前,首先必须完成初始化过程。初始化是保证高精度定位的必须过程。在初始化前,流动站系统会以低精度来计算点位,其精度可以是几分米,或是几米。初始化是在已知基线上为求解整周模糊度而采集足够数据的过程。初始化过程完成之后,流动站系统会以额定的精度水平工作,直至失锁(需重新初始化)为止。

为实现 RTK 的厘米级定位,必须采集足够多的数据来计算一组整周模糊度参数。一旦整周模糊度计算出来,就可以精确地确定当前位置。解算整周模糊度是 RTK 数据采数中最耗时间的部分。整周模糊度求解成功后,测点定位便确立。而且,在运动过程中只要保持锁定至少 5 个卫星,整周模糊度将保持固定。如果由于遮挡物使卫星失去锁定(或锁定的卫星数目降到5个以下），整周模糊度也随之丢失，此时必须重新初始化才能继续测量（在丢失整周模糊度以前所采集到的全部数据不受影响）。

动态测量的初始化可通过两种方式来实现：

(1)用静态测量方法做初始化

动态测量的初始化可以通过静态测量来实现，这是最耗时间的初始化方法，要求观测时间5min或更长（视基准站和流动站之间的距离而定）。下面是采用这方法的一个例子：

到达动态测量的新测区后，如果没有足够的已知点，必须用静态测量来做动态测量初始化。在一个已知坐标点或有近似坐标的任意点上设立基准站，其编号为0001。在离基准点大约10m处打桩来标定另一个点，其编号为0100。在该点上设置流动站系统，输入点号并观测5min。保证所采集的数据足够静态定位解算。至此，初始化即宣告成功。然后用流动站系统开始进行测量作业。

(2)在已知点上重新初始化

动态测量的初始化可在另一个已知点上进行短时间的数据采集来实现，该点相对于基准站的坐标是已知的。这是最快的动态初始化方法，只需在已知点上观测大约10s即可完成。

5.数据采集

初始化完毕后，即可用RTK流动站系统开始进行数据采集。此时，流动站上采集的所有数据都将达到厘米级精度。如果将记录间隔设置为2s，数据样本每隔2s就会写入内存一次。连续行进采数后，系统将绘制出所经过的路线图。如果行进中，停留在某一测点观测10s，就会为这一测点观测到5个数据样本，从而获得比走动时更精确的定位结果。

四、RTK测量中的坐标转换

1.平面坐标转换

目前解决GNSS成果坐标转换问题的方法有两种：一是进行GNSS基线向量网的约束平差（约束条件为地面网坐标、边长和方位角）或进行GNSS基线向量网与地面网常规的观测值联合平差；二是利用相对定位方法在全国范围内布设高精度GNSS大地控制网，该网中若干点具有精密WGS-84地心坐标，以这些精密的地心坐标为起算数据，建立WGS-84系内绝对定位精度很高的GNSS网。若该网的许多点都是国家大地坐标系中的高等级点，则可利用七参数法来精确求出WGS-84坐标系与国家大地坐标系之间的转换参数。我国虽然已经建立了高精度的GNSS大地控制网，但目前暂时还无法利用第二种方法，故常用的是第一种方法。

GNSS动态定位中，所提供的是WGS-84坐标。但在工程应用中，一般为北京54坐标、西安80坐标或当地任意坐标。动态定位的坐标转换不同于静态测量。一方面，它不可能利用较多的已知点进行计算，以求得最佳的转换参数；另一方面，它又要求实时地进行转换，即GNSS提供的数据应是所要求的当地坐标。因此，动态定位的坐标转换必须满足下列条件：

①实时快速，便于现场设置；

②精度要满足规范要求；

③能满足任何一种坐标系统。

根据测区所提供的已知数据的不同，可以采用如下方法对RTK测量中坐标转换参数进行求解。

方法一:适用于已知点有地方坐标但无 WGS-84 坐标的情况

平面已知控制点只有地方坐标而无对应的 WGS-84 坐标,只有通过 RTK 坐标联测的方式,取得已知点相应的 WGS-84 系下的坐标才能求解出坐标转换参数。此方法颇为费事,但也是唯一的方法。此时至少联测两个平面控制点,高程转换至少联测三个高程控制点(平面拟合),也可联测六个及六个以上高程点作曲面拟合。采取此方法时,基准点可以设在未知点上,待联测求解出转换参数后,基准站坐标便可转换为本地坐标,这里以基准站在已知点 O 上、方位点在 A 上为例(见表 5-2,如图 5-6 所示),I 为任意待定点。

已知点有地方坐标但无 WGS-84 坐标的转换关系 表 5-2

点　名	WGS-84 坐标系		当地坐标系	
	测量值	测量后计算值	已知值	欲求值
基准点 O	B_o,L_o	X_o,Y_o	x_o,y_o	
方位点 A	B_A,L_A	X_A,Y_A	x_A,y_A	
测量点 I	B_i,L_i	X_i,Y_i		x_i,y_i

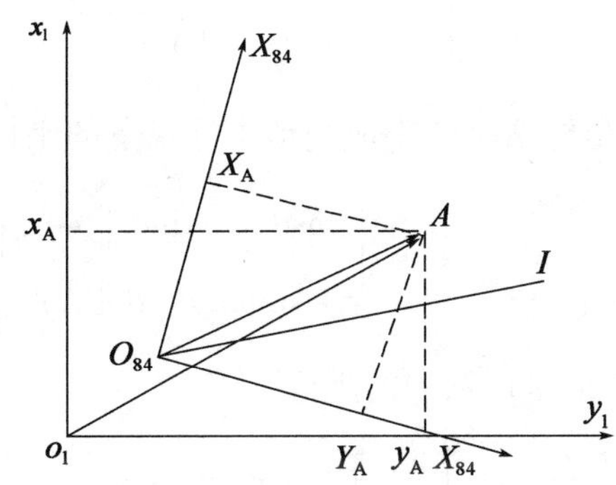

图 5-6　已知点有地方坐标但无 WGS-84 坐标的转换关系

其基本步骤如下:

(1)将基准点和方位点的 WGS-84 坐标投影到平面上,即用(B_o,L_o)、(B_A,L_A)分别计算出(X_o,Y_o)、(X_A,Y_A)。

(2)利用静态测量方法求出基准站和方位点的基线矢量,即求出该基线在 WGS-84 坐标中的各种参数:

坐标增量
$$\begin{bmatrix}\Delta X\\ \Delta Y\end{bmatrix}_{84}=\begin{bmatrix}X_A\\ Y_A\end{bmatrix}_{84}-\begin{bmatrix}X_o\\ Y_o\end{bmatrix}_{84}\tag{5-1}$$

方位角
$$\alpha_{84}=\tan^{-1}\left(\frac{\Delta Y}{\Delta X}\right)_{84}\tag{5-2}$$

边长
$$S_{84}=\sqrt{\Delta X^2+\Delta Y^2}\tag{5-3}$$

(3)利用基准点和方位点的已知当地坐标求出该基线在当地坐标系的各种参数:

坐标增量
$$\begin{bmatrix}\Delta x\\ \Delta y\end{bmatrix}_{1}=\begin{bmatrix}x_A\\ y_A\end{bmatrix}_{1}-\begin{bmatrix}x_o\\ y_o\end{bmatrix}_{1}\tag{5-4}$$

方位角
$$\alpha_1 = \tan^{-1}\left(\frac{\Delta y}{\Delta x}\right)_1 \tag{5-5}$$

边长
$$S_1 = \sqrt{\Delta x^2 + \Delta y^2} \tag{5-6}$$

(4)由式(5-1)～式(5-6)可求出由 WGS-84 坐标系向当地坐标系转换的平移参数、旋转角和尺度因子：

平移参数
$$\begin{bmatrix} D_x \\ D_y \end{bmatrix} = \begin{bmatrix} X_o \\ Y_o \end{bmatrix}_{84} - \begin{bmatrix} x_o \\ y_o \end{bmatrix}_1 \tag{5-7}$$

旋转角
$$\theta = \alpha_{84} - \alpha_1 \tag{5-8}$$

尺度因子
$$m = \frac{S_{84} - S_1}{S_{84}} \tag{5-9}$$

(5)将测量点的 WGS-84 坐标投影到平面上，即将(B_i,L_i)分别计算成(X_i,Y_i)。

(6)求出测量点相对于基准点在 WGS-84 平面上的坐标增量：

$$\begin{bmatrix} \Delta X_i \\ \Delta Y_i \end{bmatrix}_{84} = \begin{bmatrix} X_i \\ Y_i \end{bmatrix}_{84} - \begin{bmatrix} X_o \\ Y_o \end{bmatrix}_{84} \tag{5-10}$$

(7)将式(5-10)计算得的坐标增量转换成当地坐标系下的坐标增量：

$$\begin{bmatrix} \Delta x_i \\ \Delta y_i \end{bmatrix}_1 = (1 + m)\begin{bmatrix} \cos\theta & \sin\theta \\ -\sin\theta & \cos\theta \end{bmatrix}\begin{bmatrix} \Delta X_i \\ \Delta Y_i \end{bmatrix}_{84} \tag{5-11}$$

(8)最后，求出测量点在当地坐标系中的坐标：

$$\begin{bmatrix} x_i \\ y_i \end{bmatrix}_1 = \begin{bmatrix} X_o \\ Y_o \end{bmatrix}_{84} + \begin{bmatrix} \Delta x_i \\ \Delta y_i \end{bmatrix}_1 - \begin{bmatrix} D_x \\ D_y \end{bmatrix} = \begin{bmatrix} x_o \\ y_o \end{bmatrix}_1 + \begin{bmatrix} \Delta x_i \\ \Delta y_i \end{bmatrix}_1 \tag{5-12}$$

坐标转换参数：D_x、D_y(平移参数)，θ(旋转参数)，m(尺度参数)。当地坐标系可以是北京54 坐标系或西安 80 坐标系，也可以是任意坐标系。

高程求解则采用拟合的方法。

方法二：适用于已知点既有地方坐标又有 WGS-84 坐标的情况

用 GNSS 做控制测量时，同时提供有 WGS-84 坐标系下的控制点坐标。这些点的坐标与参考点的相对关系是正确的，但参考点的绝对坐标不一定准确，这些点同时又具有地方坐标系下的坐标。利用同一点的两种坐标便可反求出两坐标系间的转换参数。

如表 5-3 所示，选取两个同时具有 WGS-84 坐标和地方坐标的点来求解坐标转换参数。

在这种情况下，由于已知点的 WGS-84 坐标和地方坐标都已知，所以可以直接采用平面坐标系统的转换模型来达到求解转换参数的目的。即利用式(5-13)将 P_1、P_2 两已知点代入求解4 个坐标转换参数 ΔX、ΔY(平移参数)，θ(旋转参数)，m(尺度参数)，如图 5-7 所示。

$$\begin{bmatrix} x_i \\ y_i \end{bmatrix}_1 = \begin{bmatrix} \Delta X \\ \Delta Y \end{bmatrix} + (1 + m)\begin{bmatrix} \cos\theta & \sin\theta \\ -\sin\theta & \cos\theta \end{bmatrix}\begin{bmatrix} X_i \\ Y_i \end{bmatrix}_{84} \tag{5-13}$$

已知点既有地方坐标又有 WGS-84 坐标的转换关系　　表 5-3

点　名	WGS-84 坐标系		当地坐标系	
	已知值	已知的计算值	已知值	欲求值
P_1	B_1, L_1	X_1, Y_1	x_1, y_1	
P_2	B_2, L_2	X_2, Y_2	x_2, y_2	
测量点 I	B_i, L_i	X_i, Y_i		x_i, y_i

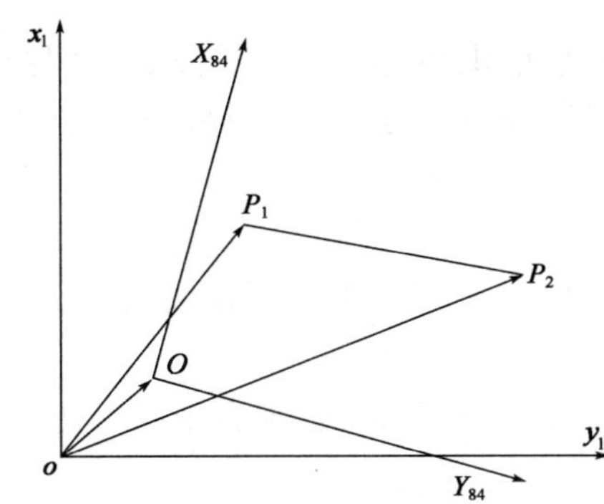

图 5-7　已知点既有地方坐标又有 WGS-84 坐标的转换关系

然后,利用转换参数即可以求出任意测量点在当地坐标系(可以是北京 54 坐标系或西安 80 坐标系)中的坐标。

此外,转换参数及待定点坐标的求解也可参照方法一进行,此处只是测区已知点的已知条件发生了变化,可更加方便地求解坐标转换参数,求解的方法可以有多种,但基本思路是一致的。

高程求解仍采用拟合方法。

方法三:适用于已知 WGS-84 坐标系与地方坐标系之间转换参数的情况

因为 WGS-84 系和地方坐标系之间的转换参数已知,所以将参数直接带入式(5-6)、式(5-12)或式(5-13)便可得地方坐标系下的坐标。但在求解待定点坐标时,应当知道基准点相对其他控制点在 WGS-84 系下的纬度、经度和大地高。

在利用式(5-12)和式(5-13)时,实际作业的方法和计算程序的设计会有所不同。

高程求解仍采用拟合方法。

方法四:适用于自定义假定坐标系的情况

可在只有一个已知点或无已知点的情况下做坐标转换工作。如果没有已知点,可选用一个点并假定它的坐标。这样除了点位是假定之外,它和只有一个已知点的情况是一样的。此时,定向与尺度尚未确定。定向可取真北方向(以基准点子午线为准);尺度就直接取用基于大地高的尺度。在具体操作时,首先在对空视野开阔的某一点设立基准站并任意假定其坐标,联测另一点(设为假定坐标系下一个点),先得出假定坐标系下两点的坐标,而后求解坐标转换参数。测量工作先不与已知坐标系取得联系,但各测点之间的相互关系应是正确的。此假定坐标系的参考点位是“联测的另一点”,而方位和尺度与 WGS-84 系一致。

在这种情况下,可以利用式(5-8)实现地方自定义坐标系与 WGS-84 坐标系之间的转换,并求解出坐标转换参数。也就是说,只要知道自定义独立坐标系下两点坐标和此两点在

WGS-84 坐标系下的坐标就能求出坐标转换参数。假定两点 P_1、P_2的坐标为(xp_1,yp_1),(xp_2,yp_2),测出它们在 WGS-84 系下的坐标(XP_1,YP_1),(XP_2,YP_2),然后代入式(5-13)求解坐标转换参数。

如果需要,此方法所测坐标可以通过坐标平移、旋转进行坐标转换,化成统一地方系下的坐标。

高程求解依旧采用拟合法。

2. 高程转换

高程转换(从大地高转换到实用的正常高),一般是采用数值拟合计算方法进行的。目前,主要的数值拟合计算方法有平面拟合法、曲面拟合法、多面函数拟合法、样条函数法等。下面分别进行简要介绍:

(1)平面拟合法

在小区域且较为平坦的范围内,可以考虑用平面逼近局部似大地水准面。作平面拟合时至少要联测三个高程控制点。

据有关文献,此方法在 $120km^2$的平原地区,拟合精度可达 3~4cm。

(2)二次曲面拟合法

似大地水准面的拟合也可采用二次曲面拟合法,此时测区内至少需有 6 个公共点。二次曲面拟合还可进一步扩展为多项式曲面拟合法。

此方法适合于平原与丘陵地区,在小区域范围内,拟合精度可优于 3cm。

(3)多面函数法

多面函数法的基本思想是:任何数学表面和任何不规则的圆滑表面,总可以用一系列有规则的数学表面的总和以任意精度逼近。

用多面函数法拟合高程异常,如果核函数和光滑因子等选取的合适,其拟合精度不低于二次曲面拟合法。

(4)样条函数法

高程异常曲面也可以通过构造样条曲面拟合,样条曲面拟合解法与多面函数法大致相同。此方法适合于地形比较复杂的地区,拟合精度也可达 3cm 左右。

曲面拟合法中还有非参数回归曲面拟合法、有限元拟合法、移动曲面法等。

无论采用哪种模型,拟合的基本思想都是相同的,即利用区域内若干同时具有 GPS 高程和水准高程的重合点,求出这些点上的高程异常值,并按照一定的曲面函数关系,建立高程异常与曲面坐标之间的函数模型关系式,拟合出局部似大地水准面,即求出各点的高程异常值,从而实现 GNSS 大地高到正常高的转换。

在进行 RTK 测量作业时,可以根据测区及布测情况来选取不同的数值拟合方法,以取得最佳的拟合效果。

第五节　网络 RTK 和 CORS 技术

利用 GNSS 精密定位技术,在一个国家、一个地区或一个城市布设分布密度各不相同的、长年运行的 GNSS 卫星永久性跟踪站,通过数据通信网络把这些站的精确坐标和 GNSS 卫星跟踪数据发播给用户,用户只需用一台不同类型的 GNSS 接收机,采用不尽相同的软件和作业方式,就可以进行毫米级、厘米级、分米级乃至米级、十米级、数十米级的实时、准实时、快速或事后定位,这种技术称为网络 RTK 技术。

同时,这些 GNSS 卫星永久性跟踪站也构成了一个基准站网络,并利用现代自动控制技术对这些基准站实现无人值守的连续运行,通过有线无线数字通信网络,使系统的数据实现局部或全球范围内的共享,这就是所谓的连续运行参考站系统——CORS(Continuous Operation Reference Stations)。

当前,在国际上建立这种卫星定位导航服务网络取代传统的静态定位控制网是一个正在兴起的潮流。其原因除了这类系统具有全自动、全天候、实时的定位导航功能外,它还可以进行天气预报、灾害监测、电网及通信网络的时间同步等多种功能。

一、网络 RTK

1. 网络 RTK 的定义

网络 RTK 也称多基准站 RTK,是近年来在常规 RTK 和差分 GNSS 定位方法的基础上建立起来的一种新技术。常规 RTK 技术是一种对动态用户进行实时相对定位的技术,该技术也可用于快速静态定位。进行常规 RTK 工作时,基准站需将自己所获得的载波相位观测值(最好加上测码伪距观测值)及站坐标通过数据通信链实时播发给在其周围工作的动态用户。于是,这些动态用户就能依据自己获得的相同历元的载波相位观测值(最好加上测码伪距观测值)和广播星历进行实时相对定位,并进而根据基准站的站坐标求得自己的瞬时位置。为消除卫星钟和接收机钟的钟差,削弱卫星星历误差、电离层延迟误差和对流层延迟误差的影响,在 RTK 中通常都采用双差观测值。

网络 RTK 是由基准站网、数据处理中心和数据通信线路组成的。基准站上应配备双频全波长 GNSS 接收机,该接收机最好能同时提供精确的双频伪距观测值。基准站的站坐标应精确已知,其坐标可采用长时间 GNSS 静态相对定位等方法来确定。此外,这些基准站还应配备数据通信设备及气象仪器等。基准站应按规定的采样率进行连续观测,并通过数据通信链实时将观测资料传送给数据处理中心。数据处理中心根据流动站送来的近似坐标(可根据伪距法单点定位求得)判断出该站位于由哪三个基准站所组成的三角形内。然后根据这三个基准站的观测资料求出流动站处所受到的系统误差,并播发给流动用户来进行修正以获得精确的结果。基准站与数据处理中心间的数据通信可采用数字数据网或无线通信等方法进行。流动站和数据处理中心间的双向数据通信则可通过移动通信等方式进行。目前网络 RTK 大体可采用内插法、线性组合法及虚拟站等方法进行。图 5-8 为一个典型的网络 RTK 系统的基准站、控制中心、数据通信和用户的一个示意图。

2. 网络 RTK 的优势

(1)覆盖范围更广

网络 RTK 系统最少需要 3 个基准站。如按边长 70km 计算,一个三角形的覆盖面积为 2 200多平方公里。与传统的 GNSS 网络相比,在扩大覆盖范围的同时,可节约成本近 70%。实际上,网络 RTK 系统可提供两种不同精度的差分信号,分别为厘米级和亚米级。若是精度要求更低,这个距离(70km)还可以扩展到几百公里。

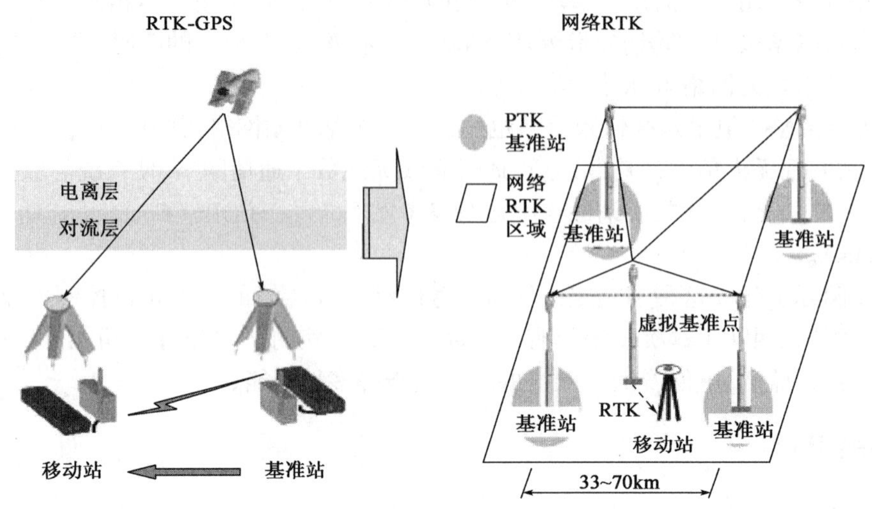

图 5-8 网络 RTK 系统结构示意图

(2)成本更低

网络 RTK 技术的应用,使得用户不需要再架设自己的基准站。而 70km 的边长,只用很少的几个基准站就能覆盖很大范围,从而使建设 GNSS 参考站网络的费用大大地降低。与传统的 GNSS 网络相比,网络 RTK 在扩大覆盖范围的同时,节约成本近 70%。

(3)精度和可靠性更高

在网络 RTK 网络的控制范围内,精度可始终保持在 1 ~ 2cm。由于采用了多个参考站的联合数据,定位结果的可靠性也得到较大幅度的提高。

(4)应用范围更广

网络 RTK 技术可以应用于道路建设、城市规划、市政建设、交通管理、气象预报、环保、公共安全、工程与地壳形变监测、农业和林业资源普查以及所有在室外进行的各类勘察和测绘工作中。

(5)初始化时间更短

网络 RTK 技术可以更好地消除流动站的综合误差,因此可以更快速、更准确地确定流动站的整周模糊度,从而大大缩短了 RTK 作业的初始化时间。

二、连续运行参考站(CORS)系统

1. CORS 的定义

CORS 系统可以定义为一个或若干个固定的、连续运行的 GNSS 参考站,利用现代计算机、数据通信和互联网技术组成的网络,实时地向不同类型、不同需求、不同层次的用户自动地提供经过检验的不同类型的 GNSS 观测值(载波相位,伪距),各种改正数、状态信息以及其他有关的 GNSS 服务项目的系统。

2. CORS 的优点

与传统的 GNSS 作业相比较,连续运行参考站系统具有作用范围大、精度高、野外单机作业等众多优点,目前国内一大批省、市、自治区和行业正经历着一个连续运行参考站网络系统

的建设高潮。

连续运行参考站系统的优点如下：

(1)具有跨行业特性,可为不同行业、不同类型的用户提供服务。

(2)可同时满足不同需求的用户在定位实时性方面的差异,能同时提供 RTK、DGNSS、静态或动态后处理及现场高精度准实时定位的数据服务。

(3)能兼顾不同层次的用户对定位精度指标的要求,提供覆盖米级、分米级、厘米级的数据。

(4)具有覆盖范围广、作业效率高、一次投资长期收益的特点,成为国家基础设施建设的新方向。

(5)可构建和维持稳定、统一的大地坐标系统。

(6)可提高作业精度和数据质量。

(7)可提高生产效率,单人测量系统将成为 GNSS 测量的主流作业模式。

连续运行参考站系统不仅可以构成国家的新型大地测量动态框架体系,目前也正在构成城市地区新一代动态参考站网体系。它们不仅满足各种测绘、基准需求,还满足多种环境变迁动态信息监测需求。

【思考题与习题】

1. 简述天球坐标系与地球坐标系的联系与区别。
2. GPS、GLPNASS、GALILEO、BDS 四大系统的特点是什么?
3. GNSS 静态控制测量的实施步骤是什么?
4. 什么是 RTK? RTK 技术的基本原理是什么?
5. 请结合身边的生活和科技应用,试着描述 GNSS 定位技术的应用前景。

第六章
控制测量

【学习内容与要求】

通过本章学习，使学生了解控制测量的概念、等级和技术要求；掌握导线测量的布设、外业施测，闭合导线和附合导线的内业计算方法；了解三角测量的概念；掌握各种交会定点测量的原理和计算方法。了解坐标换带计算的必要性；掌握三角高程测量的观测步骤和数据处理方法；掌握 GNSS 控制网技术设计及数据处理方法。

第一节　概　　述

一、控制测量的概念

在绪论中已经指出：测量工作必须遵循"从整体到局部，由高级到低级，先控制后碎部"的原则。为了保证测量成果具有规定的准确性和可靠性，必须首先建立控制网，然后根据控制网进行碎部测量和测设。由测区内选定的具有控制作用的若干个点而构成的几何图形，称为控制网。控制网分为平面控制网和高程控制网两种。测定控制点平面位置(x,y)的工作，称为平面控制测量。测定控制点高程(H)的工作，称为高程控制测量。在传统测量工作中，平面控制与高程控制网通常分别单独布设，有时也将两种控制网合起来布设成三维控制网。

在全国范围内建立的控制网,称为国家控制网。国家控制网是各种比例尺测图的基本控制,并为确定地球的形状和大小提供研究资料。国家控制网是用精密测量仪器和方法依照精度按一等、二等、三等、四等四个等级建立的,其低级点受高级点逐级控制。

如图 6-1 所示,一等三角锁是国家平面控制网的骨干;二等三角网布设于一等三角锁环内,是国家平面控制网的全面基础;三、四等三角网为二等三角网的进一步加密。国家三角网的起始边(图 6-1 中用双线标明)采用电磁波测距仪直接测定。

如图 6-2 所示,一等水准网是国家高程控制网的骨干。二等水准网布设于一等水准环内,是国家高程控制网的全面基础。三、四等水准网为国家高程控制网的进一步加密。建立国家高程控制网,采用精密水准测量的方法。

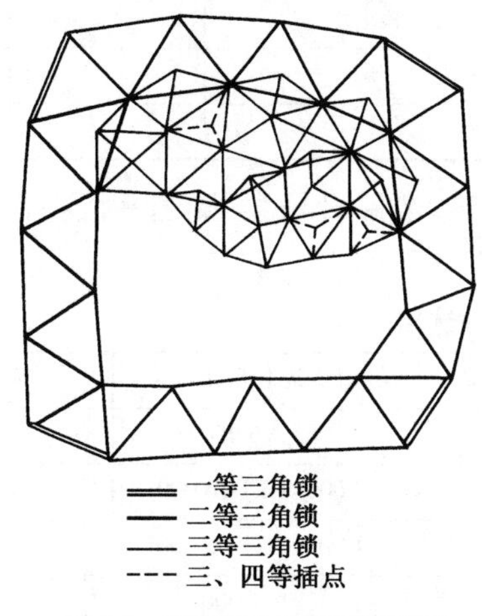

图 6-1 国家三角控制网布设图

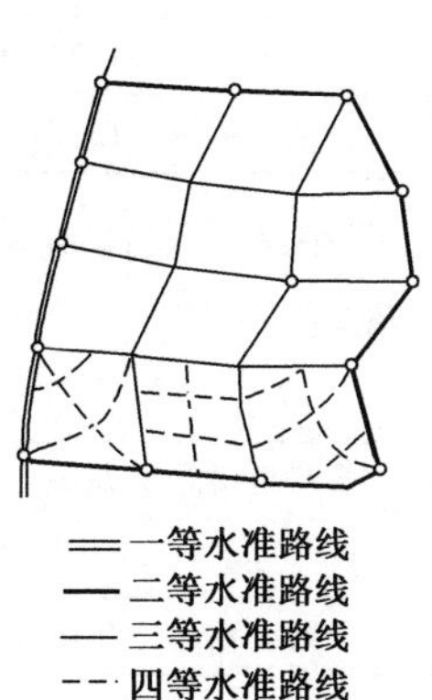

图 6-2 国家高程控制网布设图

在城市或厂矿等地区,一般应在上述国家控制点的基础上,根据测区的大小和施工测量的要求,布设不同等级的城市平面控制网和高程控制网,以供地形测图和施工放样使用。

在小于 10km^2 的范围内建立的控制网,称为小区域控制网。在这个范围内,水准面可视为水平面,采用平面直角坐标系,计算控制点的坐标,不需将测量成果归算到高斯平面上。小区域平面控制网,应尽可能与国家控制网或城市控制网联测,将国家或城市高级控制点坐标作为小区域控制网的起算和校核数据。如果测区内或测区附近无高级控制点,或联测较为困难,也可建立独立平面控制网。

小区域平面控制网,应视测区面积的大小分级建立测区首级控制和图根控制。

直接供地形测图使用的控制点,称为图根控制点,简称图根点。测定图根点位置的工作,称为图根控制测量。图根点的密度,取决于测图比例尺和地物、地貌的复杂程度。一般地区图根点的密度可参考表 6-1 的规定。

解析控制点密度 表 6-1

测图比例尺	1∶500	1∶1 000	1∶2 000	1∶5 000
图幅尺寸(cm)	50×50	50×50	50×50	40×40
解析控制点(个数)	8	12	15	30

小区域高程控制网也应视测区面积大小和工程要求采用分级的方法建立。一般以国家或城市等级水准点为基础,在测区内建立三、四、五等水准线路或水准网;再以三、四、五等水准点

为基础，测定图根点的高程。

二、平面控制测量的等级与技术指标

平面控制网的布设宜符合因地制宜、技术先进、经济合理、确保质量的原则。应采用GNSS测量、导线测量或三边测量方法。各级平面控制测量，其最弱点点位中误差均不得大于±5cm。最弱相邻点相对点位中误差均不得大于±3cm，最弱相邻点边长相对中误差不得大于表6-2的规定。

平面控制测量精度指标 表6-2

测量等级	最弱相邻点边长相对中误差	测量等级	最弱相邻点边长相对中误差
二等	1/100 000	一级	1/20 000
三等	1/70 000	二级	1/10 000
四等	1/35 000		

公路路线平面控制网宜全体贯通、统一平差。各级公路及桥梁、隧道平面控制测量的等级不得低于表6-3的规定。

平面控制测量等级选用 表6-3

高架桥、路线控制测量	多跨桥梁总长 L(m)	单跨桥梁 L_K(m)	隧道贯通长度 L_G(m)	测量等级
—	$L \geqslant 3\,000$	$L_K \geqslant 500$	$L_G \geqslant 6\,000$	二等
—	$2\,000 \leqslant L < 3\,000$	$300 \leqslant L_K < 500$	$3\,000 \leqslant L_G < 6\,000$	三等
高架桥	$1\,000 \leqslant L < 2\,000$	$150 \leqslant L_K < 300$	$1\,000 \leqslant L_G < 3\,000$	四等
高速公路、一级公路	$L < 1\,000$	$L_K < 150$	$L_G < 1\,000$	一级
二级、三级、四级公路	—	—	—	二级

1. 平面控制测量的技术指标

平面控制点布设时相邻控制点之间平均边长应参照表6-4。四等以上平面控制网中相邻点之间的距离不得小于500m，一、二级平面控制网中相邻点之间的距离在平原、微丘区不得小于200m，重丘、山岭区不得小于100m，最大距离不应大于平均边长的2倍。

相邻点间平均边长参照值 表6-4

测量等级	平均边长(km)	测量等级	平均边长(km)
二等	3.0	一级	0.5
三等	2.0	二级	0.3
四等	1.0		

公路路线平面控制点距路线中心线的距离应大于50m，宜小于300m，每一点至少应有一相邻点通视。特大型构造物每一端应埋设2个以上平面控制点。

(1) GNSS基线测量的中误差应小于式(6-1)计算的标准差，各等级控制测量固定误差 a，比例误差系数 b 的取值应符合表6-5的规定。

$$\sigma = \pm \sqrt{a^2 + (b \cdot d)^2} \tag{6-1}$$

式中：σ——标准差(mm)；

a——固定误差(mm);

b——比例误差系数(mm/km);

d——基线长度(km)。

GNSS 测量的主要技术指标 表 6-5

等级	平均边长(km)	固定误差 a(mm)	比例误差系数 b(mm/km)	约束点间的边长相对误差	约束平差后最弱边相对误差
二等	9	≤1	≤1	≤1/250 000	≤1/120 000
三等	4.5	≤5	≤2	≤1/150 000	≤1/70 000
四等	2	≤5	≤3	≤1/100 000	≤1/40 000
一级	1	≤10	≤3	≤1/40 000	≤1/20 000
二级	0.5	≤10	≤5	≤1/20 000	≤1/10 000

(2)导线测量的主要技术指标应满足表 6-6 的规定。

导线测量的主要技术指标 表 6-6

等级	导线长度(km)	平均边长(km)	测角中误差(″)	测距中误差(mm)	测回数			方位角闭合差(″)	导线全长相对闭合差
					DJ_1	DJ_2	DJ_6		
三等	15	3	±1.5	±18	8	12	–	$\pm 3\sqrt{n}$	≤1/60 000
四等	10	1.6	±2.5	±18	4	6	–	$\pm 5\sqrt{n}$	≤1/40 000
一级	3.6	0.3	±5	±15	–	2	4	$\pm 10\sqrt{n}$	≤1/14 000
二级	2.4	0.2	±8	±15	–	1	3	$\pm 16\sqrt{n}$	≤1/10 000
三级	1.5	0.12	±12	±15	–	1	2	$\pm 24\sqrt{n}$	≤1/6 000

注:1. 表中 n 为测站数。

2. 导线网节点间的长度不得大于表中长度的 0.7 倍。

(3)图根导线测量的主要技术指标应满足表 6-7 的规定。

图根导线测量的主要技术指标 表 6-7

边长测定方法	测图比例尺	导线全长(m)	平均边长(m)	测回数	测角中误差(″)	方位角闭合差(″)	导线全长相对闭合差
光电测距	1∶500	≤750	75	≥1	≤ ±20	$\leq 40\sqrt{n}$	≤1/4 000
	1∶1 000	≤1 500	150				
	1∶2 000	≤3 000	300				
钢尺量距	1∶500	≤500	50	≥1	≤ ±20	$\leq 40\sqrt{n}$	≤1/2 000
	1∶1 000	≤1 000	85				
	1∶2 000	≤2 000	180				

注:1. n 为测站数。

2. 组成节点后,节点间或节点与起算点间的长度不得大于表中规定的 0.7 倍。

3. 当导线长度小于表中规定 1/3 时,其绝对闭合差不应大于图上 0.3mm。

2. 平面控制测量的观测技术指标

(1)GNSS 观测的主要技术指标应符合表 6-8 的规定。

GNSS 观测的主要技术指标 表 6-8

项目		测量等级				
		二等	三等	四等	一级	二级
卫星高度角(°)		≥15	≥15	≥15	≥15	≥15
时段长度	静态(min)	≥240	≥90	≥60	≥45	≥40
	快速静态(min)	—	≥30	≥20	≥15	≥10
平均重复设站数(次/每点)		≥4	≥2	≥1.6	≥1.4	≥1.2
同时观测有效卫星数(个)		≥4	≥4	≥4	≥4	≥4
数据采样率(s)		≤30	≤30	≤30	≤30	≤30
GDOP		≤6	≤6	≤6	≤6	≤6

(2)水平角观测的主要技术指标应符合表 6-9 的规定。

水平角观测的主要技术指标 表 6-9

测量等级	经纬仪型号	光学测微器两次重合读数差(″)	半测回归零差(″)	同一测回中2C 较差(″)	同一方向各测回间较差(″)	测回数
二等	DJ_1	≤1	≤6	≤9	≤6	≥12
三等	DJ_1	≤1	≤6	≤9	≤6	≥6
	DJ_2	≤3	≤8	≤13	≤9	≥10
四等	DJ_1	≤1	≤6	≤9	≤6	≥4
	DJ_2	≤3	≤8	≤13	≤9	≥6
一级	DJ_6	—	≤12	≤18	≤12	≥2
	DJ_6	—	≤24	—	≤24	≥4
二级	DJ_2	—	≤12	≤18	≤12	≥1
	DJ_6	—	≤24	—	≤24	≥3

注:当观测方向的垂直角超过 ±3°时,该方向的 2C 较差可按同一观测时间段内相邻测回进行比较。

(3)距离测量

距离测量中采用光电测距仪或全站仪时,其光电测距仪或全站仪的选用应按表 6-10 的规定选用,观测时的主要技术指标符合表 6-11 的要求。

光电测距仪的选用 表 6-10

测距仪精度等级	每公里测距中误差 m_D(mm)	适用的平面控制测量等级
Ⅰ级	$m_D \leq \pm 5$	二等、三等、四等,一级、二级
Ⅱ级	$\pm 5 < m_D \leq \pm 10$	三等、四等,一级、二级
Ⅲ级	$\pm 10 < m_D \leq \pm 20$	一级、二级,图根

光电测距的主要技术指标 表 6-11

测量等级	观测次数		每边测回数		一测回读数间较差(mm)	单程各测回较差(mm)	往返较差
	往	返	往	返			
二等	≥1	≥1	≥4	≥4	≤5	≤7	$\leq \sqrt{2}(a + b \cdot D)$
三等	≥1	≥1	≥3	≥3	≤5	≤7	

续上表

测量等级	观测次数		每边测回数		一测回读数间较差(mm)	单程各测回较差(mm)	往返较差
	往	返	往	返			
四等	≥1	≥1	≥2	≥2	≤7	≤10	$\leq \sqrt{2}(a+b \cdot D)$
一级	≥1	—	≥2	—	≤7	≤10	
二级	≥1	—	≥1	—	≤12	≤17	

注:1. 测回是指照准目标一次,读数4次的过程。

2. 表中 a 为固定误差,b 为比例误差系数,D 为水平距离(km)。

一级及一级以上平面控制测量平差计算应采用严密平差法,二级及图根平面控制测量平差计算可采用近似平差法。

三、高程控制测量

高程控制测量应采用水准测量或三角高程测量方法,高程控制测量的技术指标应符合表6-12的规定。

高程控制测量的技术指标 表6-12

测量等级	每公里高差中数中误差(mm)		附合或环线水准路线长度(km)	
	偶然中误差 M_{Δ}	全中误差 M_{W}	路线、隧道	桥梁
二等	±1	±2	600	100
三等	±3	±6	60	10
四等	±5	±10	25	4
五等	±8	±16	10	1.6

注:控制网节点间的长度不应大于表中长度的0.7倍。

各级公路及构造物的高程控制测量等级应按表6-13的规定选用。

高程控制测量等级选用 表6-13

高架桥、路线控制测量	多跨桥梁总长 L (m)	单跨桥梁 L_K (m)	隧道贯通长度 L_G (m)	测量等级
—	$L \geq 3\,000$	$L_K \geq 500$	$L_G \geq 6\,000$	二等
—	$1\,000 \leq L < 3\,000$	$150 \leq L_K < 500$	$3000 \leq L_G < 6\,000$	三等
高架桥,高速公路、一级公路	$L < 1\,000$	$L_K < 150$	$L_G < 3\,000$	四等
二级、三级、四级公路	—	—	—	五等

路线高程控制点相邻点间的距离以1~1.5km为宜,特大型构造物每一端应埋设2个(含2个)以上高程控制点。高程控制点距路线中心线的距离应大于50m,宜小于300m。

1. 高程控制测量的主要技术要求

(1)水准测量的主要技术指标应符合表6-14的规定。

(2)光电测距三角高程测量的主要技术指标应符合表6-15的规定。

水准测量的主要技术指标　　表 6-14

测量等级	往返较差、附合或环线闭合差(mm)		检测已测测段高差之差(mm)
	平原、微丘	重丘、山岭	
二等	$\leqslant 4\sqrt{l}$	$\leqslant 4\sqrt{l}$	$\leqslant 6\sqrt{L_i}$
三等	$\leqslant 12\sqrt{l}$	$\leqslant 3.5\sqrt{n}$ 或 $15\sqrt{l}$	$\leqslant 20\sqrt{L_i}$
四等	$\leqslant 20\sqrt{l}$	$\leqslant 6.0\sqrt{n}$ 或 $\leqslant 25\sqrt{l}$	$\leqslant 30\sqrt{L_i}$
五等	$\leqslant 30\sqrt{l}$	$12\sqrt{n}$ 或 $\leqslant 45\sqrt{l}$	$\leqslant 40\sqrt{L_i}$

注：计算往返较差时，l 为水准点间的路线长度(km)；计算附合或环线闭合差时，l 为附合或环线的路线长度(km)；n 为测站数。L_i 为检测测段长度(km)，小于 1km 时按 1km 计算。

光电测距三角高程测量的主要技术指标　　表 6-15

测量等级	测回内同向观测高差较差(mm)	同向测回间高差较差(mm)	对向观测高差较差(mm)	附合或环线闭合差(mm)
四等	$\leqslant 8\sqrt{D}$	$\leqslant 10\sqrt{D}$	$\leqslant 40\sqrt{D}$	$\leqslant 20\sqrt{\sum D}$
五等	$\leqslant 8\sqrt{D}$	$\leqslant 15\sqrt{D}$	$\leqslant 60\sqrt{D}$	$\leqslant 30\sqrt{\sum D}$

注：D 为测距边长度，以 km 计。

2. 高程控制测量的观测技术指标

(1)水准测量观测的主要技术指标应符合表 6-16 的规定。

水准测量观测的主要技术指标　　表 6-16

测量等级	仪器类型	水准尺类型	视线长(m)	前后视较差(m)	前后视累积差(m)	视线离地面最低高度(m)	基铺(黑红)面读数差(mm)	基铺(黑红)面高差较差(mm)
二等	DS_{05}	铟瓦	≤50	≤1	≤3	≥0.3	≤0.4	≤0.6
三等	DS_1	铟瓦	≤100	≤3	≤6	≥0.3	≤1.0	≤1.5
	DS_2	双面	≤75				≤2.0	≤3.0
四等	DS_3	双面	≤100	≤5	≤10	≥0.2	≤3.0	≤5.0
五等	DS_3	单面	≤100	≤10	—	—	—	≤7.0

(2)光电测距三角高程测量观测的主要技术指标应符合表 6-17 的规定。

光电测距三角高程测量观测的主要技术指标　　表 6-17

测量等级	仪器	测距边测回数	边长(m)	垂直角测回数(中丝法)	指标差较差(″)	垂直角较差(″)
四等	DJ_2	往返均≥2	≤600	≥4	≤5	≤5
五等	DJ_2	≥2	≤600	≥2	≤10	≤10

(3)图根高程测量。

图根点高程可采用水准测量、光电测距三角高程测量或 GNSS RTK 测量等满足精度要求的各种方法。图根水准测量主要技术指标应符合表 6-18 的规定；图根三角高程测量主要技术指标应符合表 6-19 的规定。

图根水准测量的主要技术指标 表 6-18

每公里观测高差全中误差（mm）	水准路线长度（km）		视线长度（m）	观测次数		往返较差、附合或环线闭合差（mm）	
	附合路线或环线	支线长度		附合或闭合路线	支线或与已知点联测	平原、微丘	重丘、山岭
≤ ±20	≤6	≤3	≤100	往一次	往返各一次	$\leq 40\sqrt{L}$	$\leq 12\sqrt{n}$

注：1. L 为水准路线长度，以 km 计；n 为测站数。

2. 组成节点后，节点间或节点与高级点间的长度不得大于表中规定的 0.7 倍。

图根三角高程测量的主要技术指标 表 6-19

每公里观测高差全中误差（mm）	最大边长（m）	垂直角测回数	指标差较差（″）	垂直角较差（″）	对向观测高差较差（mm）	附合或环线闭合差（mm）
≤ ±20	600	中丝法≥2 测回	≤25	≤25	$\leq 60\sqrt{D}$	$\leq 40\sqrt{\sum D}$

注：D 为边长（km）。

第二节　方位角传递与坐标正反计算

平面控制测量的最终目的是要获得每个平面控制点的平面坐标，因此外业工作结束后就要进行内业计算。求各平面控制点的坐标，需要依次推算各边的坐标方位角；由边长和坐标方位角，计算两相邻控制点的坐标增量，然后推算各点的坐标。

1. 坐标方位角的推算

如图 6-3 所示，α_{12} 为起始方位角。图 6-3a）的 β_2 转折角为右角，推算 2-3 边的坐标方位角为：

$$\alpha_{23} = \alpha_{12} + 180° - \beta_2$$

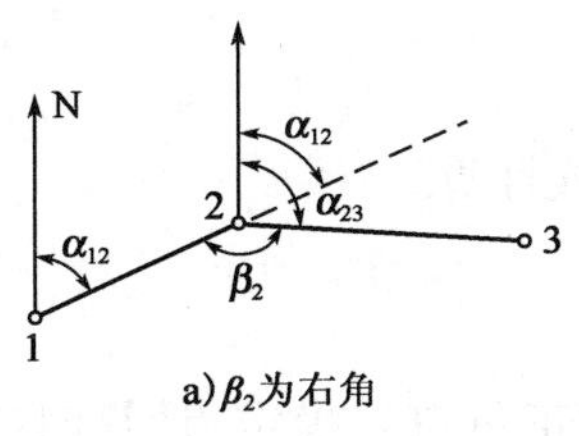

a）β_2为右角

b）β_2为左角

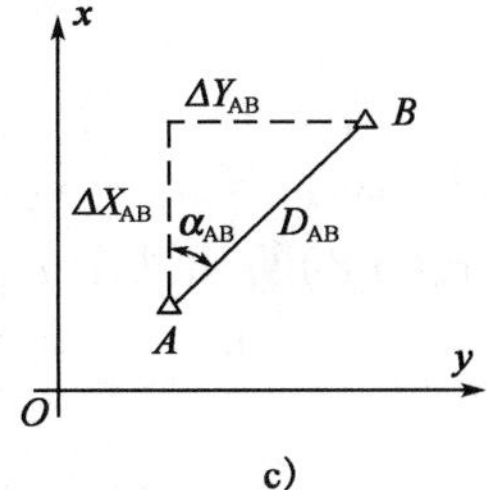

c）

图 6-3　坐标方位角推算图

因此用右角推算方位角的一般公式为：

$$\alpha_{前} = \alpha_{后} + 180° - \beta_{右} \tag{6-2}$$

式中：$\alpha_{前}$——前一条边的方位角；

$\alpha_{后}$——后一条边的方位角。

现图 6-3b）β_2 为左角，推算方位角的一般式为：

$$\alpha_{前} = \alpha_{后} + \beta_{左} - 180° \tag{6-3}$$

必须注意，推算出的方位角如大于 360°，则应减去 360°，若出现负值时，则应加上 360°。

2. 根据已知点坐标、已知边长和坐标方位角计算未知点坐标（坐标正算）

如图 6-3c）所示，设 A 为已知点、B 为未知点，当 A 点的坐标（x_A，y_A）、边长 D_{AB} 和坐标方位角 α_{AB} 均为已知时，则可求得 B 点的坐标（x_B、y_B）。这种计算称为坐标正算。由图知：

$$\left.\begin{aligned} x_B &= x_A + \Delta x_{AB} \\ y_B &= y_A + \Delta y_{AB} \end{aligned}\right\} \tag{6-4}$$

其中：

$$\left.\begin{aligned} \Delta x_{AB} &= D_{AB} \cdot \cos\alpha_{AB} \\ \Delta y_{AB} &= D_{AB} \cdot \sin\alpha_{AB} \end{aligned}\right\} \tag{6-5}$$

所以式（6-5）又可写成：

$$\left.\begin{aligned} x_B &= x_A + D_{AB} \cdot \cos\alpha_{AB} \\ y_B &= y_A + D_{AB} \cdot \sin\alpha_{AB} \end{aligned}\right\} \tag{6-6}$$

式中：Δx_{AB} 和 Δy_{AB}——纵、横坐标增量。

坐标方位角和坐标增量均带有方向性，注意下标的书写。当坐标方位角位于第一象限时，坐标增量均为正数；当坐标方位角位于第二象限时，Δx_{AB} 为负数，Δy_{AB} 为正数；当坐标方位角位于第三象限时，坐标增量均为负数；当坐标方位角位于第四象限时，Δx_{AB} 为正数，Δy_{AB} 为负数。

3. 由两个已知点的坐标反算坐标方位角和边长（坐标反算）

边的坐标方位角可根据两端点的已知坐标反算，这种计算称为坐标反算。如图 6-3c）所示，设 A、B 为两已知点，其坐标分别为（x_A，y_A）和（x_B，y_B），则可得：

$$\tan\alpha_{AB} = \frac{\Delta y_{AB}}{\Delta x_{AB}} \tag{6-7}$$

$$D_{AB} = \frac{\Delta y_{AB}}{\sin\alpha_{AB}} = \frac{\Delta x_{AB}}{\cos\alpha_{AB}} \tag{6-8}$$

式中，$\Delta x_{AB} = x_B - x_A$；$\Delta y_{AB} = y_B - y_A$。

由式（6-8）算出两个 D_{AB}，用作相互校核。边长也可以用下式计算：

$$D_{AB} = \sqrt{\Delta x_{AB}^2 + \Delta y_{AB}^2} \tag{6-9}$$

按式（6-7）求得的 α_{AB} 在四个象限内之值，由 Δx_{AB} 和 Δy_{AB} 的正负符号确定，计算时应注意按下列关系区别：

（1）当 $\Delta x_{AB} > 0$ 且 $\Delta y_{AB} \geqslant 0$ 时

$$\alpha_{AB} = \arctan\frac{\Delta y_{AB}}{\Delta x_{AB}}$$

（2）当 $\Delta x_{AB} = 0$ 且 $\Delta y_{AB} > 0$ 时

$$\alpha_{AB} = 90°$$

（3）当 $\Delta x_{AB} = 0$ 且 $\Delta y_{AB} < 0$ 时

$$\alpha_{AB} = 270°$$

(4)当 $\Delta x_{AB} < 0$ 时

$$\alpha_{AB} = 180° + \arctan\frac{\Delta y_{AB}}{\Delta x_{AB}}$$

(5)当 $\Delta x_{AB} > 0$ 且 $\Delta y_{AB} < 0$ 时

$$\alpha_{AB} = 360° + \arctan\frac{\Delta y_{AB}}{\Delta x_{AB}}$$

第三节 导线测量

导线测量是平面控制测量中的一种方法,主要用于隐蔽地区、带状地区、城建区、地下工程、公路、铁路和水利等控制点的测量。

将测区内相邻控制点连成直线而构成的折线图形,称为导线。构成导线的控制点,称为导线点,折线边称为导线边。导线测量就是依次测定各导线边的长度和各转折角;根据起算数据,推算各边的坐标方位角,从而求出各导线点的坐标。

一、导线测量的布设形式

根据测区的情况和要求,导线可布设成以下三种形式:

1. 闭合导线

如图6-4a)所示,从一点出发,最后仍就回到这一点,组成一闭合多边形。导线起始方位角和起始坐标可以分别测定或假定。导线附近若有高级控制点(三角点或导线点),应尽量使导线与高级控制点连接,图6-4b)和c)是导线直接连接和间接连接的形式,其中 β_A、β_C 为连接角,D_{A1} 为连接边。连接可获得起算数据,使之与高级控制点连成统一的整体。闭合导线多用在面积较宽阔的独立地区作测图控制。

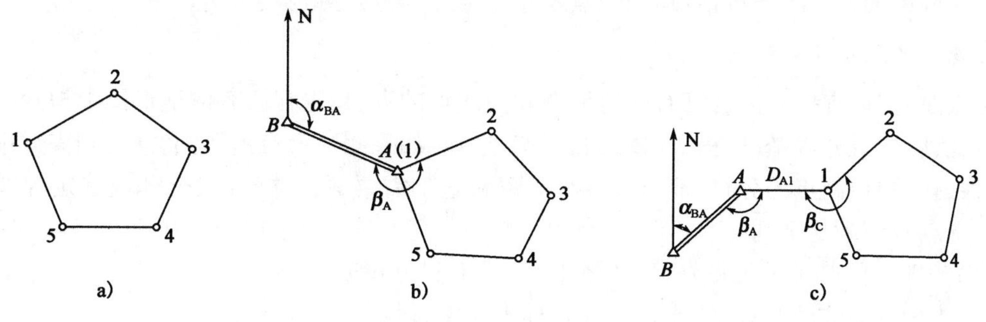

图6-4 闭合导线

2. 附合导线

如图6-5 所示,从一高级控制点出发,最后附合到另一高级控制点上。附合导线多用在带状地区作测图控制。此外,也广泛用于公路、铁路、水利等工程的勘测与施工。

3. 支导线

如图 6-6 所示,从一控制点出发,既不闭合也不附合于已知控制点上。

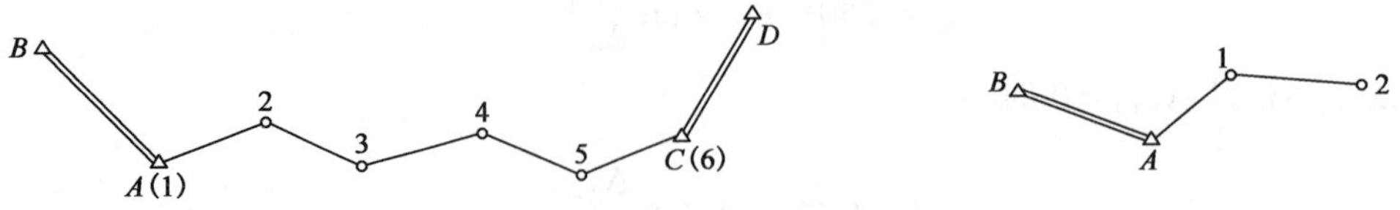

图 6-5　附合导线　　　　图 6-6　支导线

闭合导线和附合导线在外业测量与内业计算中都能校核,它们是布设导线的主要形式。支导线没有校核条件,差错不易发现,故支导线的点数不宜超过两个,一般仅作补点使用。此外,根据测区的具体条件,导线还可以布设成具有结点或多个闭合环的导线网,如图 6-7 所示。

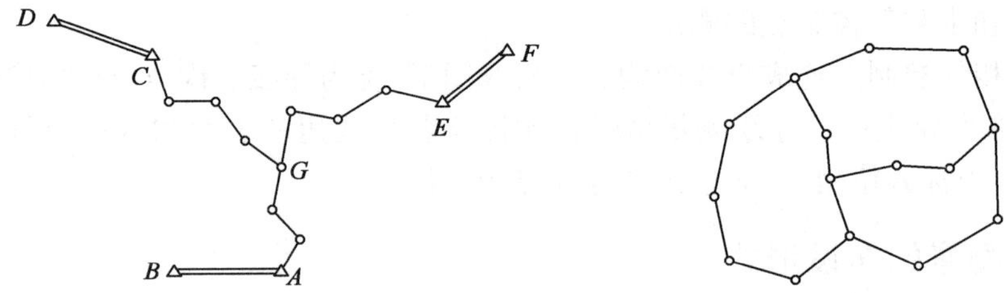

图 6-7　导线网

在局部地区的地形测量和一般工程测量中,根据测区范围及精度要求,导线测量分为一级导线、二级导线和图根导线三个等级。它们可作为国家四等控制点或国家 E 级 GNSS 点的加密,也可以作为独立地区的首级控制。各级导线测量的主要技术指标符合表 6-6 的规定。

二、导线测量的外业

导线测量的外业工作包括:踏勘选点及建立标志、测边、测角和联测。

1. 踏勘选点及建立标志

选点前,应调查搜集测区已有的地形图和控制点的资料,先在已有的地形图上拟定导线布设方案,然后到野外去踏勘、核对、修改和落实点位。如果测区没有地形图资料,则需详细踏勘现场,根据已知控制点的分布、地形条件及测图和施工需要等具体情况,合理地选定导线点的位置。选点时应满足下列要求:

(1)相邻点间必须通视良好,地势较平坦,便于测角和量距;

(2)点位应选在土质坚实处,便于保存标志和安置仪器;

(3)视野开阔,便于测图或放样;

(4)导线各边的长度应大致相等,除特殊条件外,导线边长一般在 50 ~ 500m 之间,平均边长符合表 6-4 的规定;

(5)导线点应有足够的密度,分布较均匀,便于控制整个测区。

确定导线点位置后,应在地上打入木桩,桩顶钉一小钉作为导线点的标志。如导线点需长期保存,可埋设水泥桩或石桩,桩顶刻凿十字或嵌入锯有十字的钢筋作标志。导线点应按顺序编号,为便于寻找,可根据导线点与周围地物的相对关系绘制导线点点位略图。

2. 测边

导线边长一般用电磁波测距仪(或全站仪)测量,测定导线边长的中误差一般约为 ±1cm。

如果导线边遇障碍,不能直接丈量,可采用电磁波测距仪(或全站仪)测定。无测距仪时,可采用间接方法测定。如图 6-8 所示,导线边 FG 跨越河流 ,这时选定一点 P,要求基线 FP 便于丈量,且$\triangle FGP$ 接近等边三角形。丈量基线长度 b,观测内角 α、β、γ,当内角和与 180°之差不超过 60″时,则将闭合差反符号均分于三个内角。然后用正弦定律算出导线边长 FG。

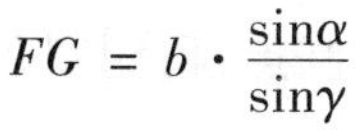

$$FG = b \cdot \frac{\sin\alpha}{\sin\gamma}$$

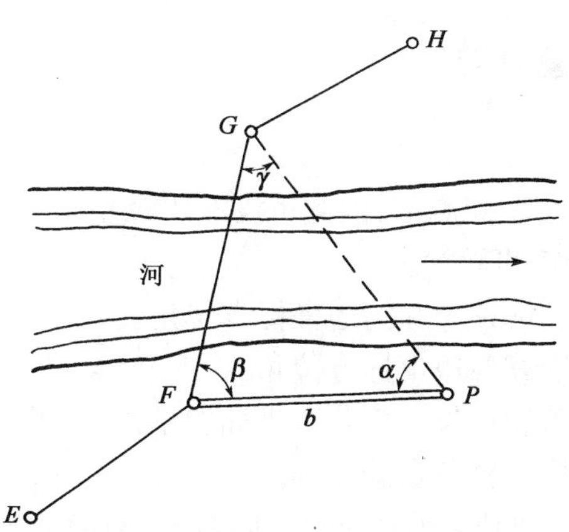

图 6-8 边长间接丈量

3. 测角

导线的转折角有左、右之分,在导线前进方向左侧的称为左角,而右侧的称为右角。对于附合导线应统一观测左角或右角(在公路测量中,一般是观测右角);对于闭合导线,则观测内角。当采用顺时针向编号时,闭合导线的右角即为内角,逆时针方向编号时,则左角为内角。

导线的转折角通常采用测回法进行观测。各级导线的测角技术要求参见表 6-6 及表 6-7。对于图根导线,一般用 6″全站仪测一个测回,盘左、盘右测得角值的较差不大于 40″时,则取其平均值作为观测结果。

通常使用三个既能安置全站仪又能安置带有觇牌的基座和脚架,基座应有通用的光学对中器。如图 6-9 所示,将全站仪安置在测站 i 的基座中,带有觇牌的反射棱镜安置在后视点$i-1$ 和前视点 $i+1$ 的基座中,进行导线测量。迁站时,导线点 i 和 $i+1$ 的脚架和基座不动,只取下全站仪和带有觇牌的反射棱镜,在导线点 $i+1$ 上安置全站仪,在导线点 i 的基座上安置带有觇牌的反射棱镜,并将导线点 $i-1$ 上的脚架迁至导线点 $i+2$ 处并予以安置,这样直到测完整条导线为止。

在观测者精心安置仪器的情况下,三联脚架法可以减弱仪器和目标对中误差对测角和测距的影响,从而提高导线的观测精度,减少了坐标传递误差。

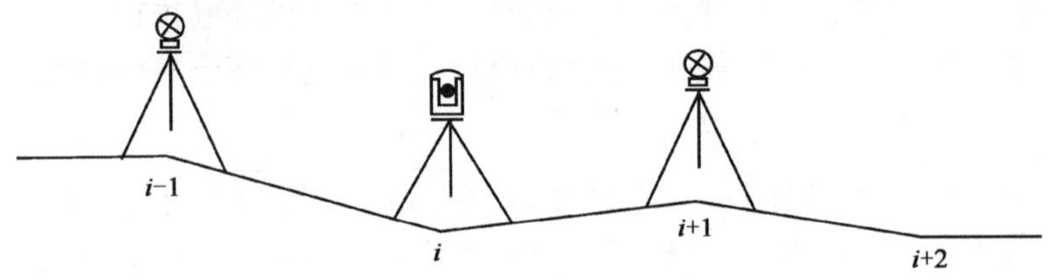

图 6-9 三联脚架法测角

4. 联测

如图 6-4c)所示,导线与高级控制网连测,必须观测连接角 β_A、β_C、连接边 D_{A1},作为传递坐标方位角和坐标之用。若附近无高级控制点,可用罗盘仪观测导线起始边的磁方位角,并假定起始点的坐标作为起算数据。

三、导线测量近似平差计算

1. 支导线坐标计算

支导线(图 6-6)中没有多余观测值,因此也没有闭合差产生,导线转折角和坐标增量都不需要进行改正。支导线的计算步骤为:

(1)根据起始边的端点坐标计算起始边坐标方位角;

(2)根据观测的转折角推算各边坐标方位角;

(3)根据各边坐标方位角和边长计算各边坐标增量;

(4)根据各边的坐标增量推算各点的坐标。

需要注意的是,由于支导线缺乏检核条件,所以最多只能支 2 个点。

2. 闭合导线坐标计算

闭合导线(图 6-4)坐标计算是按一定的次序在表 6-20 中进行的,也可以用计算程序在计算机上计算,计算前应检查外业观测成果是否符合技术要求,然后将角度、起始边方位角、边长和起算点坐标分别填入表第(2)、(4)、(5)、(10)、(11)栏,或输入计算机。计算时还应绘制导线略图。现以闭合四边形导线为例,说明闭合导线坐标计算的步骤。

(1)角度闭合差的计算与调整

闭合导线实测的 n 个内角总和 $\sum\beta_{测}$ 不等于其理论值 $(n-2)\cdot180°$,其差称为角度闭合差,以 f_β 表示:

$$f_\beta = \sum\beta_{测} - (n-2)\cdot180° \tag{6-10}$$

各级导线角度闭合差的容许值 $f_{\beta容}$,见表 6-6 和表 6-7。

表 6-20 为图根导线:$f_{\beta容} = \pm40''\sqrt{n}$。

若 $f_\beta \leqslant f_{\beta容}$,则可进行角度闭合差的调整,否则,应分析情况进行重测。角度闭合差的调整原则是,将 f_β 以相反的符号平均分配到各观测角中,即各角的改正数为:

$$V_\beta = \frac{-f_\beta}{n} \tag{6-11}$$

计算时,根据角度取位的要求,改正数可凑整到 1″。若不能均分,一般情况下,给短边的夹角多分配一点,使各角改正数的总和与反号的闭合差相等,即 $\sum V_\beta = -f_\beta$。

闭合导线计算表

表 6-20

点号	观测角（右角）	改正后的角度	坐标方位角	边长（m）	坐标增量计算值（m）		改正后的坐标增量（m）		坐标（m）		备注
					Δx	Δy	Δx	Δy	x	y	
（1）	（2）	（3）	（4）	（5）	（6）	（7）	（8）	（9）	（10）	（11）	（12）
1									500.000	500.000	起点坐标为假定值
			132°50′	129.341	+0.023 −87.935	−0.010 94.850	−87.912	94.840			
2	+15″ 73°00′12″	73°00′27″							412.088	594.840	
			239°49′33″	80.183	+0.014 −40.302	−0.007 −69.318	−40.288	−69.325			
3	+15″ 107°48′30″	107°48′45″							371.800	525.515	
			312°00′48″	105.258	+0.018 70.450	−0.009 −78.206	70.468	−78.215			
4	+15″ 89°36′30″	89°36′45″							442.268	447.300	
			42°24′03″	78.162	+0.014 57.718	−0.006 52.706	57.732	52.700			
1	+15″ 89°33′48″	89°34′03″							500.000	500.000	
			132°50′								
2											
Σ	359°59′	360°		392.944	−0.069	0.032	0.000	0.000			

辅助计算：

$\sum\beta_{测} = 359°59'$　　$\sum D = 392.944$

$f_\beta = \sum\beta_{测} - (n-2)\times 180 = -1'$　　$f_x = -0.069$　　$f_y = +0.032$　　$f = \sqrt{f_x^2 + f_y^2} = 0.076$

$f_{\beta容} \pm 40''\sqrt{n} = \pm 80''$　　$K = \frac{0.076}{392.944} \approx \frac{1}{5\,100} < \frac{1}{4\,000}$

注：边长用测距仪（全站仪）测量。

表6-20的四边形图根导线的计算实例，$f_\beta = -1'$，故其中每个角分配$+15''$。分配的改正数应写在各观测角的上方，然后计算改正后的角值，填入第(3)栏。

(2)推算各边的坐标方位角

根据起始方位角及改正后的转折角，可按下式依次推算各边的坐标方位角，填入表中第(4)栏。

$$\alpha_{前} = \alpha_{后} + 180° - \beta_{右} \text{ 或 } \alpha_{前} = \alpha_{后} + \beta_{左} - 180° \tag{6-12}$$

实例中：

α_{12}	132°50′
+)	180°
	312°50′
$-)\beta_2$	73°00′27″
α_{23}	239°49′33″
+)	180°
	419°49′33″
$-)\beta_3$	107°48′45″
α_{34}	312°00′48″
+)	180°
	492°00′48″
$-)\beta_4$	89°30′45″
	492°24′03″
−)	360°
α_{41}	42°24′03″
+)	180°
	222°24′03″
$-)\beta_1$	89°34′03″
α_{12}	132°50′(计算无误)

在推算过程中，如果算出的$\alpha_{前} > 360°$，则应减去360°；如果算出的$\alpha_{前} < 0°$，则应加上360°。为了发现推算过程中的差错，最后必须推算至起始边的坐标方位角，看其是否与已知值相等，以此作为计算校核。

(3)计算各边的坐标增量

根据各边的坐标方位角α和边长D，按式(6-5)计算各边的坐标增量，将计算结果填入表6-20的第(6)、(7)栏。

(4)坐标增量闭合差的计算与调整

闭合导线的纵横坐标增量总和的理论值应为零，即：

$$\left.\begin{aligned}\sum\Delta x_{理}&=0\\\sum\Delta y_{理}&=0\end{aligned}\right\}\tag{6-13}$$

由于测量误差,改正后的角度仍有残余误差,坐标增量总和的测量计算值$\sum\Delta x_{测}$与$\sum\Delta y_{测}$一般都不为零,其值称为坐标增量闭合差,以f_x与f_y表示(图6-10)。即:

$$\left.\begin{aligned}f_x&=\sum\Delta x_{测}\\f_y&=\sum\Delta y_{理}\end{aligned}\right\}\tag{6-14}$$

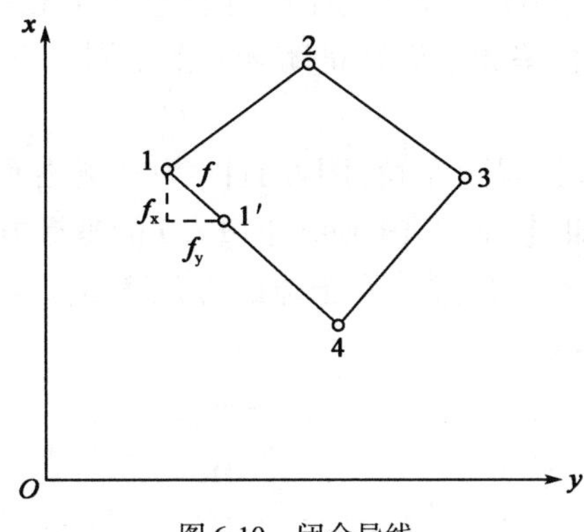

图6-10 闭合导线

这说明,实际计算的闭合导线并不闭合,而存在一个缺口1-1′这个缺口的长度称为导线全长闭合差,以f表示。由图6-10知:

$$f=\sqrt{f_x^2+f_y^2}$$

导线越长,全长闭合差也越大。因此,通常用相对闭合差来衡量导线测量的精度,导线的全长相对闭合差按下式计算:

$$K=\frac{f}{\sum D}=\frac{1}{\dfrac{\sum D}{f}}\tag{6-15}$$

式中,$\sum D$为导线边长的总和。导线的全长相对闭合差应满足表6-6的规定。否则,应首先检查外业记录和全部内业计算,必要时到现场检查,重测部分或全部成果。若K值符合精度要求,则可将增量闭合差f_x、f_y以相反符号,按与边长成正比分配到各增量中。任一边分配的改正数$V_{\Delta x_{i,i+1}}$、$V_{\Delta y_{i,i+1}}$按下式计算:

$$\left.\begin{aligned}V_{\Delta x_{i,i+1}}&=-\frac{f_x}{\sum D}D_{i,i+1}\\V_{\Delta y_{i,i+1}}&=-\frac{f_y}{\sum D}D_{i,i+1}\end{aligned}\right\}\tag{6-16}$$

改正数应按坐标增量取位的要求凑整到cm或mm,并且必须使改正数的总和与反符号闭合差相等,即:

$$\sum V_{\Delta x}=-f_x$$
$$\sum V_{\Delta y}=-f_y$$

改正数写在各坐标增量计算值的上方,然后计算改正后的坐标增量,将其填入表6-20中第(8)、(9)栏。

（5）各点坐标的计算

根据起始点的已知坐标和改正后的坐标增量，按式（6-6）依次推算各点的坐标，填入表6-20中第（10）、（11）栏。

如果导线未与高级点连接，则起算点的坐标可自行假定。为了检查坐标推算中的差错，最后还应推回到起算点的坐标，看其是否和已知值相等，以此作为计算校核。

3. 附合导线坐标计算

（1）具有两个连接角的附合导线计算

这种附合导线的坐标计算与闭合导线的坐标计算基本上相同，但由于附合导线两端与已知点相连，所以在计算角度闭合差和坐标增量闭合差上不同。下面介绍这两项的计算方法。

①角度闭合差的计算。

如图6-11所示，图6-11a）为观测左角，图6-11b）为观测右角时的导线略图，A、B、C、D均为高级控制点，它们的坐标已知，起始边AB和终止边CD的坐标方位角α_{AB}、α_{CD}可根据式（6-7）求得。由起始方位角α_{AB}经各转折角推算终止边的方位角α'_{CD}与已知值α_{CD}不相等，其差数即为附合导线角度闭合差f_β，即：

$$f_\beta = \alpha'_{CD} - \alpha_{CD} \tag{6-17}$$

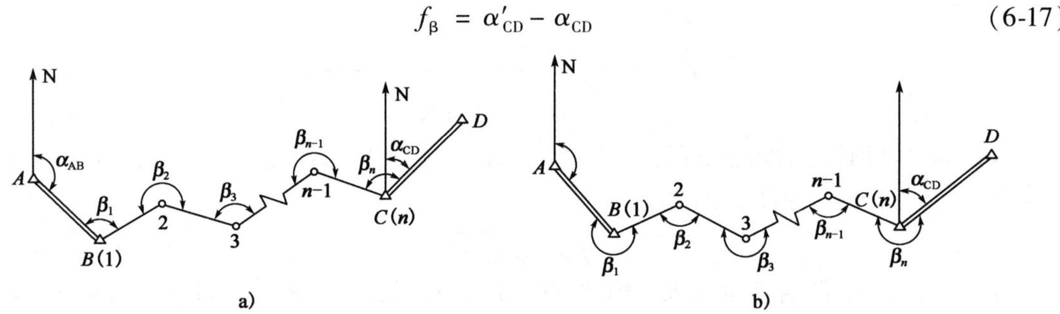

图6-11　附合导线示意图

参照图6-11，按式（6-2）或式（6-3）可推算终止边的坐标方位角。

β为左角时：

$$\begin{aligned}
\alpha'_{12} &= \alpha_{AB} + \beta_1 - 180^\circ \\
\alpha'_{23} &= \alpha'_{12} + \beta_2 - 180^\circ \\
&\cdots\cdots \\
+)\ \alpha'_{CD} &= \alpha'_{(n-1)n} + \beta_n - 180^\circ \\
\hline
\alpha'_{CD} &= \alpha_{AB} + \sum\beta_{左} - n \cdot 180^\circ
\end{aligned}$$

同理可得β为右角时：

$$\alpha'_{CD} = \alpha_{AB} + n \cdot 180^\circ - \sum\beta_{右}$$

代入式（6-17）后，角度闭合差为：

$$\begin{aligned}
f_\beta &= (\alpha_{AB} - \alpha_{CD}) + \sum\beta_{左} - n \cdot 180^\circ \\
f_\beta &= (\alpha_{AB} - \alpha_{CD}) + n \cdot 180^\circ - \sum\beta_{右}
\end{aligned} \tag{6-18}$$

或将上式写成一般式：

$$\begin{aligned}
f_\beta &= (\alpha_{始} - \alpha_{终}) + \sum\beta_{左} - n \cdot 180^\circ \\
f_\beta &= (\alpha_{始} - \alpha_{终}) + n \cdot 180^\circ - \sum\beta_{右}
\end{aligned} \tag{6-19}$$

需特别注意，在调整角度闭合差时，若观测角为左角，则应以与闭合差相反的符号分配角度闭合差；若观测角为右角，则应以与闭合差相同的符号分配角度闭合差。

②坐标增量闭合差的计算。

附合导线的起点及终点均是已知的高级控制点，其误差可以忽略不计。附合导线的纵、横坐标增量的总和，在理论上应等于终点与起点的坐标差值，即：

$$\left.\begin{aligned}\sum \Delta x_{理} &= x_{终} - x_{始}\\ \sum \Delta y_{理} &= y_{终} - y_{始}\end{aligned}\right\} \tag{6-20}$$

由于量边和测角有误差，因此算出的坐标增量总和$\sum \Delta x_{测}$、$\sum \Delta y_{测}$与理论值不相等，其差数即为坐标增量闭合差：

$$\left.\begin{aligned}f_x &= \sum \Delta x_{测} - (x_{终} - x_{始})\\ f_y &= \sum \Delta y_{测} - (y_{终} - y_{始})\end{aligned}\right\} \tag{6-21}$$

附合导线起始边及终止边的坐标方位角，可按式(6-7)计算。

附合导线坐标计算实例见表6-21，其等级为图根导线。

(2)仅有一个连接角的附合导线的计算

如图6-12所示为仅有一个连接角的附合导线，A、B为已知点，P_2、P_3……P_n为待定点，β_i $(i=1,2,\cdots,n+1)$为转折角，S_{ij}为导线的边长。导线的计算顺序与支导线相同，但其最后一点为已知点B，故最后求得的坐标x'_B和y'_B的值由于观测角度和边长存在误差，必然与已知的坐标x_B和y_B不相同，它将产生坐标闭合差f_x、f_y，即：

$$\left.\begin{aligned}f_x &= x'_B - x_B\\ f_y &= y'_B - y_B\end{aligned}\right\} \tag{6-22}$$

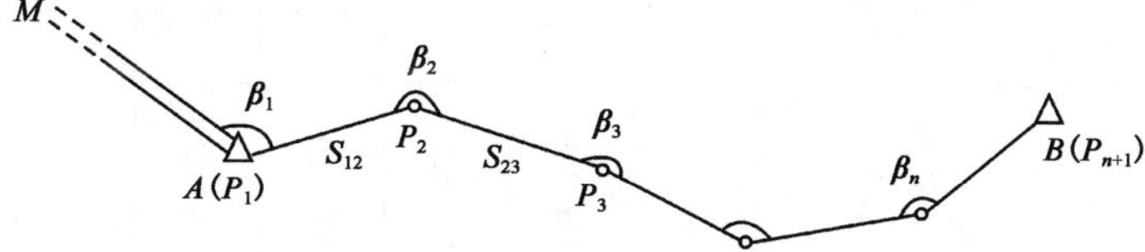

图6-12 仅有一个连接角的附合导线计算

可见，这种导线较之支导线增加了一项处理坐标闭合差的计算，最简便的处理方法为按各导线边的长度成比例地改正它们的坐标增量，其改正数为：

$$\left.\begin{aligned}v_{\Delta x_{ij}} &= \frac{-f_x}{\sum S}\cdot S_{ij}\\ v_{\Delta y_{ij}} &= \frac{-f_y}{\sum S}\cdot S_{ij}\end{aligned}\right\} \tag{6-23}$$

改正后的坐标增量为：

$$\left.\begin{aligned}\Delta x_{ij} &= \Delta x'_{ij} + v_{\Delta x_{ij}}\\ \Delta y_{ij} &= \Delta y'_{ij} + v_{\Delta y_{ij}}\end{aligned}\right\} \tag{6-24}$$

求得改正后的坐标增量后，即可按式(6-4)依次推算P_2、P_3……$B(P_{n+1})$各导线点的坐标，此时，$B(P_{n+1})$点的坐标应等于已知值。

附合导线计算表

表 6-21

略图与备注

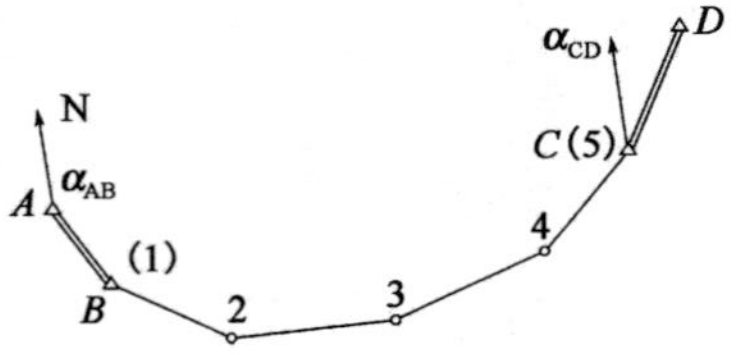

点	x	y
A	2 507.693	1 215.636
B	2 299.833	1 303.806
C	2 166.753	1 757.276
D	2 361.483	1 964.326

起始边与终止边方位角计算：

$$\tan\alpha_{AB} = \frac{y_B - y_A}{x_B - x_A} = \frac{88.17}{-207.86} = -0.424\,180$$

$$\tan\alpha_{CD} = \frac{y_D - y_C}{x_D - x_C} = \frac{207.05}{194.73} = 1.063\,267$$

$$\alpha_{AB} = 157°00'52''$$

$$\alpha_{CD} = 46°45'23''$$

点号	观测角（右角）(° ′ ″)	改正后的角值 (° ′ ″)	坐标方位角 (° ′ ″)	边长 (m)	坐标增量计算值(m) Δx	坐标增量计算值(m) Δy	改正后的坐标增量(m) Δx	改正后的坐标增量(m) Δy	坐标(m) x	坐标(m) y	点号
(1)	(2)	(3)	(4)	(5)	(6)	(7)	(8)	(9)	(10)	(11)	(1)
A											
			157 00 52								
B(1)	−06 192 14 24	192 14 18							2 299.833	1 303.806	
			144 46 34	139.031	+0.032 −113.575	+0.005 80.189	−113.543	80.194			
2	−06 236 48 36	236 48 30							2 186.290	1 384.000	
			87 58 04	172.523	+0.040 6.118	+0.006 172.414	6.158	172.420			
3	−06 170 39 36	170 39 30							2 192.448	1 556.420	
			97 18 34	100.070	+0.024 −12.732	+0.004 99.257	−12.708	99.261			
4	−07 180 00 48	180 00 41							2 179.740	1 655.681	
			97 17 53	102.421	+0.024 −13.011	+0.004 101.591	−12.987	101.595			
C(5)	−06 230 32 36	230 32 30							2 166.753	1 757.276	
			46 45 23								
D											

辅助计算

$\sum\beta = 1\,010°16'00''$ $f_\beta = (157°00'52'' - 46°45'23'') + 5\times180° - 1\,010°16'00'' = -31''$

$f_{\beta容} = \pm40''\sqrt{5} = \pm89''$ $\sum D = 514.15$ $\sum\Delta x = -132.98$ $\sum\Delta y = 453.59$

$f_x = \sum\Delta x - (x_C - x_B) = -0.119$ $f_y = \sum\Delta y - (y_C - y_B) = -0.018$

$f = \sqrt{f_x^2 + f_y^2} = 0.121$ $k = \frac{0.121}{514.045} \approx \frac{1}{4\,200} < \frac{1}{4\,000}$

注：边长用测距仪（全站仪）测量。

在仅有一个连接角的附合导线计算中，导线全长相对闭合差是评定导线精度的重要指标，它是全长绝对闭合差 f_S 与其导线全长 $\sum S$ 的比值，通常用 k 表示，即：

$$k = \frac{1}{\dfrac{\sum S}{f_S}} \tag{6-25}$$

式中，$f_S = \sqrt{f_x^2 + f_y^2}$。

(3)无连接角附合导线的计算

由于无连接角导线没有观测导线两端的连接角，致使推算各导线边的方位角较困难。解决这一问题的途径是：首先假定导线第一条边的坐标方位角作为起始方向，依次推算出各导线边的假定坐标方位角，然后按支导线的计算方法推求各导线点的假定坐标。由于起始边的定向不正确以及转折角和导线边观测误差的影响，导致终点的假定坐标与已知坐标不相等。为消除这一矛盾，可用导线固定边的已知长度和已知方位角分别作为导线的尺度标准和定向标准对导线进行缩放和旋转，使终点的假定坐标与已知坐标相等，进而计算出各导线点的坐标平差值。

如图 6-13 所示为一无连接角导线，$A(x_A, y_A)$、$B(x_B, y_B)$ 为已知点，S_{AB}、α_{AB} 分别为导线固定边 AB 的边长和坐标方位角；β'_i、S'_i 和 β_i、S_i 分别为转折角和导线边的观测值和平差值；(x'_i, y'_i) 和 (x_i, y_i) 分别为导线点坐标的计算值和平差值。

图 6-13　无连接角导线计算

设起始边 A1 的假定坐标方位角为 α'_{A1}，根据导线角的观测值可推算各导线边的坐标方位角的计算值，进而计算各导线边坐标增量的计算值，最终算得固定边 AB 的坐标增量的计算值 $\Delta x'_{AB}$、$\Delta y'_{AB}$。由此可计算出固定边的边长计算值 S'_{AB} 和坐标方位角计算值 α'_{AB}。

若令导线的旋转角为 δ，缩放比为 Q，则有：

$$\frac{S_{A1}}{S'_{A1}} = \frac{S_{A2}}{S'_{A2}} = \cdots = \frac{S_{Ai}}{S'_{Ai}} = \cdots = \frac{S_{AB}}{S'_{AB}} = Q \tag{6-26}$$

$$\alpha_{A1} - \alpha'_{A1} = \alpha_{A2} - \alpha'_{A2} = \cdots = \alpha_{Ai} - \alpha'_{Ai} = \cdots = \alpha_{AB} - \alpha'_{AB} = \delta \tag{6-27}$$

由于 $\Delta x_{Ai} = x_i - x_A = S_{Ai} \cdot \cos\alpha_{Ai}$；$\Delta y_{Ai} = y_i - y_A = S_{Ai} \cdot \sin\alpha_{Ai}$，顾及式(6-26)和式(6-27)，得：

$$\begin{aligned}\Delta x_{Ai} &= Q \cdot S'_{Ai} \cdot \cos(\alpha'_{Ai} + \delta)\\ &= Q \cdot S'_{Ai}(\cos\alpha'_{Ai} \cdot \cos\delta - \sin\alpha'_{Ai} \cdot \sin\delta)\\ \Delta y_{Ai} &= Q \cdot S'_{Ai} \cdot \sin(\alpha'_{Ai} + \delta)\\ &= Q \cdot S'_{Ai}(\sin\alpha'_{Ai} \cdot \cos\delta + \cos\alpha'_{Ai} \cdot \sin\delta)\end{aligned}$$

令 $Q_1 = Q \cdot \cos\delta$；$Q_2 = Q \cdot \sin\delta$，则有：

$$\left.\begin{aligned}\Delta x_{Ai} &= Q_1 \cdot \Delta x'_{Ai} - Q_2 \cdot \Delta y'_{Ai}\\ \Delta y_{Ai} &= Q_1 \cdot \Delta y'_{Ai} + Q_2 \cdot \Delta x'_{Ai}\end{aligned}\right\} \tag{6-28}$$

当导线点 i 为终点 B 时,式(6-28)可变为:

$$\left.\begin{aligned}\Delta x_{AB} &= Q_1 \cdot \Delta x'_{AB} - Q_2 \cdot \Delta y'_{AB} \\ \Delta y_{AB} &= Q_1 \cdot \Delta y'_{AB} + Q_2 \cdot \Delta x'_{AB}\end{aligned}\right\}$$

在上式中,Δx_{AB}、Δy_{AB} 为已知值,$\Delta x'_{AB}$、$\Delta y'_{AB}$ 为坐标增量计算值。由此解出 Q_1 和 Q_2,即:

$$\left.\begin{aligned}Q_1 &= \frac{\Delta x'_{AB} \cdot \Delta x_{AB} + \Delta y'_{AB} \cdot \Delta y_{AB}}{(\Delta x'_{AB})^2 + (\Delta y'_{AB})^2} \\ Q_2 &= \frac{\Delta x'_{AB} \cdot \Delta y_{AB} - \Delta y'_{AB} \cdot \Delta x_{AB}}{(\Delta x'_{AB})^2 + (\Delta y'_{AB})^2}\end{aligned}\right\} \tag{6-29}$$

将 Q_1、Q_2 代入式(6-28),可得计算各导线点坐标的公式:

$$\left.\begin{aligned}x_i &= x_A + Q_1(x'_i - x_A) - Q_2(y'_i - y_A) \\ y_i &= y_A + Q_1(y'_i - y_A) + Q_2(x'_i - x_A)\end{aligned}\right\} \tag{6-30}$$

无连接角导线的精度可采用固定边长相对闭合差 k 来评定,即:

$$k = \frac{1}{\dfrac{S_{AB}}{|f_S|}} \tag{6-31}$$

式中,$f_S = S'_{AB} - S_{AB}$,S'_{AB}、S_{AB} 可按两点间距离公式计算。

四、导线测量错误的检查方法

在导线计算中,角度闭合差或导线全长相对闭合差超限时,很可能是转折角或导线边观测值含有粗差,或可能在计算时有错误。测角错误将表现为角度闭合差超限,而测边错误或计算中用错导线边的坐标方位角则表现为导线全长相对闭合差超限。

1. 角度闭合差超限,检查角度错误

如图6-14所示的附合导线中,假设转折角中含有粗差,则可根据未经调整的转折角观测值自 A 向 B 计算各导线边的坐标方位角和各导线点的坐标,并同样自 B 向 A 推算之。如果只有一点的坐标极为接近,而其余各点坐标均有较大的差数,则表明坐标很接近的这一点上,其测角有错误。若错误较大(如5°以上),直接用图解法也可发现错误所在。即先自 A 向 B 用量角器和比例直尺按角度和边长画导线,然后再由 B 向 A 画导线,则两条导线相交的导线点上测角有错误。

图6-14　检查导线测量角度错误

对于闭合导线亦可采用此法进行检查,不过不是从两点对向检查,而是从一点开始以顺时针方向和逆时针方向分别计算各导线点的坐标并按上述方法作对向检查。

2. 导线全长相对闭合差超限,检查边长或坐标方位角错误

由于在角度闭合差未超限时才进行导线全长相对闭合差的计算,所以导线全长相对闭合

差超限，可能是边长或坐标方位角错误所致。若边长含有粗差，如图6-15中的 *de* 边上错了 *ee′*，则闭合差 *BB′* 将平行于该导线边。若计算坐标增量时用错了 *ef* 的坐标方位角，则闭合差 *BB′* 将大致垂直于错误方向的导线边。为确定错误所在，就必须先确定全长闭合差的方向。

由图6-16所示，导线全长闭合差 *BB′* 的坐标方位角之正切为：

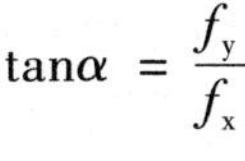

$$\tan\alpha = \frac{f_y}{f_x}$$

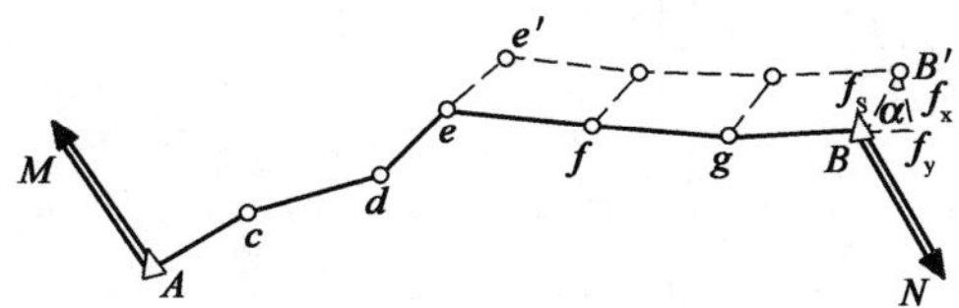

图6-15 检查导线测量边长错误

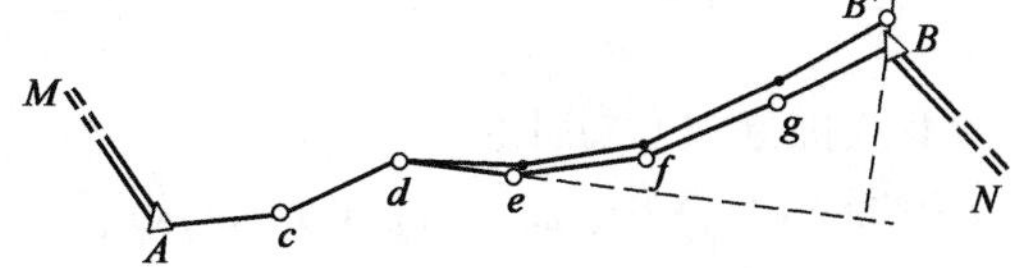

图6-16 检查导线测量坐标方位角错误

根据上式求得 α 后，则将其与各边的坐标方位角相比较，若有与之相差90°，则检查该坐标方位角有无用错或算错。若有与之平行或大致平行的导线边，则应检查该边长的计算。如果从手簿记录或计算中检查不出错误，则应到现场检查相应的边长。

上述导线测量错误检查方法，仅对一个错误存在时有效。

第四节 交会测量

当控制点的密度不能满足测图或施工放样的要求时，就必须对控制点进行加密，可用支导线测量的方法，也可用交会法。交会法分为测角交会、测边交会和测边角交汇三类。

如图6-17a）所示，已知 *A*、*B* 两点的坐标，为了计算未知点 *P* 的坐标，只需观测水平角 α 和 β，这种测定未知点 *P* 的平面坐标的方法，称为前方交会。如果是通过观测水平角 α 和 γ，或者 β 和 γ 来测定未知点 *P* 的平面坐标[图6-17b）]，称为侧方交会。如果为求得未知点 *P* 的坐标，在 *P* 点上瞄准 *A*、*B*、*C* 三个已知点测得水平角 α 和 β[图6-17c）]，这种方法称为后方交会。

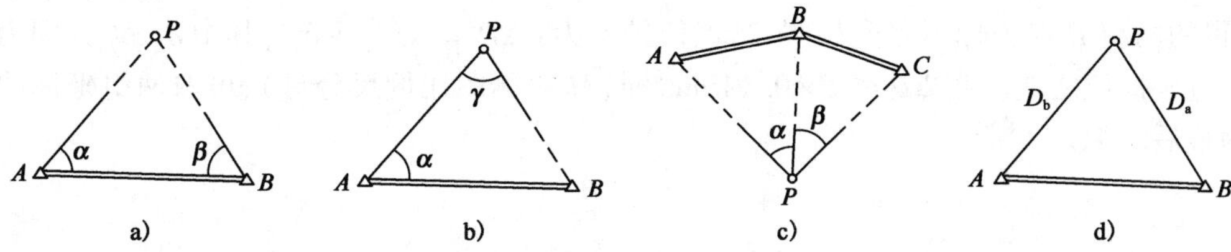

图6-17 交会测量方式

前方交会、侧方交会和后方交会统称为测角交会法。这种方法图形结构简单，外业工作量少，是加密控制点常用的方法。

目前电磁波测距仪和全站仪已被广泛应用，在测定未知点坐标时，采用测量边长 D_a 和 D_b 的方法[图6-17d）]，称为测边交会法。

侧方交会的计算方法与前方交会基本相同，下面介绍前方交会、测边交会和测边角交会的计算方法。

一、前方交会

如图6-17a)所示，已知点 A、B 的坐标分别为 (x_A, y_A) 和 (x_B, y_B)。在 A、B 两点设站，测出水平角 α 和 β，按下式计算未知点 P 的坐标：

$$\left.\begin{aligned} x_P &= \frac{x_A\cot\beta + x_B\cot\alpha + (y_B - y_A)}{\cot\alpha + \cot\beta} \\ y_P &= \frac{y_A\cot\beta + y_B\cot\alpha - (x_B - x_A)}{\cot\alpha + \cot\beta} \end{aligned}\right\} \tag{6-32}$$

上式推导过程如下：

由图6-17a)知，$x_P = x_A + D_{AP}\cos\alpha_{AP}$

因 $\alpha_{AP} = \alpha_{AB} - \alpha$，$D_{AP} = D_{AB}\sin\beta / \sin(\alpha + \beta)$

则

$$\begin{aligned} x_P &= x_A + D_{AB}\sin\beta\cos(\alpha_{AB} - \alpha)/\sin(\alpha + \beta) \\ &= x_A + \frac{D_{AB}\sin\beta(\cos\alpha_{AB}\cos\alpha + \sin\alpha_{AB}\sin\alpha)}{(\sin\alpha\cos\beta + \sin\beta\cos\alpha)} \\ &= x_A + \frac{D_{AB}\sin\beta(\cos\alpha_{AB}\cos\alpha + \sin\alpha_{AB}\sin\alpha)/(\sin\alpha\sin\beta)}{(\sin\alpha\cos\beta + \sin\beta\cos\alpha)/(\sin\alpha\sin\beta)} \\ &= x_A + \frac{D_{AB}\cos\alpha_{AB}\cot\alpha + D_{AB}\sin\alpha_{AB}}{\cot\alpha + \cot\beta} \\ &= x_A + \frac{(x_B - x_A)\cot\alpha + (y_B - y_A)}{\cot\alpha + \cot\beta} \\ &= \frac{x_A\cot\beta + x_B\cot\alpha + (y_B - y_A)}{\cot\alpha + \cot\beta} \end{aligned}$$

同理可证 y_P。

为了校核和提高 P 点精度，前方交会通常是在三个已知点上进行观测，如图6-18所示，测定 α_1、β_1 和 α_2、β_2，然后由两个交会三角形各自按式(6-32)计算 P 点坐标。因测角误差的影响，求得的两组 P 点坐标不完全相同，其点位较差为：$\Delta D = \sqrt{\delta_x^2 + \delta_y^2}$，其中 δ_x、δ_y 分别为两组 (x_P, y_P) 坐标值之差。当 $\Delta D \leqslant 2 \times 0.1M$mm 时（$M$ 为测图比例尺分母），可取两组坐标的平均值作为最后结果。

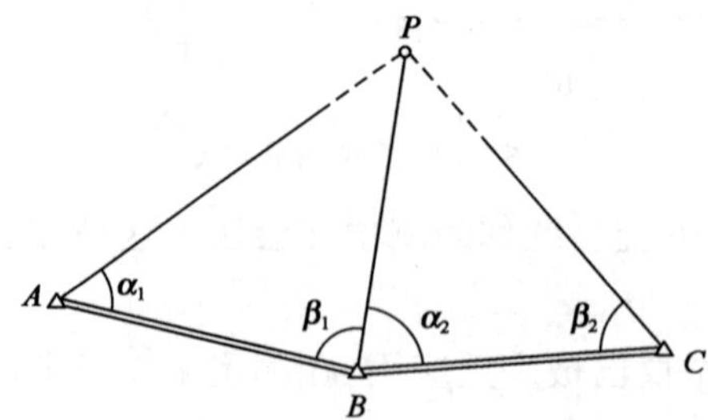

图6-18　前方交会法

计算坐标时，务必使实测图形的编号与推导公式时的编号一致。计算实例见表6-22。

前方交会计算表　　　　表 6-22

示意图		野外图		备注					
点之名称		观测角		角之余切		坐标值			
						x		y	
P	F_{10}			$\cot\alpha_1$	1.162 641	x_P	37 194.57	y_P	16 226.42
A	F_{11}	α_1	40°41′57″	$\cot\beta_1$	0.262 024	x_A	37 477.54	y_A	16 307.24
B	F_{21}	β_1	75°19′02″	Σ	1.424 665	x_B	37 327.20	y_B	16 078.90
P	F_{10}					x_P	37 194.53	y_P	16 226.42
				$\cot\alpha_2$	0.596 284	x_B	37 327.20	Y_B	16 078.90
B	F_{21}	α_2	59°11′35″	$\cot\beta_2$	0.381 730	x_C	37 163.69	Y_C	16 046.65
C	F_6	β_2	69°06′24″	Σ	0.978 014	中数 x_P	37 194.55	中数 y_P	16226.42
校核	$\delta_x = 0.04\text{m}$　$\delta_y = 0.00\text{m}$ $\Delta D = \sqrt{\delta_x^2 + \delta_y^2} = 0.04\text{m}$ $\Delta D_{容} = 2 \times 0.1M = 2 \times 0.1 \times 1\,000 = 200(\text{mm}) = 0.2\text{m}$								

二、测边交会

如图 6-19 所示，已知点 A、B、C 按逆时针方向编号，它们之间的边长分别用 S_1 和 S_2 表示，a、b、c 为测定的边长。

在△ABP 和△BCP 中：

$$\cos\angle A = \frac{S_1^2 + a^2 - b^2}{2S_1 a}$$

$$\alpha_{AP} = \alpha_{AB} - \angle A$$

所以：

$$\left.\begin{aligned} x_P &= x_A + a\cos\alpha_{AP} \\ y_P &= y_A + a\sin\alpha_{AP} \end{aligned}\right\} \tag{6-33}$$

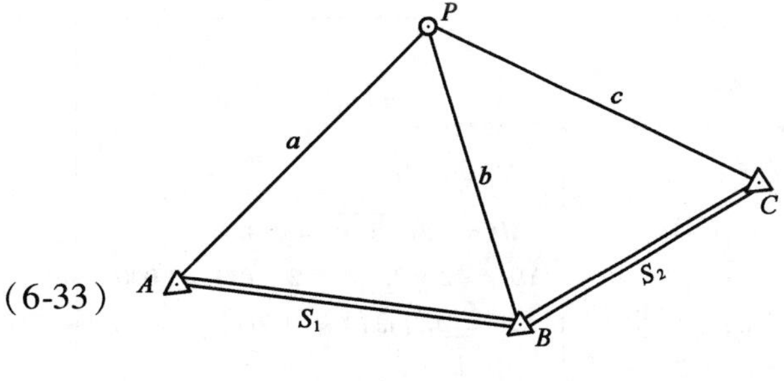

图 6-19　测边交会法

$$\cos\angle C = \frac{S_2^2 + c^2 - b^2}{2S_2 c}$$

$$\alpha_{CP} = \alpha_{CB} + \angle C$$

$$\left.\begin{aligned} x_P &= x_C + c\cos\alpha_{CP} \\ y_P &= y_C + c\sin\alpha_{CP} \end{aligned}\right\} \tag{6-34}$$

根据式(6-33)和式(6-34)计算的两组坐标，如果点位较差在限差之内(同前方交会)，则取其平均值作为最后结果。也可取两条测量边长 a、b 按式(6-33)计算 P 点坐标，而取第三条测量边长 c 作为检核，这时由 C、P 点的坐标反算出 PC 边长：

$$c_{算} = \sqrt{(x_P - x_C)^2 + (y_P - y_C)^2}$$

PC 边的观测值与其计算值的较差为：

$$\Delta c = c_{算} - c$$

当 Δc 在限差之内时，则认为外业成果合格。一般来说，由于电磁波测距仪或全站仪精度高，只要观测和计算中没有错误，计算结果肯定满足精度要求。测边交会计算实例见表 6-23。

测边交会计算 表 6-23

x_A x_B x_C	64 374.87 65 144.96 64 512.97	y_A y_B y_C	66 564.14 66 083.07 65 541.71	a b c	565.658 487.299 551.926
$x_B - x_A$ $x_B - x_C$	770.09 631.99	$y_B - y_A$ $y_B - y_C$	−481.07 541.36	S_1 S_2	908.002 832.155
α_{AB} $\angle A$ α_{AP}	328°00′26″ −) 28°00′09″ 300°00′17″	α_{CB} $\angle C$ α_{CP}	40°35′00″ +) 34°12′37″ 74°47′37″		
x_A $a\cos\alpha_{AP}$ x_P	64 374.87 +)282.87 64 657.74	x_C $c\cos\alpha_{CP}$ x_P	64 512.97 +)144.77 64 657.74	中数 x_P	64 657.74
y_A $a\sin\alpha_{AP}$ y_P	66 564.14 +) −489.85 66 074.29	y_c $c\sin\alpha_{CP}$ y_P	65 541.71 +)532.60 66 074.31	中数 y_P	66 074.30
算式	$\cos\angle A = \dfrac{S_1^2 + a^2 - b^2}{2S_1 a}, \cos\angle C = \dfrac{S_2^2 + c^2 - b^2}{2S_2 c}$				
校核	$\delta_x = 0$ $\delta_y = 0.02\text{m}$ $\Delta D = \sqrt{\delta_x^2 + \delta_y^2} = 0.02\text{m}$ $\Delta D_{容} = 2 \times 0.1M = 2 \times 0.1 \times 1\,000$ $= 200(\text{mm}) = 0.2\text{m}$		略图	B S₂ b S₁ c P a C A	

三、后方交会

测边角交会简称后方交会，亦称自由设站法。该方法是在待定控制点上设站，向多个已知控制点观测方向和距离，并按间接平差方法计算测站点三维（或二维）坐标的一种控制测量方法。通常用于控制点的加密，一般全站仪都设有后方交会的功能。

如图 6-20 所示，在 k 点安置全站仪，依据全站仪的观测程序，输入已知点 $1 \sim i$（最多 10 个已知点）的坐标。然后分别瞄准已知点，测出夹角和距离，利用全站仪的内部计算程序即可计算出 k 点的坐标。

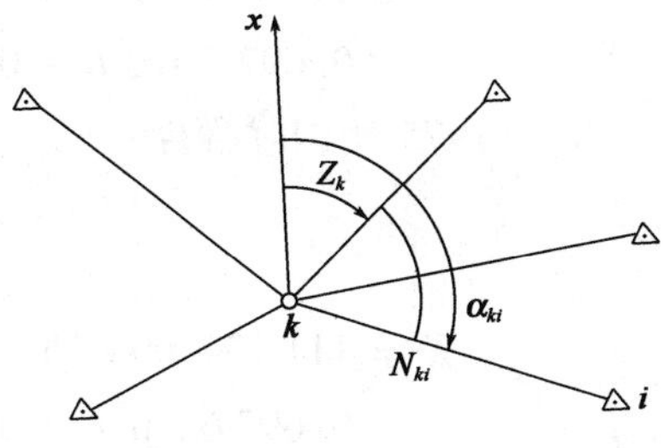

图 6-20 测边角后方交会

后方交会时如果可以观测方向和距离,最少需观测 2 个已知点;如果仅能观测方向而不能观测距离,则最少需观测 3 个已知点。使用后方交会时应根据不同的全站仪操作手册进行操作。

由于在外业测量中往往难以找到同时通视的三个及三个以上已知点做后方交会,而全站仪可以同时观测加密点至两个已知点之间的水平距离和夹角,利用其后方交会功能可便捷地得到加密点的坐标。

第五节 坐 标 换 带

高斯投影采用经差 6°或 3°分带的方法来限制投影长度的变形,而分带投影却导致各带成为互相独立的平面直角坐标系。当附合导线两端的已知控制点(如高等级公路、铁道等工程的已知控制点)不在同一投影带内时,应将邻带的控制点坐标换算成同一带的坐标,然后才能计算导线坐标闭合差。坐标换带可在计算机中采用程序计算,或采用各种可编程序的电子计算器计算。

高斯投影坐标计算分为高斯投影正算公式和反算公式。正算公式就是由大地坐标即经纬度(L,B)求高斯平面坐标(x,y);反算公式就是由(x,y)求(L,B)。下面给出计算公式(公式推导从略)。

1. 高斯投影正算公式

$$\left.\begin{aligned} x &= X + Nt\left[\frac{1}{2}m^2 + \frac{1}{24}(5 - t^2 + 9\eta^2 + 4\eta^4)m^4 + \frac{1}{720}(61 - 58t^2 + t^4)m^6\right] \\ y &= N\left[m + \frac{1}{6}(1 - t^2 + \eta^2)m^3 + \frac{1}{120}(5 - 18t^2 + t^4 + 14\eta^2 - 58\eta^2t^2)m^5\right] \end{aligned}\right\} \quad (6\text{-}35)$$

式中:X——轴子午线上纬度等于 B 的某点至赤道的子午线弧长;

$m = \frac{\pi}{180°} \cdot l° \cdot \cos B$;

$l = L - L_0$;

$t = \tan B$;

$N = c/\sqrt{1 + \eta^2}$;

$\eta^2 = e'^2 \cos^2 B$;

L_0——轴子午线经度;

e'^2——椭球的第二偏心率;

c——极曲率半径。

对于克拉索夫斯基椭球:

$$c = 6\ 399\ 698.902$$
$$e'^2 = 0.006\ 738\ 541\ 5$$

$$X = 111\,134.861\,1B^\circ - (32\,005.779\,9\sin B + 133.923\,8\sin^3 B + 0.697\,3\sin^5 B + 0.003\,9\sin^7 B)\cos B \tag{6-36}$$

对于1975年国际椭球：

$$c = 6\,399\,596.652$$
$$e'^2 = 0.006\,739\,501\,8$$

$$X = 111\,134.004\,7B^\circ - (32\,009.857\,5\sin B + 133.960\,2\sin^3 B + 0.697\,6\sin^5 B + 0.003\,9\sin^7 B)\cos B \tag{6-37}$$

2. 高斯投影反算公式

令

$$n = \frac{y}{N_f} = \frac{y\sqrt{1+\eta_f^2}}{c} \tag{6-38}$$

$$\left.\begin{aligned} B^\circ &= B_f^\circ - \frac{1+\eta_f^2}{\pi}t_f[90n^2 - 7.5(5+3t_f^2+\eta_f^2-9\eta_f^2t_f^2)n^4 + 0.25(61+90t_f^2+45t_f^4)n^6] \\ L^\circ &= L_0 + \frac{1}{\pi\cos B_f}[180n - 30(1+2t_f^2+\eta_f^2)n^3 + 1.5(5+28t_f^2+24t_f^4)n^5] \end{aligned}\right\} \tag{6-39}$$

式中：B_f——底点纬度，系以 $x = X$ 所对应的大地纬度；

t_f、η_f、N_f——相应于 B_f 之值。

底点纬度 B_f 可用迭代法求，由 X 反求 B_f 的迭代公式（适用克拉索夫斯基）如下：

迭代程序开始时，设：

$$B_f^{(1)} = \frac{X}{111}134.861\,1 \tag{6-40}$$

以后各次迭代计算程序是：

$$B_f^{(i+1)} = (X - F(B_f^{(i)}))/111\,134.861\,1 \tag{6-41}$$

$$F(B_f^{(i)}) = -(32\,005.779\,9\sin B_f^{(i)} + 133.923\,8\sin^3 B_f^{(i)} + 0.697\,3\sin^5 B_f^{(i)} + 0.003\,9\sin^7 B_f^{(i)}\cos B_f^{(i)} \tag{6-42}$$

重复迭代直至 $B_f^{(i+1)} - B_f^{(i)} < 1\times10^{-8}$ 为止。一般迭代六次即可。B_f 也可用下式直接计算：

对于克拉索夫斯基椭球：

$$\begin{aligned} B_f^\circ = {} & 27.111\,153\,725\,95 + 9.024\,682\,570\,83(X-3) - \\ & 0.005\,797\,404\,42\,(X-3)^2 - 0.000\,435\,325\,72\,(X-3)^3 + \\ & 0.000\,048\,572\,85\,(X-3)^4 + 0.000\,002\,157\,27\,(X-3)^5 - \\ & 0.000\,000\,193\,99\,(X-3)^6 \end{aligned} \tag{6-43}$$

对于1975年国际椭球：

$$\begin{aligned} B_f^\circ = {} & 27.111\,622\,894\,65 + 9.024\,836\,577\,29(X-3) - \\ & 0.005\,798\,506\,56\,(X-3)^2 - 0.000\,435\,400\,29\,(X-3)^3 + \\ & 0.000\,048\,583\,57\,(X-3)^4 + 0.000\,002\,157\,69\,(X-3)^5 - \\ & 0.000\,000\,194\,04\,(X-3)^6 \end{aligned} \tag{6-44}$$

式(6-43)、式(6-44)中 X 均以 Mm(兆米)为单位。

利用高斯投影坐标计算公式进行坐标换带计算就是已知一点在轴子午线经度为 L_1 的某带上坐标为(x_1,y_1),换算其在轴子午线经度为 L_2 的邻带上的坐标(x_2,y_2),先按高斯投影反算公式(6-39)求出该点大地坐标 L、B;再按高斯投影正算公式(6-35)计算其在邻带的坐标(x_2,y_2)。按这种方法进行换带计算时,应注意区分换带前后的轴子午线经度,无须考虑换带经度差和换带方向。

此方法适合北京 54 坐标系、西安 80 坐标系及 CGCS2000 坐标系坐标换带计算。

第六节 高程控制测量

国家高程系统采用"1985 国家高程基准",凡有条件的高程控制测量都应采用国家高程系统。高程控制测量一般多采用水准测量或三角高程测量法。水准测量(详见第二章);测距仪或全站仪三角高程测量的精度可以达到四、五等水准测量的要求,可测定四等及以下高程控制点,三角高程测量也可用于地形图碎部测量等。

一、三角高程测量原理

三角高程测量是根据两点间的水平距离或倾斜距离和竖直角,应用三角学的公式计算两点间的高差。如图 6-21 所示,已知 A 点的高程 H_A,要求测 AB 两点间高差 h,计算 B 点的高程 H_B,可在已知点 A 上安置经纬仪或测距仪,在 B 点竖立标尺或安置棱镜,量取望远镜旋转轴到 A 点桩顶的高度 i(称为仪器高),用望远镜横丝瞄准 B 点标尺高度 j 或安置棱镜的高度 j(称为觇标高),测出竖直角 α。根据 AB 之间的水平距离 D,则可得:

$$h = D\tan\alpha + i - j \tag{6-45}$$

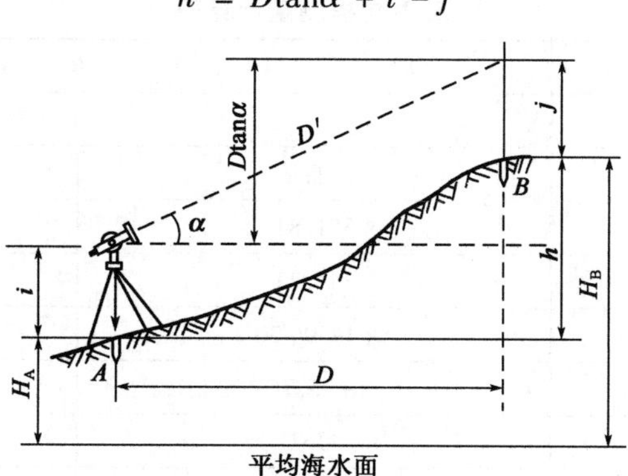

图 6-21 三角高程测量原理

若是用测距仪或全站仪测得斜距 D',则:

$$h = D'\sin\alpha + i - j \tag{6-46}$$

B 点的高程为:

$$H_B = H_A + D\tan\alpha + i - j \tag{6-47}$$

或

$$H_B = H_A + D'\sin\alpha + i - j \tag{6-48}$$

当两点间距离 D 大于 200m 时,三角高程测量还必须考虑地球曲率及大气折光对高差的影响,即对高差加上球气差改正数:

$$f = 0.43\frac{D^2}{R} \tag{6-49}$$

$$H_B = H_A + D'\sin\alpha + i - j + f \tag{6-50}$$

式中：D——两点间水平距离；

R——地球半径，取6 371km。

三角高程测量，一般应进行往返观测，亦称为双向观测或对向观测，取对向观测绝对值平均值，符号以往测为准作为高差结果。

二、三角高程测量的观测与计算

三角高程测量根据采用的仪器不同而分为测全站仪三角高程测量与经纬仪三角高程测量。对于三角高程控制测量，一般分为两级，即四等和五等三角高程测量，它们可作为测区的首级控制。三角高程控制宜在平面控制点的基础上布设成三角高程网或高程导线，也可布置为闭合或附合的高程路线。三角高程测量的观测与计算如下：

(1)安置仪器于测站，量仪器高 i；立标杆或棱镜于测点，量取标杆或棱镜高度 j，读数至毫米。

(2)用经纬仪或测距仪(全站仪)采用测回法观测竖直角1～3个测回，前后半测回之间的较差及指标差如果符合表6-17规定，则取其平均值作为最后的结果。

(3)高差及高程的计算应用式(6-46)～式(6-50)进行计算。采用对向观测法且对向观测高差较差符合表6-17要求时，取其平均值作为高差结果。

测距仪或全站仪三角高程测量的主要技术指标见表6-15。

采用全站仪进行三角高程测量时，可先将球气差改正数参数及其他参数输入仪器，然后直接测定测点高程。计算实例见表6-24。

三角高程测量计算表 表6-24

待求点	B	
起算点	A	
觇法	直	反
斜距 S (m)	351.84	351.88
平距 D (m)	341.23	341.25
竖直角 α (m)	+14°06′30″	−14°07′06″
$D\tan\alpha$ (m)	+85.76	−85.83
仪器高 i (m)	1.31	1.56
觇标高 j(m)	1.36	1.48
两差改正 f (m)	+0.01	+0.01
高差 h (m)	+85.72	−85.74
平均高差(m)	+85.73	
起算点高程(m)	188.89	
待求点高程(m)	274.62	
对向高差较差 $f_h = 85.72 - 85.74 = -0.02(\text{m}) = -20(\text{mm})$，$f_{h容} = 40\sqrt{D} = 23\text{mm}$，$f_h < f_{h容}$，满足四等三角高程测量精度		

三、三角高程测量的误差分析

三角高程测量的精度受竖角观测误差、边长误差、大气折光误差、仪器高和目标高的量测误差等诸多因素的影响。其中边长误差的大小决定于测量的方法。对于仪器高和目标高的测定误差,用于测定地形控制点高程的三角高程测量,仅要求达到厘米级;当用光电测距三角高程测量代替四等水准测量时,仪器高和棱镜高的测定要求达到毫米级,用小钢卷尺认真地量测两次取平均,准确读数至1mm是不困难的,若采用对中杆量取仪器高和棱镜高,其误差可小于±1mm。因此,可认为三角高程测量的主要误差来源是竖角观测误差、大气垂直折光系数的误差。

竖角观测误差中有照准误差、读数误差及竖盘指标水准管气泡居中误差等。就现代仪器而言,主要是照准误差的影响。目标的形状、颜色、亮度、空气对流、空气能见度等都会影响照准精度,给竖角测定带来误差。竖角观测误差对高差测定的影响与推算高差的边长呈正比,边长越长,影响越大。

大气折光的影响与观测条件密切相关,大气垂直折光系数 K,是随地区、气候、季节、地面覆盖物和视线超出地面高度等条件不同而变化的,要精确测定它的数值,目前尚不可能。通过实验发现,K 值在一天内的变化,大致在中午前后数值最小,也较稳定,日出、日落时数值最大,变化也快。因而竖角的观测时间最好在地方时间10时至16时之间,此时 K 值在0.08~0.14之间。

在三角高程测量中折光影响与距离平方呈正比,因此,根据分析论证,对于短边三角高程测量在400m以内的短距离传递高程,大气折光的影响不是主要的。只要在最佳时刻测距和观测竖直角,采用合适的照准标志,精确地量取仪器高和目标高,达到毫米级的精度是可能的。

精密光电测距仪使测距精度有较为显著的提高,特别是短边测距精度可在毫米以内;对折光误差影响的研究也有了长足的进展;照准目标的改进和采取必要的观测措施,使竖角的观测精度得到进一步的提高。因此当前利用光电测距仪作三角高程测量已经相当普遍。

第七节 GNSS控制测量

GNSS定位技术被广泛应用于建立各种级别、不同用途的GNSS控制网。在控制测量中,GNSS定位技术已基本上取代了常规的测量方法,成为了主要手段。较之于常规方法,GNSS在布设控制网方面具有测量精度高、选点灵活、不需要造标、费用低、可全天候作业、观测时间短、观测与数据处理全自动化等特点。

GNSS控制测量的主要内容包括技术设计、外业观测和GNSS数据处理。外业观测和数据处理详见第五章第三节,本节主要介绍GNSS控制网技术设计及数据处理。

一、GNSS控制网的精度指标

根据《全球定位系统(GPS)测量规范》(GB/T 19314—2009),GNSS测量按照精度和用途分成了A、B、C、D、E五个级别(其中A级GNSS网由卫星定位连续运行基准站构成)。并根据

《公路勘测细则》(JTG/T C10—2007)的规定,公路工程勘测中 GNSS 网测量精度指标应满足表6-5 的规定。

《全球定位系统(GPS)测量规范》(GB/T 19314—2009)中有关各类 GNSS 网的用途如下:

A 级网用于建立国家一等大地控制网,进行全球性的地球动力学研究、地壳形变测量和精密定轨等的 GNSS 测量。

B 级网用于建立国家二等大地控制网,建立地方或城市坐标基准框架、区域性的地球动力学研究、地壳形变测量、局部形变监测和各种精密工程测量等的 GNSS 测量。

C 级网用于建立三等大地控制网,以及建立区域、城市及工程测量的基本控制网等的 GNSS 测量。

D 级网用于建立四等大地控制网的 GNSS 测量。

E 级网用于中小城市、城镇以及测图、地籍、土地信息、房产、物探、勘测、建筑施工等的控制测量的 GNSS 测量。

二、GNSS 控制网的图形设计

目前的 GNSS 控制测量,基本上都是采用相对定位的测量方法。这就需要两台以及两台以上的 GNSS 接收机在相同的时间段内同时连续跟踪相同的卫星组,即实施所谓同步观测。同步观测时各 GNSS 点组成的图形称为同步图形。

不同台数 GNSS 接收机同步观测一个时段,便组成以下各种不同同步图形结构,如图 6-22 所示。总之,当 T 台接收机同步观测获得的同步图形由 n 条基线构成时,其中 $n = T(T-1)/2$。

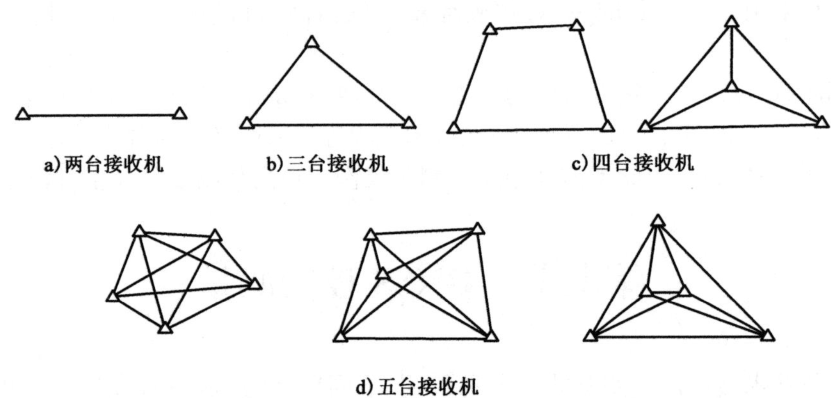

图 6-22　同步图形示例

同步图形是构成 GNSS 网的基本图形。而在组成同步图形的 n 条基线中,只有$(T-1)$条是独立基线,其余基线均为非独立基线,可由独立基线推算得到。由此,也就在同步图形中形成了若干坐标闭合差条件,称为同步图形闭合差。由于同步图形是在相同的时间观测相同的卫星所获得的基线解构成的,基线之间是相关的观测量。因此,同步图形闭合差不能作为衡量精度的指标,但它可以反映野外观测质量和条件的好坏。

在 GNSS 测量中,与同步图形相对应的,还有非同步图形或称为异步图形,即由不同时段的基线构成的图形。由异步图形形成的坐标闭合差条件称为异步图形闭合差。当某条基线被两个或多个时段观测时,就有了所谓重复基线坐标闭合差条件。异步图形闭合条件和重复基线坐标闭合条件是衡量精度、检验粗差和系统差的重要指标。

GNSS 网是由同步图形作为基本图形扩展延伸得到的，当采用不同的连接方式时，网形结构随之会有不同形状。GNSS 网的布设就是将各同步图形合理地衔接成一个有机的整体，使之能达到精度高，可靠性强，且作业量和作业经费少的要求。

GNSS 网的布设按网的构成形式分为：星形网、点连式网、边连式网、网连式网。下面我们按照布网的形式，逐一讨论各种构网方式的优劣。

1. 星形网

星形网的图形如图 6-23 所示。这种网形在作业中只需要两台 GNSS 接收机，作业简单，是一种快速定位作业方式，常用在快速静态定位和准动态定位中。但由于各基线之间不构成任何闭合图形，所以其抗粗差的能力非常差。一般只用在工程测量、边界测量、地籍测量和碎部测量等一些精度要求较低的测量中。

2. 点连式网

所谓点连式网，就是相邻同步图形间仅由一个公共点连接成的网，其网形如图 6-24 所示。

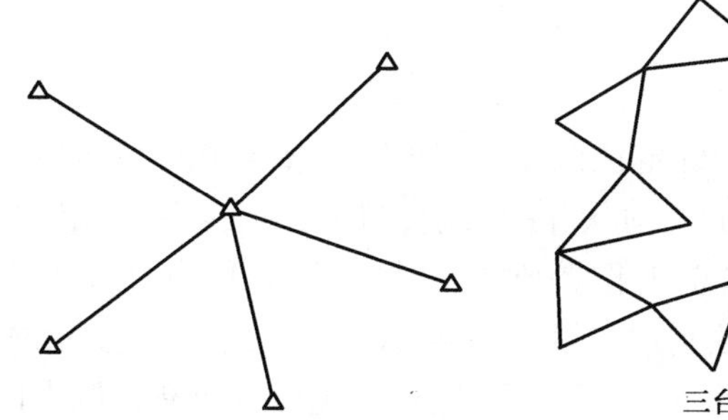

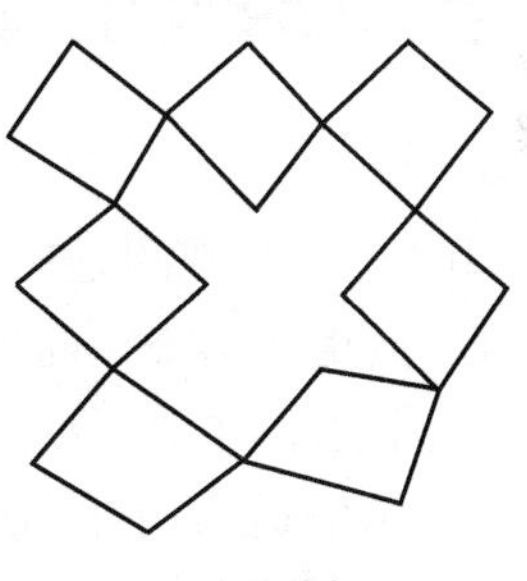

图 6-23 星形网图形

图 6-24 点连式 GNSS 网

任意一个由 m 个点组成的网，由 T 台接收机观测，则完成该网至少需要 n 个同步图形：

$$n = 1 + \text{int}[(m - T)/(T - 1)] \tag{6-51}$$

例如，当 $m=30$ 时，采用三、四、五台接收机观测，最少同步图形分别为 15、10、8。网的必要观测基线数为 $m-1$，而网中 n 个同步图形总共有 $n\times(T-1)$ 条独立基线。

显然，以这种方式布网，没有或仅有少量的异步图形闭合条件。因此，所构成的网形抗粗差能力仍不强，特别是粗差定位能力差，网的几何强度也较弱。在这种网的布设中，可以在 n 个同步图形的基础上，再加测几个时段，增加网的异步图形闭合条件的个数，从而提高网的几何强度，使网的可靠性得到改善。

3. 边连式网

边连式布网是指相邻同步图形之间通过两个公共点相连，即同步图形由一条公共基线连接。

任意一个由 m 个点构成的网，若用 T 台（$T\geqslant 3$）接收机采用边连式布网方法进行观测，则完成该测量任务的最少同步图形个数 n 为：

$$n = 1 + \text{int}[(m - T)/(T - 2)] \quad (T \geqslant 3) \tag{6-52}$$

相应观测获得的总基线数为：$n\times(T-1)\times T/2$，其中独立基线数为 $n\times(T-1)$，而网的多余观测基线数为 $n\times(T-1)-(m-1)$。边连式构网图形如图 6-25 所示。

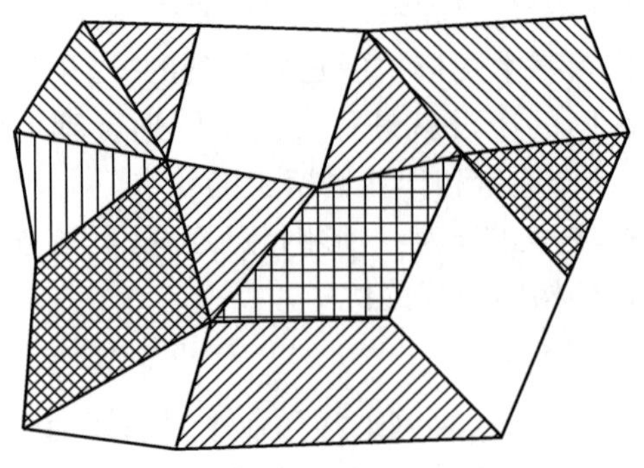

图6-25　边连式GNSS网

比较边连式与点连式布网方法，可以看出，采用边连式布网方法有较多的非同步图形闭合条件，以及大量的重复基线边，因此，用边连式布网方式布设的GNSS网其几何强度较高，具有良好的自检能力，能够有效发现测量中的粗差，具有较高的可靠性。

三、GNSS控制测量的外业工作

1. 选点

由于GNSS观测是通过接收天空卫星信号实现定位测量，一般不要求观测站之间相互通视。而且，由于GNSS观测精度主要受观测卫星的几何状况的影响，与地面点构成的几何状况无关。因此，网的图形选择也较灵活。所以，选点工作较常规控制测量简单方便。但由于GNSS点位的适当选择，对保证整个测绘工作的顺利进行具有重要的影响。所以，应根据本次控制测量的目的、精度、密度要求，在充分收集和了解测区范围、地理情况以及原有控制点的精度、分布和保存情况的基础上，进行GNSS点位的选定与布设。在GNSS点位的选点工作中，一般应注意：

(1)点位应紧扣测量目的布设。例如：测绘地形图，点位应尽量均匀；线路测量点位应为带状点对。

(2)应考虑便于其他测量手段联测和扩展，最好能与相邻1～2个点通视。

(3)点位应选在交通方便、便于到达、便于安置接收机设备的地方。视野开阔，视场内周围障碍物的高度角一般应小于15°。

(4)点位应远离大功率无线电发射源（如电视台、电台、微波站等）和高压输电线，以避免周围磁场对GNSS信号的干扰。

(5)点位附近不应有对电磁波反射强烈的物体，例如：大面积水域、镜面建筑物等，以减弱多路径效应的影响。

(6)点位应选在地面基础坚固的地方，以便于保存。

(7)点位选定后，均应按规定绘制点之记，其主要内容应包括点位及点位略图，点位交通情况以及选点情况等。

2. 外业观测

GNSS测量的观测步骤如下：

(1)观测组应严格按规定的时间进行作业。

(2)安置天线:将天线架设在三脚架上,进行整平对中,天线的定向标志线应指向正北。观测前、后应各量一次天线高,两次较差不应大于3mm,取平均值作为最终成果。

(3)开机观测:用电缆将接收机与天线进行连接,启动接收机进行观测;接收机锁定卫星并开始记录数据后,可按操作手册的要求进行输入和查询操作。

(4)观测记录:GNSS 观测记录形式有以下两种:一种由 GNSS 接收机自动记录在存储介质上;另一种是外业观测手簿,在接收机启动前和观测过程中由观测者填写,包括控制点点名、接收机序列号、仪器高、开关机时间等相关测站信息,记录格式参见有关规范。

四、GNSS 测量数据处理

GNSS 测量数据处理可以分为观测值的粗加工、预处理、基线向量解算(相对定位处理)和 GNSS 网或其与地面网数据的联合处理等基本步骤,其过程如图 6-26 所示。

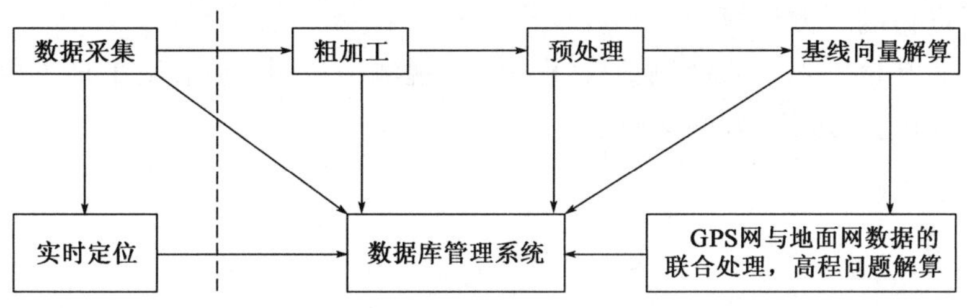

图 6-26 GNSS 测量数据处理的基本流程

1. 数据预处理

数据预处理是将接收机采集的数据通过传输、分流,解译成相应的数据文件,通过预处理将各类接收机的数据文件标准化,形成平差计算所需的文件。预处理的主要目的在于:

(1)对数据进行平滑滤波,剔除粗差,删除无效或无用数据。

(2)统一数据文件格式,将各类接收机的数据文件加工成彼此兼容的标准化文件。

(3)GNSS 卫星轨道方程的标准化,一般用一多项式拟合观测时段内的星历数据(广播星历或精密星历)。

(4)诊断整周跳变点,发现并恢复整周跳变,使观测值复原。

(5)对观测值进行各种模型改正,最常见的是大气折射模型改正。

2. 基线向量的解算

基线向量是两台 GNSS 接收机 i 和 j 对应的控制点之间的相对位置,即基线$\overrightarrow{ij}$,可以用某一坐标系下的三维直角坐标增量或大地坐标增量来表示,因此,它是既有长度又有方向特性的矢量。

基线解算一般采用双差模型,有单基线和多基线两种解算模式。

GNSS 控制测量外观测的全部数据应经同步环、异步环和复测基线检核,满足同步环各坐标分量闭合差及环线全长闭合差、异步环各坐标分量闭合差及环线全长闭合差、复测基线的长度较差的要求。

3. GNSS 网平差

GNSS 网平差的类型有多种,根据平差的坐标空间维数,可将 GNSS 网平差分为三维平差和二维平差,根据平差时所采用的观测值和起算数据的类型,可将平差分为无约束平差、约束平差和联合平差等。

(1)三维平差与二维平差

三维平差：平差在三维空间坐标系中进行，观测值为三维空间中的基线向量，解算出的结果为点的三维空间坐标。GNSS 网的三维平差，一般在三维空间直角坐标系或三维空间大地坐标系下进行。

二维平差：平差在二维平面坐标系下进行，观测值为二维基线向量，解算出的结果为点的二维平面坐标。二维平差一般适合于小范围 GNSS 网的平差。

(2)无约束平差、约束平差和联合平差

无约束平差：GNSS 网平差时，不引入外部起算数据，而是在 WGS-84 系下进行的平差计算。

约束平差：GNSS 网平差时，引入外部起算数据(如 P54、C80 及 CGCS2000 坐标系的坐标、边长和方位)所进行的平差计算。

联合平差：平差时所采用的观测值除了 GNSS 观测值以外，还采用了地面常规观测值，这些地面常规观测值包括边长、方向、角度等。

【思考题与习题】

1. 测绘地形图和施工放样时，为什么要先建立控制网？控制网分为哪几种？

2. 导线的布设形式有哪些？选择导线点应注意哪些事项？导线的外业工作包括哪些内容？

3. 已知 A 点坐标 $x_A = 437.620$，$y_A = 721.324$；B 点坐标 $x_B = 239.460$，$y_B = 196.450$。求 AB 之方位角及边长？

4. 闭合导线 123451 的已知数据及观测数据列入表 6-25，计算各导线点的坐标。

闭合导线坐标计算表 表 6-25

点号	右角观测值 (° ′ ″)	右角改正后值 (° ′ ″)	坐标方位角 (° ′ ″)	边长 (m)	坐标增量计算值 (m)		改正后坐标增量 (m)		坐标 (m)	
					Δx	Δy	Δx	Δy	x	y
1	87 51 12								500.000	500.000
			126 45 00	107.612						
2	150 20 12									
				72.445						
3	125 06 42									
				179.925						
4	87 29 12									
				179.388						
5	89 13 42									
				224.402						
1										

5. 附合导线的已知数据及观测数据列入表6-26，计算附合导线各点的坐标。

附合导线坐标计算表　　表6-26

点号	右角观测值(° ′ ″)	右角改正后值(° ′ ″)	坐标方位角(° ′ ″)	边长(m)	坐标增量计算值(m)		改正后坐标增量(m)		坐标(m)	
					Δx	Δy	Δx	Δy	x	y
A										
			45 00 00							
B	120 30 00								200.000	200.000
				297.262						
1	212 15 30									
				187.811						
2	145 10 00									
				93.502						
C	170 18 48								155.375	756.063
			116 44 48							
D										

6. 在什么情况下采用三角高程测量？三角高程测量应如何进行？

第七章

大比例尺地形图测绘与应用

【学习内容与要求】

本章学习大比例尺地形图测绘及应用相关知识。通过学习,了解地形图符号的分类、地形图要素及分幅与编号和数字地面模型的构建及应用;熟悉数字测图的概念及作业过程、利用地形图绘制断面图及估算土石方数量等工程应用;掌握地形图比例尺、比例尺精度、等高线、等高距等基本概念,利用地形图求点的坐标、直线的方位角、距离和按规定的坡度选线等基本应用。

第一节　地形图测绘的基本知识

地形图就是将地面上一系列地物及地貌点的位置,通过综合取舍,并把它们垂直投影到一个水平面,再按比例尺缩小后绘制在图纸上的图。地形图投影采用正形投影,即投影后的角度不变,图纸上的地物、地貌与实地上相应的地物地貌相比,其位置是一一对应的,形状相似。

以地形图表示地物和地貌,可以增加对地面点及其相互位置关系了解的直观性、全面性、似真性、方便性和清晰性。

现代测绘学不但可以生产不同比例尺的各种用途的纸质地图,而且还可以生产多种数字地图产品,如“4D”产品,增强了测量数据的共享性。

一、地形图的比例尺

地形图上某一线段的长度与地面上相应线段的实际水平长度之比,称为地形图的比例尺。

1. 数字比例尺

数字比例尺一般用分子为1的整分数形式表示。设图中某一线段长度为 d,相应的实际水平长度为 D,则地形图的比例尺为:

$$\frac{d}{D} = \frac{1}{\frac{D}{d}} = 1:M \tag{7-1}$$

式(7-1)可用于地形图上的线段与实地对应线段投影长度之间的换算。比例尺的大小是用比例尺的比值来衡量的,分数值越大(即分母 M 越小),比例尺越大,分数值越小(即分母 M 越大),比例尺越小。国家基本地形图及工程地形图数字比例尺见表7-1。

地形图比例尺 表7-1

地形图	小比例尺	中比例尺	大比例尺
国家基本地形图	1:50 000	1:25 000、1:10 000	1:5 000、1:2 000、1:1 000、1:500
工程地形图	1:50 000、1:25 000	1:10 000、1:5 000	1:2 000、1:1 000、1:500

2. 图示比例尺

为了减少由于图纸伸缩引起的误差以及提高精度,在绘制地形图时,通常在地形图上同时绘制图示比例尺,也叫直线比例尺。

图7-1所示为1:500的图示比例尺,取2cm为基本单位,最左端的基本单位分成10等份。每一基本单位所代表的实地长度为2cm×500=10m。从图示比例尺上可直接读得基本单位的1/10,估读到1/100。

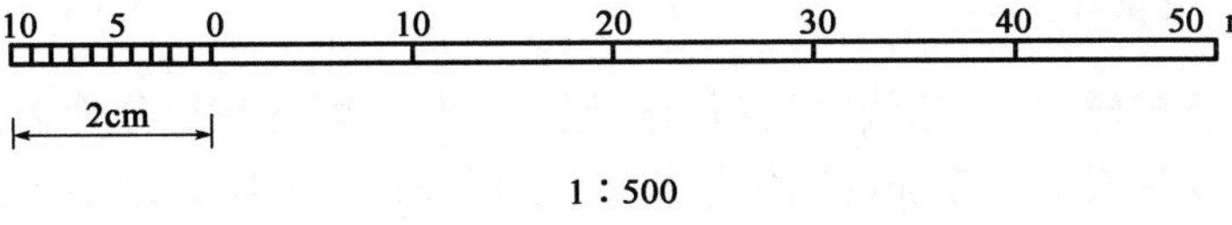

10 5 0 10 20 30 40 50 m

2cm

1:500

图7-1 1:500图示比例尺

3. 地形图比例尺精度

地形图比例尺的大小,对于图上内容的显示程度有很大关系。因此,必须了解各种比例尺地图所能达到的最大精度。显然,地形图所能达到的最大精度取决于人眼的分辨能力和绘图与印刷的能力。其中,人眼的分辨能力是主要的因素。

一般认为在正常情况下,人的眼睛能分辨出图上的最小距离约为0.1mm。因此,把地形图上0.1mm所代表的实地水平距离称为比例尺的精度,即0.1mm与比例尺分母的乘积。由此可见,不同比例尺的地形图其比例尺精度不同(表7-2)。比例尺越大,地形图表示地物和地貌的情况就越详细,相应的测量精度也就要求越高。

比 例 尺 精 度 表 表 7-2

比例尺	1:500	1:1 000	1:2 000	1:5 000	1:10 000
比例尺精度(m)	0.05	0.1	0.2	0.5	1.0

比例尺精度的概念对测图和用图都有重要的指导意义。根据比例尺精度,可以确定:

(1)距离测量的精度

有了比例尺精度就可以确定在测图时距离测量应该准确到什么程度。例如用1:1 000的比例尺测图时,比例尺精度是0.1mm,则实地地物量距只需取到0.1m,因为测得再精确,图上也无法表示出来。

(2)合理的测图比例尺

当按设计规定多大的地物需在地形图上表示出来或测量地物要求精确到什么程度时,根据比例尺精度可以确定合理的测图比例尺。例如某项工程建设项目,要求在图上能反映实地5cm的精度,则选用的比例尺就不能小于1:500。同一测区,采用较大比例尺测图往往比采用较小比例尺测图的工作量和投资增加数倍,因此采用哪一种比例尺测图,应从工程规划、施工实际需要的精度出发。

地形图测图的比例尺,根据工程的设计阶段、规模大小和运营管理需要,按表7-3选用。

测图比例尺的选用 表 7-3

比 例 尺	用 途
1:5 000	可行性研究、总体规划、厂址选择、初步设计等
1:2 000	可行性研究、初步设计、矿山总图管理、城镇详细规划等
1:1 000	初步设计、施工图设计、城镇、工矿总图管理、竣工验收等
1:500	

注:1. 对于精度要求较低的专用地形图,可按小一级比例尺地形图的规定进行测绘或利用小一级比例尺地形图放大成图。

2. 对于局部施测大于1:500比例尺的地形图,除另有要求外,可按1:500地形图测量的要求执行。

二、地形要素及其表示

地球表面虽复杂多样,高低起伏,形态各异,但归纳起来可将其划分为地物和地貌两大类。

这里所说的地物是指地球表面的固定性物体,如居民地、交通网、水系等;地貌是指地表高低起伏的状态,如山地、丘陵和平原等。地物和地貌总称为地形。

1. 地物符号

地物一般可分为两大类:一类是自然地物,如河流、湖泊、森林、草地、独立岩石等,另一类是经过人类物质生产活动改造的人工地物,如房屋、道路、铁路、桥梁、管线、水渠等。这些地物的类别、大小、形状及其在图上的位置,都是按规定的地物符号和要求来表示的。国家测绘总局颁布的《地形图图式》统一规定了地形图的规格要求、地物、地貌符号和注记,供测图和识图时使用。根据地物的大小及绘图方法的不同,地物符号被分为比例符号、非比例符号、非比例符号和半比例尺符号(线性符号)。

(1)比例符号

有些地物的轮廓比较大,如房屋、草地及湖泊等,它们的形状和大小可以按比例缩小, 并采用规定的符号绘于图上,这种符号称为比例符号。如表7-4中的1~12号。

当用比例符号仅能表示地物的轮廓形状及大小,而未能表示出其物类时,应在轮廓内加绘物类符号(如树种符号等)。

(2)非比例符号

某些地物无轮廓或轮廓较小时,如三角点、导线点、水准点、水井等,按比例无法在图上绘出,则不考虑其实际大小,仅采用规定的符号表示,这种符号称为非比例符号。

非比例符号不仅其形状和大小不能按比例绘出,而且符号中心位置与该地物实地的中心位置关系,也随各种不同的地物而异,所以在测图和用图时应注意以下几点:

①规则的几何图形符号(圆形、正方形、三角形等),以图形几何中心为实地地物的中心位置,如表7-4中的27~29号。

②底部为直角的符号(独立树、路标等),以符号的直角顶点为地物的中心位置,如表7-4中的39号。

③几何图形组合符号(路灯、消防栓等),以符号下方图形的几何中心为地物的中心位置,如表7-4中的34、38号。

④宽底符号(烟囱、岗亭等),以符号底部中心为地物的中心位置,如表7-4中的32号。

⑤下方无底线的符号(山洞、窑洞等),以符号下方两端点连线的中心为地物的中心位置。

各种符号除简要说明中规定按真实方向表示者外,均按直立方向描绘,即与南图廓线垂直。

(3)半比例尺符号(线性符号)

对于一些呈现线状延伸的地物(如铁路、公路、管线等),其长度能按比例缩绘,但其宽度不能按比例表示的符号称为半比例符号。这种符号的中心线一般代表地物的中心位置,但是围墙、篱笆和栏栅等,地物中心位置则在符号的底线上,如表7-4中的13~21号。

地 形 图 图 式 表7-4

编号	符号名称	图 例	编号	符号名称	图 例
1	坚固房屋 4-房屋层数	坚4　1.5	4	台阶	0.5　0.5　0.5
2	普通房屋 2-房屋层数	2　1.5	5	花圃	1.5　1.5　10.0　10.0
3	窑洞 1. 住人的 2. 不住人的 3. 地面下的	1　2.5　2　2.0　3	6	草地	1.5　0.8　10.0　10.0

续上表

编号	符号名称	图　　例
7	经济作物地	0.8 3.0 蔗 10.0 10.0
8	水生经济作物地	藕 3.0 0.5
9	水稻田	0.2 2.0 10.0 10.0
10	旱地	1.0 2.0 10.0 10.0
11	灌木林	0.5 1.0
12	菜地	2.0 2.0 10.0 10.0
13	高压线	4.0
14	低压线	4.0
15	电杆	1.0
16	电线架	
17	砖、石及混凝土围墙	10.0
18	土围墙	10.0 0.5 0.5 0.3 10.0
19	栅栏、栏杆	1.0 10.0
20	篱笆	1.0 10.0
21	活树篱笆	3.5 0.5 10.0 1.0 0.8
22	沟渠 1. 有堤岸的 2. 一般的 3. 有沟堑的	1 2 0.3 3

续上表

编号	符号名称	图 例	编号	符号名称	图 例
23	公路	0.3 沥 砾 0.3	34	消火栓	1.5 1.5 2.0
24	简易公路	8.0 2.0	35	阀门	1.5 1.5 2.0
25	大车路	0.15 碎石 0.3	36	水龙头	3.5 2.0 1.2
26	小路	4.0 1.0 0.3	37	钻孔	3.0 1.0
27	三角点 凤凰山—点名 394,468—高程	凤凰山 394.468 3.0	38	路灯	2.5 1.0
28	图根点 1. 埋石的 2. 不埋石的	1 2.0 N16/84.46 2 1.5 D25/62.74 2.5	39	独立树 1. 阔叶 2. 针叶	1.5 1 3.0 0.7 2 3.0 0.7
29	水准点	2.0 Ⅱ京石5/32.804	40	岗亭、岗楼	90° 3.0 1.5
30	旗杆	1.5 4.0 1.0 1.0	41	等高线 1. 首曲线 2. 计曲线 3. 间曲线	0.15 87 1 0.3 85 2 0.15 6.0 3 1.0
31	水塔	2.0 3.0 1.0 1.2			
32	烟囱	3.5 1.0	42	高程点及其注记	0.5 • 158.3 65.6
33	气象站(台)	3.0 4.0 1.2			

2. 地貌符号

地貌形态多种多样，按其起伏的变化程度分为平地、丘陵地、山地、高山地，见表7-5。

地 貌 分 类 表7-5

地貌形态	地面坡度	地貌形态	地面坡度
平地	2°以下	山地	6°～25°（不包含25°）
丘陵地	2°～6°（不包含6°）	高山地	25°及以上

地形图上表示地貌的方法很多，如写景法、等高线法、分层设色和晕渲法等。对于大、中比例尺地形图，等高线法是最常用的表示地貌的方法。但对梯田、峭壁、冲沟等特殊的地貌，不能用等高线表示时，可采用特殊的地貌符号来表示。本节主要讨论等高线表示地貌的方法。

（1）等高线的概念

等高线是地图上地面高程相等的相邻各点连成的闭合曲线。如图7-2所示，设想有一高出平静水面的小山头，山顶被水恰好淹没时的水面高程为100m，然后水位下降5m，露出山头，此时水面与山坡就有一条交线而且是闭合曲线，曲线上各点高程是相等的，这就是高程为95m的等高线。随后水位每下降5m，山坡与水面就有一条交线，依次类推，从而得到一组高差为5m的等高线。设想把这组实地上的等高线沿铅垂方向投影到一个水平面H上，并按规定的比例尺绘制到图纸上，就得到用等高线表示该山头高低起伏的等高线图。

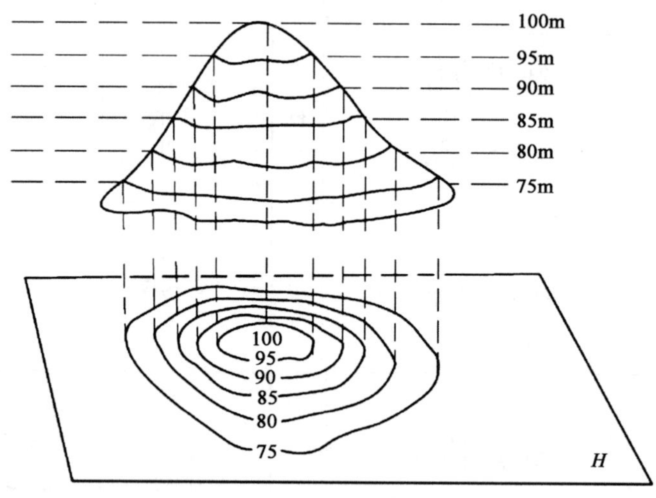

图7-2 用等高线表示地貌的方法

（2）等高距和等高线平距

地形图上，相邻两等高线之间的高差称为等高距，常用h表示。如图7-2中的等高距是5m。同一幅地形图中等高距相等。

相邻等高线间的水平距离称为等高线平距，常用d表示，其大小随着地面的起伏情况而改变。h与d的比值就是地面坡度i：

$$i=\frac{h}{d\cdot M} \tag{7-2}$$

式中，M 为比例尺分母。坡度 i 一般以百分率表示，向上为正，向下为负。由于同一幅地形图上等高距相同，因此地面坡度与等高线平距 d 的大小有关。等高线平距越小，地面坡度越大；平距越大，坡度越小；平距相等，则坡度也相同。故可根据等高线在地形图上的疏密情况来判定地面坡度的缓陡。如图 7-3 所示。

另外，也可以看出，等高距越小，图上等高线越密，地貌显示就越详细、确切。等高距越大，图上等高线就越稀，地貌显示就越粗略。然而等高距过小，图上等高线将过于密集，则会影响图面的清晰程度。等高距选择应根据地形类型和比例尺大小，并按照相应的规范执行。表 7-6 是大比例尺地形图基本等高距参考值。

大比例尺地形图基本等高距(单位:m)　　表 7-6

地貌类别	比例尺			
	1:500	1:1 000	1:2 000	1:5 000
平坦地	0.5	0.5	1	2
丘陵地	0.5	1	2	5
山地	1	1	2	5
高山地	1	2	2	5

(3)等高线的分类

为了更好地表示地貌的特征，便于识图用图，地形图上主要采用以下三种等高线：

①首曲线(又称基本等高线)，即按基本等高距测绘的等高线。

②计曲线(又称加粗等高线)，每隔四条首曲线加粗描绘一根等高线。其目的是为了计算高程方便。

③间曲线(又称半距等高线)，是按 1/2 基本等高距测绘的等高线，以便显示首曲线不能显示的地貌特征。在平地，当首曲线间距过稀时，可加测间曲线，间曲线可不闭合，但一般应对称。图 7-4 表示首曲线、计曲线、间曲线的情况。

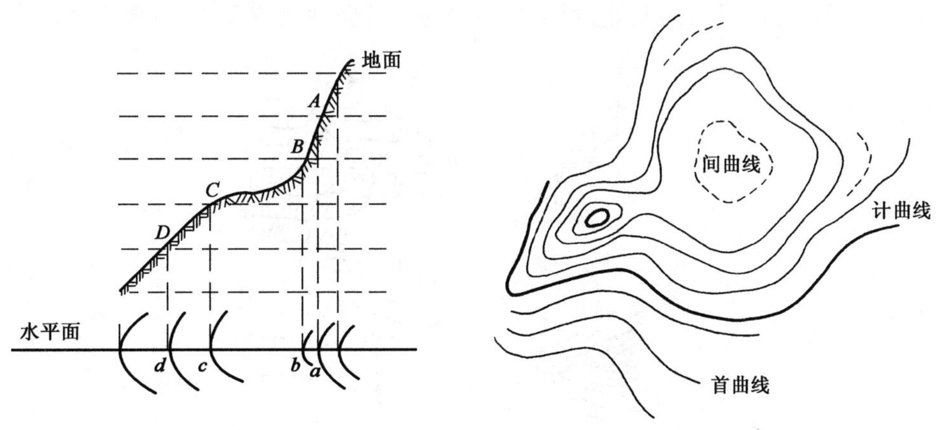

图 7-3　等高距和等高线平距　　　图 7-4　等高线类型

(4)典型地貌的等高线

若将地面起伏和形态特征分解观察，则不难发现它是由一些地貌组合而成的。只有会用等高线表示各种典型地貌，才能够用等高线表示综合地貌。

①山头和洼地。

较四周显著凸起的高地称为山,大者叫山岳,小者(比高低于200m)叫山丘。山的最高点叫山顶。比周围地面低且经常无水的地方称为凹地。大范围低地称为盆地,小范围低地称为洼地。如图7-5所示。

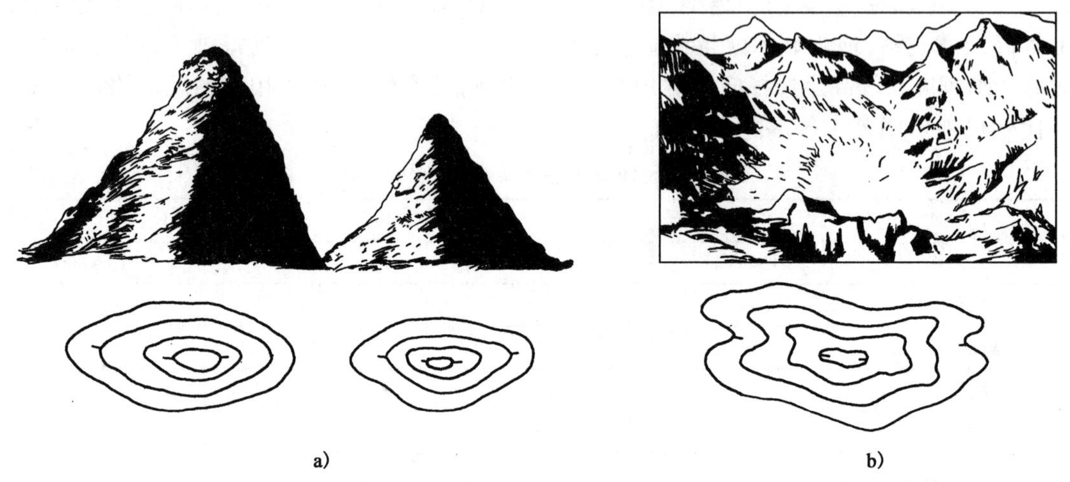

图7-5 山头与洼地

用等高线表示地形时,会发现洼地的等高线和山头的等高线在外形上非常相似。它们之间的区别在于:山头地貌是里面的等高线高程大;洼地地貌是里面的等高线高程小。为了便于区别这两种地形,就在等高线的斜坡下降方向绘一短线表示坡,并把这种短线叫示坡线。示坡线一般仅选择在最高、最低两条等高线上表示,能明显地表示出坡度方向即可。图7-5a)所示为山头地貌的等高线,图7-5b)所示为洼地地貌的等高线。

②山脊与山谷。

如图7-6所示,山的凸棱由山顶伸延至山脚者叫山脊。山脊最高的棱线称山脊线。以等高线表示的山脊是等高线凸向低处,雨水以山脊为界流向两侧坡面,故山脊线又称分水线。

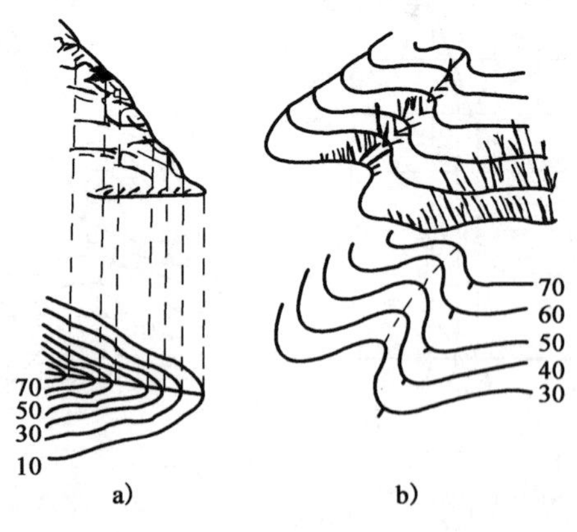

图7-6 山脊与山谷的等高线

两个山脊之间的凹部称为山谷,山谷的等高线凹向低处(凸向高处)。雨水从山坡面汇流在山谷。山谷最低点的连线称为合水线。分水线(山脊线)和合水线(山谷线)统称为地性线。

③鞍部。

鞍部是连接两个山顶之间呈马鞍形的凹地，如图 7-7 所示。鞍部（*K* 点处）往往是山区公路的必经之地，又称垭口。因为是两个山脊与山谷的汇合点，所以，其等高线是两组相对的山脊等高线和山谷等高线的对称结合。

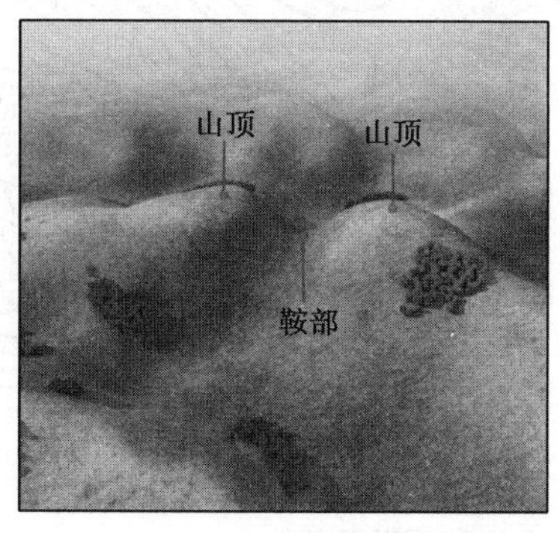

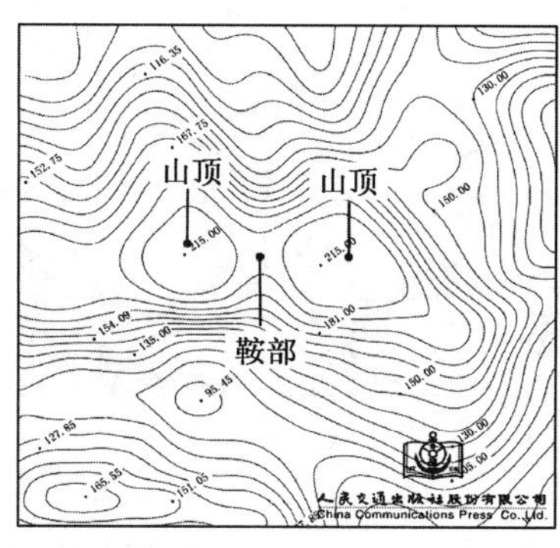

图 7-7 鞍部及其等高线

④陡崖与悬崖。

当地面坡度大于 70°时称为陡崖，等高线在此处非常密集，绘在图上几乎呈重叠状。为了便于绘图和识图，地形图图式中专门列出表示此类地貌的符号，如图 7-8 所示。

悬崖是上部突出中间凹进的地貌。其等高线投影在平面上呈交叉状，如图 7-9 所示。

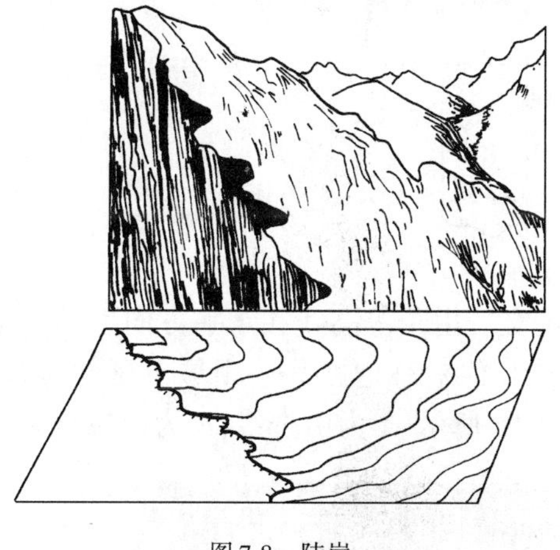

图 7-8 陡崖

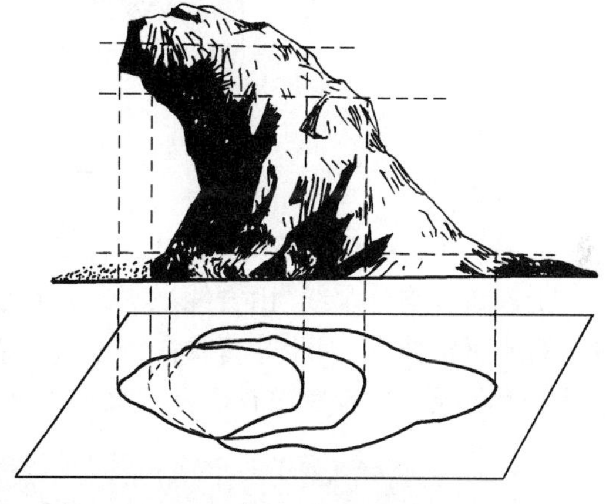

图 7-9 悬崖

认识了典型地貌的等高线特征后，进而能够认识地形图上用等高线表示的各种复杂地貌。图 7-10 为某一地区综合地貌。

（5）等高线的特性

等高线的规律和特性可归纳为如下几条：

①在同一条等高线上的各点高程相等。因为等高线是水平面与地表面的交线，而在一个水平面上的高程是一样的。但是不能得出结论说：凡高程相等的点一定在同一条等高线上。当水平面和两个山头相交时，会得出同样高程的两条等高线（图 7-11）。

②等高线是闭合的曲线，若不在同一幅图内闭合，也会跨越一个或多个图幅闭合。

③除在悬崖或峭壁处外，等高线在图上既不重合，也不会相交。

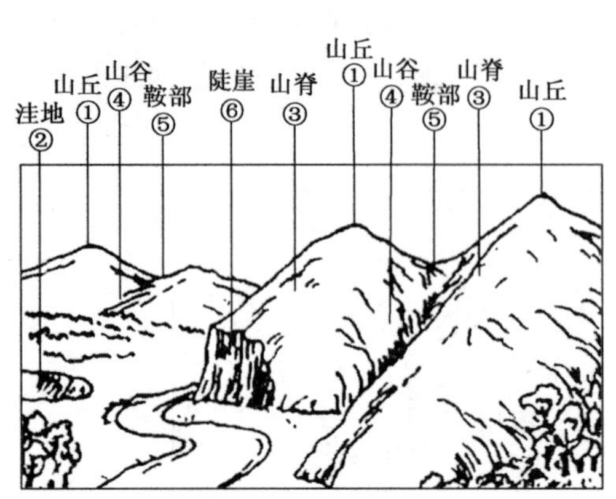

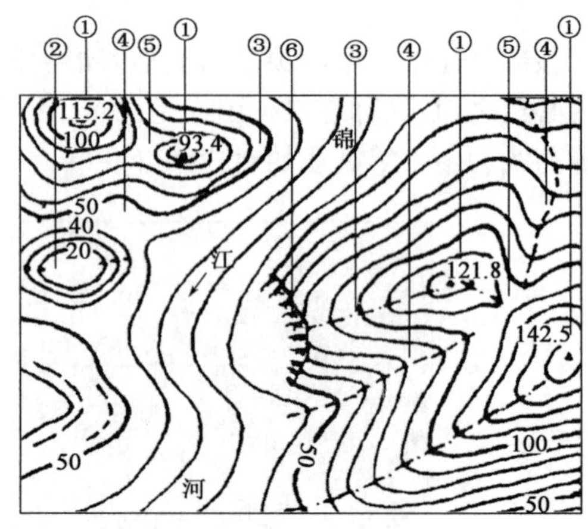

图 7-10　综合地貌及其等高线表示

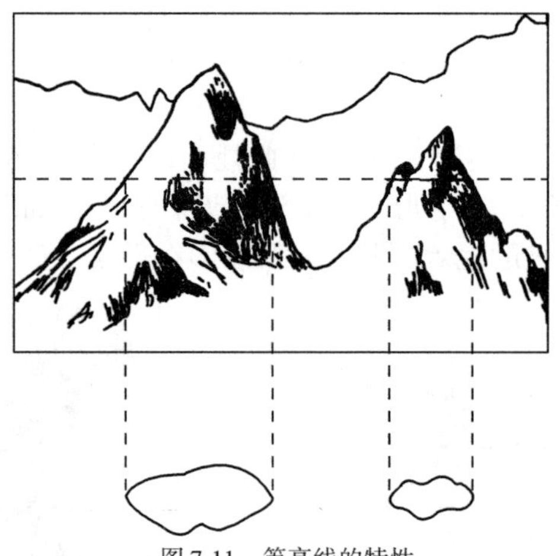

图 7-11　等高线的特性

④等高线与分水线(山脊线)、合水线(山谷线)正交。由于等高线在水平方向上始终沿着同高的地面延伸着,因此等高线在经过山脊或山谷时,几何对称地在另一山坡上延伸,这样就形成了等高线与山脊及山谷线在相交处正交。如图 7-12 所示,A 为山脊线,B 为山谷线。

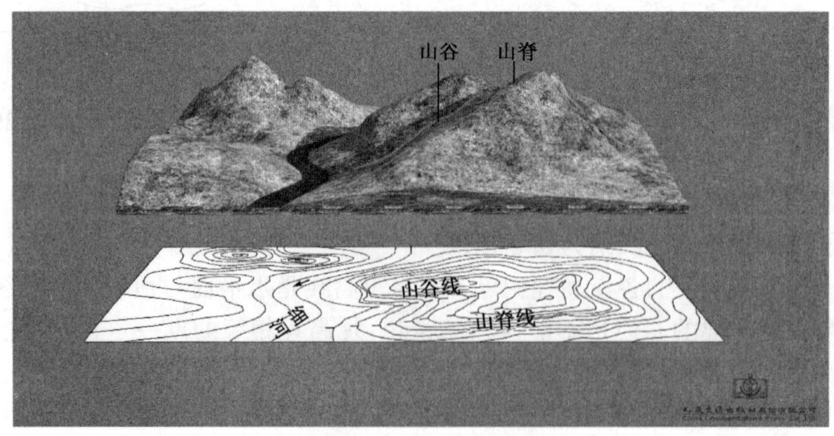

图 7-12　等高线与山脊线、山谷线的关系

⑤等高线间平距的大小与地面坡度的大小成反比。换句话说,坡度陡的地方,等高线就密;坡度缓的地方,等高线就稀。

3. 注记符号

地形图上对一些地物的性质、名称等加以注记和说明的文字、数字或特定的符号,称为地物注记。例如房屋的层数,河流的名称、流向、深度,工厂、村庄的名称,控制点的点号、高程,地面的植被种类等。

地图注记的构成元素包括:字体(形)、字级(尺寸)、字色(色彩)、字距等。

字体即字的形状,在地图上常用来表示制图对象的名称和类别、性质。

字级是指注记字的大小,常用来反映被注对象的等级和重要性。越是重要的事物,其注记越大,反之亦然。

字色和字体作用相同,常结合字体变化用于增强类别、性质差异。如水系注记用蓝色、等高注记用棕色、区域表面注记用红色、居民地注记用黑色等。

字距是指注记中间字的距离大小。字距大小以方便确定制图对象的分布范围为依据。

各种注记的配置应分别符合下列规定:

(1)文字注记应使所指示的地物能明确判读。一般情况下,字头应朝北。道路河流名称,可随现状弯曲的方向排列。各字侧边或底边,应垂直或平行于线状物体。各字间隔尺寸应在0.5mm以上;远间隔的也不宜超过字号的8倍。注字应避免遮断主要地物和地形的特征部分。

(2)高程的注记应注于点的右方,离点位的间隔应为0.5mm。

(3)等高线高程注记,字头应指向山顶或高地。

第二节　地形图分幅与编号

对于广大的地区用常规的方法测绘纸质地形图,由于每幅地形图所包含的地面面积有一定的限度,需要若干幅地形图拼接成一幅完整的地形图。为便于管理、检索、使用地形图,需要对各种比例尺的地形图进行统一的分幅和编号。地形图的分幅方法有两种:一种是按经纬线分幅的梯形分幅法,它一般用于1:5 000 ~ 1:100万的中、小比例尺地形图的分幅;另一种是按坐标格网分幅的矩形分幅法,它一般用于城市和工程建设1:500 ~ 1:2 000的大比例尺地形图的分幅。

一、梯形分幅与编号

梯形分幅又称国际分幅,由国际统一规定的经线为图的东西边界,统一规定的纬线为图的南北边界。由于子午线向南、北两极收敛,因此整个图形呈梯形。

我国基本比例尺地形图(1:5 000 ~ 1:100万)采用梯形分幅,它们均以1:100万的地形图为基础,按规定的纬差和经差划分分幅,使相邻比例尺地形图的数量成简单的倍数关系。目前使用较多的图幅编号方法有两种:一是传统的编号方法,二是便于计算机管理的新编号方法。

1. 传统分幅与编号方法

(1)1∶100 万地形图的分幅与编号

1∶100 万地形图的分幅与编号采用国际分幅编号标准。它是自赤道向北或向南分别按纬差 4°分成横行,每横行依次用大写的英文字母 A、B、C……V 表示;自经度 180°开始起算,自西向东按经差 6°分成纵列,各列依次用阿拉伯数字 1 ~ 60 表示,如图 7-13 所示。每一幅图的图幅编号是由其所在的横行在前,纵列在后的原则进行编号,既“横行号—纵列号”的编码组成。由于随着经纬度的增加,面积变小过快,为使图幅面积基本保持平衡,所以规定在纬度 60° ~ 76°之间两幅合并,即纬差 4°、经差 12°,到纬度 76° ~ 88°之间四副合并,即纬差 4°、经差 24°,纬度 88°以上单独作为一幅图处理。我国位于北纬 60°以下,故没有合幅图。另外,为了表示图幅是在北半球还是南半球,规定在图幅编号前加 N,S 予以区别,由于我国地处北半球,图幅编号前的 N 可以省略。例如,北京某地的纬度为北纬 39°54′30″,经度为东经 116°28′06″,其所在 1∶100 万比例尺的图幅的编号为 J-50;西安某地的纬度为北纬 34°10′26″,经度为东经 108°53′06″,其所在 1∶100 万比例尺的图幅的编号为 I-49。

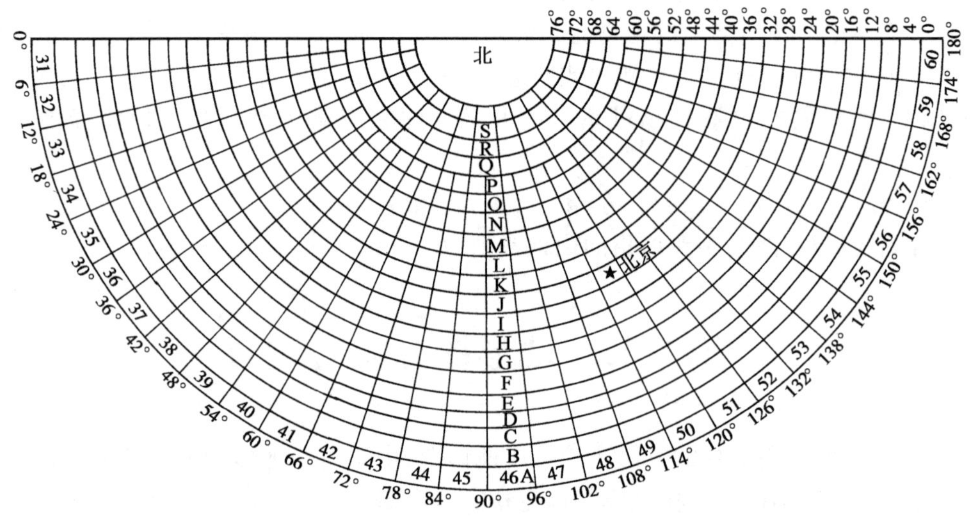

图 7-13　东半球北纬 1∶100 万地形图的梯形分幅与编号

(2)1∶50 万、1∶25 万和 1∶10 万比例尺地形图的分幅与编号

这三种比例尺地形图的分幅和编号,都是在 1∶100 万比例尺地形图分幅和编号的基础上,按图 7-14 中的相应纬差和经差划分。每幅 1∶100 万的图,按经差 3°、纬差 2°可划分成 4 幅 1∶50 万的图,分别以 A、B、C、D 表示。例如北京某处所在 1∶50 万的图的编号为 J-50-A。

每幅 1∶100 万的图,可按经差 1°30′、纬差 1°划分为 16 幅 1∶25 万的图,分别以[1]、[2]……[16]表示。例如北京某处所在 1∶25 万的图的编号为 J-50-[2]。

每幅 1∶100 万的图,可按经差 30′、纬差 20″划分为 144 幅 1∶10 万的图,分别以 1、2、3……144 表示。例如北京某处所在 1∶10 万的图幅的编号为 J-50-5。

(3)1∶5 万、1∶2.5 万、1∶1 万比例尺地形图的分幅与编号

这三种比例尺地形图的分幅和编号,都是在 1∶10 万比例尺地形图分幅和编号的基础上

进行的,其划分的纬差和经差见表7-7。每幅1:10万的图,可划分成4幅1:5万的图,分别在1:10万的图号后面写上各自的代号A、B、C、D。例如北京某处所在1:5万的图的编号为J-50-5-B。再将1:5万的图四等分,就得到1:2.5万的图幅,分别以1、2、3、4编号。例如北京某处所在1:2.5万的图的编号为J-50-5-B-2。

按经、纬度分幅的各种比例尺地形图 表7-7

比 例 尺	图 幅 大 小		1:100万、1:10万、1:5万、1:1万图幅内的分幅数	分 幅 代 号	某地的图幅编号
	纬差	经差			
1:100万	4°	6°	1	行 A、B、C……V 列 1、2、3……60 A、B、C、D [1]、[2]……[16] 1、2、3……144	J-50
1:50万	2°	3°	4		J-50-A
1:25万	1°	1°30′	16		J-50-[2]
1:10万	20′	30′	144		J-50-5
1:10万	20′	30′	1	A、B、C、D (1)、(2)、(3)……(64)	
1:5万	10′	15′	4		J-50-5-B
1:1万	2′30″	3′45″	64		J-50-5-(15)
1:5万	10′	15′	1	1、2、3、4	
1:2.5万	5′	7′30″	4		J-50-5-B-2
1:1万	2′30″	3′45″	1	a、b、c、d	
1:5 000	1′15″	1′52.5″	4		J-50-5-(15)-a

每幅1:10万的图,按其经差和纬差8等分,划分为64幅1:1万的图,分别以(1)、(2)、(3)……(64)作为编号。例如北京某处所在1:1万的图幅编号为J-50-5-(15)。

(4)1:5 000比例尺地形图的分幅和编号

按经纬线分幅的1:5000比例尺地图,是在1:1万比例尺地图的基础上进行分幅和编号的,每幅1:1万的图分成4幅1:5 000的图,并分别在1:1万图的图号后面写上各自的代号a、b、c、d作为编号。例如北京某处所在1:5000梯形分幅的图号为J-50-5-(15)-a。

2.现行的国家基本比例尺地形图分幅与编号

按照《国家基本比例尺地形图分幅与编号》(GB/T 13989—2017)规定,1:50万~1:500地形图的分幅与编号均以1:100万地形图编号为基础,采用行列编号法。即将1:100万图幅按所含比例尺图幅的纬差和经差划分为若干行和列(其图幅关系详见表7-8),横行从上到下,纵列从左到右按顺序分别用三位阿拉伯数字表示,不足三位者前面以零补齐(1:1 000、1:500比例尺横行、纵列分别用四位阿拉伯数字表示,不足四位者前面以零补齐),取行号(字符码)在前、列号(数字码)在后的排列形式标记;各比例尺图幅分别采用不同的字符作为其比例尺代码,详见表7-8。1:50万~1:2 000各比例尺地形图图幅的图号均由其所在1:100万图幅的图号、比例尺代码和该图在1:100万图幅中的行号和列号共十位码组成(1:1 000、1:500共

12 位码组成），图 7-14 所示为 1∶50 万～1∶2 000 地形图图幅编号组成示意图；其分幅关系见表 7-8。例如北京某地所在 1∶10 万地形图的图号为 J50D002011。

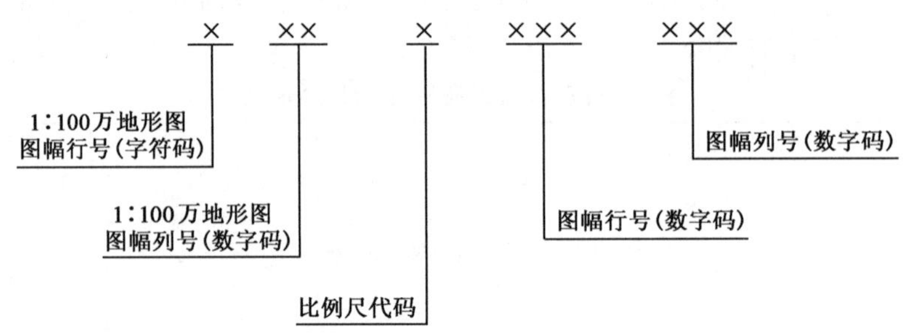

图 7-14　1∶50 万～1∶2 000 地形图图号的组成

基本比例尺地形图分幅编号关系　　表 7-8

比例尺		1∶100 万	1∶50 万	1∶25 万	1∶10 万	1∶5 万	1∶2.5 万	1∶1 万	1∶5 000	1∶2 000	1∶1 000	1∶500
图幅范围	经差	6°	3°	1°30′	30′	15′	7′30″	3′45″	1′52.5″	37.5″	18.75″	9.375″
	纬差	4°	2°	1°	20′	10′	5′	2′30″	1′15″	25″	12.5″	6.25″
行列数量关系	行数	1	2	4	12	24	48	96	192	576	1 152	2 304
	列数	1	2	4	12	24	48	96	192	576	1 152	2 304
比例尺代码			B	C	D	E	F	G	H	I	J	K
不同比例尺的图幅数量关系		1	4	16	144	576	2 304	9 216	36 864	331 776	1 327 104	5 308 416
			1	4	36	144	576	2 304	9 216	82 944	331 776	1327 104
				1	9	36	144	576	2 304	20 736	82 944	331 776
					1	4	16	64	256	2 304	9 216	36 864
						1	4	16	64	256	2 304	9 216
							1	4	16	64	576	2 304
								1	4	36	144	576
									1	9	36	144
										1	4	16
											1	4

另外，1∶2 000 地形图经纬度分幅的图幅编号亦可根据需要以 1∶5 000 地形图编号分别加短线，再加 1、2、3、4、5、6、7、8、9 表示，如 J50B001001-5。

二、矩形分幅与编号

大比例尺图的图幅通常采取正方形或矩形分幅，它是按照统一的直角坐标格网划分的，以整公里（或百米）坐标进行分幅。常见图幅大小为 40cm×40cm、50cm×50cm，图幅大小见表7-9。

不同比例尺图幅大小　　表7-9

比　例　尺	图幅大小(cm×cm)	实地面积(km^2)	一幅1:5 000的图幅所包含的本图幅的数目
1:5 000	40×40	4	1
1:2 000	50×50	1	4
1:1 000	50×50	0.25	16
1:500	50×50	0.062 5	64

矩形地形图的编号一般采用图幅西南角坐标公里数编号法，编号时 x 坐标在前，y 坐标在后，中间用短线连接，表示为"x-y"，如图7-15所示，某1:5 000图幅西南角的坐标值 x=32km，y=56km，则其图幅编号为"32-56"，通常1:5 000地形图坐标取至1km；1:1 000、1:2 000地形图坐标取至0.1km；1:500的地形图坐标取至0.01km。

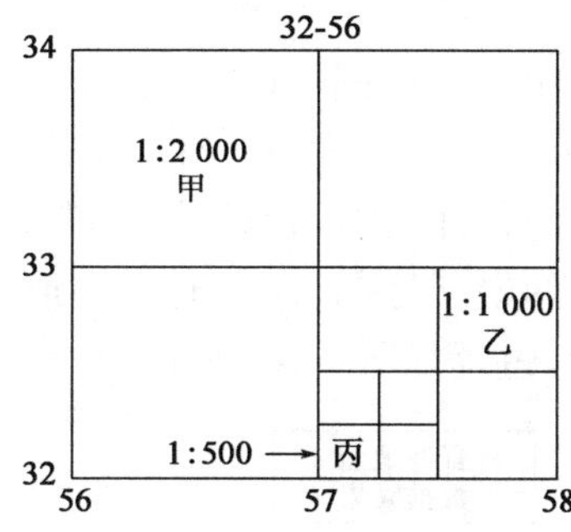

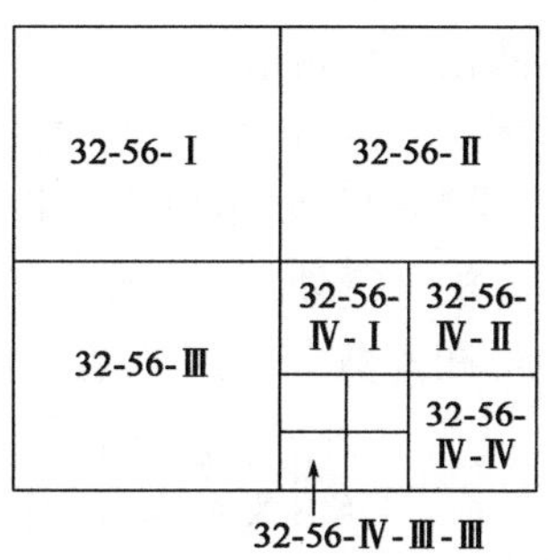

图7-15　矩形分幅与编号

有些地形图是带状地形图或区域较小，也可以用行列号或自然序号进行编号。但当测区较大，且绘有几种不同比例尺地形图时，可采用1:5 000比例尺地形图为基础并以其图号为基础图号进行编号。如图7-15所示，其他大比例尺就可以此图号作为图幅的基本图号。在1:5 000图号的末尾分别加上Ⅰ、Ⅱ、Ⅲ、Ⅳ，就是1:2 000比例尺图幅的编号，如图7-15中的甲幅图，其编号为"32-56-Ⅰ"。同样在1:2 000图幅编号的末尾分别再加上Ⅰ、Ⅱ、Ⅲ、Ⅳ，就是1:1 000图幅的编号，如图7-15中的乙图幅，其编号为"32-56-Ⅳ-Ⅱ"。在1:1 000图幅编号的末尾分别再加上Ⅰ、Ⅱ、Ⅲ、Ⅳ，就是1:500图幅的编号，如图7-15中的丙图幅，其编号为"32-56-Ⅳ-Ⅲ-Ⅲ"。

第三节　数字测图

大比例尺地形图测绘的方法有经纬仪(平板仪)测图等传统测图法、地面数字测图法、数字摄影测量法、三维激光扫描法。

传统测图法(白纸测图)实质上是将测得的观测值(角度、距离、高差)用图解的方法转化为图形。这一转化过程几乎都是在野外实现的，因此劳动强度较大；此外，传统的测图方式主要是手工作业，人工读取、计算和记录外业测量数据，人工绘制地形图，这使测得的数据精度大幅度降低。在信息剧增、建设日新月异的今天，一幅单纯的纸质地形图已难以承载诸多的图形信息，变更、修改也极不方便，因此这种传统的测图已难以适应当前经济建设发展的需要，目前基本不再使用。

数字摄影测量测图具有速度快、精度均匀、效率高等优点。它可以将大量野外测绘工作移到室内进行，以减轻测绘工作者的劳动强度。尤其对高山区或人不易到达的地区，数字摄影测量更具有优越性。目前，数字摄影测量被广泛用于大面积的地形图测绘；地面数字测图法由于具有自动化程度高、精度高、不受图幅限制、便于使用管理等优点，所以地面数字测图已成为获取大比例尺数字地形图、各类地理信息系统以及保持其现势性所进行的空间数据更新的主要方法。也是本书主要介绍的数字测图方法。

一、数字测图概述

1. 数字测图的概念

数字地图是存储在计算机的硬盘、光盘等介质上的地图，地图内容是通过数字来表示的，需要通过专门的计算机软件对这些数字进行显示、读取、检索和分析。生产数字地图的方法和过程叫数字测图，数字测图的基本思想是将收集的各种地物和地貌信息转化为数字形式，通过数据接口传输给计算机进行处理，得到内容丰富的电子地图，需要时由图形输出设备（如显示器、绘图仪）输出地形图。数字测图的基本思想与过程如图 7-16 所示。

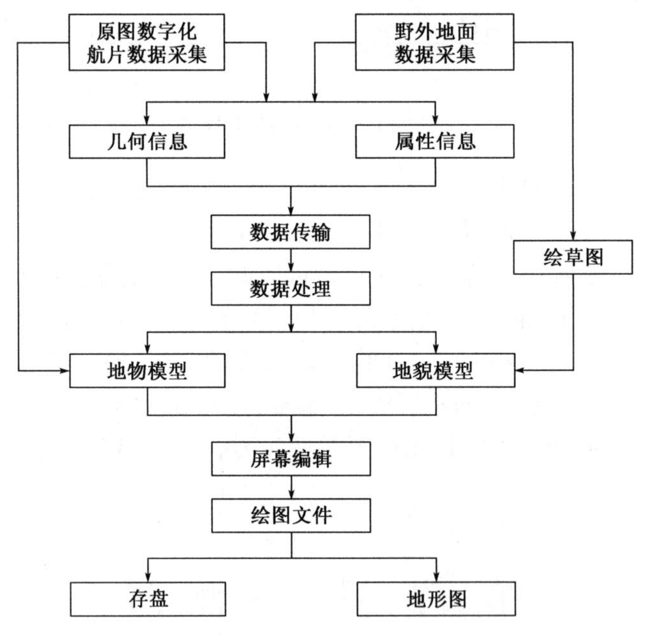

图 7-16　数字化测图基本流程

2. 数字测图的分类

将客观存在的地形信息转换为数字这一过程通常称为数据采集。根据数据来源和数据采集方法的不同，可以将数字测图分为以下三种：

（1）基于影像的数字测图

以航空像片或卫星像片作为数据来源，利用摄影测量与遥感的方法获得测区的影像并构成立体像对,在解析测图仪上采集地形特征点并自动传输到计算机或直接用数字摄影测量方法进行数据采集,经过软件进行数据处理,生成数字地形图,并由数控绘图仪进行绘图输出。

这种测绘方法工作量小,采集速度快,是我国测绘基本图的主要方法。目前,该方法可以满足 1∶1 000 地形图的精度要求。

(2)基于现有地形图的数字化

将现有地形图经过数据采集和处理生成数字地图叫地图数字化。地图数字化的方法主要有两种:一种是手扶跟踪数字化,即在数字化仪上对原图上各种地图要素的特征点通过手扶跟踪的方法逐点进行采集 ,将采集结果自动传输到计算机中,并由相应的成图软件处理成数字地图;另一种是扫描数字化,即首先通过扫描仪将原图扫描成数字图像,再在计算机屏幕上进行逐点采集或半自动化跟踪,也可以直接对各种地图要素进行自动识别和提取,最后由相应成图软件处理成数字地图。

由于手扶跟踪数字化受精度、劳动强度和效率等方面的影响,一般只用于小批量或比较简单的地形图数字化。而地图扫描数字化具有精度高、速度快和自动化程度高等优点,已经成为地图数字化的主要方法。

(3)野外数字测图

野外数字测图又称地面数字测图,它是利用全站仪、RTK GNSS 接收机或三维激光扫描仪在野外直接采集有关地形信息,并将其传输到计算机中,经过测图软件进行数据处理形成绘图数据文件,最后由数控绘图仪输出地形图。

由于全站仪、RTK GPS 接收机和三维激光扫描仪具有方便、灵活的特点以及较高的测量精度,因此在城镇大比例尺测图和小范围大比例尺工程测图中有着广泛的应用。本书主要介绍野外数字测图的方法。

3.数字测图的过程

数字测图的作业过程包括数据采集、数据处理和图形输出三个阶段。

(1)数据采集

数据采集工作是数字测图的基础。野外采集数据是通过全站仪或 RTK GPS 接收机实地测定地形特征点的平面位置和高程,将这些点位信息自动存储在仪器内的存储器或电子手簿中,再传输到计算机中,若野外使用便携机,可直接将点位信息存储到便携机中。每个地形特征点的记录内容包括点号、平面坐标、高程、属性编码和与其他点之间的连接关系等。点号通常是按测量顺序自动生成的;平面坐标和高程是全站仪(或 RTK GPS 接收机)自动解算的;属性编码指示了该点的性质,野外通常只输入简编码或不输编码,可用草图等形式形象记录碎部点的特征信息;点与点之间的连接关系表明按何种连接顺序构成一个有意义的实体,通常采用绘草图的形式或在便携机上边测边绘。

对于已有纸质地形图的地区,如纸质地形图现势性较好,图面表示清楚、正确,图纸变形较小,则数据采集可在室内通过数字化仪或扫描仪在相应地图数字化软件的支持下进行。用数字化仪数字化得到的数字化图的精度一般低于原图,加上作业效率低,这种数字化法逐渐被扫描仪数字化所取代。利用扫描仪可快速获取原图的数字图像,但获得的是栅格数据,需要通过矢量化软件处理才能得到地形图的矢量绘图信息。

(2)数据处理

这里讲的数据处理阶段是指在数据采集以后到图形输出之前对图形数据的各种处理。数据处理是数字测图的中心环节，它是通过相应的计算机软件来完成的，主要包括地图符号库、数据预处理、数据转换、数据计算、图形生成及文字注记、图形编辑与整饰、图形裁剪、图幅接边、图形信息的管理与应用等。

(3)图形输出

图形输出是数字测图的最后阶段，是数字测图的主要目的。经过图形处理以后，即可得到数字地图，也就是形成一个图形文件，存储在光盘或硬盘上，可永久保存。通过对层的控制，可以编制和输出各种专题地图（包括平面图、地籍图、地形图、管网图、带状图、规划图等），以满足不同用户的需要；也可采用矢量绘图仪、栅格绘图仪、图形显示器等绘制或显示数字地图；还可以将该数字地图转换成地理信息系统的图形数据，建立和更新 GIS 图形数据库。

4. 数字测图的作业模式

作业模式是数字化测图内、外业作业方法、作业流程的总称。由于使用的设备不同，软件设计者思路不同，数字测图有不同的作业模式。就目前地面数字测图而言，可区分为两大作业模式：数字测记模式（简称测记式）和电子平板测绘模式（简称电子平板），如图 7-17 所示。

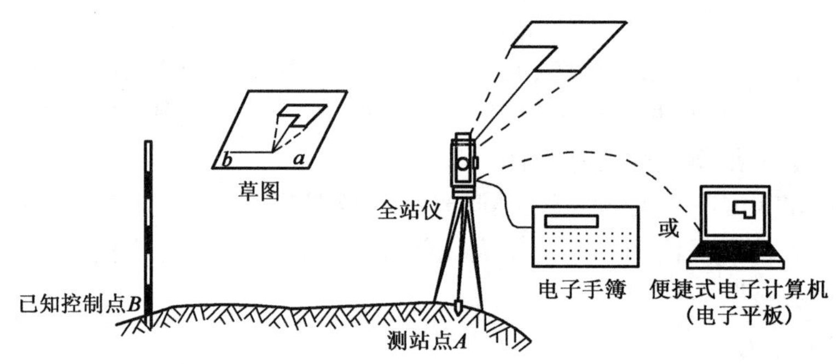

图 7-17　数字测图的作业模式

(1)数字测记模式

数字测记模式是一种野外数据采集、室内成图的作业方法、根据野外数据采集硬件设备的不同，可进一步分为全站仪数字测记模式和 RTK GPS 数字测记模式。

全站仪数字测记模式是目前最常用的测记式数字测图作业模式，该模式是利用全站仪实地测定地形点的三维坐标，并用电子手簿（或全站仪内存储器）自动记录观测数据；再到室内将采集的数据传输给计算机，并利用绘图软件人工编辑成图或自动绘图。该方法野外采集数据速度快、效率高。数字测记模式又分为有码作业和无码作业两种形式。无码作业就是采取手工绘制草图的形式，记录所测点的属性和与其他点的连接关系，因此又称为草图法；有码作业是在采集坐标的同时，输入地物编码，并在室内采用编码法成图。

RTK GPS 数字测记模式采用 GPS 实时动态定位技术，实地测定地形点三维坐标，并自动记录定位信息。用 RTK GPS 采集数据的最大优点是不需要测站（控制点）与碎部点（待测点）之间通视，并且移动站（用于采集碎部点）与基准站的距离在 15km 以内可达厘米级测量精度。采集数据时，在移动站绘制草图或记录绘图信息，供内业绘图使用。

(2)电子平板测绘模式

电子平板测绘模式就是“全站仪 + 便携机 + 相应测图软件”实施外业测图的作业模式。

这种模式利用便携机(笔记本电脑)的屏幕模拟测图板在野外直接测图,即把全站仪测定的碎部点实时地展绘在计算机屏幕上,用软件边测边绘。这种作业模式可以在现场完成绝大部分测图工作,实现数据采集、数据处理、图形编辑现场同步完成,真正实现了内外业一体化。但该方法对设备要求较高,便携机不适应野外作业环境(如供电时间短、液晶屏幕看不清、怕灰尘及风沙等)是主要的缺陷。目前该方法主要用于房屋密集的城镇地区测图工作。

5. 数字测图技术的发展趋势

数字测图技术的发展主要取决于数据采集和与之相应的数据处理方法的发展。今后数字测图系统的发展趋势主要体现在以下几方面。

(1)全站仪自动跟踪测量模式

随着技术的发展,徕卡、拓普康等公司相继推出了自动跟踪全站仪。利用自动跟踪全站仪,可以实现测站的无人操作,测量数据由测站通过无线传输系统自动传输到位于棱镜站的便携机中,这样就可减少野外数字测图人员的数量。从理论上讲,按照这种全站仪自动跟踪测量方法,可以实现单人数字测图。

(2)超站仪测量模式

实时动态定位(RTK)技术能够实时提供待测点的三维坐标,在测程 20km 内可以达到厘米级精度。利用实时动态定位技术进行数字测图时具有速度快、图根控制和碎部测图同步、适合开阔地区作业的特点,但遇到诸如房角点、大树下等影响接受卫星信号的特征点时就无能为力。超站仪就是把全站仪和实时动态定位测量结合在一起,使其同时具有全站仪和 GNSS 的功能,从而为数字测图提供了广阔的空间。

(3)野外数字摄影测量模式

利用全站仪或超站仪进行数据采集时,每次只能测定一个点,而摄影测量则可以同时测定多个点,这就是摄影测量方法的最大优点。随着技术的进步,充分利用野外测量灵活性和摄影测量高效性的测量方式必将成为野外数字测图的又一发展趋势。视频全站仪就是顺应这一技术发展的新型仪器,它通过在全站仪上安装数字相机的方法,对被测目标进行摄影的同时测定相机的摄影姿态,使野外数字摄影测量成为可能。试验表明,利用这种方法测定的点位精度可达厘米级,完全可以满足野外数字测图的需要。

(4)激光扫描测量模式

三维激光扫描技术是 20 世纪末兴起的一门新兴测绘技术,它通过高速激光扫描测量的方法,高分辨地获取被测对象表面的三维坐标数据,通过一定的技术可以真实再现所测物体的三维立体景观。三维激光扫描技术在测绘领域最基本的应用就是地形图测绘,基于扫描的点云数据可直接生成三维模型,同时自动提取等高线,实现一次测量,同时获取二维和三维数据。

(5)无人机测量模式

无人机测量日益成为一项新兴的重要测绘手段,其具有续航时间长、成本低、机动灵活等优点。无人机低空摄影测量系统一般由地面系统、飞行平台、传感器、数据处理等四部分组成。随着无人机与数码相机技术的发展,基于无人机平台的数字摄影测量技术已显示出其独特的优势,其精度完全可以满足大比例尺地形图的测图要求。

总之,野外数字测图系统未来的发展主要在改进野外数据采集手段方面,从而不断提高野外数字测图的作业效率。

二、野外数据采集

1. 特征点选择

地物、地貌的平面轮廓由一些特征点所决定，这些特征点统称为碎部点。数字测图就是直接测定或解算各碎部点的空间位置，然后参照实地地形用规定的符号表示出来。

(1) 地物特征点的选择

地物在地形图上的表示原则是：凡是能依比例尺表示的地物，则将它们水平投影位置的几何形状相似地描绘在地形图上，如房屋、河流、运动场等。或是将它们的边界位置表示在图上，边界内再绘上相应的地物符号，如森林、草地、沙漠等。对于不能依比例尺表示的地物，在地形图上是以相应的地物符号表示在地物的中心位置上，如水塔、烟囱、纪念碑、单线道路、单线河流等。

地物特征点主要是地物轮廓的转折点、交叉点、曲线上的弯曲交换点、独立地物的中心点等，连接这些特征点，便可得到与实地相似的地物形状。

测绘点状地物时，应测定其底部的中心位置，再以相应符号的定位点与图上点位重合，并按规定方向描绘。测绘线状地物时，主要测定物体中心线上的起点、拐点、交叉点和终点，再对照实地地物，以相应符号的定位线与图上点位重合绘出。测绘面状地物时，应测绘地物轮廓的特征点，再对照实地地物，以相应符号的轮廓线与图上点位重合后绘出。

(2) 地貌特征点的选择

测绘地貌，首先应全面分析地貌的分布形态，尤其是山脊、山谷的走向，找出其坡度变化和方向变化的特征点。因此，地貌特征点包括山顶点、山脚点、鞍部点、分水线（或合水线）的方向变换点及坡度变换点。

(3) 地形特征点的信息

地形特征点的信息包括几何信息和属性信息。几何信息由定位信息和连接信息组成。定位信息，即点的 x、y、$z(H)$ 表，是通过全站仪、GPS 等仪器测定；连接信息是指测点的连接关系，是由测量人员在现场通过观察等方法获得；属性信息主要用来说明地图要素的性质、特征或强度，例如面积、楼层、人口、流速等，一般用不同的符号或文字注记来表示。属性信息包括定性信息和定量信息。例如房屋的结构为砖结构，即表示其定性信息；楼层为三层，即表示其定量信息。

2. 数据采集准备工作

测图前的准备工作主要包括图根控制测量、设备资料准备和人员配备等。

数字测图即可采用传统的先控制后碎部测图、从整体到局部的作业方法，也可采用图根控制测量与碎部测量同步进行的“一步测量法”。图根平面控制和高程控制测量，可同时进行，也可分别施测。图根平面控制可采用图根导线、极坐标法、边角交会法和 GPS 等测量方法。高程控制可采用图根水准、三角高程等测量方法。图根控制测量内业计算和成果的取位应符合表 7-10 的要求。

内业计算和成果的取位要求 表 7-10

各项计算修正值（″或 mm）	方位角计算值（″）	边长及坐标计算值（m）	高程计算值（m）	坐标成果（m）	高程成果（m）
1	1	0.001	0.001	0.01	0.01

数字测图前应根据作业单位的具体情况和技术指导书要求的作业方法准备好仪器、器材、控制成果和技术资料。仪器、器材主要包括全站仪、三脚架、对中杆、棱镜、测伞、小钢尺、草图纸、皮尺、铅笔、锤子、钉子、油漆、工作底图、对讲机、充电器、电子手簿或便携机、备用电池、通信电缆等。外业测量前应为全站仪、对讲机充好电并准备多块电池。

对于草图法测图，一般生产单位的人员配置为：全站仪观测员 1 人，草图员（也称为领尺员）1 ~2 人，跑尺员 1 ~3 人。领尺员负责画草图和室内成图，是小组核心成员。

3. 全站仪外业数据采集

全站仪测图的方法可采用编码法、草图法或内外业一体化的实时成图法等。草图法外业数据采集的步骤如下：

（1）仪器安置：在控制点上安置全站仪，进行对中、整平，量取仪器高。对中偏差不应大于 5mm，仪器高和棱镜高的量取应精确至 1mm。

（2）测站设置：安置好全站仪后，进行测站设置（初次还要进行项目设置），即把测站点坐标值、仪器高和棱镜高输入到全站仪。

（3）后视定向：测站设置好后，用照准仪瞄准后视已知点进行定向，即把后视点坐标值输入仪器并进行精确瞄准定向，注意应选择较远的图根点作为测站的定向点。然后测定另一图根点坐标和高程，作为测站检核。检核点的平面位置较差不应大于图上 0.2mm，高程较差不应大于基本等高距的 1/5。

（4）测定碎部点：用全站仪瞄准碎部点上的棱镜并进行观测，即可直接获得碎部点的三维坐标，并将其保存在全站仪中，依次测量其他碎部点。

（5）工作草图绘制：野外数据采集除采集碎部点的坐标外还要获取与绘图有关的其他信息，如碎部点的地形要素名称、碎部点连接线形等，以便计算机生成图形文件，进行图形处理。为了便于室内机助成图，一般还要在野外绘制工作草图，也就是在工作草图上记录地形要素名称、碎部点连接关系。然后在室内将碎部点显示在计算机屏幕上，根据工作草图，采用人机交互方式连接碎部点绘制成地形图。如果条件允许，也可在现场直接成图。

（6）迁站：在一个测站上将测站四周所要测的全部碎部点测完后，经过全面检查无误和无遗漏后，即可迁至下一测站，重新按上述方法、步骤进行施测。

在全站仪进行外业数据采集时，应注意的事项如下：

（1）在每次观测时，要注意检查水准管气泡是否居中；如重新对中、整平后，应重新定向。

（2）立镜人员应将棱镜杆立直，并随时观察立尺点周围地形，弄清碎部点间关系；地形复杂时还需协助草图绘制人员绘制草图。

（3）一测站工作结束时，应检查有无地物、地貌遗漏，确认无遗漏后，方可迁站。

4. RTK GPS 野外数据采集

利用 RTK GPS 测定碎部点的作业步骤为基准站设置、流动站设置、碎部点的数据采集（包括外业草图的绘制）。以中海达为例，介绍数据采集的方法。

（1）安置基准站

基准站可加设在已知点上，也可架设在未知点上，基准站应当选择视野开阔的地方，这样有利于卫星信号的接收。基准站架设好以后，将基准站接收机与手簿连接，进行基准站设置。

(2)新建项目

在一个新测区,首先新建一个项目,存储测量的参数,其设置均保存到项目文件中(＊.prj)。

打开 HI-Survey 软件,点击【项目】—【项目信息】,在下方输入项目名,点【确定】之后新建项目,如图 7-18 所示。

a)手簿界面　　b)项目信息

图 7-18　新建项目

(3)选择坐标系统,设置椭球和投影参数

点击【项目】—【坐标系统】—【投影】,设置坐标系统参数,如图 7-19 所示。

图 7-19　设椭球和投影参数

投影:选择投影方法,输入投影参数。

保存:设置好所有坐标系统参数后点击【保存】,会将设定参数保存到＊.dam 文件中。设定好参数后一定要点击界面下方的保存按钮,否则设定的参数无效。

(4)设置基准站

①连接基准站。点击【设备】—【设备连接】—【连接】,选择基准站的蓝牙号连接。如图 7-20 所示。

②设置基准站。点击【设备】—【基准站】—【平滑】—【确定】,如图 7-21 所示,基准站获取自己的坐标,以此坐标作为起算点向移动站发射差分数据。输入点名和天线高(斜高),再设

置数据链和其他。注意:数据链的各项参数和其他里面的差分电文格式,基准站和移动台务必要设置一致,移动站才能收到基准站的信号。

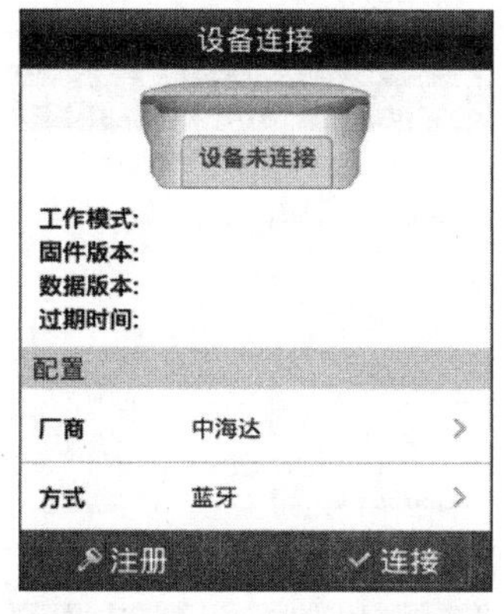

图 7-20 设备连接

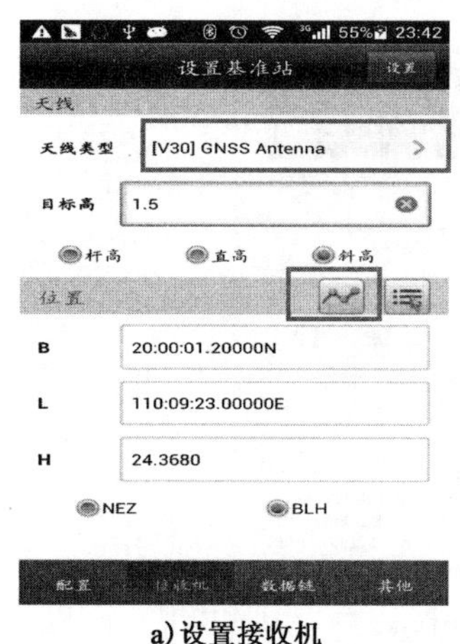

a)设置接收机

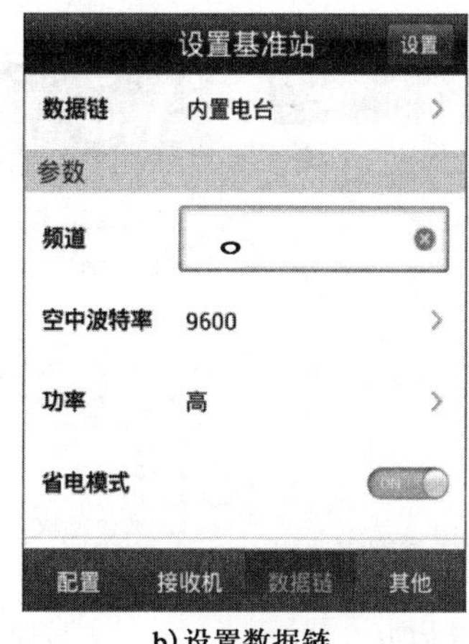

b)设置数据链

c)设置其他

图 7-21 设置基准站

(5)设置移动站

利用蓝牙连接上移动站,确认移动站数据链频道、波特率以及其他各项参数和基准站一致,如图 7-22 所示。

(6)采集控制点求参数

①移动站对中控制点,点击【测量】—【碎部测量】,点击平滑采集,采集控制点。如图 7-23 所示。

②采集完两个控制点之后,可求适用于小范围测区的四参数。

点击【项目】—【参数计算】—【计算类型】,选四参数 + 高程拟合,高程拟合选固定差改正(三个点以上,高程拟合可以选平面拟合方法),然后添加点对,【源点】选择上一步采集的控制点,【目标点】输入对应的点目标坐标系的平面坐标,如图 7-24 所示。

添加完两个以上的点对后,点计算,显示四参数 + 高程拟合的计算结果,主要看旋转和尺度,一般旋转不超过 1°,尺度大于 0.999 或小于 1.0009 会比较好(一般来说,尺度越接近 1 越好），如图 7-25 所示。作业前，宜观测 2 个以上不低于图根精度的已知点进行检核，检核结果与已知成果的平面较差不应大于图上 0.2mm，高程较差不应大于基本等高距的 1/5，满足误差限差后即可进行后续的测量工作。

图 7-22　设置移动站

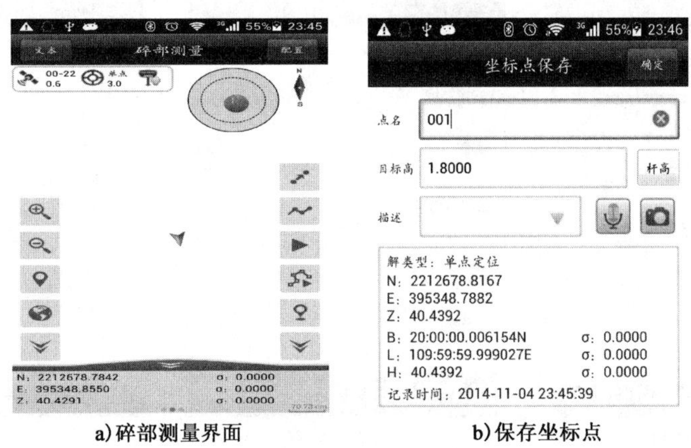

a）碎部测量界面　　b）保存坐标点

图 7-23　采集控制点

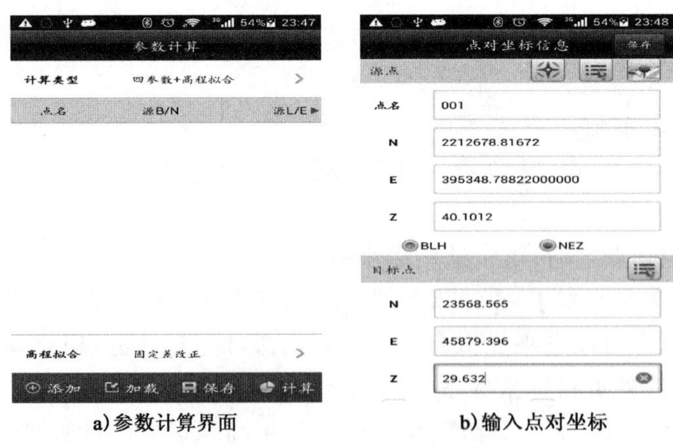

a）参数计算界面　　b）输入点对坐标

图 7-24　计算坐标转换参数

a)添加点对界面 b)参数计算结果

图 7-25 参数计算

(7)碎部测量

点击【碎部测量】按钮,可进入碎部测量界面,点击"平滑采集",采集并保存碎部点。坐标数据可以在【项目】—【坐标数据】里查看。

RTK GPS 数据采集时应注意的事项如下:

①电台不宜放在离 GPS 接收机过近的地方,否则电台信号会干扰 GPS 卫星信号。同时,电台的信号线和电源线过长时不宜卷起来,这样会因为涡流而产生磁场,干扰 GPS 信号,基准站 GPS 天线与无线电发射天线间最好相距 3m 以上。

②流动站无线电的频率与基准站的相同。

③流动站的位置应在基准站的控制范围之内(一般不应超过 20km)。

④在量取天线高时,应注意所量至的位置应与设置的位置一致。

⑤基准站宜布设在测区内中央最高控制点上,旁边不能有大面积水面、高大树木、建筑物或电磁干扰源(如电台的发射塔、高压电线等)。

⑥GPS 信号失锁时需要重新进行初始化,等到重新锁定卫星时再进行碎部点观测,为了确保安全可靠,最好回到一参考点上进行校核。

⑦在作业结束时,应先保存好数据后再关机,否则,有可能造成测量数据的丢失。

⑧在 RTK 接收信号困难地区,可用全站仪配合测量。

5. 数据传输

数据传输的方式有数据线、存储卡、USB、蓝牙连接等。不同的全站仪有不同的随机传输软件,对于 LEICA 全站仪而言,较常采用的软件为徕卡测量办公室(Leica Survey Office),苏州一光全站仪有 FOIF EXCHANGE 数据转换软件。

RTK 测量数据导出手簿测量数据流程(以中海达为例):查看测量坐标点→从 HI-Survey 软件里导出文件→从手簿内存里把文件传输到计算机。

(1)查看测量坐标点。点击【坐标数据】—【坐标点】,测量坐标点数据,如图 7-26 所示。

(2)从 HI-Survey 软件里导出文件。

点击【数据交换】—【原始数据】,选择"导出"。选择文件类型,输入文件名,点击【确定】,如图 7-27 所示。

注意:默认路径是手簿内存/ZHD/Out。

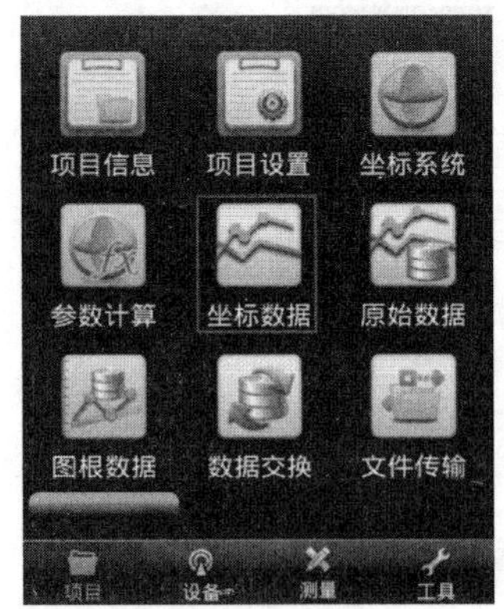

坐标点　放样点　控制点

点名	N	E
pt1	2544603.6483	499989.2241
pt2	2544603.6483	499989.2241
pt3	2544603.6483	499989.2241
pt4	2544645.6340	500009.3530
pt5	2544633.6199	499988.9587
pt6	2544633.6199	499988.9587
pt7	2544606.7341	500002.8559
pt8	2544606.7341	500002.8559

查找　设置

图 7-26　查看测量坐标点

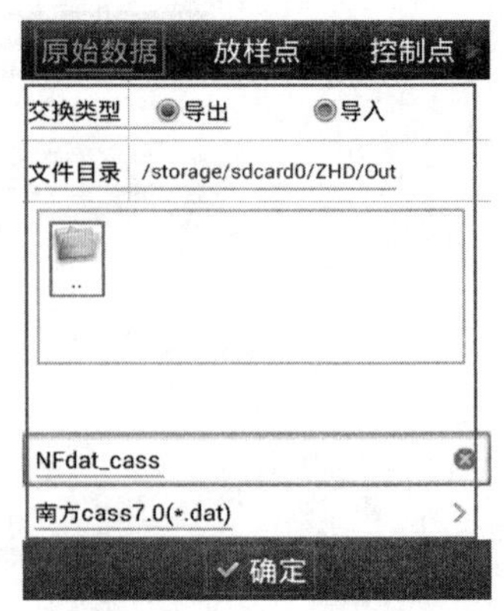

图 7-27　导出坐标数据

(3)从手簿内存里把文件传输到计算机上。

用 USB 线连接计算机,手簿上打开 USB 储存,计算机上会显示两个可移动磁盘,进 HI-Survey 数据导入导出默认路径,把导出文件拷贝到计算机上。

三、数字测图内业

成熟的数字测图软件的操作界面都是采用屏幕菜单和对话框进行人机交互操作,完成数据处理、图形编辑、图幅整饰、图形输出以及图形管理。国内常用的数字测图软件有:南方 CASS 软件、清华山维 EPSW 测绘系统、武汉瑞得 EDMS 数字测图系统。这里介绍南方 CASS 软件进行数字测图内业的工作内容和方法。

1. CASS 的操作界面

图 7-28 所示为 CASS8.0 的主操作界面,包括屏幕顶部下拉菜单(专用工具菜单)、通用工具条、左侧专业快捷工具条、右侧菜单区、底部提示区和图形编辑区等。

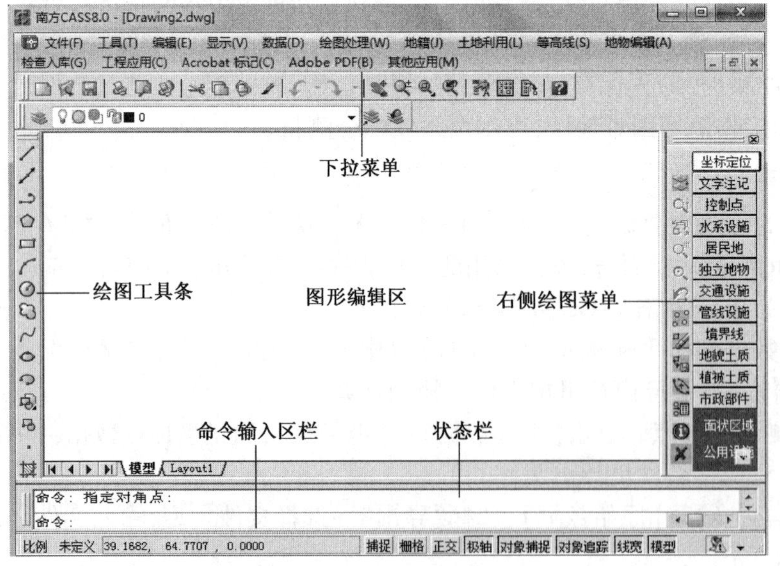

图 7-28　CASS8.0 主界面

下拉菜单区汇集了 CAD 的图形绘制“工具”“编辑”“显示”等项,以及 CASS 所增加的“数据”“绘图处理”“等高线”“地物编辑”“地籍图纸管理”项目。运用它可完成图形的显示、缩放、删除、修剪、移动、旋转、绘地形图等工作。

右侧菜单区是一个测绘专用交互绘图菜单,控制点、居民地、道路、管线、水系、植被等图式符号均放在其中,使用时只需用鼠标直接点击所需要的项目,根据屏幕测点点号和外业草图即可将符号绘制在屏幕上。

图形编辑区显示所绘图形,可在此区用各种编辑功能对图形进行编辑加工。命令区是 AutoCAD 的命令提示区,在图形进行编辑的过程中,要随时注意此区中所给出的提示,只有按提示要求输入相应的命令内容后才可完成一个操作。

2. 数据输入

CASS 是南方测绘公司在 AutoCAD 基础上开发的数字绘图软件。由于测量坐标系与 CAD 坐标系不一致,在将数据导入绘图软件之前,需将点位调整为:

点号, ,东坐标,北坐标,高程

1, ,1234.56,6543.21,123.4

2, ,1245.67,6554.32,124.5

然后存储为“ *. dat”格式文件。

数据的编辑可通过 CASS“数据”菜单实现。一般是读取全站仪数据。还能通过测图精灵和手工输入原始数据来实现。

使用数据线将全站仪与计算机连接后,在 CASS8.0“数据”菜单下选择“读取全站仪数据”子菜单,在弹出的对话框中(图 7-29)选择相应的仪器类型,并设置与全站仪一致的通讯参数(通讯口、波特率、校验、数据位、停止位),勾选“联机”复选框,在对话框最下面的“CASS 坐标文件”中输入文件名,点击【转换】,即可将全站仪里的数据转换成标准的 CASS 坐标数据。

如果仪器类型里无所需型号或无法通讯,先用该仪器自带的传输软件将数据下载。将“联机”去掉,在“通讯临时文件”中选择下载的数据文件,“CASS 坐标文件”输入文件名。点击【转换】,也可完成数据的转换。

3. 绘制平面图

对于图形的生成,CASS8.0 提供了“草图法”“简码法”“电子平板法”“数字化仪录入法”等多种成图作业方式,并可实时地将地物定位点和邻近地物(形)点显示在当前图形编辑窗口中,操作十分方便。这里主要介绍“点号定位”的成图模式。

(1)定显示区 ,展野外测点点号

定显示区就是通过坐标数据文件中的最大、最小坐标定出屏幕窗口的显示范围。

鼠标单击“绘图处理”,即出现如图 7-30 所示下拉菜单。然后选择“定显示区”,输入坐标数据文件名,即完成定显示区。随后鼠标移至【绘图处理】,在下拉菜单中,选择【展野外测点点号】,便可将碎部点展到屏幕上。

(2)绘平面图

根据野外作业时绘制的草图,移动鼠标至屏幕右侧菜单区选择相应的地形图图式符号,然后在屏幕中将所有的地物绘制出来。

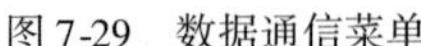
图7-29　数据通信菜单

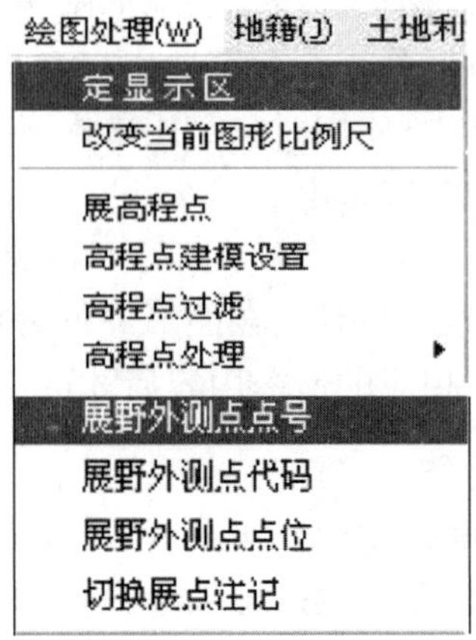

图7-30　数据处理菜单

4. 绘制等高线

(1)建立数字地面模型(构建三角网)

数字地面模型(DTM),是在一定区域范围内规则格网点或三角网点的平面坐标(x,y)和其地物性质的数据集合,如果此地物性质是该点的高程 z,则此数字地面模型又称为数字高程模型(DEM)。在使用 CASS 自动生成等高线时,应先建立数字地面模型。

①展高程点:先“定显示区”及“展点”。“定显示区”的操作与上面“点号定位”法工作流程中的“定显示区”的操作相同,展点时可选择“绘图处理”菜单下的“展高程点”选项,将会弹出数据文件的对话框,找到相应文件后选择“确定”,命令区提示“注记高程点的距离(米)”,根据规范要求输入高程点注记距离(即注记高程点的密度),回车默认为注记全部高程点的高程。这时,所有高程点和控制点的高程均自动展绘到图上。

②建立 DTM 模型:用鼠标左键点取“等高线”菜单下“建立 DTM”,弹出如图 7-31 所示对话框。首先选择建立 DTM 的方式,有两种方式:由数据文件生成和由图面高程点生成,如果选择由数据文件生成,则在坐标数据文件名中选择坐标数据文件;如果选择由图面高程点生成,则在绘图区选择参加建立 DTM 的高程点。然后选择结果显示,分为三种:显示建三角网结果、显示建三角网过程和不显示三角网。最后选择在建立 DTM 的过程中是否考虑陡坎和地性线。点击确定后生成如图 7-32 所示的三角网。

(2)修改数字地面模型(修改三角网)

一般情况下,由于地形条件的限制在外业采集的碎部点很难一次性生成理想的等高线,如楼顶上控制点。另外,还因现实地貌的多样性和复杂性,自动构成的数字地面模型与实际地貌不太一致,这时可以通过修改三角网来修改这些局部不合理的地方。

CASS 软件提供的修改三角网的功能有删除三角形、过滤三角形、增加三角形、三角形内插点、删三角形顶点、重组三角形和删三角网。修改完三角网后,选择“等高线”菜单中的“修改结果存盘”,把修改后的数字地面模型存盘,否则修改无效。当命令区显示“存盘结束”时,表明操作成功。

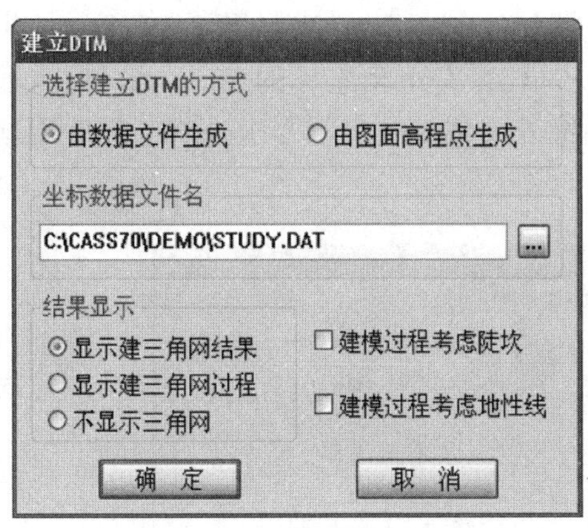

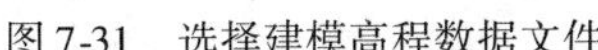
图 7-31 选择建模高程数据文件

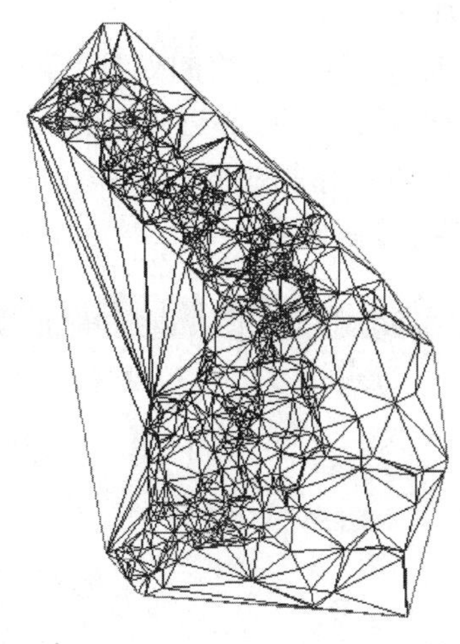

图 7-32 用 DGX. DAT 数据建立的三角网

(3)绘制等高线

用鼠标左键点取“等高线”—“绘制等高线”,弹出如图 7-33 所示的对话框。根据需要完成对话框的设置后。点击【确定】按钮,则系统自动绘制出等高线,如图 7-34 所示。

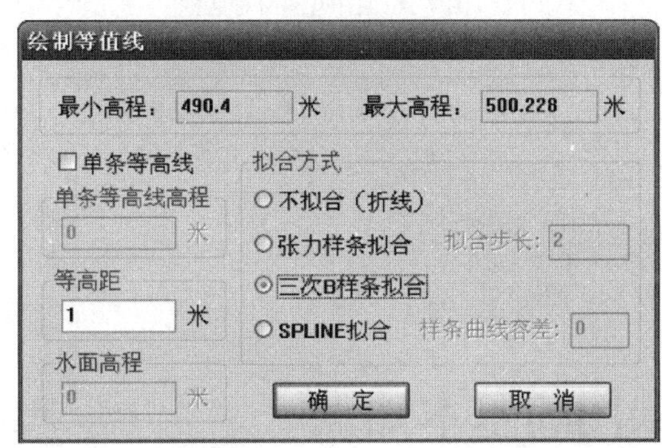

图 7-33 绘制等高线对话框

图 7-34 CASS 软件绘制的等高线

最后选择“等高线”菜单下的“删三角网”。

(4)等高线的修饰

绘完等高线后,常需要注记曲线高程,另外还需要切除穿过建筑物、双线路、陡坎、高程注记等的等高线。CASS 软件提供了以下等高线的修饰功能:注记等高线、等高线修剪、切除指定两线间等高线、切除指定区域内等高线、等值线滤波等。

5. 数字地形图的整饰与输出

(1)添加注记

首先在需要添加文字注记的位置绘制一条拟合的多功能复合线,然后鼠标左键点取右侧屏幕菜单的“文字注记”,弹出如图 7-35 所示的界面。在注记内容中输入“文字注记”,并选择注记排列和注记类型,输入文字大小并确定后选择绘制的拟合的多功能复合线即可完成注记。

(2)加图框

用鼠标左键点击【绘图处理】菜单下的“标准图幅(50×40)”,弹出如图7-36所示的对话框。输入图幅的名字、邻近图名、测量员、制图员、审核员,在左下角坐标的“东”“北”栏内输入相应坐标。在“删除图框外实体”前打勾则可删除图框外实体，按实际要求选择。最后用鼠标单击【确定】按钮即可。

图7-35　文字注记界面

图7-36　图幅整饰对话框

(3)图形数据输出

地形图绘制完毕,可以用多种方式输出:

①打印输出:图幅整饰—连接输出设备—输出。

②转入GIS:输出Arcinfo、Mapinfo、国家空间矢量格式。

③其他交换格式:生成CASS交换文件(*.cas)。

第四节　阅图的基本知识

地形图识图使读图者充分地理解地图传递的信息,建立起地形图图形与实地客观事物相对应的心中图景,是地形图应用的第一步。

认识和使用地形图,首先要了解地图要素。构成地图的基本内容,叫作地图要素,包括数学要素、地理要素(或称图形要素)和整饰要素(或称辅助要素),通称为地图的“三要素”。地形图读图的程序和方法,取决于读图的性质、任务和要求。一般性读图主要是辨认图上符号代表的实地图景、目标物在图上的位置,以及实地与图纸的对应关系。

一、地形图的构成要素

1.数学要素

数学要素是构成地图的数学基础,主要包括地图投影、坐标系统、地图比例尺三个方面。数学要素决定地形图图幅范围、位置,是控制其他内容的基础;是在图上量取点位、高程、长度和面积的依据。

(1)地形图的投影方式与坐标系统

我国国家基本比例尺地形图系列的地形图除1∶100万采用正轴等角圆锥投影外,比例尺1∶50万~1∶5 000的地形图均采用高斯—克吕格投影(1∶50万~1∶2.5万的采用6°带,1∶1万、1∶5 000采用3°带)。

坐标系统指该图幅是采用哪种坐标系完成的。国家基本比例尺地形图系列的投影坐标系统先后有1954北京坐标系、1980西安坐标系和2000国家大地坐标系,高程系统指本图所采用的高程基准,主要有1956年黄海高程系和1985国家高程基准,或假定高程基准。

对于1∶500、1∶1 000、1∶2 000大比例尺地形图,其平面控制采用高斯—克吕格投影,按3°带计算平面直角坐标。亦可根据测区实际需要,采用独立直角坐标系统。

(2)图廓和坐标格网

图廓是图幅四周的范围界线。在按经、纬度分幅的中、小比例尺地形图中,图廓是由内图廓、分度带、外图廓三部分组成。内图廓是由包围该图幅的经、纬线组成,四角注有经、纬度。分度带是在外图廓与内图廓之间靠近外图廓的分段线条,将内图廓边长按经差、纬差以1′为单位进行等分,并将奇数段加粗。将上、下、左、右相应的经、纬度相连,使其构成经纬线格网,可用来确定任一点的经、纬度和任一方向的真方位角。外图廓是用粗黑线绘成,主要起装饰作用。为了接图方便,外图廓四周中央注有相邻图幅的图号。

正方形或矩形图幅由内图廓和外图廓组成。内图廓由包围该图幅的纵、横坐标线组成,四周注有坐标值,坐标线上绘有坐标格网短线。外图廓用粗黑线绘成,也起着装饰美观作用。

2. 地理要素

地理要素是地图的地理内容,包括表示地球表面自然形态所包含的要素,如地貌、水系、植被和土壤等自然地理要素;与人类在生产活动中改造自然界所形成的社会经济要素,如居民地、道路网、通信设备、工农业设施、经济文化和行政标志等。

我国现行《地形图图式》中将各种地理要素分为定位基础、水系、居民地及设施、交通、管线、境界、地貌、植被与土质及注记九大部分,图式规定了各种地理要素的符号样式、规格、颜色和整饰标准,是测制和使用地形图的基本依据。

3. 整饰要素

整饰要素又称辅助要素,主要指便于读图和用图的地形图图廓外配置的内容,这些内容是识图和用图所必要的。图7-37是我国1∶5万地形图整饰的示例。

(1)图号、图名和接图表

为了区别各幅地形图所在的位置和拼接关系,每一幅地形图上都编有图号,图号是根据统一的分幅进行编号的。除图号以外,还要注明图名,图名是用本图内最著名的地名、最大的村庄、突出的地物、地貌等的名称来命名的。图号、图名注记在北图廓上方的中央。

在图的北图廓左上方,画有该幅图四邻各图号(或图名)的略图,称为接图表。中间一格画有斜线的代表本图幅,四邻分别注明相应的图号(或图名),按照接图表,就可找到相邻的图幅,如图7-37的图廓上方所示。

(2)说明资料

地形图说明资料主要包括测(绘)图单位、出版单位与日期、坐标系统和高程系统、密级与图式版本、基本等高距等。

(3)量图图解

为了便于读图与量测，在图廓外设置的各种图解，称为量图图解。

①比例尺。

在每幅图的南图框外的中央均注有测图的数字比例尺，并在数字比例尺下方绘出直线比例尺，利用直线比例尺，可以用图解法确定图上的直线距离，或将实地距离换算成图上长度，如图 7-37 的图廓下方所示。

②坡度尺。

为了在地形图上利用等高线量取地面坡度，通常在地形图图廓左下方还常绘有坡度比例尺。坡度尺是根据等高距 h 一定时，地面坡度 i 与等高线平距 d 成反比的关系绘制而成的，即按式(7-3)计算：

$$i = \tan\alpha = \frac{h}{dM} \tag{7-3}$$

式中，M 为地形图比例尺分母。我国地形图的坡度比例尺由两种坡度尺组合而成：一种是量取两相邻等高线间(即基本等高线间)坡度时用；另一种是供量取相邻六条等高线间(即计曲线间)坡度时用。坡度下方的注记，不仅有以角度表示的坡度值，还有以百分比表示的坡度值。

使用坡度比例尺，用分规卡出图上相邻等高线的平距后，在坡度比例尺上使分规的两针尖下面对准底线，上面对准曲线，即可在坡度比例尺上读出地面坡度 i(百分比值)和地面倾角 α(度数)。

③三北方向线关系图。

在许多中、小比例尺图的南图廓线右下方，还绘有真子午线 N、磁子午线 N′和纵坐标轴这三者的角度关系图，称为三北方向线。利用该关系图，可对图上任一方向的真方位角、磁方位角和坐标方位角(方向角)三者间作相互换算。图中的真子午线垂直于南图廓，其他两个北方向，应按实际的相关位置描绘。但三北方向线间的夹角可不按实际角值绘制。

④图例。

图例是地图上所用符号和色彩所表示特征的释义和说明。图例通常配置在地图外图廓右侧，有些地图集还有图例专页，是识别地图内容的重要工具。读图前，先了解并认识图例中的地图符号和注记，便于正确理解地图内容。

图例内容由地图主题及其表现形式和方法决定，但应内容完整，结构严谨。符号和颜色的含义要明确，命名应科学、简练、通俗，便于理解和记忆。图例的编排要符合逻辑，在普通地图上，编排次序一般为居民地、交通、境界、水系、地貌、植被土质、独立地物等；在专题地图上，应先主后次，按第一层、第二层、第三层平面的内容安排；类型图、区划图等排列应根据一定的分类体系和分级顺序；表示自然要素质量特征的，一般先安排地带性，后安排非地带性类型，水平地带类型一般从北到南按顺序排列，垂直地带类型从高到低排列；凡反映时代年龄和发育程度的地图均由新到老、由发育不成熟到成熟顺序排列；表示数量分级的图例，一般按由小到大、由低到高的顺序排列。当制图对象严格按两种指标划分类型时，图例如用表格式排列组合，更能直观地体现其分类原则和指标。

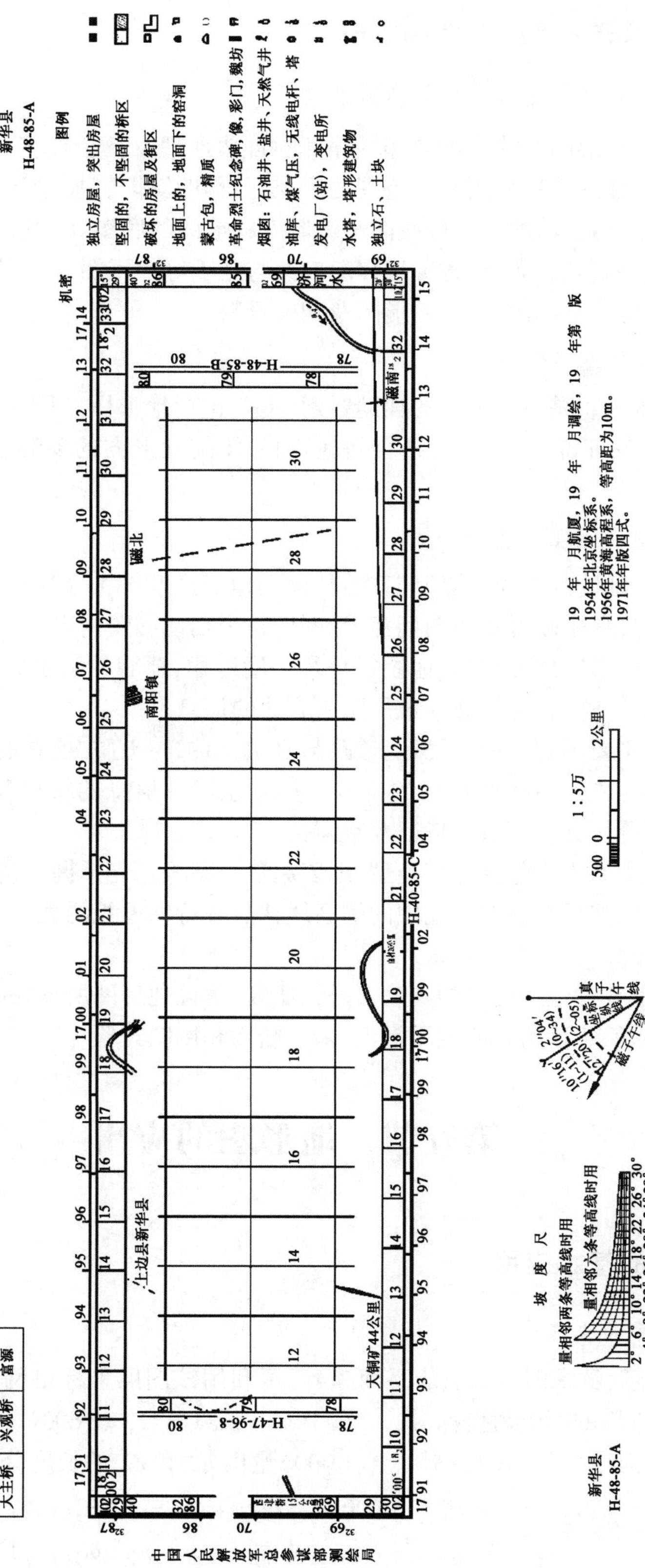

图 7-37 1：5万地形图整饰示例

二、地形图识图的一般方法和程序

1. 根据用途目的选择合适比例尺的地形图

不同比例尺的地形图反映出不同详尽程度的自然地理及社会经济要素，以满足不同目的的用图。小比例尺地形图一般用于大范围的宏观评价和总体规划；中比例尺地形图主要用于一定范围内的专业调查、填图的工作底图和编制专题地图的底图等；而大比例尺地形图主要用于小范围内详细规划、农林调查、各种工程的勘察与施工等。用图者应根据自己用图的性质和目的，选择适当比例尺、现势性好的地形图及相关资料。

2. 阅读地形图的基本信息

地形图的基本信息是指地形图的辅助要素，主要包括地形图的图名、图号、接图表及成图日期、坐标系统等各种说明资料等，结合其他资料，了解地形图的现势性、工作区域的基本概况等。

3. 判读地形图的地理信息

地理信息是指地物与地貌，地理信息的判读是地形图读图的主要内容。读图一般从了解图例入手，在读图过程中随时参照图例，熟悉图例是识别地形图内容的重要工具。读图前首先熟悉地形图图式，熟悉常用的地物、地貌符号及典型地物、地貌的表示方法。读图者只有掌握了制图的符号规律，才能正确地获取地形图所表达的信息。

地物的判读，主要内容包括居民地、道路与水系、植被与土质、独立地物、控制点、管线及附属设施、境界线等。先熟悉各种地物的符号、色彩、注记等信息的特点和规律，即先辨别其属性、位置、形状，再分析其质量数量特征及空间关系。

地貌的判读，主要内容包括地貌类型、地表起伏状态等。先掌握等高线表示地貌原理及等高线的分类与特性，然后掌握典型地貌的等高线特点及特殊地貌的表示方法，再根据等高线正确地判读地形特征。

通过地形图上各种地理现象的判读、分析、研究，掌握地形图所反映的区域的基本情况，地形图读图的技能依赖于读图者的生活常识、知识结构和用图经验。

第五节　地形图的应用

一、地形图的基本应用

1. 确定点的平面坐标

如图7-38所示，欲求图上2点的平面坐标，可利用该图廓坐标格网的坐标值来求出。首先找出2点所在方格的西南角坐标 x_0、y_0，图中 $x_0=5\,600\text{m}$、$y_0=8\,600\text{m}$。然后通过2点作坐标格网的平行线 ab、cd，再按测图比例尺（1∶1 000）量出 $a2$ 和 $d2$ 的长度分别为8cm和6cm，则：

$$\left.\begin{aligned} x_2 &= x_0 + d2 \times 1\,000 = 5\,600 + 60 = 5\,660(\text{m}) \\ y_2 &= y_0 + a2 \times 1\,000 = 8\,600 + 80 = 8\,680(\text{m}) \end{aligned}\right\} \tag{7-4}$$

2. 确定点的高程

如果 A 点恰好位于图上某一条等高线上，则 A 点的高程与该等高线高程相同；如果所求点不在等高线上，如图 7-39 中 A 点位于两等高线之间，这时，就要过 A 点画一条大致垂直于相邻等高线的线段 mn，量出 mn 的长度，再量出 mA 的长度，则 A 点的高程可按比例内插求得：

$$H_A = H_m + \frac{mA}{mn} \cdot h \tag{7-5}$$

式中：H_m——通过 m 点的等高线上的高程；

h——等高距。

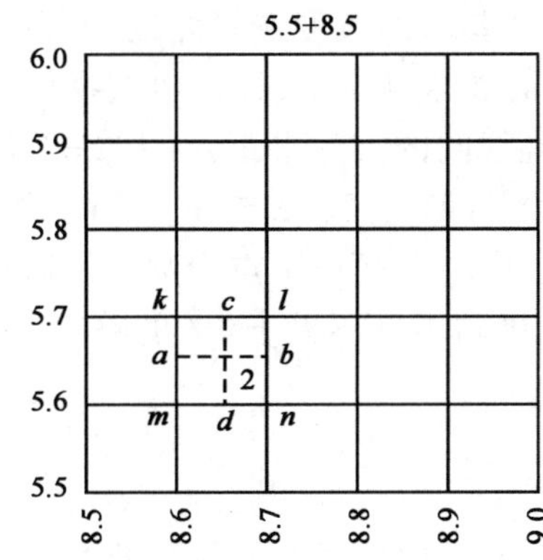

图 7-38 点坐标的求取

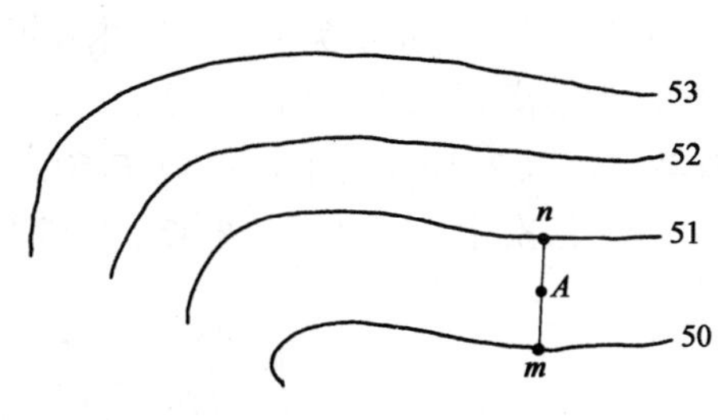

图 7-39 图上求点的高程

3. 确定两点间的距离

欲求 A、B 两点的距离，先求出 A、B 两点的坐标，则 A、B 两点的水平距离为：

$$D_{AB} = \sqrt{(X_B - X_A)^2 + (Y_B - Y_A)^2} \tag{7-6}$$

4. 确定直线的方向

先利用式(7-4)求 A、B 两点的坐标，A、B 两点直线的方位角 α_{AB} 为：

$$\alpha_{AB} = \tan^{-1}\left(\frac{Y_B - Y_A}{X_B - X_A}\right) \tag{7-7}$$

5. 确定地面坡度

直线的坡度是其两端点的高差与平距之比，以 i 表示，即：

$$i = \frac{h}{dM} = \frac{h}{D} \tag{7-8}$$

式中：d——图上的长度；

M——比例尺的分母；

h——直线两端点的高差；

D——该直线的实地水平距离。

如图 7-39 中的 n、m 两点，其间的高差为 1m。若量得 nm 的图上长度为 1cm，假定地形图比例尺为 1∶2 000，则 nm 直线的坡度为：

$$i = \frac{h}{dM} = \frac{1}{0.01 \times 2\,000} = 5\%$$

如果直线两端点位于相邻两等高线上，所求得的坡度，可认为基本符合实际坡度，假如直线较长，中间通过许多等高线，而且等高线的平距不等，但高程连续递增或递减，则所求的坡度，只是该直线两端点间的平均坡度。

6. 确定指定坡度的路线

当设计道路或管线的坡度时，往往要求在线路不超过某一限制坡度的条件下，选定一条最短路线或等坡度线。

路线在初步设计阶段，一般先在地形图上根据设计要求的坡度选择路线的可能走向，如图 7-40 所示。地形图比例尺为 1∶1 000，等高距为 1m，要求从 A 地到 B 地选择坡度不超过 4% 的上坡路线。为此，先根据 4% 坡度求出相邻两等高线间的实际平距 $d = h/i = 1/0.04 = 25$（m）（式中 h 为等高距），即 1∶1 000 地形图上 2.5cm，将两脚规张成 2.5cm，以 A 为圆心（等高线高程为 49m），以 2.5cm 为半径作弧与 50m 等高线交于 1 点，再以 1 点为圆心作弧与 51m 等高线交于 2 点，依次定出 3、4……各点，直到 B 地附近，即得坡度不大于 4% 的路线。

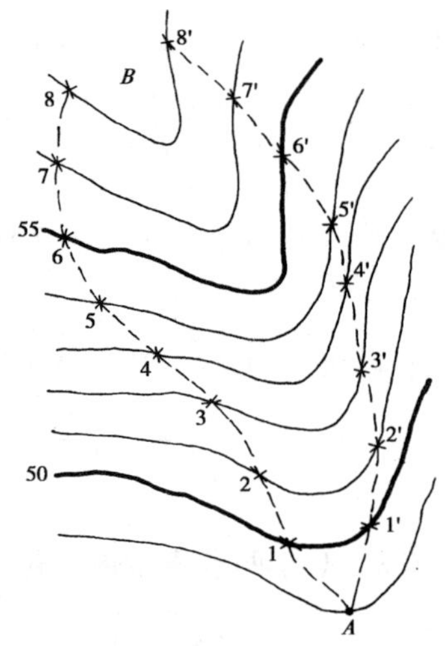

图 7-40 图上确定等坡度线

在该地形图上，用同样的方法，还可定出另一条路线 A、1′、2′……8′，可以作为比较方案。

二、地形图的工程应用

1. 绘制确定方向的断面图

根据地形图可以绘制沿任一方向的断面图。这种图能直观显示某一方向线的地势起伏形态和坡度陡缓，它在许多地面工程设计与施工中，都是重要的资料，绘制断面图的方法如下：

（1）规定比例尺

通常纵断面图的水平比例尺与地形图比例尺一致，而垂直比例尺需要扩大，一般要比水平比例尺扩大 5 ~20 倍，因为在多数情况下，地面高差大小相对于断面长度来说，还是微小的，为了更好地显示沿线的地形起伏，如图 7-41 所示，水平比例尺为 1∶50 000，垂直比例尺为 1∶5 000。

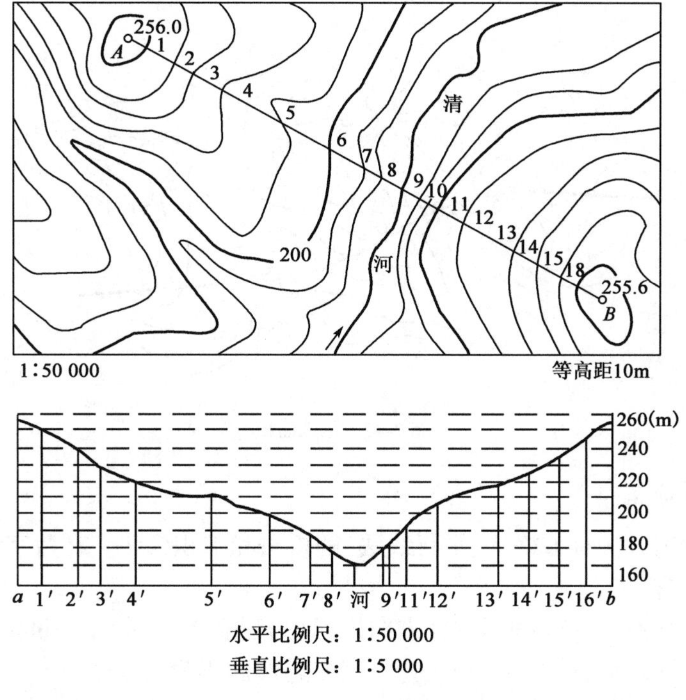

图 7-41 断面图的绘制

（2）绘制水平基线

按图上 *AB* 线的长度绘一条水平线，如图中的 *ab* 线，作为基线（因断面图与地形图水平比例尺相同，所以 *ab* 线长度等于 *AB*），并确定基线所代表的高程，基线高程一般略低于图上最低高程。如图中河流最低处高程约为 170m，基线高程定为 160m。

（3）作基线的平行线

平行线的间隔，按垂直比例尺和等高距计算。如图 7-41 所示，等高距为 10m，垂直比例尺为 1∶5 000，则平行线间隔为 2mm，并在平行线一边注明其所代表的高程，如 170m、180m……

（4）绘制点坐标

在地形图上沿断面线 *AB* 量出 *A*-1、1-2……各段距离，并把它们标注在断面基线 *ab* 上，得到 *a*1′、1′2′……各段距离，通过这些点作基线的垂线，垂线的端点按各点的高程决定。如地形图上 1 点的高程为 250m，则断面图上过 1′点的垂线端点在代表 250m 的平行线上。

（5）绘制地面线

将各垂线的端点连接起来，即得到表示实地断面方向的断面图。

手工绘制断面图时，若使用毫米方格纸，则更方便。

2. 确定汇水面积

当道路跨越河流或沟谷时，需要修建桥梁和涵洞。桥梁或涵洞的孔径大小，取决于河流或沟谷的水流量，而水流量又与该地区汇集水量的面积有关，此面积称为汇水面积。汇水面积可由地形图上山脊线的界线求得，如图 7-42 所示，用虚线连的山脊线所包围的面积，就是过桥（或涵）*M* 断面的汇水面积。

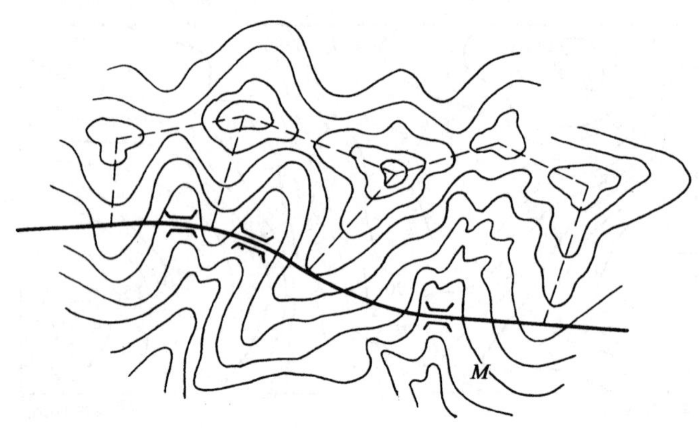

图 7-42 汇水面积

3. 图形面积的量算

面积量算的常用方法有方格法、平行线法、解析法和求积仪法。在数字地形图上进行面积量算时，主要应用解析法。

在图 7-43 中，设 $ABC\cdots N$（按顺时针方向排列）为任意多边形，在测量坐标系中，其顶点的坐标分别为（x_1,y_1）、（x_2,y_2）……（x_n,y_n），则多边形面积为：

$$P=\frac{1}{2}(x_1+x_2)(y_2-y_1)+\frac{1}{2}(x_2+x_3)(y_3-y_2)+\frac{1}{2}(x_3+x_4)(y_4-y_3)+\cdots+\frac{1}{2}(x_n+x_1)(y_1-y_n)$$

化简得：

$$P=\frac{1}{2}\sum_{i=1}^{n}(x_i+x_{i+1})(y_{i+1}-y_i) \tag{7-9}$$

或

$$P=\frac{1}{2}\sum_{i=1}^{n}(x_iy_{i+1}-x_{i+1}y_i) \tag{7-10}$$

式中，n 为多边形顶点的个数，$x_{n+1}=x_1$，$y_{n+1}=y_1$。

4. 土石方量估算

（1）等高线法

如图 7-44 所示，欲计算某一高程面以上的体积，则首先量算等高线在平面上所包围的面

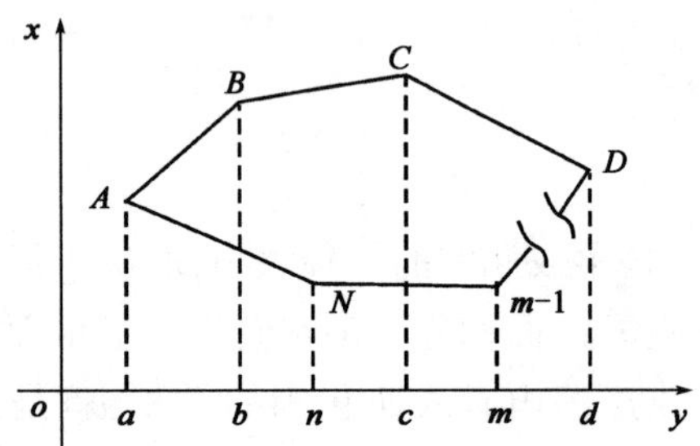

图 7-43 解析法图形面积计算

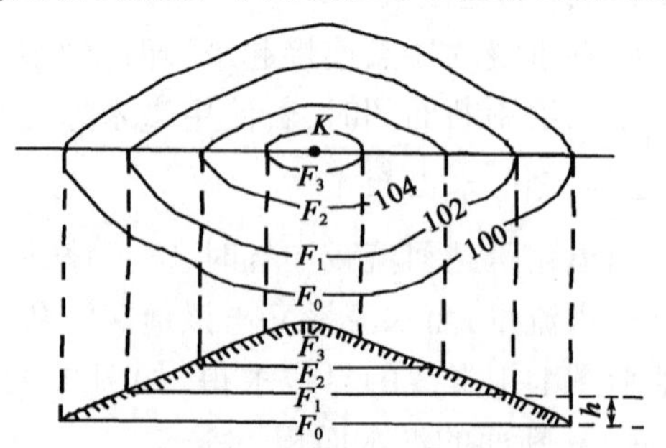

图 7-44 等高线法土方的计算

积,然后按台体和锥体计算每一个体积,最后求各层体积之和即可求出总体积。在图7-44中,设F_0、F_1、F_2及F_3为各等高线围成的面积,h为等高距,h_k为最上一条等高线至山顶的高度,则:

$$\left.\begin{aligned} V_1 &= \frac{1}{2}(F_0 + F_1)h \\ V_2 &= \frac{1}{2}(F_1 + F_2)h \\ V_3 &= \frac{1}{2}(F_2 + F_3)h \\ V_4 &= \frac{1}{3}F_3 h_k \\ V &= \sum_{i=1}^{n} V_i \end{aligned}\right\} \tag{7-11}$$

(2)断面法

一般在带状图上计算土石方量时常用断面法求体积,如路基、大坝等带状体,在计算其体积时,根据断面的起伏情况,按基本一致的坡度划分为若干同坡度路段,各段的长度为d_i。过各分段点作横断面图,如图7-45所示,量算各横断面的面积S_i,则第i段的体积为:

$$V_i = \frac{1}{2}d_i(S_{i-1} + S_i) \tag{7-12}$$

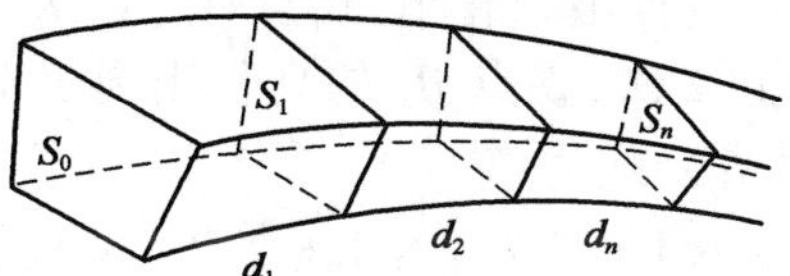

图7-45 体积计算

带状土工建筑物的总体积为:

$$V = \sum_{i=1}^{n} V_i = \frac{1}{2}\sum_{i=1}^{n} d_i(S_{i-1} + S_i) \tag{7-13}$$

图7-46a)为1∶1 000地形图,等高距为1m,施工场地设计高程为32m,先在地形图上绘出互相平行的、间距为l的断面方向线1-1、2-2……5-5,如图7-46b)绘出相应的断面图,分别求出各断面的设计高程与地面线包围的填、挖方面积A_T、A_W,然后计算相邻两断面间的填挖方量。图7-46中1-1和2-2断面间的填、挖方量为:

$$\left.\begin{aligned} V_T &= \frac{A_{T_1} + A_{T_2}}{2}l \\ V_W &= \frac{A_{W_1} + A_{W_2}}{2}l \end{aligned}\right\} \tag{7-14}$$

计算其他断面间的土方量时同理,最后将所有的填方量累加,所有的挖方量累加,便得总的土方量。

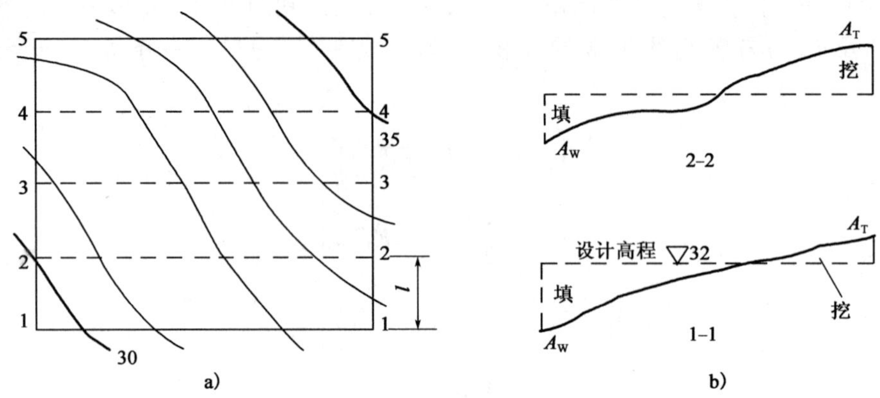

图 7-46　横断面法

(3)方格网法

该法用于地形起伏不大,且地面坡度有规律的地方。施工场地的范围较大,可用这种方法估算土方量,其步骤如下:

①打方格。在拟施工的范围内打上方格,方格边长取决于地形变化的大小和要求估算的土方量的精度,一般取 10m×10m、20m×20m、50m×50m 等。

②根据等高线确定各方格顶点的高程,并注记在各顶点的上方。

③计算设计高程。把每一个方格四个顶点的高程相加,除以 4 得到每一个方格的平均高程,再把各个方格的平均高程加起来,除以方格数,即得设计高程,这样求得的设计高程,可使填挖方量基本平衡。由上述计算过程不难看出,角点 A_1、A_4、B_5、E_1、E_5 的高程用到 1 次,边点 B_1、C_1、D_1、E_2、E_4……的高程用到 2 次,拐点 B_4 的高程用到 3 次,中点 B_2、B_3、C_2、C_3……的高程用到 4 次,因此设计高程的计算公式为:

$$H_{设} = \frac{\sum H_{角} \times 1 + \sum H_{边} \times 2 + \sum H_{拐} \times 3 + \sum H_{中} \times 4}{4n} \tag{7-15}$$

式中,n 为方格总数。

将图 7-47 的高程数据代入式(7-15),求出设计高程为 64.84m,在地形图中按内插法绘出 64.84m 的等高线(图中的虚线),它就是填挖的分界线,又称为零线。

④计算填挖高度(即施工高度)。

$$h = H_{地} - H_{设} \tag{7-16}$$

式中:h——填挖高度(施工高度),正数为挖深,负数为填高;

$H_{地}$——地面高程;

$H_{设}$——设计高程。

⑤计算填挖方量,填挖方量要按下式分别计算,即:

$$\left.\begin{aligned} &角点 \quad h \times \frac{1}{4}A \\ &边点 \quad h \times \frac{1}{2}A \\ &拐点 \quad h \times \frac{3}{4}A \\ &中点 \quad h \times A \end{aligned}\right\} \tag{7-17}$$

式中：h——填(挖)高度；

A——方格面积。

将所得的填、挖方量各自相加，即得总的填挖方量，两者应基本相等。

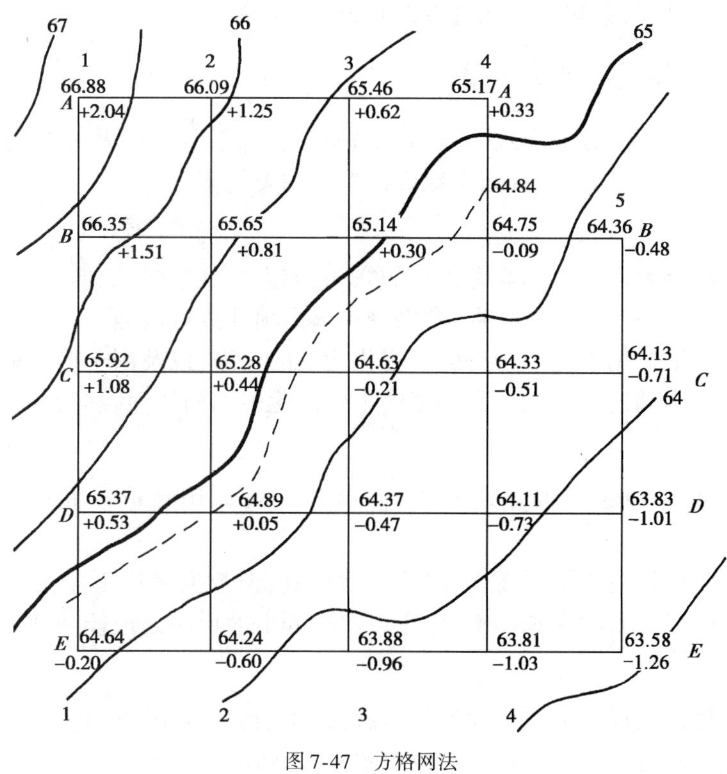

图 7-47 方格网法

第六节 数字地面模型及其应用

一、数字地面模型(DTM)

在现代化科研、管理和设计中，往往需要一种能被计算机识别的“数字地形图”，即将地图的信息以数学形式表达并储存于计算机中，其中地形的数字化表达形式称为“数字地面模型”(Digital Terrain Model，简称 DTM)。该术语最早是由美国麻省理工学院 Chaires L. Miller 教授提出的。1955—1960 年，Miller 教授在美国麻省土木工程部门和美国交通部门指导研究工作，内容是用摄影测量方法测得地形数据，然后用数字计算的方法进行公路设计。虽然当时提出的数字地面模型的方法还比较简单，但它却具备了 DTM 的雏形。1978 年 F. T. Doyle 在《数字地面模型综述》一文中对 DTM 下了这样的定义：“DTM 是描述地面诸特性空间分布的有序数值阵列，在最通常的情况下，所记的地面特性是高程 z，它们的空间分布由 x、y 水平坐标系统来描述，也可由经度 λ、纬度 φ 来描述海拔 h 的分布。在新近的文献中称，若仅是将高程或海拔分布作为地面特性的描述称为数字高程模型(Digital Elevation Model，简称 DEM)。数字地面模型可以是每三个三维坐标值为一组元的散点结构，也可以是多项式或傅立叶级数确定的曲面方程。特别注意的是，数字地面模型可以包括除高程以外的诸如地价、土地权属、土壤类型、岩层深度及土地利用等其他地面特性信息的数字数据"。这些数据点可以是离散的，或者是规则的(例如格网点)。一个完整的用于建立数字地面模型的软件系统必须包括以下几个方面：数据获取，数据预处理，数据存储和管理以及数据的应用。

二、数字地面模型的种类及特点

由于数模原始数据点的分布形式不同，数据采集的方式不同，以及数据处理、内插的方法不同和最后的输出格式不同等原因，数字地面模型的种类较多。

1. 规则数模

规则数模是指原始地形点之间均有固定的联系，如方格网数模、矩形格网数模和正三角形格网数模等。在格网之间待定点的高程，常采用局部多项式进行内插。

规则格网数模一般适用于地形较平缓和变化均匀的区域，以及用于搜索地形等高线、绘制地形全景透视图和对内插速度要求极高的路线平面优化中内插地面线等方面。

2. 半规则数模

半规则数模是指各原始数据点之间均有一定联系，如用地形断面或等高线串表示的数模。

半规则数模能较好地适应地形变化，内插精度较高，但数据采集不能实现自动化，原始数据的分布与密度易受操作人的主观影响，建立数模过程中的程序处理较规则数模复杂。

3. 不规则数模

不规则数模其原始地形数据点之间无任何联系，点的分布是随机的，一般常采集地形特征点、变坡点、山脊线、山谷线等处，常见的有散点数模、三角网数模等。

散点数模是将原始地形点看作一些随机分布的"离散点"，可认为点与点之间无任何联系。

从数模的精度和计算速度两方面来考察，散点数模不失为一种简单而有效的方法，具有很大的实用价值。

三角网数模的基础是假设地表面可用有限个平面来表示。为此将地形已知点作为不重叠地覆盖在拟建数模区域之上的三角形的各顶点，将地表面看成是由许多小三角形平面所组成的折面覆盖起来的，亦即用许多平面三角形逼近地形表面。当已知点较密且分布适当时可以很精确地表示地形表面特征，而待定点的高程则由该点所处的三角形平面来确定。

不规则数模总的特点是：数据采集是随机的，一般都是取地形特征点，所以能较好地适应地形变化，内插精度较高。其缺点是采样需要人工判读地形，从而增加了数据采集的难度，此外构造数模较复杂，计算时间较长。由于该类数模优点较为明显，所以应用最为广泛。

三、数字地面模型的建立

1. 地形数据采集

数字地面模型原始数据的来源在实践中主要有三种：由航测仪器从航空照片上获得地形数据；从已有地形图上由数字化仪输入地形数据；由可记录量测数据的电子经纬仪、全站式速测仪等仪器从野外实测获得地形数据。

2. 地形数据排序与检索

由于路线所经区域通常是不规则的,作为实用数模程序,必须要考虑对任意复杂的地形区域原始数据的处理,以增强数模对地形的适应能力。这不仅仅是为了压缩存储单元,节省内存,更重要的是为后续的快速检索和内插打好基础。

数模数据处理是一个对已知地形点排序排格的过程,由于原始地形数据在预处理阶段已转换至以路线走向为主方向的数模坐标系中,沿路线走向可设置一个较大的数组,以满足长大路线建模的需要,而在横向则只需根据路线两侧的数据采集最大宽度,确定数组大小。这种数据排序排格的思想,非常适合公路带状数模庞大数据量的处理,减少了大量的数据冗余,增强了数模对各种不规则复杂地形区域处理的能力。

数模数据的排序,实质上是将原始数据点在图示的排序排格所确定的"管理格网"对号入座,记录每格的已知数据和各列、各格的索引关系,建立便于检索、存取的数模数据结构。要建立这样的数据结构,首先必须对原始数据进行排序。排序的方法很多,对排序方法的选择,主要应尽可能地充分利用每次排序过程中的信息,有效的改善算法的复杂性,减少比较次数,并减少数据占有的临时存放空间,以此加快排序的速度。

原始数据经排序分区处理后,由待定点的平面坐标,可以快速地检索出该待定点所处的格网序号,从而快速调出待定点所处格网及相邻格网的已知地形点。在各类众多的数模中,格网数模由于规则性强,检索速度最为快捷。上面提出的数模数据结构其数据检索信息与格网数模的检索信息系统是完全一致的,其待定点的检索与格网数模的检索完全相同,是快速而有效的。

3. 数字地面模型的高程内插

对采集得到的地形原始数据,用一定的数学方法进行内插加密,这是建立数模的核心问题之一。内插高程的精度既取决于采样点的密度与分布,也取决于所采用的数学方法。内插方法有多种,以下只介绍三种:

(1)移动曲面拟合法

移动曲面拟合法也称为逐点内插法,其特点是用待定点周围的已知地形点确定一个拟合面,用该拟合面求得待定点高程。视采用拟合面的不同,主要分为移动曲面法(用曲面拟合)和加权平均值法(即用加权平均水平面移动拟合)两种。

①移动曲面法。

内插的基本假设是:在地面某个小范围内,认为可用一个曲面表示,即可用一个曲面在局部去拟合地形。所以,对每一个待定点先要利用该点周围的已知点来确定一个内插曲面,并使该曲面到各已知点的距离的加权平方和为极小,然后由该曲面来确定待定点的高程。一般情况下,从一个待定点到另一个待定点的高程内插,其拟合曲面的方位乃至形状都会发生变化,故称此法为移动曲面拟合法。图 7-48 为拟合曲面示意图。

②加权平均值法。

加权平均值法内插的出发点是:基于地形表面是连续地、光滑的变化的(不考虑地形断裂线的情况下),地形点之间存在一定的联系和依附关系,即某一位置上的高程,必然受邻近点高程的牵制和影响。所以欲求某待定点的高程,可用该点周围已知点的高程来进行估算。

(2)最小二乘配置法

最小二乘配置法基于统计学上的考虑,假定待预测的现象是具有遍历性的平稳随机过程,从而应用平稳随机函数的相关理论作为内插和光滑方法的数学基础。

高程内插是在一区域内进行的。假定该区域内共有 n 个已知数据点(可以是任意分布的),先用一个多项式曲面拟合这些数据点,从而可求得已知点处的已知高程与拟合曲面上相应高程之差 l(余差),余差 l 由系统误差 s(实际地面与拟合曲面之差,也称信号)和偶然误差 r(已知点的量测误差,也称为噪音)所组成,即 $l = s + r$,如图 7-49 所示。

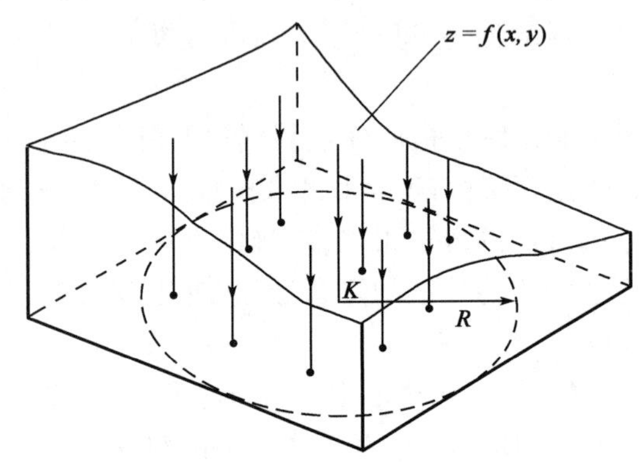

图 7-48　移动曲面内插示意图

K 为待定点;●为已知地形数据点;R 为拟合曲面的拟合半径;$z = f(x,y)$ 为拟合曲面

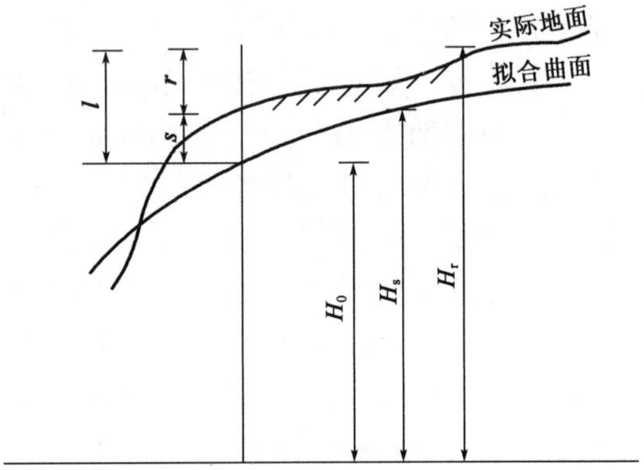

图 7-49　最小二乘内插示意图

H_r-已知地面高程;H_s-实际地面高程;H_0-拟合曲面高程

设任一待定点的改正值 s 是已知点上余差 l 的加权平均值,即有:

$$s = a_1 l_1 + a_2 l_2 + \cdots + a_n l_2 = \boldsymbol{A}^{\mathrm{T}} L \tag{7-18}$$

要求所得改正数 s 的均方误差为最小,根据这个条件可求得上式中的权系数矩阵 $\boldsymbol{A}$,从而求得改正值 s,表示式分别为(以矩阵形式表示):

$$\boldsymbol{A} = \boldsymbol{C}^{-1} \cdot \boldsymbol{c} \tag{7-19}$$

$$s = \boldsymbol{c}^{\mathrm{T}} \cdot \boldsymbol{C}^{-1} \cdot L \tag{7-20}$$

待定点的改正值 s 求得后,叠加在参考曲面上待定点位置处内插点的高程上,从而求得了此内插点的地面实际高程。

(3)曲面求和法

这类方法是在每个已知点周围建立一个固定曲面,在不同的方法中所采用的曲面形状不同,而在每个待定的方法中,各点的固定曲面形状一致,只是仅在比例上有所不同。待定点高程内插通过对所有曲面的高程求和来完成。如多面函数内插法等。

4. 地物、断裂线处理

从上面讨论的各种内插算法可知,数字地面模型的高程内插,不管采用什么算法,均是基于在拟合(内插)范围内地表面是均匀、连续且光滑这样一个假定。但实际的地表面常常不是光滑的,有各种特征线、断裂线及地物、水系等因素的影响,在这些地形表面不光滑处(产生了转折,突变)用上述方法进行高程内插,显然是不合理的,内插结果极不可靠。所以能否有效地处理地物、断裂线,提高高程内插精度,是数模程序能否实用的一个关键。

不管是采用何种数字地面模型，对地物、断裂线处理的基本思想是：以断裂线或地物边缘边界，将地面划分成地形连续变化、光滑的若干区域（即子区），使每一子区的表面为一连续光滑曲面。在高程内插时，只有与待定点在同一子区上的已知点才能参加内插，从而使高程内插不跨越断裂线、地物等地形不光滑的边界，使得内插符合地面的实际变化情况，以保证数模的高精度。

5. DTM 的三维显示

DTM 三维图形显示是通过三维到二维的坐标转换，隐藏线处理，把三维空间数据投影到二维屏幕上。三维图形显示，一般采用二点透视投影变换。二点透视又称成角透视，有两个消失点。如果一个立方体的三条正交棱边分别与坐标系的三个轴平行，则在二点透视变换后，仅垂直棱边仍保持相互平行，且平行于垂直轴，其他两个方向的棱边分别汇交于各自的消失点。图 7-50 为 DTM 的三角网三维显示图，图 7-51 为渲染后的 DTM 三维显示图。

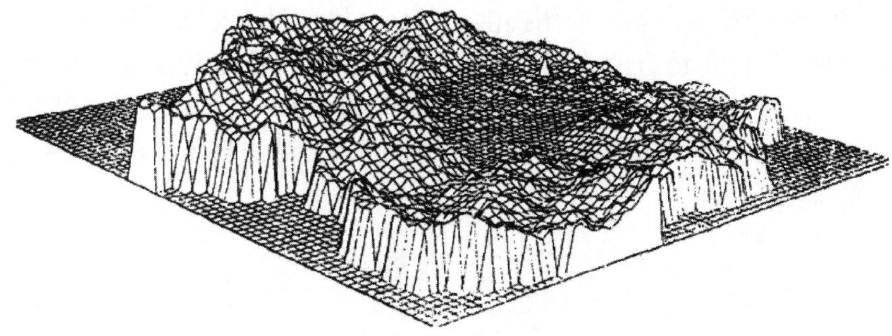

图 7-50 DTM 构建图

图 7-51 DTM 三维显示图

四、数字地面模型在路线工程上的应用

数字地面模型在公路路线设计中的应用，是把测量重点从一条已知的平面线形，扩大到路线平面线将要通过的具有一定宽度的带状地面区域内，建立带状数字地面模型。

数模在路线设计中的最大功能是可使设计人员在不需作进一步测量的情况下，比较所有可能的平面线形，可进行路线平面优化及空间优化，从而找出最佳路线方案。数模与航测、路线计算机辅助设计相结合，将形成覆盖数据采集与处理、路线设计与计算及设计图表输出的完整的设计全过程的路线设计一体化系统，这是公路测设现代化的发展方向。图7-52为采用数模与常规测量进行公路设计的作业过程示意图。

图7-52　路线设计作业过程

数模技术在路线设计自动化系统中起着重要的作用。电子计算机的发展和日趋普及，促进了数模方法的发展，给数模的实际应用提供了条件。目前已有很多国家先后提出了一些数模技术与计算机辅助设计相结合的路线CAD系统，有些已经在各种工程设计中得到实际应用。数模与CAD技术的发展和完善，加上航空摄影测量和GPS、全站速测仪等先进测量设备的普及和应用，从根本上对传统的路线勘测设计的手段和方法进行了彻底的变革，这已成为路线设计现代化的标志之一。

【思考题与习题】

1. 何谓地图比例尺？地图比例尺有哪些类型？
2. 何谓地图比例尺精度？它对用图和测图有什么作用？
3. 何谓地物和地貌？地形图上地物符号分哪几大类？
4. 什么是等高线？等高距、等高线平距与地面坡度之间的关系如何？
5. 等高线分哪几类？它有哪些特性？
6. 西安市某地的纬度$\varphi=34°11'$，经度$\lambda=108°50'$，试写出该地区划1∶1 000 000、1∶100 000、1∶10 000这三种图幅的图号。
7. 何谓数字测图？其测图过程包括哪三个部分？
8. 测绘地形图时如何正确选择地物、地貌特征点？
9. 试述全站仪在一测站测图的工作步骤。
10. 什么是数字高程模型(DEM)？简述利用南方CASS软件绘制等高线方法。
11. 地形图的识读，一般从哪几个方面进行？
12. 如何在地形图上确定地面点的空间坐标？
13. 如何在地形图上确定直线的距离、方向、坡度？
14. 常用的土方估算的方法有哪些？它们各适用在什么场合？

第八章

施工测设

【学习内容与要求】

本章学习施工测设的相关知识。通过学习,了解测设与测定的区别;熟悉距离角度测设方法;掌握极坐标法、角度交会法与直角坐标法等平面点位的测设方法,高程测设和全站仪施工测设及GNSS RTK施工测设的方法。

第一节　概　　述

一、测设的概念

设计完成后进入施工阶段,按照规定,施工不得偏离设计的要求。在几何上按照设计进行施工,就要求通过测量工作把设计的待建物的位置和形状在实地标定出来,这个工作叫作放样、测设或定位。施工放样的基本任务是将图纸上设计的建筑物、构筑物的平面位置和高程,按照设计要求,以一定的精度标定到实地上,以便据此施工。放样是设计与施工之间的桥梁。

放样与测量所用的仪器以及计算公式是相同的。但测量的外业成果是记录下来的数据,内业计算在外业之后进行。放样的数据准备要在外业之前做好,放样的外业成果是实地的标桩。由于两者已知条件和待求对象不同,因而互相之间是有区别的:

(1)测量时常可做多测回重复观测,控制图形中常有多余观测值,通过平差计算可提高待定未知数的精度。放样不便做多测回观测,放样图形较简单,很少有多余观测值,一般不作平差计算。

(2)测量时可在外业结束后仔细计算各项改正数。放样时要求在现场计算改正数,这样既容易出错,也不能做得仔细。

(3)测量时标志是事先埋设的,可待它们稳定后再开始观测。放样时要求在丈量之后立即埋设标桩,标桩埋设地点也不允许选择。

(4)目前大多数测量仪器和工具主要是为测量工作设计制造的,所以用于测量比用于放样方便得多。

放样的基本工作主要是地面点的直接定位元素角度、距离、高差的放样。

二、施工放样的程序与精度要求

施工放样的程序应遵守由总体到局部的原则,首先在现场定出建筑物的轴线,然后再定出建筑物的各个部分。即由施工控制网测设建筑物的各主要轴线,由各主要轴线测设各辅助轴线,然后再测设建筑物的各个细部。施工放样是联系设计与施工的重要环节,放样的结果是施工的依据。

施工放样的精度要求,系根据建筑物的性质、它与已有建筑物的关系以及建筑区的地形、地质和施工方法等情况来确定。

当施工控制网仅用于测设建筑物的各主要轴线位置时,主轴线的精度要求并不太高。

当施工控制网除测设建筑物的主轴线位置外,还要测设建筑物的细部结构时,则对施工控制网的精度要求就大大提高。

施工放样按精度要求的高低排列为:钢结构、钢筋混凝土结构、毛石混凝土结构、土石方工程。按施工方法分:预制件装置式的方法较现场浇灌的精度要求高一些,钢结构用高强度螺栓连接的比用电焊连接的精度要求高。

关于具体工程的具体精度要求,如施工规范中有规定,则参照执行;对于有些工程,施工规范中没有测量精度的规定,则应由设计、测量、施工以及构件制作几方人员合作共同协商,来决定测量工作应具有怎样的精度。

现在测量仪器与方法已发展得相当成熟,一般说来它能提供相当高的精度为土建施工服务。测量工作的时间和成本会随精度要求提高而增加,但在多数工地上,测量工作的成本很低,所以恰当地确定施工放样精度要求的目的主要不是为了降低测量工作的成本,而是为了提高工作效率。

三、施工放样的工作要求

紧密结合施工的进程,熟悉施工现场情况,施工要进行,测量是先导。要紧密结合施工需要,测量技术人员要做到:

(1)熟悉设计图纸,懂得有关的设计思路。

(2)检查图纸,核实图纸的有关数据,做好施工测量的数据准备工作。

(3)了解施工工作计划和安排,协调测量与施工的关系,落实施工测量工作。

(4)核查或检测有关的控制点,确认点位准确可靠。查清工地范围的地形地物状态。

(5)熟悉施工的进展状况和施工环境,避免施工对测量产生的可能影响,及时准确完成施工测量工作。

(6)加强测量标志的管理、保护,注意受损测量标志的恢复等。

第二节　角度、距离与高程的测设

一、角度的放样

1. 角度放样的一般方法

如图 8-1 所示,图中 A、B 为已知点,AB 是已知方向,$\angle BAP$ 为设计已知值 β,AP 方向是设计的待放样方向。

角度放样的目的是以测量方法把 AP 方向按设计角度 β 测设到实地。

步骤为:

(1)在已知点 A 上安置全站仪(经纬仪),选定已知方向 AB,配置水平度盘读数为 0° 00′ 00″,瞄准 B 点目标。

(2)拨角,即转动全站仪(经纬仪)照准部,使读数窗度盘读数(或显示窗显示)为 β。此时望远镜的视准轴方向指向 AP 的既定方向。

(3)按望远镜视准轴方向在地面上设立标志。通常在地面上落点位置钉上木桩(木桩移到望远镜十字丝竖丝方向上),在木桩的顶面标出 AP 的精确方向。

2. 方向法角度放样

(1)在 A 点上安置全站仪(经纬仪),以盘左位置按角度放样的一般方法完成待定方向 AP 的设置,此时 P 用 P' 表示。

(2)以盘右位置瞄准 B 点目标,按角度放样一般方法测设 AP 方向,在实地标出 AP 方向的标志 P''。

(3)取 P'、P'' 的平均位置为 P,即 P 为准确的 AP 方向的标志,如图 8-2 所示。

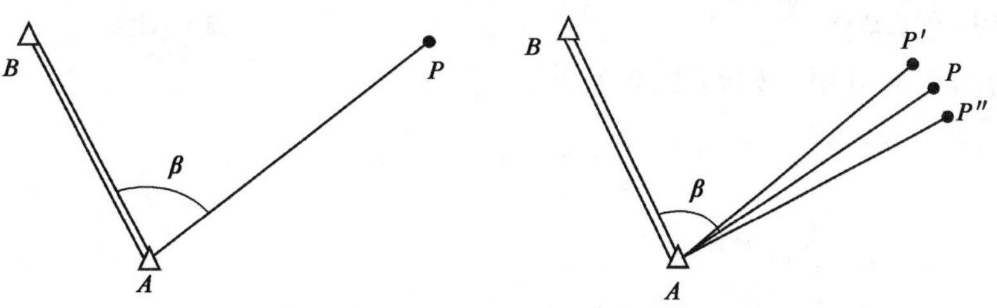

图 8-1　角度的一般放样　　　图 8-2　方向法角度放样

在一般工程上,常采用方向法角度放样可以抵消仪器水平度盘偏心差等误差的影响,提高了角度放样的精度。

3. 归化法角度放样

为了提高放样的精度,按下述方法进行:预先放样一个点作为过渡点,接着精密测量该过渡点与已知点之间的关系(边长、角度、高差等);把测算得的值与设计值相比较得差数;最后从过渡点出发修正这一差数,把点位归化到更精确的位置上去,这种比较精确的放样方法叫归化法。

设 A、B 为已知点,待放样的角度为 β。

(1)先用一般放样方法放样 β 角后得过渡点 P',然后选用适当的仪器和测回数精确测量 $\angle BAP'=\beta'$,并概量 AP' 的长度,设 AP' 的长度为 S。

(2)计算 $\Delta\beta$,即计算 β' 与设计值 β 的差数:

$$\Delta\beta = \beta' - \beta \tag{8-1}$$

式中,β' 是精确测定的角度值;β 是设计的角度值。

(3)按 $\Delta\beta$ 和 S 计算归化值 ε:

$$\varepsilon = \frac{\Delta\beta}{\rho''}s \tag{8-2}$$

从 P' 出发在 AP' 的垂直方向上归化一个 ε 值(归化时应注意归化的方向),即可得待求的 P 点,如图 8-3 所示。

4. 按已知方向精确定向

在图 8-4 中,设已知点 A、B 间的长度为 L,现要求在距 A 点距离为 S_1 的地方放样 P 点,使 A、P、B 在一条直线上,方法如下:

(1)目估法定线 P' 点。

(2)测量 $\angle AP'B=\gamma$。

(3)然后用这个 γ 角计算归化值 ε。

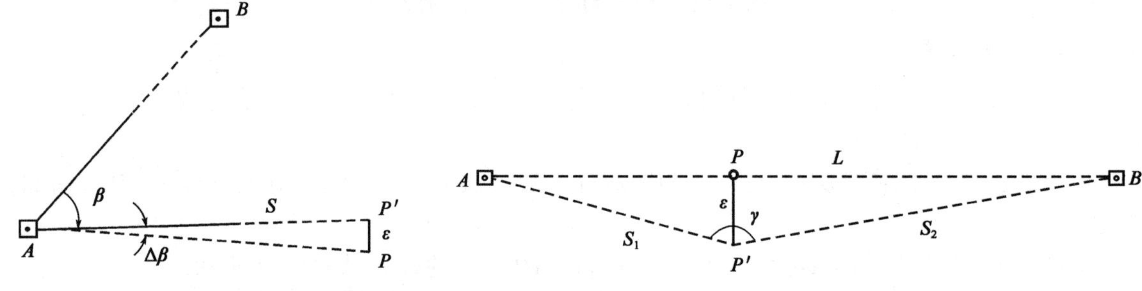

图 8-3　归化法角度放样

图 8-4　测角归化法

$\triangle ABP'$ 的面积可以用下列两式计算:

$$\frac{1}{2}S_1S_2\sin\gamma = \frac{1}{2}\varepsilon L \tag{8-3}$$

由此:

$$\varepsilon = \frac{S_1S_2\sin\gamma}{L} = \frac{S_1S_2\sin(180° - \gamma)}{L} \tag{8-4}$$

如果 $\gamma \approx 180°$,则 $\Delta\gamma = 180° - \gamma$ 是极小的值,所以:

$$\varepsilon = \frac{S_1S_2\sin\Delta\gamma}{L} \approx \frac{S_1S_2}{L}\frac{\Delta\gamma}{\rho} \tag{8-5}$$

图 8-4 中按 ε 把 P' 点移至 P 点,则 P 就在 AB 方向上。

二、距离放样

距离放样是将设计的已知距离在实地标定出来，即按给定的一个起点和方向，标定出另一个端点。

1. 水平距离放样

如图 8-5 所示，A 是已知点，P 是 AB 方向上的待定点，设计拟定平距 $AP = S$。

(1) 在实地沿 AB 方向以钢尺丈量长度 S，定出 P 点。

(2) 为了检核，应往返丈量 AP 的长度，检核放样点位的正确性，若往返丈量的较差在限差内，则取其平均值作为最后结果。

2. 倾斜地面的距离放样

图 8-6 中，S 是设计平距，但实际地面 A 至 B 之间存在高差 h。要使 AB 的放样平距等于 S，则实地测设长度为 l_p，即：

$$l_p = \sqrt{S^2 + h^2} \tag{8-6}$$

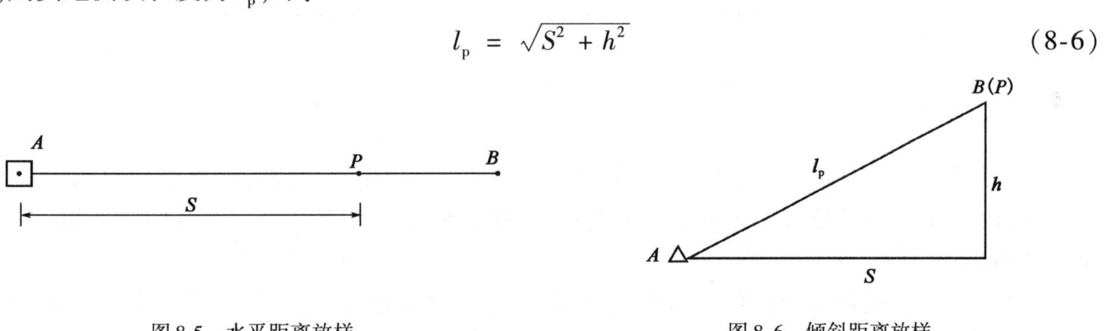

图 8-5 水平距离放样　　图 8-6 倾斜距离放样

因此倾斜地面的距离放样，按式(8-6)求 l_p，再按 l_p 沿 AB 方向丈量得到 P 点。此时得到的 P 点就是 B 点，AB 的平距长度等于 S。

3. 归化法距离放样

如图 8-7 所示，设 A 为已知点，待放样距离为 S。先设置一个过渡点 B'，选用适当的仪器及测回数精确丈量 AB'的距离，经加上各项改正数后可以求得 AB'的精确长度 S'。

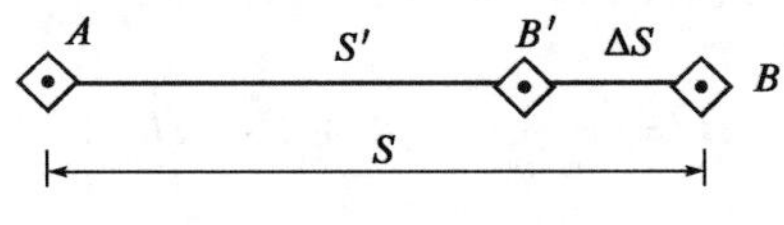

图 8-7 归化法距离放样

把 S'与设计距离 S 相比较，得差数 ΔS，$\Delta S = S - S'$。

当 $\Delta S > 0$ 时，从 B'点向前修正 ΔS 值就得所求之 B 点；当 $\Delta S < 0$ 时，从 B'点向后修正 ΔS 值就得所求之 B 点。AB 即精确地等于要放样的设计距离 S。

归化法放样距离 S 的误差 m_S，由两部分误差合成：测量 S'的误差 m'_S和归化 ΔS 的误差 $m_{\Delta S}$，即 $m_S^2 = m_{S'}^2 + m_{\Delta S}^2$。

表面上看起来似乎归化法放样的误差比一般放样法会大一些。事实不然，由于归化值一般较小，归化的误差比测量的误差小很多，从而其影响可略而不计，归化法放样的精度主要取决于测量的精度，而测量的精度通常比直接放样的精度高一些，因此归化法放样的精度常优于一般放样的精度。

4.光电测距跟踪放样

光电测距跟踪放样是利用全站仪的跟踪测距功能进行测设。

(1)在 A 点安置全站仪，量取仪器高 i，反光棱镜立于 AB 方向 P 点概略位置上 P' 处，如图 8-8a）所示，反光棱镜对准全站仪。

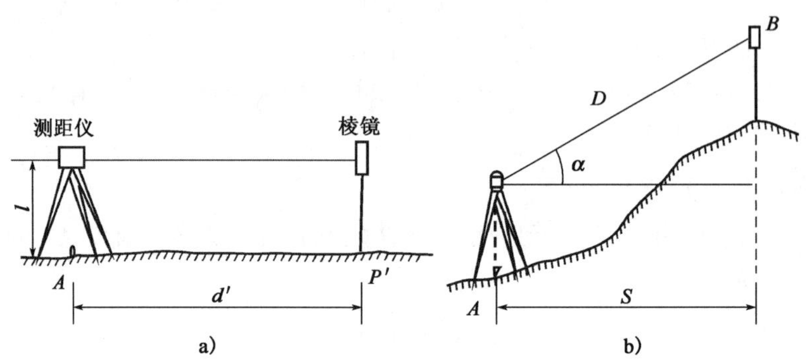

图 8-8　光电测距跟踪放样

(2)全站仪瞄准棱镜，启动全站仪的跟踪测距模式，进行跟踪测距，观察全站仪的距离显示值 S'，比较 S' 与设计值 S 的差别，指挥棱镜沿 AB 方向前后移动。当 $S' < S$ 时，棱镜向后移动，反之向前移动。

(3)当 S' 比较接近 S 值时停止棱镜的移动，全站仪终止跟踪测距模式，同时启动正常测距模式，进行精密测距，并记下距离 S''。计算精确值 S'' 与设计值 S 的差值 $\Delta S(\Delta S = S - S'')$ 进行调整。在实地标定出 P 点的位置。

如图 8-8b）所示，如需测设斜距时，根据光电测距成果处理原理公式，光电测距平距 S 可表示为：

$$S = (D + K + R \times D_{km})\cos\alpha \tag{8-7}$$

式中，D 是光电测距值；K 是全站仪加常数；R 是全站仪乘常数；α 是放样点与已知点之间的竖直角。根据式(8-7)，测距仪放样斜距 D 为：

$$D = \frac{S}{\cos\alpha} - (K + R \times D_{km}) \tag{8-8}$$

三、高程放样

各种工程建设在施工过程中都要求测量人员放样出设计高程。放样高程的方法主要采用几何水准测量方法，有时也可采用钢卷尺直接丈量垂直距离或采用三角高程测量方法。

1.水准测量高程放样方法

应用几何水准测量方法放样高程时，首先应将高程控制点以必要的精度引测到施工区域，建立临时水准点。

高程放样时，设地面有已知高程的水准点 A，其高程为 H_a。待定点 B 的设计高程也已知，设为 H_b。要求在实地标定出与该设计高程相应的水平线或待定点顶面。

如图8-9所示，a为水准点A上水准尺的读数。待放样点B上水准尺的读数b按下式计算：

$$b = (H_a + a) - H_b \tag{8-9}$$

然后，上下移动B点的水准尺使仪器照准B尺上的读数为b，并将水准尺的零点标定出来，此点即为高程的放样点。标定放样点的方法很多，如混凝土工程一般是用油漆标定在混凝土墙壁或模板上。

当待放样点B的高程H_b高于仪器视线时，即$H_b > H_a + a$，可以把尺子倒立，即用"倒尺"工作，这时，$b = H_b - (H_a + a)$。水准尺零点的高程即为放样点的高程。

2. 水准测量法高差放样

(1)高墩台的高程放样

当桥梁墩台高出地面较多时，放样高程位置往往高于水准仪的视线高，这时可采用钢尺直接量取垂距或采用"倒尺"的方法。

如图8-10所示，A为已知点，其高程为H_A，欲在B点墩身或墩身模板上定出高程为H_B的位置。放样点的高程H_B高于仪器视线，先在基础顶面或墩身(模板)适当位置选择一点，用水准测量的方法测定其高程值，然后以该点作为起算点，用悬挂钢尺直接量取垂距来标定放样点的高程位置。

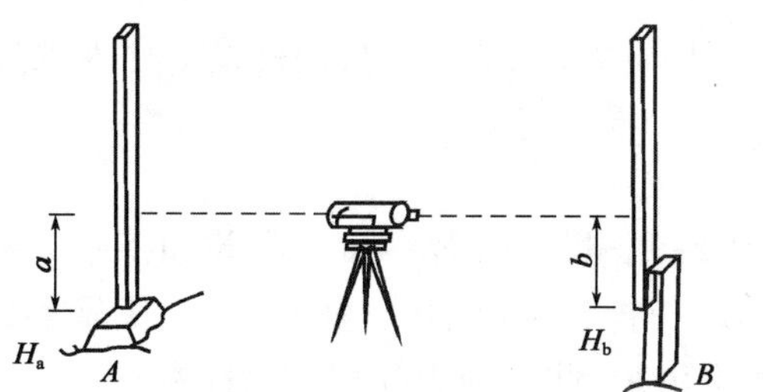

图8-9 水准测量法高程放样

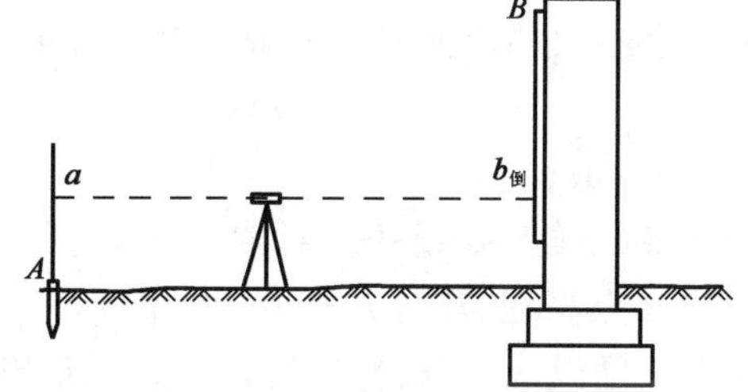

图8-10 高墩台的高程放样

当B处放样点高程H_B的位置高于水准仪视线高，但不超出水准尺工作长度时，可用倒尺法放样。在已知高程点A与墩身之间安置水准仪，在A点立水准尺，后视A尺并读数a，在B处靠墩身倒立水准尺，放样点高程H_B对应的水准尺读数$b_倒$为：

$$b_倒 = H_B - (H_A + a) \tag{8-10}$$

靠B点墩身竖立水准尺，上下移动水准尺，当水准仪在尺上的读数恰好为$b_倒$时，沿水准尺尺底(零端)画一横线即是高程为H_B的位置。

(2)深基坑的高程放样

当基坑开挖较深时，基底设计高程与基坑边已知水准点的高程相差较大并超出水准尺的工作长度时，可采用水准仪配合悬挂钢尺的方法向下传递高程。如图8-11所示，A为已知水准点，其高程为H_A，欲在B点定出高程为H_B的位置(H_B应根据放样时基坑实际开挖深度选择，通常取H_B比基底设计高程高出一个定值，如1m)，在基坑边用支架悬挂钢尺，钢尺零端朝下并悬挂10kg重物，放样时最好用两台水准仪同时观测，具体方法如下：

在A点立水准尺，基坑顶的水准仪后视A尺并读数a_1，前视钢尺读数b，基坑底的水准仪后视钢尺读数a_2，然后计算B处水准尺应有的前视读数：

$$b_2 = H_A + a_1 - (b_1 - a_2) - H_B \tag{8-11}$$

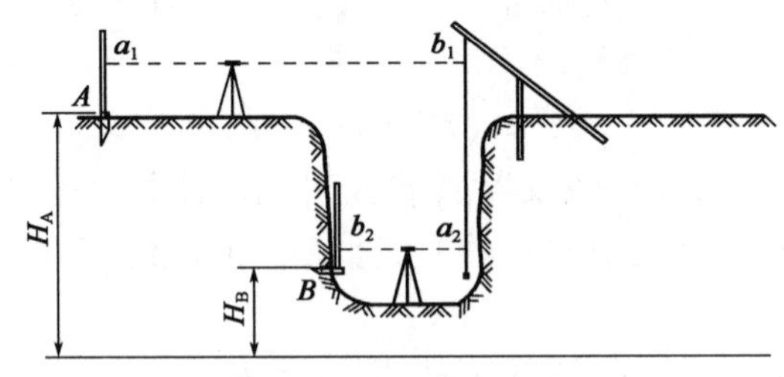

图 8-11　深基坑的高程放样

上下移动 B 处的水准尺，直到水准仪在尺上的读数恰好为 b_2 时标定点位。为了控制基坑开挖深度，一般需要在基坑四周定出若干个高程均为 H_B 的点位。如果 H_B 比基底设计高程高出一个定值 ΔH，施工人员就可用长度为 ΔH 的木条方便地检查基底高程是否达到了设计值，在基础砌筑时还可用于控制基础顶面高程。

3. 用全站仪高程放样

用全站仪进行较大高差的高程放样是一种比较高效的方法，如图 8-12 所示，地面点 A 的高程为 H_a。待定点 B 的设计高程也已知，设为 H_b。其测设步骤如下：

(1) 仪器安置在测站 A 点，反射棱镜安置于待放样点 B 处，量取仪器高 i 及棱镜高 l。

(2) 放样准备。

根据全站仪的功能进行测站设置，把 A 点的高程 H_a、仪器高 i 及棱镜高 l 存入仪器的存储器。

(3) 高程放样。

瞄准待放样点 B 处的反射棱镜。启动测距跟踪测量模式，观察显示高差和镜站高程。根据实测的 B 点高程 H'_b 与 B 点的设计高程 H_b 比较，指挥升降反射棱镜的高度 l，使显示高差和镜站高程满足设计要求，把棱镜对中杆的低部标定出来，此点即为高程的放样点。

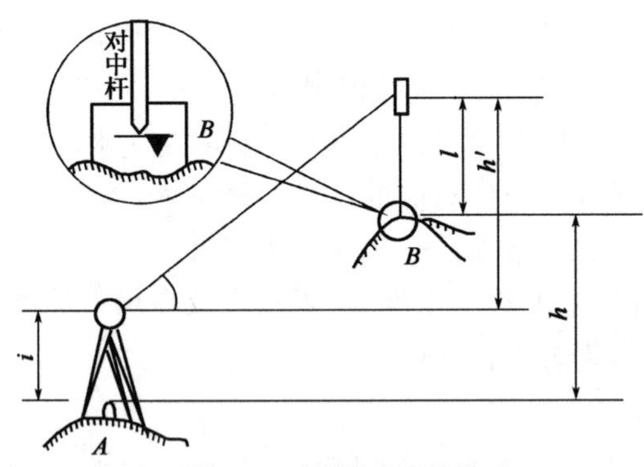

图 8-12　全站仪高程放样

第三节　地面点平面位置的测设

一、直角坐标法

直角坐标法是利用点位之间的坐标增量及其直角关系进行点位放样的方法。A、B 是已知点,P 是设计的待定点。

(1)实地建立直角坐标系。设 A 为坐标系原点,AB 为 y 轴,x 轴便是过 A 点与 AB 垂直的直线。

(2)根据设计点位,确定待定点在坐标系中的坐标。如图 8-13 所示,待定点 P 与 A 点的坐标增量 Δx、Δy 在此坐标系中便是 x_p、y_p。

(3)放样 P 点。

①沿 y 轴丈量 Δy,得 P_y;

②在 P_y 处安置经纬仪,瞄准 A 点并拨角 90°;

③沿视准轴方向(即 x 轴)丈量 Δx,得 P 点的位置;

④实地标定 P 点。

二、极坐标法

极坐标法是利用点位之间的边长和角度关系进行放样的方法。如图 8-14 所示,A、B 是已知点,坐标为(x_A,y_A)、(x_B,y_B);P 是待定点,设计坐标为(x_P,y_P)。

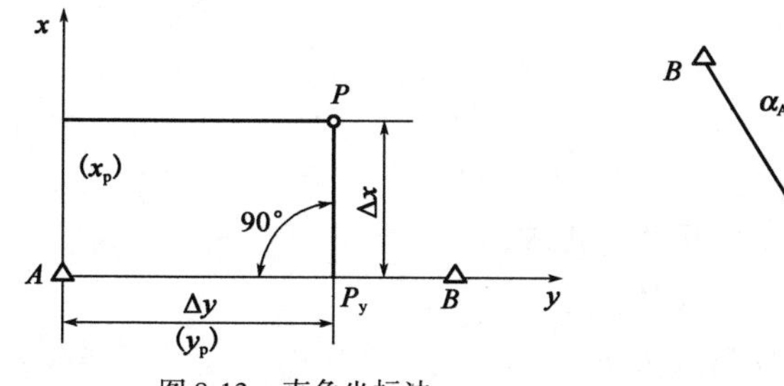

图 8-13 直角坐标法

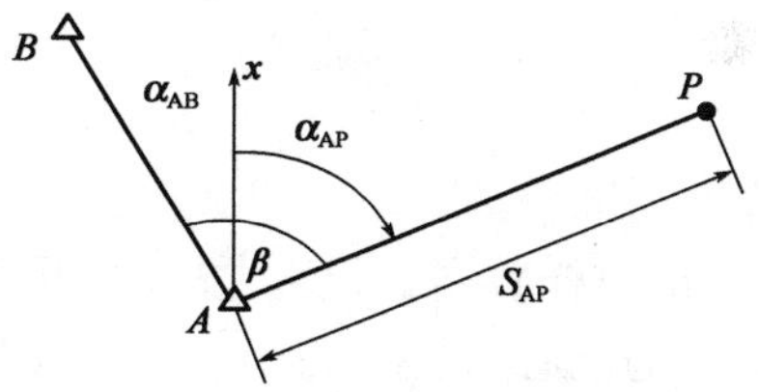

图 8-14 极坐标法

(1)放样数据准备。

根据已知点 A、B 的坐标,求待定点 P 的设计坐标。按坐标反算公式计算极距 S_{AP} 和极角 $\angle BAP = \beta$。

极距 $$S_{AP} = \sqrt{(x_P - x_A)^2 + (y_P - y_A)^2} \tag{8-12}$$

极角 $$\beta = \alpha_{AP} - \alpha_{AB} \tag{8-13}$$

(2)在 A 点上安置仪器,按角度放样的方法在实地标定 AP 方向线。

(3)沿 AP 方向线量距 $AP = S_{AP}$。

(4)在实地标定出 P 点的位置。

三、角度交会法

角度交会法是利用点位之间的角度关系进行点位放样的方法。如图 8-15 所示,A、B 是已知点,坐标为(x_A,y_A)、(x_B,y_B);P 是待定点,设计坐标为(x_P,y_P)。

(1)放样数据准备。

图 8-15 中的 α、β 是角度交会法放样的数据。

$$\alpha = \alpha_{AB} - \alpha_{AP} \tag{8-14}$$

$$\beta = \alpha_{BP} - \alpha_{BA} \tag{8-15}$$

(2)在 A 点安置仪器,以 AB 为起始方向,以 $360° - \alpha$ 拨角放样 AP 方向,定骑马桩 A_1、A_2。

(3)在 B 点安置仪器，以 BA 为起始方向，以 β 拨角放样 BP 方向，定骑马桩 B_1、B_2。

(4)利用 A_1A_2、B_1B_2 相交于 P 点，实地标定 P 点位置。

四、距离交会法

距离交会法是利用点位之间的距离关系进行点位放样的方法。如图 8-16 所示，A、B 是已知点，坐标为(x_A, y_A)、(x_B, y_B)；P 是待定点，设计坐标为(x_P, y_P)。

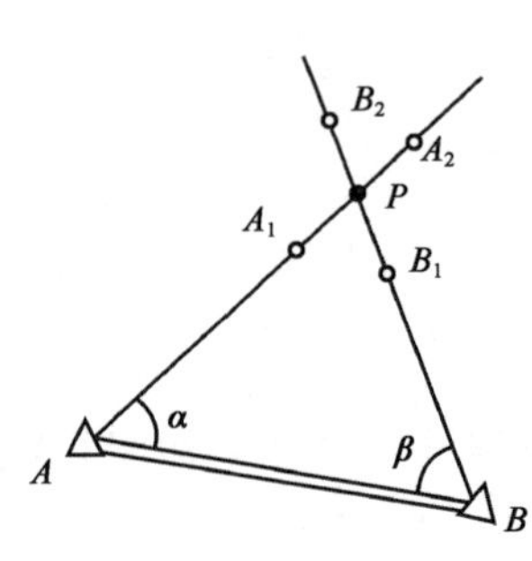

图 8-15　角度交会法

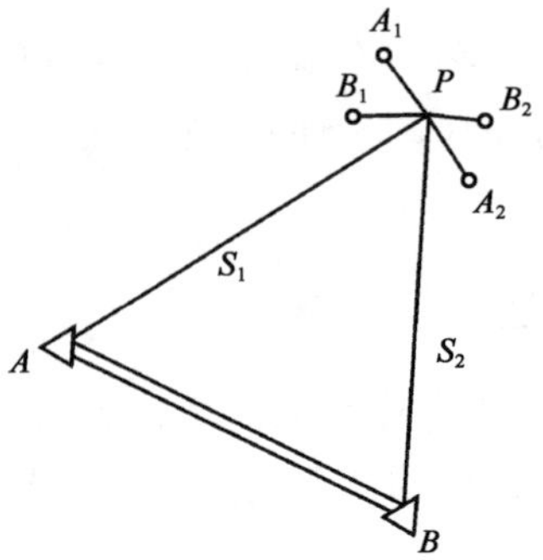

A_1
B_1 P B_2
A_2
S_1
A
S_2
B

图 8-16　距离交会法

(1)放样数据准备。

图 8-16 中的放样数据 S_{AP}、S_{BP}按坐标反算公式求得。

(2)以 A 点为圆心，以 S_{AP}为半径画弧线 A_1A_2。

(3)以 B 点为圆心，以 S_{BP}为半径画弧线 B_1B_2。

(4)利用弧线 A_1A_2、B_1B_2 相交于 P 点，实地标定 P 点位置。

五、角边交会法

角边交会法是利用点位之间的角度、距离关系进行点位放样的方法。如图 8-17 所示，A、B 是已知点，坐标为(x_A, y_A)、(x_B, y_B)；P 是待定点，设计坐标为(x_P, y_P)。

(1)放样数据准备。

图 8-17 中的放样数据 β、S 由 A、B 和 P 点的坐标按坐标反算公式求得。

(2)在 A 点安置仪器，以角度放样方法在实地标出 AP 的方向线 A_1A_2。

(3)以 B 为圆心，以 S 为半径画弧线 B_1B_2。

(4)利用直线 A_1A_2与弧线 B_1B_2相交于 P 点，实地标定 P 点位置。

六、全站仪坐标法

全站仪坐标法是利用待定点的设计坐标以全站仪测量技术进行点位放样的方法。

全站仪坐标法的测设步骤：

(1)测站 A 安置全站仪，将已知点 A、B 和待定点 P 的坐标等参数输入全站仪。设置 AB 的坐标方位角 α_{AB}并以 AB 方向定向。

(2)测设时，全站仪瞄准 P'点的反射棱镜，测量 P'点的坐标得 x'_P、y'_P。同时与 P 点的设计坐标(x_P, y_P)比较，计算坐标增量 Δx、Δy，如图 8-18 所示。

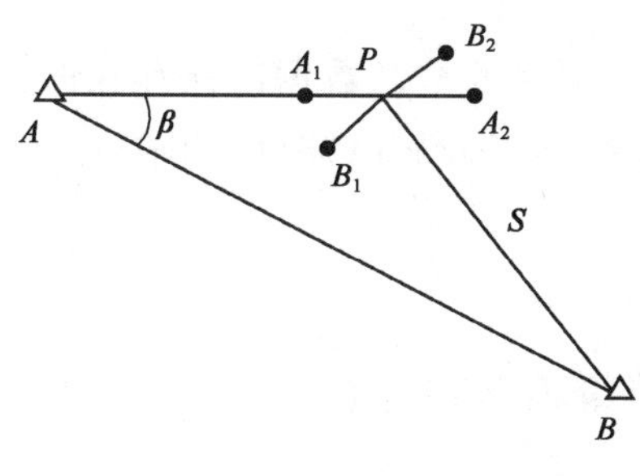

图 8-17　角边交会法

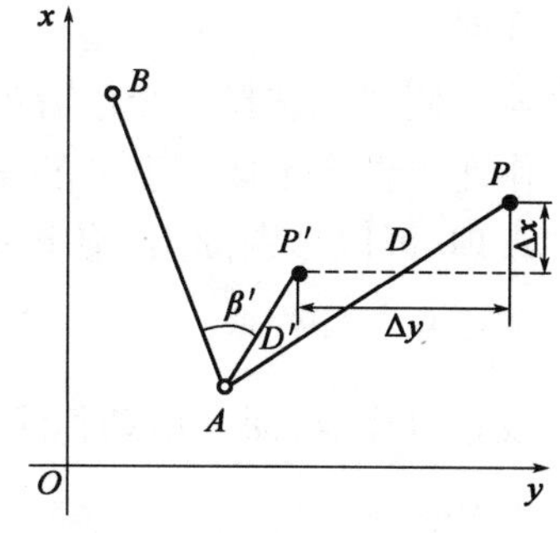

图 8-18　全站仪坐标法

(3)观测人员根据 Δx、Δy 的大小及正负指挥镜站移动,并连续跟踪测量,直至 $\Delta x = 0$、$\Delta y = 0$。

此时,镜站所在点位就是待定点 P 的实际点位。

(4)在地面上标定 P 点的位置。

第四节　全站仪施工测设

全站仪点位放样是指在实地上标定出所设计的点位。用全站仪放样时,通过对照准点的水平角、距离或坐标的测量,仪器可以显示出预先输入的待放样值与实测值之差,持棱镜者根据测量的差值调整测点位置,直到测量差值在容许范围之内,则测点就是需要的放样点。放样的过程主要有以下几个步骤:

(1)选择放样文件,可进行测站坐标数据、后视坐标数据和放样点数据的调用。

(2)设置测站点。

(3)设置后视点,确定方位角。

(4)输入所需的放样坐标,实施放样。

其中第(2)、(3)步具体设置内容及方法同第七章数字测图。

下面以 Leica TS 系列全站仪为例,说明全站仪在放样时的具体操作,按“菜单”键进入“应用程序”,选择“放样”,进入放样测量程序,如图 8-19 所示。放样程序操作步骤为:设置作业→设置测站→定向→开始。

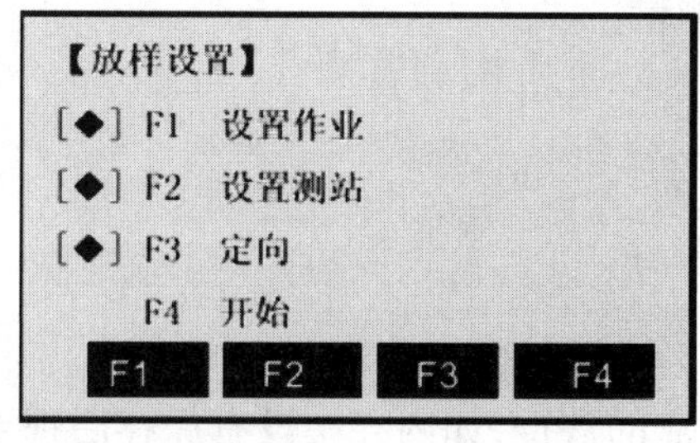

[◆] 已有设置
[　] 没有设置

图 8-19　Leica TS 系列放样设置主界面

1. 设置作业

设置作业即创建或选择一个已有的子目录文件夹，本项目的全部数据都保存在该作业中便于管理。作业中包含不同类型的测量数据（例如：测量数据、编码、已知点、测站点……），作业可以单独管理，可以分别读出、编辑或删除。

[增加]：创建一个新作业。

[确认]：设置该作业，回到启动程序。随后所有的数据都存放在这个作业。

2. 设置测站

即设置测站点坐标。每个目标点的放样数据计算都与测站的设置有关，至少要设置测站的平面坐标（X_0，Y_0）。如果在放样的同时需要测量中桩高程，则需输入测站点的三维坐标（X_0，Y_0，H_0）。测站点坐标可以人工输入，也可以在仪器内存中读取。

方法1：人工输入

（1）[坐标]：弹出人工输入坐标对话框，输入点号和坐标。

（2）[保存]：保存测站坐标，接下去输入仪器高。

（3）[确认]：按输入的数据设置测站。

方法2：读取内存中的已知点

（1）选择内存中已知点的点号，调出坐标检查确认。

（2）输入仪器高。

（3）[确认]：按输入的数据设置测站。

3. 定向

定向即确定坐标方位角。定向时可以人工输入水平方位角，也可以由已知坐标的点定向。在定向时，必须转动望远镜瞄准后视点。

方法1：人工输入水平方位角

（1）[F1]启动测量定向。

（2）瞄准后视点。

（3）输入后视点水平方位角，棱镜高。

（4）[测角]：记录定向值并测量。

（5）[测存]：记录定向值。

方法2：用已知坐标的点定向

（1）[F1]启动测量定向。

（2）瞄准后视点。

（3）输入后视点点号，核对点的数据；如内存中没有保存后视点坐标，也可以直接输入。

（4）[测量]：设置定向值并测量。

（5）[确认]：设置定向值。

4. 放样

放样程序可根据放样点的坐标或手工输入的角度、水平距离和高程计算放样元素，放样的差值会连续显示。

点位放样前，应将点位坐标从计算机传入全站仪中，放样时从内存提取坐标进行放样。在现场根据需要选择桩号放样。

如图 8-20 所示，放样时，旋转水平度盘使 ΔHZ 读数为零，指挥棱镜手左右移动到仪器视线方向，按[测距]，根据显示的△◢数值指挥棱镜手沿仪器视线方向前后移动，重复[测距]，直到△◢在 10cm 之内，用小钢尺在仪器视线方向量取△◢确定放样点。

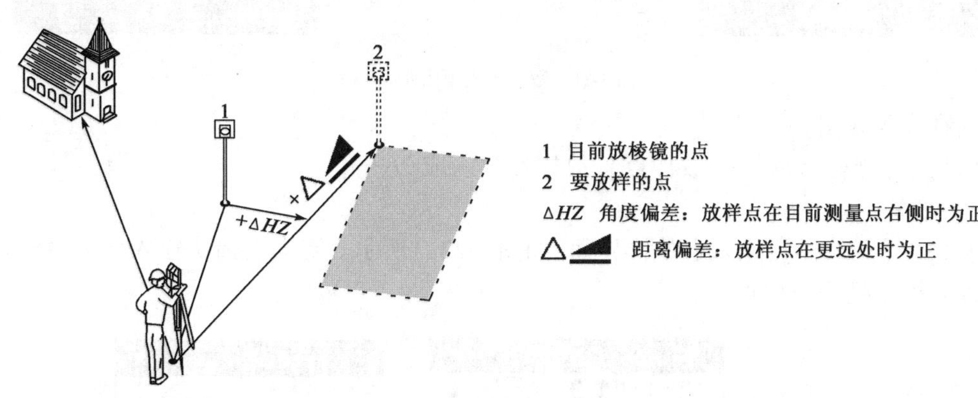

图 8-20 极坐标法放样

第五节 GNSS RTK 施工测设

利用 RTK 法进行施工测设，在开始测设之前，首先要对仪器和控制软件进行正确的设置，然后才能测得符合要求的结果。下面以中海达为例说明具体操作步骤。

1. 基准站安置和设备操作

设置项目、设置坐标系统参数、设置基准站、设置移动台、采集控制点求参数等详见第五章第四节。

2. 点放样

(1)数据导入

①把放样点坐标数据整理拷贝到手簿内存里。

第一步：在 Excel 里重新编辑放样点文件，各列内容依次是点名、N、E。

第二步：另存为"放样点. csv"(逗号分隔符)，导入文件支持格式". csv\. txt\. dat"。

第三步：把"放样点. csv"拷贝到手簿内存\ZHD\Out 里。

②进入手簿软件，把放样点导入当前项目。

【项目】—【数据交换】—放样点导入，选择文件"放样点. csv"。

【确定】—【自定义格式设置】，导入内容依次选择点名、N、E。

点击【确定】，提示数据导入成功。如图 8-21 所示。

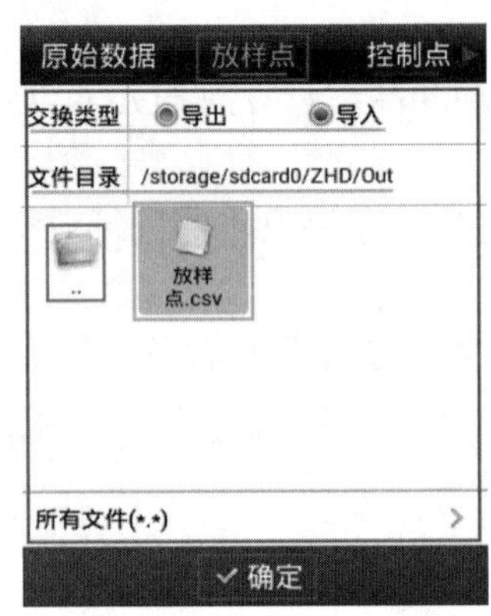

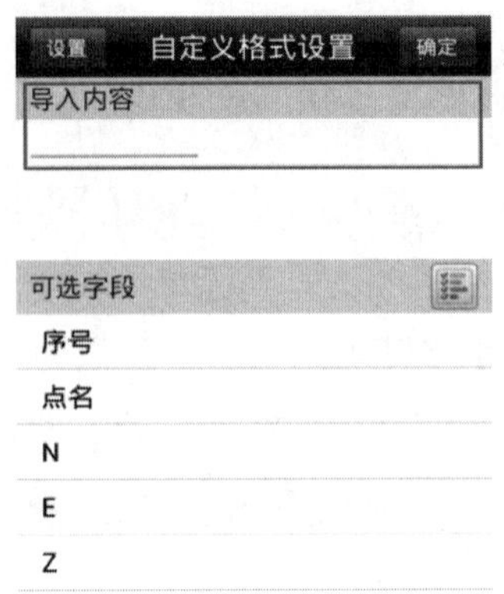

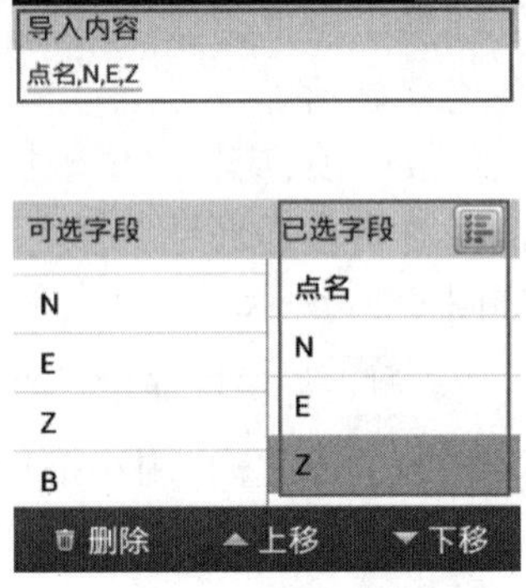

图 8-21　数据导入操作界面

③查看导入数据。

【项目】—【坐标数据】—【放样点】,放样点导入成功。

(2)点放样

【测量】—【点放样】,进入点放样界面,如图 8-22a)所示。点向右箭头输入坐标,然后根据方向和距离提示找到放样点。

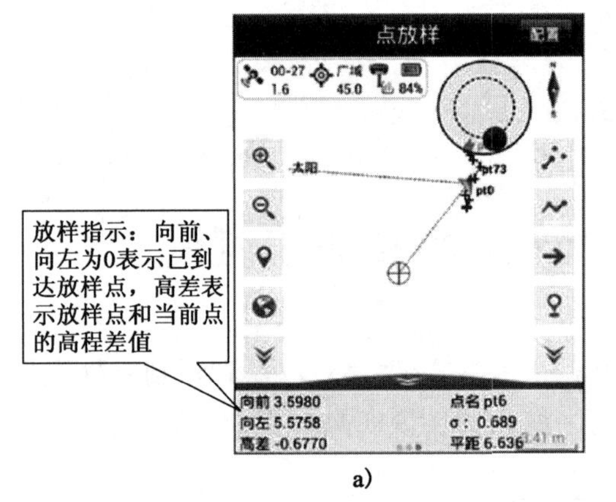

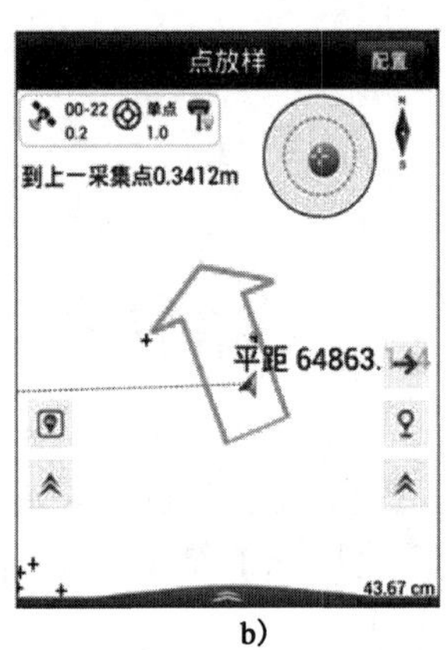

图 8-22　点放样界面

在当前点距离放样点(即目标点)的距离未进入放样提示距离范围时,将显示大箭头,提示用户行走正方向和当前点到放样点方向的偏转角度(大箭头和地图正方向的角度),如果行走方向正在靠近放样点则显示为绿色[图 8-22b)],如果正在远离放样点则显示为红色,若行走正方向和当前点与放样点连线大致垂直,需要向左则显示为黄色向左,需要向右则显示为黄色向右。

【思考题与习题】

1. 什么是放样？放样的基本任务是什么？

2. 放样与测定的区别是什么？

3. 角度放样的方法有哪些？如何操作？

4. 平面点位的基本放样方法有哪几种？如何实施？

5. 已知控制点的坐标为 A(1 000.000,1 000.000)、B(1 108.356,1 063.233),欲确定 Q(1 025.465,938.315)的平面位置。试计算以极坐标法放样 Q 点的测设数据(仪器安置于 A 点),及测设 Q 点的步骤。

6. 已知水准点 A 的高程 H_A = 20.355m,若在 B 点处墙面上测设出高程分别为 21.000m 和 23.000m 的位置,设在 A、B 中间安置水准仪,后视 A 点水准尺得读数 a = 1.452m,则怎样测设才能在 B 处墙得到设计高程？请绘一略图表示。

第九章
道路中线测量

【学习内容与要求】

本章主要介绍道路中线测量的原理与方法。通过学习，了解道路中线逐桩坐标的计算方法；熟悉虚交、复曲线、回头曲线等典型平曲线要素的计算方法；掌握路线转角的计算，里程桩的设置与要求，基本型平曲线要素及主点里程的计算方法，掌握全站仪和 GNSS - RTK 测设道路中线的原理与方法。

第一节 概　　述

道路是一个三维空间的工程结构物。它的中线是一条空间曲线，叫路线，其在水平面的投影就是平面线形。道路平面线形由于受到沿线地形、地质、水文、气候等自然条件和社会条件的制约而改变方向。在路线平面方向的转折处，为了满足行车要求，需要用适当的曲线把前、后直线连接起来，这种曲线称为平曲线。平曲线包括圆曲线和缓和曲线。道路平面线形是由直线、圆曲线、缓和曲线组成的，称为道路平面线形三要素，如图 9-1 所示。圆曲线是具有一定曲率半径的圆弧，缓和曲线是在直线与圆曲线之间或两不同半径的圆曲线之间设置的曲率连续变化的曲线，我国公路缓和曲线的形式采用回旋线。我国《公路工程技术标准》(JGJ B01—2014)规定，当公路的圆曲线半径小于不设超高的最小半径时，应设缓和曲线。四级公路可不设缓和曲线，直接用圆曲线与直线径相连接。

图 9-1 道路平面线形

道路中线测量是通过直线和曲线的测设，将道路中线的平面位置具体地敷设到地面上去，并标定出其里程，供设计和施工之用。道路中线测量也叫中桩放样。

第二节 路线交点、转角和里程桩

一、路线的交点

在路线测设时，应先选定出路线的转折点，这些转折点是路线改变方向时相邻两直线延长线相交的点，称之为交点。

在低等级公路测设中，它是中线测量的主要控制点。对于技术简单、方案明确的低等级公路，当公路设计采用一阶段的施工图设计时，交点的测设可采用现场标定的方法，即根据已定的技术标准，结合地形、地质等条件，在现场反复插设比较，直接定出路线交点的位置。这种方法不需测地形图，比较直观。

对于高等级公路或地形、地物复杂，现场标定困难的地段，应先在实地布设导线，测绘大比例尺地形图（通常为 1∶2 000 或 1∶1 000），在地形图上进行纸上定线，定出各交点位置、圆曲线半径和缓和曲线长度，计算出各中桩坐标，然后到实地以导线点为控制点，用全站仪或 GNSS 直接放样中桩，现场无需标定交点。

二、路线的转角

在路线转折处，为了测设曲线，需要测定其转角。所谓转角，是指交点处后视线的延长线与前视线的夹角，以 α 表示。转角有左右之分，如图 9-2 所示，位于延长线右侧的，为右转角 α_y；位于延长线左侧的，为左转角 α_z。在路线测量中，转角通常是通过观测路线右角 β 计算求得。

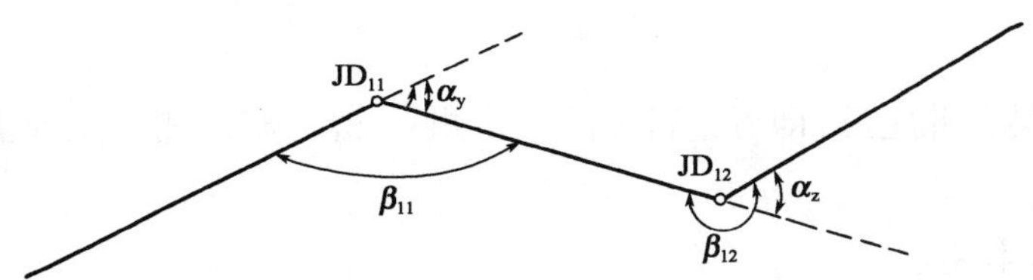

图 9-2 转角的测定

当右角 $\beta<180°$ 时，为右转角；当右角 $\beta>180°$ 时，为左转角。则：

$$\begin{aligned}\alpha_y &= 180° - \beta \\ \alpha_z &= \beta - 180°\end{aligned} \tag{9-1}$$

右角的测定，可以将全站仪架设在交点上，采用测回法观测一个测回，上下半测回所测角值相差的限差视公路等级而定；高速公路、一级公路限差为 ±20″以内，二级及二级以下公路限差为 ±60″以内，如果限差在容许范围内，可取其平均值作为最后结果。

现场定线也可以将全站仪架设在坐标已知的导线点上，测出交点的坐标，通过计算得到路线转角和交点间距。纸上定线则可以直接在地形图上读出交点坐标。

假设 JD_{i-1}、JD_i、JD_{i+1} 的坐标分别为 $JD_{i-1}(x_{i-1},y_{i-1})$、$JD_i(x_i,y_i)$、$JD_{i+1}(x_{i+1},y_{i+1})$（北东坐标系），则交点偏角计算程序如下：

1. 计算坐标增量

$$\left.\begin{aligned}\Delta x_{i,i+1} &= x_{i+1} - x_i \\ \Delta y_{i,i+1} &= y_{i+1} - y_i\end{aligned}\right\} \tag{9-2}$$

2. 计算路线方位角 $A_{i,i+1}$

$$\text{如果 } \Delta x_{i,i+1} = 0, \Delta y_{i,i+1} > 0, \text{则 } A_{i,i+1} = 90^\circ$$

$$\text{如果 } \Delta x_{i,i+1} = 0, \Delta y_{i,i+1} < 0, \text{则 } A_{i,i+1} = 270^\circ$$

$$\text{象限角} \qquad \theta = \arctan \frac{|\Delta y_{i,i+1}|}{|\Delta x_{i,i+1}|}$$

$$\left.\begin{aligned}&\text{如果 } \Delta x_{i,i+1} > 0, \Delta y_{i,i+1} > 0, \text{则 } A_{i,i+1} = \theta \\ &\text{如果 } \Delta x_{i,i+1} > 0, \Delta y_{i,i+1} < 0, \text{则 } A_{i,i+1} = 360^\circ - \theta \\ &\text{如果 } \Delta x_{i,i+1} < 0, \Delta y_{i,i+1} > 0, \text{则 } A_{i,i+1} = 180^\circ - \theta \\ &\text{如果 } \Delta x_{i,i+1} < 0, \Delta y_{i,i+1} < 0, \text{则 } A_{i,i+1} = 180^\circ + \theta\end{aligned}\right\} \tag{9-3}$$

3. 计算转角 α_i

$$\alpha_i = A_{i,i+1} - A_{i-1,i} \tag{9-4}$$

$\alpha_i > 0$ 时为右偏，$\alpha_i < 0$ 时为左偏。

4. 计算交点间距

$$S_{i,i+1} = \sqrt{\Delta x_{i,i+1}^2 + \Delta y_{i,i+1}^2} \tag{9-5}$$

利用坐标法只需架设一次仪器就可以测出多个交点的转角和距离要素，效率较高，应尽量采用。

三、里程桩

在路线交点、转角测定后，即可进行道路中线测量，经过实地测量设置里程桩，标定道路中线的具体位置。

1. 里程桩的基本要求

道路中线上设有里程桩，里程桩亦称中桩，桩上写有桩号，表示该桩至路线起点的水平距离。如某桩至路线起点的水平距离为 1 234.56m，则桩号记为 K1 +234.56。

中桩的设置应按照规定满足其桩距及精度要求。直线上的桩距 l_0 一般为 20m，地形平坦时不应大于 50m；曲线上的桩距 l_0 与圆曲线半径大小有关。中桩桩距应按表 9-1 的规定执行。

中桩间距表 表 9-1

直线(m)		曲线(m)			
平原微丘区	山岭重丘区	不设超高的曲线	$R>60$	$60\geqslant R\geqslant 30$	$R<30$
≤50	≤25	25	20	10	5

按桩距 l_0 在曲线上设桩,通常采用整桩号法:将曲线上靠近曲线起点的第一个桩凑成为 l_0 倍数的整桩号,然后按桩距 l_0 连续向曲线终点设桩。这样设置的桩均为整桩号。如果某个桩号与曲线主点桩距离较近,可以省略该整桩。但百米桩和公里桩不能省略。

路线中线敷设目前均采用坐标法,可以使用全站仪或者 GNSS-RTK 进行放样。中桩平面桩位精度不得超过表 9-2 的规定。

中桩平面桩位精度表 表 9-2

公路等级	中桩位置中误差(cm)		桩位检测之差(cm)	
	平原微丘区	山岭重丘区	平原微丘区	山岭重丘区
高速、一级、二级公路	≤ ±5	≤ ±10	≤10	≤20
三级、四级公路	≤ ±10	≤ ±15	≤20	≤30

2. 里程桩设置

里程桩包括路线起终点桩、公里桩、百米桩和一系列加桩,还有起控制作用的交点桩、转点桩、平曲线主点桩、桥梁和隧道轴线桩、断链桩等。按其所表示的里程数,里程桩又分整桩和加桩两类。整桩是按规定每隔 20m 或 50m 设置桩号为整数的里程桩。百米桩和公里桩均属整桩,一般情况下均应设置。如图 9-3 为整桩的书写情况。

加桩分地形加桩、地物加桩、曲线加桩和关系加桩等。地形加桩是在路线纵、横向地形有明显变化处设置的桩,如陡坎;地物加桩是在中线上桥梁、涵洞、隧道等人工构造物处,以及与既有公路、铁路、管线、渠道等交叉处设置的桩;曲线加桩是在曲线起点、中点、终点等曲线主点上设置的桩;关系加桩是在转点和交点上设置的桩。此外,还可根据具体情况在拆迁建筑物处、工程地质变化处、断链处等加桩。对于人工构造物,在书写里程时,要冠以工程名称如"桥""涵"等。在书写曲线和关系加桩时,应在桩号之前加写其缩写名称,如图 9-4 所示。目前,我国公路采用汉语拼音的缩写名称,见表 9-3。

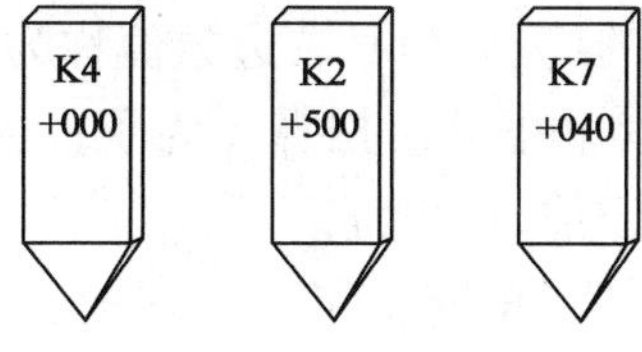

图 9-3 里程桩

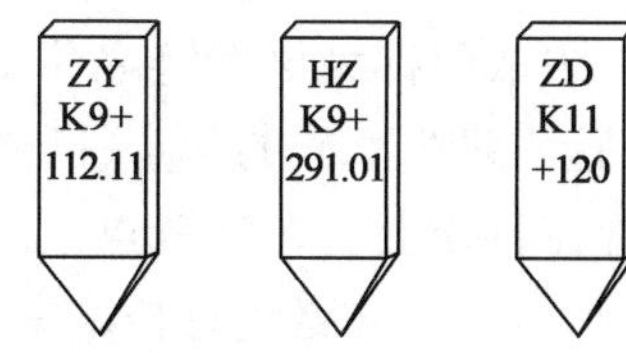

图 9-4 主点桩和关系加桩

平曲线主点名称及缩写表 表 9-3

名称	简称	汉语拼音缩写	英语缩写
交点		JD	IP
转点		ZD	TP
圆曲线起点	直圆点	ZY	BC

续上表

名　称	简　称	汉语拼音缩写	英语缩写
圆曲线中点	曲中点	QZ	MC
圆曲线终点	圆直点	YZ	EC
公切点		GQ	CP
第一缓和曲线起点	直缓点	ZH	TS
第一缓和曲线终点	缓圆点	HY	SC
第二缓和曲线起点	圆缓点	YH	CS
第二缓和曲线终点	缓直点	HZ	ST

钉桩时,对起控制作用的交点桩、转点桩、平曲线控制桩、路线起终点桩以及重要的人工构造物加桩,如桥位桩、隧道定位桩等均采用方桩。方桩钉至与地面齐平,顶面钉一小钉表示点位。在距方桩20cm左右设置指示桩,上面书写桩的名称和桩号。钉指示桩要注意字面应朝向方桩,以便于将来寻找方桩。直线上的指示桩应打在路线的同一侧,曲线上则应打在曲线的外侧。主要起控制作用的方桩应用混凝土浇筑,也可用钢筋加混凝土预制桩,且钢筋顶面锯成“十”字以示点位。必要时加设护桩防止桩的损坏或丢失。除控制桩之外,其他的桩为标志桩,一般采用板桩,直接将指示桩打在点位上,并露出桩号为宜。为了在后续工作中方便寻找里程桩,不致遗漏,应按“1、2、3……8、9、0、1、2……”的循环顺序对中桩进行编号,编号写在桩的背面。打桩时,板桩的序号面要朝向路线前进方向。

3. 交点桩号计算

交点桩号是计算平曲线各主点桩号的基础。交点JD的桩号是指该桩由起点沿平面曲线所经过的水平路程,由中线丈量计算得到,即:

$$\mathrm{JD}_i\text{ 里程} = \mathrm{JD}_{i-1}\text{ 里程} + (\mathrm{JD}_{i-1}\text{ 至 }\mathrm{JD}_i)\text{ 距离} - \text{切曲差 } D_{i-1}$$

4. 断链

断链是指因局部方案比较、局部改线或分段测量等原因造成的桩号不连续的现象。桩号重叠称为长链,桩号间断称为短链。

如:K1+200=K1+195(长链5m);K1+200=K1+205(短链5m)。

等号左边数值称为该断链之前里程,即先前路线里程的终点;等号右边数值称为该断链之后里程,即后续路线里程的起点,断链桩之后的路线按后续里程继续推算。为了方便,断链位置一般设置在直线上。在断链点设断链桩,桩号要同时标记前、后里程。

路线总长度=终点桩里程+长链总和-短链总和

第三节　基本型平曲线要素计算

路线平面线形中的平曲线一般由圆曲线和缓和曲线组成。平曲线按直线—缓和曲线—圆曲线—缓和曲线—直线顺序的组合形式称为基本型曲线。对于四级公路或当圆曲线的半径大于等于不设超高的最小半径时,平曲线可以只设圆曲线。平曲线测设包括主点桩和加密桩。

主点桩指平曲线的直缓点(ZH)、缓圆点(HY)、曲中点(QZ)、圆缓点(YH)和缓直点(HZ);当不设缓和曲线时为直圆点(ZY)、曲中点(QZ)和圆直点(YZ)。在主点桩之间需要按规定桩距测设平曲线的其他各点,称为平曲线的加密桩。

一、缓和曲线

1. 缓和曲线的概念

汽车在行驶过程中,由直线进入圆曲线是通过驾驶员转动方向盘,从而使前轮逐渐发生转向,其行驶轨迹是一条曲率连续变化的曲线。同时汽车在直线上的离心力为零,而在圆曲线上的离心力为一定值,直线与圆曲线直接相连曲率发生突变,对行车安全不利,也影响行车的稳定和舒适。尤其是汽车高速行驶时,这种现象更为明显。为了使路线的平面线形更加符合汽车的行驶轨迹、离心力逐渐变化,确保行车的安全和舒适,需要在直线与圆曲线之间插入一段曲率半径由无穷大逐渐变化到圆曲线半径的过渡性曲线,此曲线称为缓和曲线。

缓和曲线的作用是使曲率连续变化,车辆便于遵循,保证行车安全;离心加速度逐渐变化,旅客感到舒适;曲线上超高和加宽的逐渐过渡,行车平稳和路容美观;与圆曲线配合适当的缓和曲线,可提高驾驶员的视觉平顺性,增加线形美感。

缓和曲线的形式可采用回旋线、三次抛物线及双纽线等。目前我国公路设计中,以回旋线作为缓和曲线。

2. 回旋线形缓和曲线公式

(1)基本公式

如图9-5所示,回旋线是随曲线长度增长而曲率半径均匀减小的曲线,即在回旋曲线上任意一点的曲率半径 r 与曲线的长度成反比。以公式表示为:

$$r = \frac{c}{l}$$

或

$$rl = c$$

式中:r——回旋线上某点的曲率半径(m);

l——回旋线上某点到原点的曲线长(m);

c——常数。

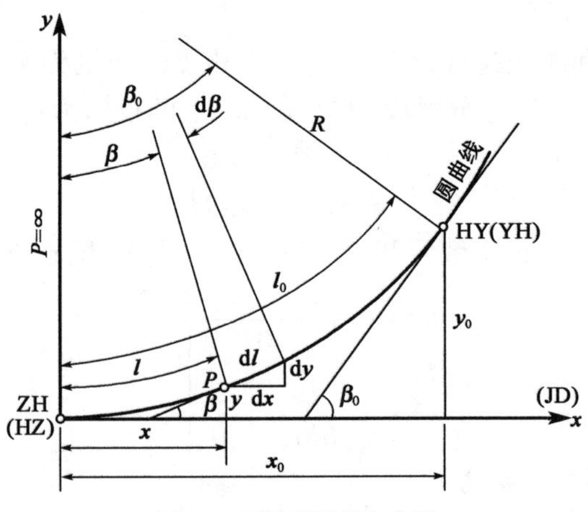

图9-5 回旋线形缓和曲线

为了使上式两边的量纲统一，引入回旋线参数 A，令 $A^2=c$，A 表征回旋线曲率变化的缓急程度。则回旋线基本公式为：

$$rl = A^2 \tag{9-6}$$

在缓和曲线的终点 HY 点（或 YH 点），$r = R$，$l = l_s$（缓和曲线全长），则：

$$Rl_s = A^2 \tag{9-7}$$

缓和曲线长度的确定应考虑乘客的舒适、超高过渡的需要，并应不小于 3s 的行程。考虑上述因素，我国《公路路线设计规范》（JTG D20—2017）规定了各级公路缓和曲线的最小长度，见表 9-4。

各级公路缓和曲线最小长度 表 9-4

设计速度（km/h）	120	100	80	60	40	30	20
最小长度（m）	100	85	70	50	35	25	20

（2）切线角公式

如图 9-5 所示，回旋线上任一点 P 的切线与 x 轴（起点 ZH 或 HZ 切线）的夹角称为切线角，用 β 表示。该角值与 P 点至曲线起点长度 l 所对应的中心角相等。在 P 处取一微分弧段 $\mathrm{d}l$，所对的中心角为 $\mathrm{d}\beta$，于是：

$$\mathrm{d}\beta = \frac{\mathrm{d}l}{r} = \frac{l\mathrm{d}l}{A^2}$$

积分得：

$$\beta = \frac{l^2}{2A^2} = \frac{l^2}{2Rl_s} \tag{9-8}$$

当 $l=l_s$ 时，β 以 β_0 表示，式（9-8）可写为：

$$\beta_0 = \frac{l_s}{2R}(\mathrm{rad}) \tag{9-9}$$

以角度表示则为：

$$\beta_0 = \frac{l_s}{2R} \cdot \frac{180}{\pi}(^\circ) \tag{9-10}$$

β_0 即为缓和曲线全长 l_s 所对的中心角即切线角，亦称缓和曲线角。

（3）缓和曲线的参数方程

如图 9-5 所示，以缓和曲线起点为坐标原点，过该点的切线为 x 轴，过原点的半径为 y 轴，任取一点 P 的坐标为（x，y），则微分弧段 $\mathrm{d}l$ 在坐标轴上的投影为：

$$\left.\begin{aligned} \mathrm{d}x &= \mathrm{d}l \cdot \cos\beta \\ \mathrm{d}y &= \mathrm{d}l \cdot \sin\beta \end{aligned}\right\} \tag{9-11}$$

将式（9-11）中 $\cos\beta$、$\sin\beta$ 按级数展开，并将式（9-8）代入，积分，略去高次项得：

$$\left.\begin{aligned} x &= l - \frac{l^5}{40R^2l_s^2} \\ y &= \frac{l^3}{6Rl_s} \end{aligned}\right\} \tag{9-12}$$

式（9-12）称为缓曲线的参数方程。

当 $l=l_s$ 时，得到缓和曲线终点坐标：

$$\left.\begin{aligned} x_0 &= l_s - \frac{l_s^3}{40R^2} \\ y_0 &= \frac{l_s^2}{6R} \end{aligned}\right\} \tag{9-13}$$

二、平曲线主点里程计算

1. 圆曲线测设元素

如图 9-6 所示，设交点 JD 的转角为 α，圆曲线半径为 R，则圆曲线的测设元素可按下列公式计算：

$$\left.\begin{aligned} &\text{切线长} \quad T = R\tan\frac{\alpha}{2} \\ &\text{曲线长} \quad L = R\alpha\frac{\pi}{180^\circ} \\ &\text{外距} \quad E = R\left(\sec\frac{\alpha}{2} - 1\right) \\ &\text{切曲差} \quad D = 2T - L \end{aligned}\right\} \tag{9-14}$$

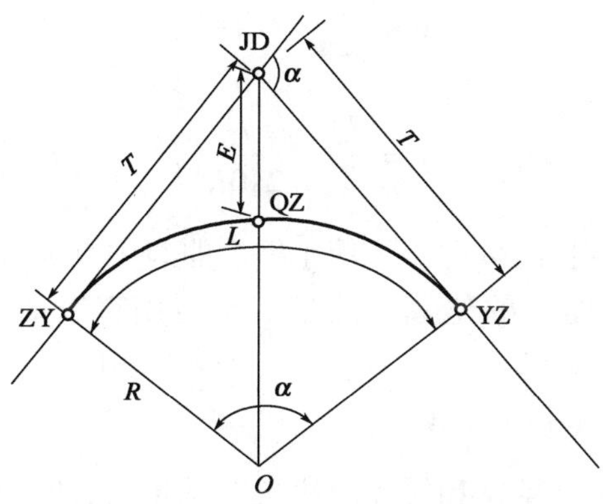

图 9-6 圆曲线测设元素

2. 内移值 p 与切线增值 q 的计算

如图 9-7 所示，在直线与圆曲线之间插入缓和曲线时，必须将原有的圆曲线向内移动距离 p，才能使缓和曲线的起点位于直线方向上，这时切线增长 q。未设缓和曲线时的圆曲线为 $\overset{\frown}{FG}$，插入两段缓和曲线 $\overset{\frown}{AC}$ 和 $\overset{\frown}{BD}$ 后，圆曲线向内移，其保留部分为 $\overset{\frown}{CMD}$，半径为 R，所对的圆心角为 $\alpha - 2\beta_0$。

测设时必须满足的条件为：$\alpha \geqslant 2\beta_0$，否则应缩短缓和曲线长度或加大圆曲线半径使之满足条件。由图 9-7 可知：

$$\left.\begin{aligned} p &= y_0 - R(1 - \cos\beta_0) \\ q &= x_0 - R\sin\beta_0 \end{aligned}\right\} \tag{9-15}$$

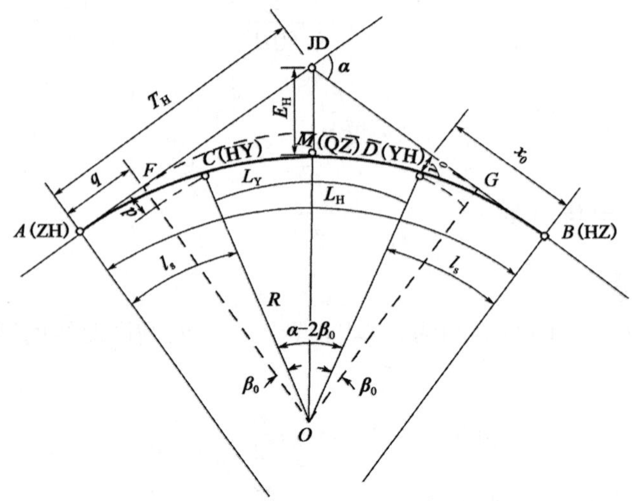

图9-7　带有缓和曲线的平曲线

将式(9-15)中 $\cos\beta_0$、$\sin\beta_0$ 展开为级数，略去高次项，并按式(9-10)和式(9-13)将 β_0、x_0 和 y_0 代入，可得：

$$\left.\begin{aligned} p &= \frac{l_s^2}{24R} \\ q &= \frac{l_s}{2} - \frac{l_s^3}{240R^2} \end{aligned}\right\} \tag{9-16}$$

由式(9-16)与式(9-12)可知，内移距 p 等于缓和曲线中点纵坐标 y 的两倍；切线增长值约为缓和曲线长度之半，缓和曲线的位置大致是一半占用直线部分，另一部分占用原圆曲线部分。

3. 带有缓和曲线的平曲线测设元素

当测得转角 α，且圆曲线半径 R 和缓和曲线长 l_s 确定后，即可按式(9-10)及式(9-16)计算切线角 β_0、内移值 p 和切线增值 q，在此基础上计算平曲线测设元素。如图9-7所示，平曲线测设元素可按下列公式计算：

$$\left.\begin{aligned} &\text{切线长} && T_H = (R+p)\tan\frac{\alpha}{2} + q \\ &\text{曲线长} && L_H = R(\alpha - 2\beta_0)\frac{\pi}{180^\circ} + 2l_s = R\alpha\frac{\pi}{180^\circ} + l_s \\ &\text{其中圆曲线长} && L_Y = R(\alpha - 2\beta_0)\frac{\pi}{180^\circ} = R\alpha\frac{\pi}{180^\circ} - l_s \\ &\text{外距} && E_H = (R+p)\sec\frac{\alpha}{2} - R \\ &\text{切曲差} && D_H = 2T_H - L_H \end{aligned}\right\} \tag{9-17}$$

如果不设缓和曲线，则式(9-17)简化为式(9-14)。

4. 平曲线主点里程计算

根据交点的里程和平曲线测设元素，计算主点里程。

$$\left.\begin{array}{ll}\text{直缓点} & ZH = JD - T_H \\ \text{缓圆点} & HY = ZH + l_s \\ \text{圆缓点} & YH = HY + L_Y \\ \text{缓直点} & HZ = YH + l_s \\ \text{曲中点} & QZ = HZ - \dfrac{L_H}{2} \\ \text{交点} & JD = QZ + \dfrac{D_H}{2}(\text{校核})\end{array}\right\} \tag{9-18}$$

【例 9-1】 已知某交点的里程为 K3 + 182.765，测得转角 $\alpha_{右} = 25°48'$，拟定圆曲线半径 $R = 300\text{m}$，缓和曲线 $l_s = 70\text{m}$，求圆曲线测设元素及主点桩里程。

解：①计算曲线测设元素

$$p = \frac{l_s^2}{24R} = \frac{70^2}{24 \times 300} = 0.681(\text{m})$$

$$q = \frac{l_s}{2} - \frac{l_s^3}{240R^2} = \frac{70}{2} - \frac{70^3}{240 \times 300^2} = 34.984(\text{m})$$

$$T_H = (R + p)\tan\frac{\alpha}{2} + q = (300 + 0.681)\tan\frac{25°48'}{2} = 103.849(\text{m})$$

$$L_H = R\alpha\frac{\pi}{180} + l_s = 300 \times 25.8 \times \frac{\pi}{180} + 70 = 205.088(\text{m})$$

$$E_H = (R + p)\sec\frac{\alpha}{2} - R = (300 + 0.681) \times \sec\frac{25°48'}{2} - 300 = 8.466(\text{m})$$

$$D_H = 2T - L = 2 \times 103.849 - 205.088 = 2.610(\text{m})$$

②计算主点桩里程

JD	K3 + 182.765	
−) T_H	103.849	
ZH	K3 + 78.916	$+l_s(70)$ = HY K3 + 148.916
+) L_H	205.088	
HZ	K3 + 284.004	$-l_s(70)$ = YH K3 + 214.004
−) $L_H/2$	102.544	
QZ	K3 + 181.460	
+) $D_H/2$	1.305（校核）	
JD	K3 + 182.765（计算无误）	

三、平曲线在局部坐标系下的坐标计算

以直缓点 ZH 或缓直点 HZ 为坐标原点，以过原点的切线为 x 轴，过原点的半径为 y 轴建立局部坐标系，可以计算出缓和曲线和圆曲线上各点的 x、y 坐标。

在缓和曲线上各点的坐标可按缓和曲线参数方程式(9-12)计算，即：

$$\left.\begin{aligned} x &= l - \frac{l^5}{40R^2 l_s^2} \\ y &= \frac{l^3}{6Rl_s} \end{aligned}\right\} \tag{9-19}$$

式中，l 为该点到 ZH 或 HZ 的弧长。

圆曲线上各点坐标的计算公式可按图 9-8 写出：

$$\left.\begin{aligned} x &= R\sin\varphi + q \\ y &= R(1 - \cos\varphi) + p \end{aligned}\right\} \tag{9-20}$$

式中，$\varphi = \dfrac{l}{R} \cdot \dfrac{180°}{\pi} + \beta_0$；$l$ 为该点到 HY 或 YH 的曲线长，仅为圆曲线部分的长度。

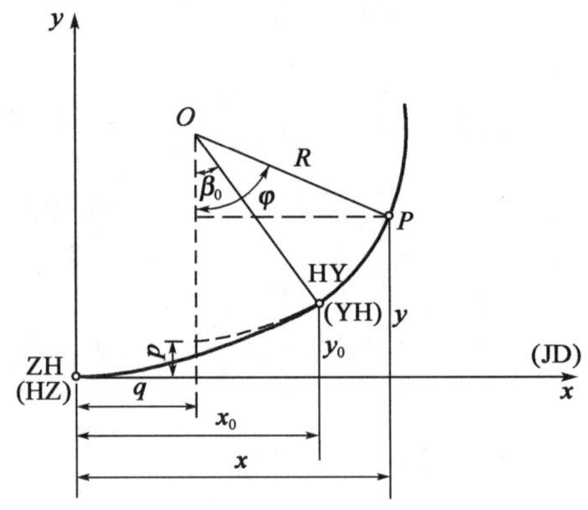

图 9-8　切线支距法

计算出缓和曲线和圆曲线上各点在局部坐标系中的 x、y 坐标后，经过坐标转换，就可以在统一坐标系下测设曲线。

第四节　道路中线逐桩坐标的计算

在高等级道路的设计文件中，要求编制中桩逐桩坐标表。目前在中线测量中全站仪、GNSS 已经普及，逐桩坐标表给测设带来诸多方便。各种道路线形，都可以计算其中线的逐桩坐标，采用全站仪或 GNSS 放样，可大大提高测设效率和精度。

道路中线坐标的计算，就是将局部坐标系下计算的中桩坐标(x,y)，通过平移、旋转，转换为统一坐标系下的坐标(X,Y)。

如图 9-9 所示，交点 JD 的坐标(X_{JD},Y_{JD})已经测定(如采用纸上定线，可在地形图上量取)，路线导线的坐标方位角和边长 S 按坐标反算求得。在各圆曲线半径 R 和缓和曲线长度 l_s 确定后，各里程桩号的坐标值 X、Y 即可按下述方法算出。

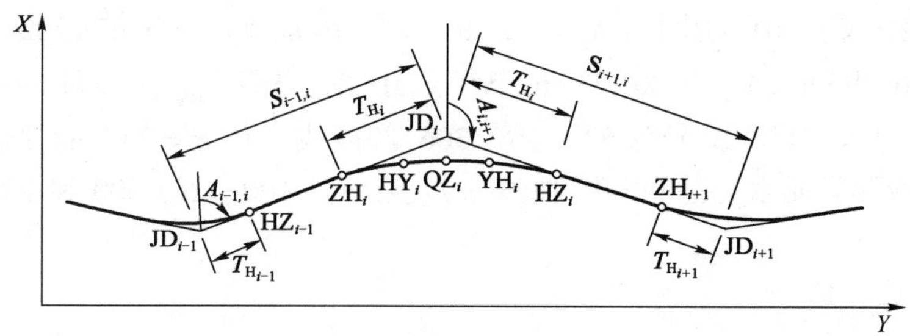

图 9-9 中桩坐标计算图

一、HZ_{i-1}点与 ZH_i 点的坐标计算

如图 9-9 所示，HZ_{i-1}点的坐标由下式计算：

$$\left.\begin{aligned}X_{HZ_{i-1}} &= X_{JD_{i-1}} + T_{H_{i-1}}\cos A_{i-1,i}\\Y_{HZ_{i-1}} &= Y_{JD_{i-1}} + T_{H_{i-1}}\sin A_{i-1,i}\end{aligned}\right\}\tag{9-21}$$

式中，$X_{HZ_{i-1}}$、$Y_{HZ_{i-1}}$ 为 HZ_{i-1} 点的坐标；$X_{JD_{i-1}}$、$Y_{JD_{i-1}}$ 为交点 JD_{i-1} 的坐标；$T_{H_{i-1}}$ 为切线长；$A_{i-1,i}$ 为 JD_{i-1} 至 JD_i 的坐标方位角。

ZH_i点为直线的终点，可按下式计算：

$$\left.\begin{aligned}X_{ZH_i} &= X_{JD_{i-1}} + (S_{i-1,i} - T_{H_i})\cos A_{i-1,i}\\Y_{ZH_i} &= Y_{JD_{i-1}} + (S_{i-1,i} - T_{H_i})\sin A_{i-1,i}\end{aligned}\right\}\tag{9-22}$$

式中，$S_{i-1,i}$ 为 JD_{i-1}至 JD_i的边长。

二、HZ_{i-1}点至 ZH_i 点之间的中桩坐标计算

此段为直线，桩点的坐标按下式计算：

$$\left.\begin{aligned}X_i &= X_{HZ_{i-1}} + D_i\cos A_{i-1,i}\\Y_i &= Y_{HZ_{i-1}} + D_i\sin A_{i-1,i}\end{aligned}\right\}\tag{9-23}$$

式中，D_i 为桩点至 HZ_{i-1}点的距离，即桩点里程与 HZ_{i-1}点里程之差。

三、ZH_i 点至 YH_i 点之间的中桩坐标计算

此段包括第一缓和曲线及圆曲线，可按式(9-19)和式(9-20)先算出切线支距法坐标 x、y，然后通过坐标变换将其转换为测量坐标 X、Y。坐标变换公式为：

$$\left.\begin{aligned}X_i &= X_{ZHi} + x_i\cos A_{i-1,i} - y_i\sin A_{i-1,i}\\Y_i &= Y_{ZHi} + x_i\sin A_{i-1,i} + y_i\cos A_{i-1,i}\end{aligned}\right\}\tag{9-24}$$

在运用式(9-24)计算时，如果曲线为左转角，应以 $y_i = -y_i$ 代入。

四、YH_i 点至 HZ_i 点之间的中桩坐标计算

此段为第二缓和曲线，仍可按式(9-19)计算支距法坐标，再按下式转换为测量坐标：

$$\left.\begin{aligned}X_i &= X_{HZ_i} - x_i\cos A_{i,i+1} + y_i\sin A_{i,i+1}\\Y_i &= Y_{HZ_i} - x_i\sin A_{i,i+1} - y_i\cos A_{i,i+1}\end{aligned}\right\}\tag{9-25}$$

当曲线为右转角时，以 $y_i = -y_i$ 代入。

【例9-2】 路线交点JD_2的坐标：$X_{JD_2}=2\,588\,711.270m$，$Y_{JD_2}=20\,478\,702.880m$；$JD_3$的坐标：$X_{JD_3}=2\,591\,069.056m$，$Y_{JD_3}=20\,478\,662.850m$；$JD_4$的坐标：$X_{JD_4}=2\,594\,145.875m$，$Y_{JD_4}=20\,481\,070.750m$。$JD_3$的里程桩号为K6+790.306，圆曲线半径$R=2\,000m$，缓和曲线长$l_s=100m$。试计算曲线测设元素、主点里程，曲线主点及K6+100、K6+500和K7+450的中桩坐标。

解：①计算路线转角

$$\tan A_{32}=\frac{Y_{JD_2}-Y_{JD_3}}{X_{JD_2}-X_{JD_3}}=\frac{+40.030}{-2\,357.786}=-0.016\,977\,792$$

$$A_{32}=180°-0°58'21.6''=179°01'38.4''$$

$$\tan A_{34}=\frac{Y_{JD_4}-Y_{JD_3}}{X_{JD_4}-X_{JD_3}}=\frac{+2\,407.900}{+3\,076.819}=0.782\,593\,97$$

$$A_{34}=38°02'47.5''$$

右角$\beta=179°01'38.4''-38°02'47.5''=140°58'50.9''$

$\beta<180°$，为右转角。

转角$\alpha=180°-140°58'50.9''=39°01'09.1''$

②计算曲线测设元素

$$\beta_0=\frac{l_s}{2R}\cdot\frac{180°}{\pi}=1°25'56.6''$$

$$p=\frac{l_s^2}{24R}=0.208(m)$$

$$q=\frac{l_s}{2}-\frac{l_s^3}{240R^2}=49.999(m)$$

$$T_H=(R+p)\tan\frac{\alpha}{2}+q=758.687(m)$$

$$L_H=R\alpha\frac{\pi}{180°}+l_s=1\,462.027(m)$$

$$L_Y=R(\alpha-2\beta_0)\frac{\pi}{180°}=1\,262.027(m)$$

$$E_H=(R+p)\sec\frac{\alpha}{2}-R=122.044(m)$$

$$D_H=2T_H-L_H=55.347(m)$$

③计算曲线主点里程

JD_3	K6+790.306
$-)T_H$	758.687
ZH	K6+031.619
$+)l_s$	100.000

HY	K6 +131.619
+) L_Y	1 262.027
YH	K7 +393.646
+) l_s	100.000
HZ	K7 +493.646
−) $L_H/2$	731.014
QZ	K6 +762.632
+) $D_H/2$	27.674
JD_3	K6 +790.306

④计算曲线主点及其他中桩坐标(只列举少数桩号讲明算法)

ZH 点的坐标按式(9-22)计算:

$$S_{23} = \sqrt{(X_{JD_3} - X_{JD_2})^2 + (Y_{JD_3} - Y_{JD_2})^2} = 2\ 358.126(\mathrm{m})$$

$$A_{23} = A_{32} + 180° = 359°01'38.4''$$

$$\left.\begin{aligned} X_{ZH_3} &= X_{JD_2} + (S_{23} - T_{H_3})\cos A_{23} = 2\ 590\ 310.479(\mathrm{m}) \\ Y_{ZH_3} &= Y_{JD_2} + (S_{23} - T_{H_3})\sin A_{23} = 20\ 478\ 675.729(\mathrm{m}) \end{aligned}\right\}$$

第一缓和曲线上的中桩坐标的计算:

中桩 K6 +100, l = 6100 − 6031.619(ZH 桩号) = 68.381(m),代入式(9-19)计算支距法坐标:

$$\left.\begin{aligned} x &= l - \frac{l^5}{40R^2 l_s^2} = 68.380(\mathrm{m}) \\ y &= \frac{l^3}{6Rl_s} = 0.266(\mathrm{m}) \end{aligned}\right\}$$

按式(9-24)转换坐标:

$$\left.\begin{aligned} X_{HY_3} &= X_{ZH_3} + x\cos A_{23} - y\sin A_{23} = 2\ 590\ 378.854(\mathrm{m}) \\ Y_{HY_3} &= Y_{ZH_3} + x\sin A_{23} + y\cos A_{23} = 20\ 478\ 674.834(\mathrm{m}) \end{aligned}\right\}$$

HY 按式(9-13)先算出支距法坐标:

$$\left.\begin{aligned} x_0 &= l_s - \frac{l_s^3}{40R^2} = 99.994(\mathrm{m}) \\ y_0 &= \frac{l_s^2}{6R} = 0.833(\mathrm{m}) \end{aligned}\right\}$$

按式(9-24)转换坐标:

$$\left.\begin{aligned} X_{HY_3} &= X_{ZH_3} + x_0\cos A_{23} - y_0\sin A_{23} = 2\ 590\ 410.473(\mathrm{m}) \\ Y_{HY_3} &= Y_{ZH_3} + x_0\sin A_{23} + y_0\cos A_{23} = 20\ 478\ 674.864(\mathrm{m}) \end{aligned}\right\}$$

圆曲线部分的中桩坐标计算：

中桩 K6 +500，按式(9-20)计算支距法坐标：

$$l = 6\,500 - 6\,131.619(\text{HY 桩号}) = 368.381(\text{m})$$

$$\varphi = \frac{l}{R} \cdot \frac{180°}{\pi} + \beta_0 = 11°59'08.6''$$

$$\left.\begin{aligned} x &= R\sin\varphi + q = 465.335(\text{m}) \\ y &= R(1 - \cos\varphi) + p = 43.809(\text{m}) \end{aligned}\right\}$$

代入式(9-24)得 K6 +500 的坐标：

$$\left.\begin{aligned} X &= X_{ZH_3} + x\cos A_{23} - y\sin A_{23} = 2\,590\,776.491(\text{m}) \\ Y &= Y_{ZH_3} + x\sin A_{23} + y\cos A_{23} = 20\,478\,711.632(\text{m}) \end{aligned}\right\}$$

QZ 点位于圆曲线部分，故计算步骤与 K6 +500 相同：

$$l = \frac{L_Y}{2} = 631.014(\text{m})$$

$$\varphi = 19°30'34''.6$$

$$x = 717.929(\text{m})$$

$$y = 115.037(\text{m})$$

$$\left.\begin{aligned} X_{QZ_3} &= 2\,591\,030.257(\text{m}) \\ Y_{QZ_3} &= 20\,478\,778.562(\text{m}) \end{aligned}\right\}$$

HZ 点的坐标按式(9-21)计算：

$$\left.\begin{aligned} X_{HZ_3} &= X_{JD_3} + T_{H_3}\cos A_{34} = 2\,591\,666.530(\text{m}) \\ Y_{HZ_3} &= Y_{JD_3} + T_{H_3}\sin A_{34} = 20\,479\,130.430(\text{m}) \end{aligned}\right\}$$

YH 点的支距法坐标与 HY 点完全相同：

$$\left.\begin{aligned} x_0 &= 99.994(\text{m}) \\ y_0 &= 0.833(\text{m}) \end{aligned}\right\}$$

按式(9-25)转换坐标，并顾及曲线为右转角，y 以 $-y_0$ 代入：

$$\left.\begin{aligned} X_{YH_3} &= X_{HZ_3} - x_0\cos A_{34} + (-y_0)\sin A_{34} = 2\,591\,587.270(\text{m}) \\ Y_{YH_3} &= Y_{HZ_3} - x_0\sin A_{34} - (-y_0)\cos A_{34} = 20\,479\,069.460(\text{m}) \end{aligned}\right\}$$

第二缓和曲线上的中桩坐标计算：

中桩 K7 +450，l =7 493.646(HZ 桩号) −7 450 =43.646(m)，代入式(9-19)计算支距法坐标：

$$\left.\begin{aligned} x &= 43.646(\text{m}) \\ y &= 0.069(\text{m}) \end{aligned}\right\}$$

按式(9-25)转换坐标，y 以负值代入得：

$$\left.\begin{aligned} X &= 2\,591\,632.116(\text{m}) \\ Y &= 20\,479\,103.585(\text{m}) \end{aligned}\right\}$$

直线上中桩坐标的计算：

如 K7 +600，D =7 600 −7 493.646(HZ 桩号) =106.354(m)，代入式(9-23)即可求得：

$$\left.\begin{aligned} X &= X_{HZ_3} + D\cos A_{34} = 2\,591\,750.285(\text{m}) \\ Y &= Y_{HZ_3} + D\sin A_{34} = 20\,479\,195.976(\text{m}) \end{aligned}\right\}$$

由于一条路线的中桩数目很多,因此中线逐桩坐标表通常都是用计算机编制程序计算的。

第五节 几种典型平曲线要素的计算

目前在中线测量中全站仪、GNSS 已经普及,中线均采用坐标法放样。各种道路线形,只要路线的曲线要素确定下来,计算出逐桩坐标表,均可以采用全站仪或 GNSS-RTK 进行放样。

一、虚交

1. 单圆曲线虚交

虚交是指路线交点 JD 不能设桩、安置仪器(如 JD 落入水中、深谷及建筑物等处)或交点不存在(如转角≥180°)。有时交点虽可钉出,但因转角太大,交点远离曲线或地形地物等障碍而不易到达,可作为虚交处理。

虚交有圆外基线法与切基线法。切基线法计算简单,而且容易控制曲线的位置,是解决虚交问题的常用方法。

如图 9-9 所示,基线 AB 与圆曲线相切于一点,该点称为公切点,以 GQ 表示。以 GQ 点将曲线分为两个相同半径的圆曲线。AB 称为切基线,可以起到控制曲线位置的作用。测出 α_A 和 α_B,丈量 AB,设曲线的半径为 R,切线长分别为 T_1 和 T_2,则:

$$AB = T_1 + T_2 = R\tan\frac{\alpha_A}{2} + R\tan\frac{\alpha_B}{2} = R\left(\tan\frac{\alpha_A}{2} + \tan\frac{\alpha_B}{2}\right)$$

因此

$$R = \frac{AB}{\tan\frac{\alpha_A}{2} + \tan\frac{\alpha_B}{2}} \tag{9-26}$$

半径 R 应算至厘米。R 算得后,根据 R、α_A、α_B,即可算出两个同半径曲线的测设元素 T_1、L_1 和 T_2、L_2。

【例 9-3】 如图 9-10 所示,测得 $\alpha_A = 63°10'$、$\alpha_B = 42°18'$,切基线长 AB = 62.52m,试计算切基线的圆曲线半径。

解: $R = \dfrac{62.52}{\tan\dfrac{63°10'}{2} + \tan\dfrac{42°18'}{2}} = 62.42(\text{m})$

校核: $T_1 = 62.42 \times \tan\dfrac{63°10'}{2} = 38.38(\text{m})$

$T_2 = 62.42 \times \tan\dfrac{42°18'}{2} = 24.15(\text{m})$

$AB = 38.38 + 24.15 = 62.53(\text{m})$ (正确)

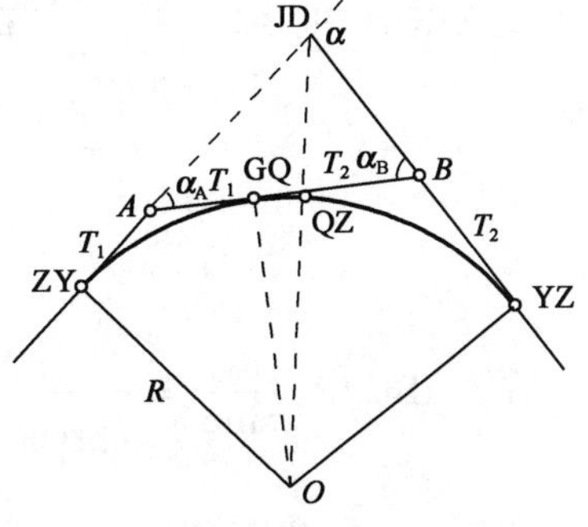

图 9-10 切基线法

2. 两端设有缓和曲线的虚交

(1)非对称型曲线的公式推导

非对称型曲线是指圆曲线两端的缓和曲线长度不相等的曲线组合形式。如图 9-11 所示，非对称型曲线的交点为 A，第一、第二缓和曲线长度分别为 L_{s1} 和 L_{s2}，且 $l_{s1} \neq l_{s2}$，故 $P_1 \neq P_2$，$q_1 \neq q_2$，$T_1 \neq T_2$。

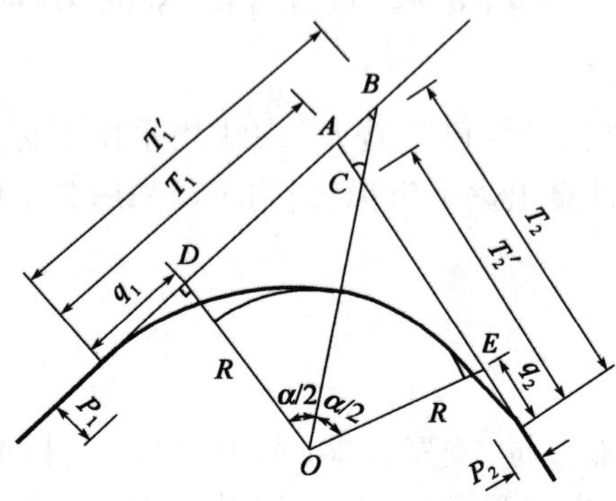

图 9-11　非对称基本型曲线

在非对称基本型曲线中：

$$P_1 = \frac{l_{s1}^2}{24R}, P_2 = \frac{l_{s2}^2}{24R}$$

$$q_1 = \frac{l_{s1}^2}{2} - \frac{l_{s1}^3}{240R^2}, q_2 = \frac{l_{s2}^2}{2} - \frac{l_{s2}^3}{240R^2}$$

$$\beta_{01} = \frac{90}{\pi R} l_{s1}, \beta_{02} = \frac{90}{\pi R} l_{s2}$$

不妨设 $l_{s1} > l_{s2}$，过圆心 O 作角平分线与 DA 交于点 B，则有：

$$\left.\begin{aligned} T_1 &= T_1' - \mathrm{AB} = (R + P_1)\tan\frac{\alpha}{2} + q_1 - \mathrm{AB} \\ T_2 &= T_2' + \mathrm{AC} = (R + P_2)\tan\frac{\alpha}{2} + q_2 + \mathrm{AC} \end{aligned}\right\} \tag{9-27}$$

在△BOD 中，$\mathrm{BO} = \dfrac{R + P_1}{\cos\dfrac{\alpha}{2}}$，在△COE 中，$\mathrm{CO} = \dfrac{R + P_2}{\cos\dfrac{\alpha}{2}}$，则：

$$\mathrm{BC} = \mathrm{BO} - \mathrm{CO} = \frac{P_1 - P_2}{\cos\dfrac{\alpha}{2}} \tag{9-28}$$

在△ABC 中，$\dfrac{\mathrm{BC}}{\sin\alpha} = \dfrac{\mathrm{AB}}{\sin\left(90° - \dfrac{\alpha}{2}\right)}$

将式(9-28)代入，得：

$$AB = \frac{P_1 - P_2}{\cos\frac{\alpha}{2}\sin\alpha} \cdot \sin\left(90° - \frac{\alpha}{2}\right) = \frac{P_1 - P_2}{\cos\frac{\alpha}{2} \cdot \sin\alpha} \cdot \cos\frac{\alpha}{2} = \frac{P_1 - P_2}{\sin\alpha}$$

即

$$AB = AC = \frac{P_1 - P_2}{\sin\alpha} \tag{9-29}$$

代入式(9-27),即得:

切线

$$\left.\begin{aligned} T_1 &= (R + P_1)\tan\frac{\alpha}{2} + q_1 - \frac{P_1 - P_2}{\sin\alpha} \\ T_2 &= (R + P_2)\tan\frac{\alpha}{2} + q_2 - \frac{P_2 - P_1}{\sin\alpha} \end{aligned}\right\} \tag{9-30}$$

曲线长

$$L_H = (\alpha - \beta_{01} - \beta_{02})R\frac{\pi}{180°} + l_{s1} + l_{s2} \tag{9-31}$$

当 $l_{sA} < l_{sB}$ 时,可得出同样结论,在此不赘述。

(2)两端设有缓和曲线的切基线圆曲线半径的反算

图 9-12 所示为切基线的对称基本型曲线,为计算方便,可将其视为两个非对称基本型平曲线在公切点 GQ 处首尾相接而成。

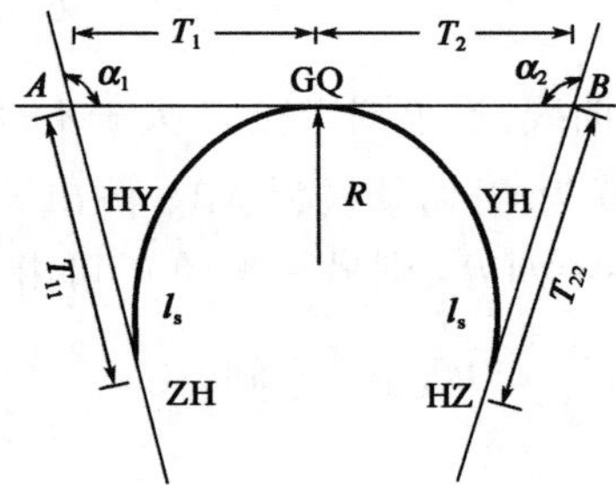

图 9-12　切基线的圆曲线半径

对于 JD_A,$l_{s1} = l_s$,$l_{s2} = 0$。

由式(9-30)得:

$$T_{11} = (R + P)\tan\frac{\alpha_1}{2} + q - \frac{p}{\sin\alpha_1}$$

$$T_1 = R\tan\frac{\alpha_1}{2} + \frac{p}{\sin\alpha_1}$$

对于 JD_B,$l_{s1} = 0$,$l_{s2} = l_s$。

由式(9-30)得:

$$T_2 = R\tan\frac{\alpha_2}{2} + \frac{p}{\sin\alpha_2}$$

$$T_{22} = (R + P)\tan\frac{\alpha_2}{2} + q - \frac{p}{\sin\alpha_2}$$

又 $T_1 + T_2 = AB$,即:

$$R\left(\tan\frac{\alpha_1}{2} + \tan\frac{\alpha_2}{2}\right) + \frac{l_s^2}{24R}\left(\frac{1}{\sin\alpha_1} + \frac{1}{\sin\alpha_2}\right) = AB$$

将上式整理为 R 的一元二次方程:

$$\left(\tan\frac{\alpha_1}{2}+\tan\frac{\alpha_2}{2}\right)\cdot R^2-\mathrm{AB}\cdot R+\left(\frac{1}{\sin\alpha_1}+\frac{1}{\sin\alpha_2}\right)\frac{l_s^2}{24}=0$$

令

$$a=\tan\frac{\alpha_1}{2}+\tan\frac{\alpha_2}{2}$$

$$b=-\mathrm{AB}$$

$$c=\left(\frac{1}{\sin\alpha_1}+\frac{1}{\sin\alpha_2}\right)\cdot\frac{l_s^2}{24}$$

则：

$$R=\frac{-b+\sqrt{b^2-4a\cdot c}}{2a} \tag{9-32}$$

二、复曲线

复曲线是由两个或两个以上不同半径的同向曲线相连而成的曲线。因其连接方式不同，分为以下三种情况。

1. 不设缓和曲线的复曲线

两个不同半径（R_1、R_2）的圆曲线，当小圆半径 R_2 大于不设超高的最小半径时，两圆可径向衔接。如图 9-13 所示，设交点 JD 为 C，切基线为 AB。测出 α_1、α_2 和基线 AB。设计时先根据限定条件确定一个控制较严的半径如 R_1，则另一半径 R_2 可由下式确定：

由于 $\mathrm{AB}=T_1+T_2=R_1\tan\frac{\alpha_1}{2}+R_2\tan\frac{\alpha_2}{2}$，则：

$$R_2=\frac{\mathrm{AB}-R_1\tan\frac{\alpha_1}{2}}{\tan\frac{\alpha_2}{2}} \tag{9-33}$$

当圆曲线半径 R_1、R_2 确定之后，有关测设要素计算如下：

$$\left.\begin{aligned}T_1&=R_1\tan\frac{\alpha_1}{2}\\T_2&=R_2\tan\frac{\alpha_2}{2}\\L_1&=\frac{\pi\alpha_1R_1}{180^\circ}\\L_2&=\frac{\pi\alpha_2R_2}{180^\circ}\end{aligned}\right\} \tag{9-34}$$

2. 两端设有缓和曲线中间用圆曲线直接连接的复曲线

两个不同半径（R_1、R_2）的圆曲线，根据线形设计的要求，圆曲线两端设有缓和曲线，中间用圆曲线直接连接而构成复曲线。如图 9-14 所示，设交点 JD 为 D，切基线为 AC。测出 α_1、α_2 和基线 AC。这种复曲线可以看作由两个非对称型平曲线首尾相接而成。

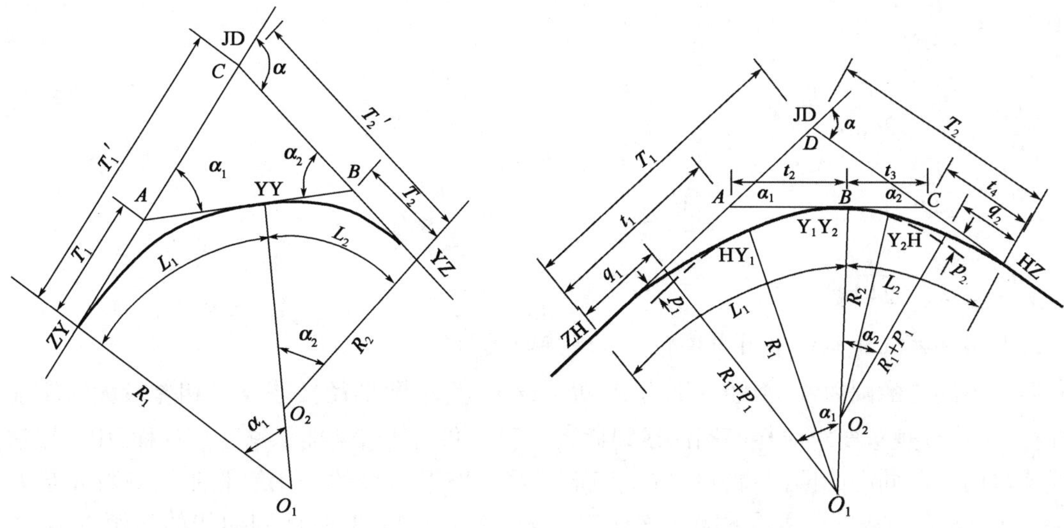

图 9-13　两圆曲线组成的复曲线　　　　图 9-14　两端设缓和曲线的复曲线

前一非对称型平曲线可看作由交点 A、转角 α_1、半径 R_1、缓和曲线分别为 l_{s1} 和 0 构成，后一非对称型平曲线可看作由交点 C、转角 α_2、半径 R_2、缓和曲线分别为 0 和 l_{s2} 构成。

设计时先根据限定条件确定一个控制较严的半径如 R_1 和 l_{s1}，计算出切线长 t_2。另一端曲线可先初拟其缓和曲线 l_{s2}，求出其圆曲线半径 R_2。

由于

$$t_2 = R_1 \tan\frac{\alpha_1}{2} + \frac{l_{s1}^2}{24R_1\sin\alpha_1}$$

$$t_3 = R_2 \tan\frac{\alpha_2}{2} + \frac{l_{s2}^2}{24R_2\sin\alpha_2}$$

$$\mathrm{AC} = t_2 + t_3$$

则可推出：

$$\tan\frac{\alpha_2}{2}R_2^2 + (\mathrm{AC} - t_2)R_2 + \frac{l_{s2}^2}{24\sin\alpha_2} = 0$$

上式为 R_2 的一元二次方程，解此方程即可求出 R_2。

当圆曲线半径 R_1、R_2 确定之后，有关测设要素计算如下：

$$\left.\begin{aligned}
t_1 &= (R_1 + p_1)\tan\frac{\alpha_1}{2} - \frac{p_1}{\sin\alpha_1} + q_1\\
t_2 &= R_1\tan\frac{\alpha_1}{2} + \frac{p_1}{\tan\alpha_1}\\
L_1 &= \frac{\pi}{180^\circ}R\alpha_1 + \frac{l_{s1}}{2}\\
t_3 &= R_2\tan\frac{\alpha_2}{2} + \frac{p_2}{\tan\alpha_2}\\
t_4 &= (R_2 + p_2)\tan\frac{\alpha_2}{2} - \frac{p_2}{\sin\alpha_2} + q_2\\
L_2 &= \frac{\pi}{180^\circ}R\alpha_2 + \frac{l_{s2}}{2}
\end{aligned}\right\} \tag{9-35}$$

式中：$p_1 = \dfrac{l_{s1}^2}{24R_1}$

$$q_1 = \frac{l_{s1}}{2} - \frac{l_{s1}^3}{240R_1^2}$$

$$p_2 = \frac{l_{s2}^2}{24R_2}$$

$$q_2 = \frac{l_{s2}}{2} - \frac{l_{s2}^3}{240R_2^2}$$

3. 两端设有缓和曲线中间用缓和曲线连接的复曲线

两个不同心的圆曲线，半径分别为 R_1、R_2（设 R_2 为小圆半径），当半径相差较大时不能径向连接，按设计规范要求应在两圆曲线间插入一段缓和曲线以使曲率渐变。这样，用一段缓和曲线连接两个不同心的圆曲线就构成了卵形曲线。卵形曲线的公用缓和曲线参数 A 最好满足 $R_2/2 \leqslant A \leqslant R_1$ 的要求，两圆的半径之比宜为 $R_1/R_2 = 0.2 \sim 0.8$，两圆曲线的间距以 $D/R_2 = 0.003 \sim 0.03$ 为宜（D 为两圆曲线间的最小间距）。

如图 9-15 所示，卵形曲线两端圆曲线半径和缓和曲线长度分别为 R_1、L_{S1} 及 R_2、L_{S2}，中间连接两圆曲线的公用缓和曲线长度为 L_F。L_F 一端的曲率半径为 R_1，另一端的曲率半径为 R_2。设 $R_1 > R_2$，$p_1 < p_2$，由图 9-15 可知：

$$\left.\begin{aligned}
L_F &= \sqrt{\frac{24R_1R_2p_F}{R_1 - R_2}} \\
(p_F &= p_2 - p_1) \\
\beta_{F_1} &= \frac{L_F}{2R_1} \cdot \frac{180}{\pi} \\
\beta_{F_2} &= \frac{L_F}{2R_2} \cdot \frac{180}{\pi} \\
T_{H1} &= (R_1 + p_1)\tan\frac{\alpha_1}{2} + q_1 = T_1 + q_1 \\
T_{H2} &= (R_2 + p_2)\tan\frac{\alpha_2}{2} + q_2 = T_2 + q_2 \\
L_{y1} &= R_1(\alpha_1 - \beta_{12} - \beta_{F1})\frac{\pi}{180°} \\
L_{y2} &= R_2(\alpha_2 - \beta_{02} - \beta_{F2})\frac{\pi}{180°} \\
L_{H1} &= L_{y1} + L_{s1} + \frac{L_F}{2} \\
L_{H2} &= L_{Y2} + L_{S2} + \frac{L_F}{2} \\
\mathrm{LH} &= L_{H1} + L_{H2}
\end{aligned}\right\} \tag{9-36}$$

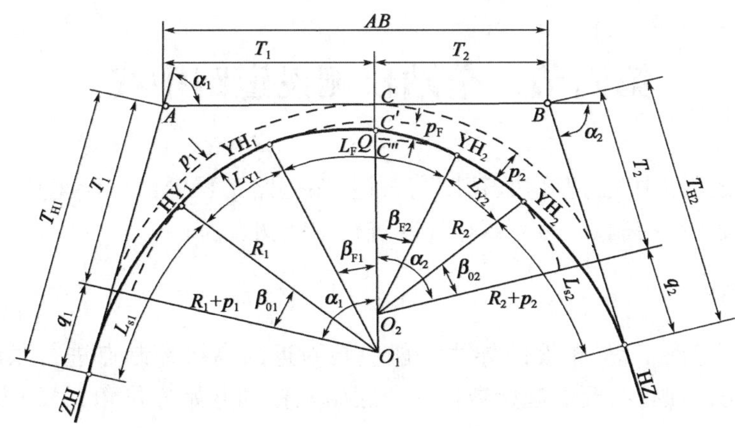

图 9-15　两端及中间均设缓和曲线的复曲线

三、回头曲线

回头展线是在同一坡面上，做相反方向的前进，延长路线距离以克服高差，是二、三、四级公路在越岭线中常采用的一种展线方式。这种曲线转角一般接近甚至超过 180°，称为回头曲线。转角在 180°左右的回头曲线，其计算方法同虚交点，下面介绍转角超过 180°回头曲线的要素计算。

1. 转角 $180° < \alpha < 360°$ 时（图 9-16）

$$T = (R + p)\tan\left(\frac{360° - \alpha}{2}\right) - q \tag{9-37}$$

当 T 为正值时，交点位于直线范围[图 9-16a)]；当 T 为负值时，交点位于切线范围内[图 9-16b)]。

2. 当 $360° \leqslant \alpha < 540°$ 时（图 9-17）

$$T = (R + p)\tan\left(\frac{\alpha - 360°}{2}\right) + q \tag{9-38}$$

回头曲线总长 L 为：

$$L = \frac{\pi R}{180°}(\alpha - 2\beta) + 2l_s = \frac{\pi}{180°}\alpha R + l_s \tag{9-39}$$

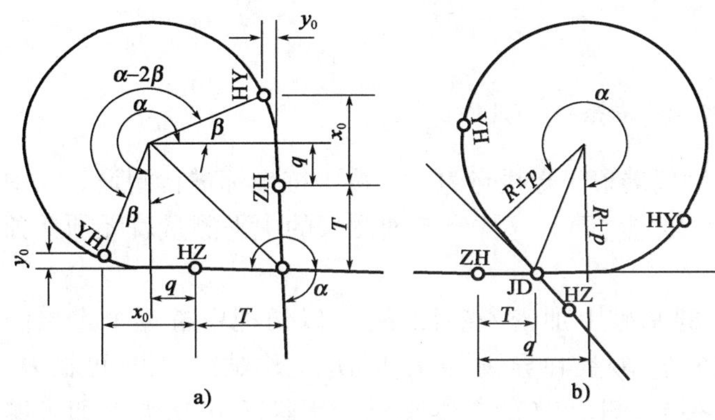

图 9-16　回头曲线（180° < α < 360°）

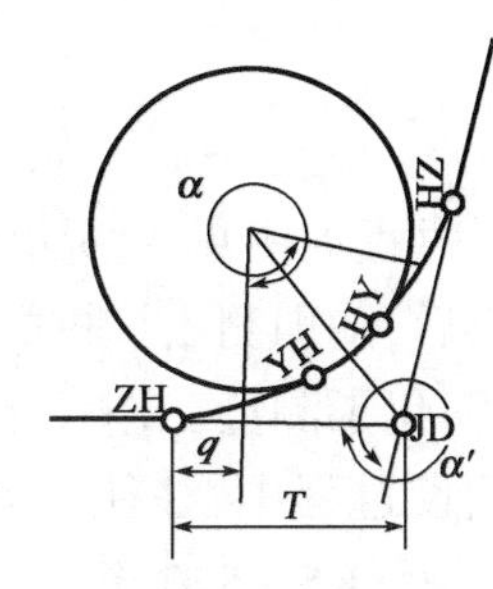

图 9-17　回头曲线（360° < α < 540°）

第六节　全站仪测设道路中线

用全站仪测设道路中线,速度快、精度高,目前在道路工程中已广泛采用。在测设时一般应沿路线方向布设导线控制点,然后依据导线进行中线测设。

一、导线控制

对于高等级的道路工程,布设的导线一般应与附近的高级控制点进行联测,构成附合导线。联测一方面可以获得必要的起始数据——起始坐标和起始方位角,另一方面可对观测的数据进行校核。

目前,理论与实践已经证明,用全站仪观测高程,如果采取对向(往返)观测,竖直角观测精度 $m_2 \leqslant \pm 2''$,测距精度不低于 $(5+5\times10^{-6}D)$ mm,边长控制在0.5km之内,即可达到四等水准的限差要求。因此,在导线测量时通常都是观测三维坐标,将高程的观测结果作为路线高程的控制,以代替路线纵断面测量中的基平测量。

二、中线测量

在用全站仪进行道路中线测量时,通常是按中桩的坐标测设。中桩坐标一般用计算机程序计算,并将其输入到全站仪中,供放样时调用。

全站仪放样的基本原理是以控制导线为根据,以角度和距离交会定点。如图9-18所示,已知测站点 T_i、后视点 T_{i-1}、放样点 P 的坐标,则可计算出夹角 J 或方位角 A 和置仪点 T_i 到待放点 P 的距离 D。在导线点 T_i 放置仪器,后视 T_{i-1}(或 T_{i+1}),就可在实地放出 P 点。图9-18a)为采用夹角 J 的放样法,图9-18b)为采用方位角 A 的放样法。

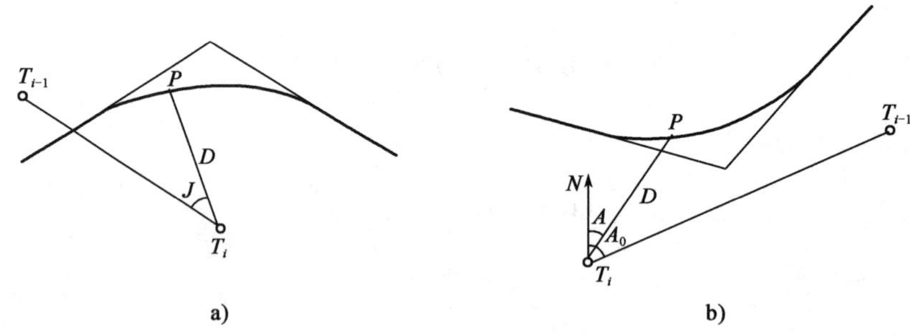

图9-18　极坐标法测设中桩

放样过程如图9-19所示,测设时将仪器置于导线点 D_i 上,按中桩坐标进行测设。在中桩位置定出后,随即测出该桩的地面高程(Z 坐标)。这样纵断面测量的中平测量就无须单独进行,大大简化了测量工作。

在测设过程中,往往需要在导线的基础上加密一些测站点,以便把中桩逐个定出。如图9-19所示,K5+520至K6+180之间的中桩,在导线点 D_7 和 D_8 上均难以测设,可在 D_7 测设结束后,于适当位置选一 M 点,钉桩后,测出 M 的三维坐标。仪器迁至 M 点上即可继续测设。

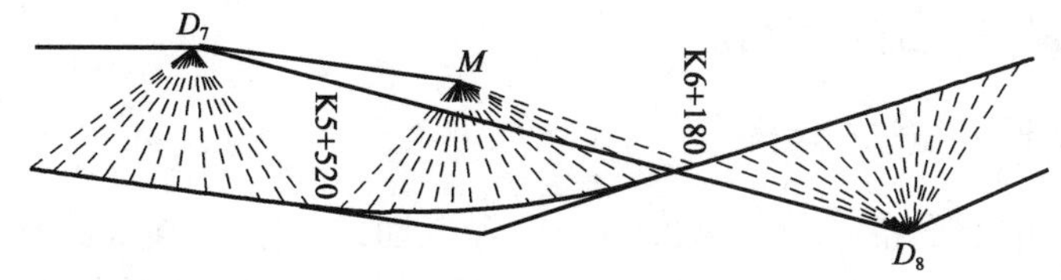

图 9-19 全站仪测设中线

三、全站仪中桩放样操作

放样测量即在实地上标定出所要求的点。在全站仪放样测量中,通过对照准点的水平角、距离或坐标的测量,仪器可以显示出预先输入的待放样值与实测值之差,持棱镜者根据测量的差值调整测点位置,直到测量差值在容许范围之内,则测点就是需要的放样点。(具体操作见第八章第四节)

第七节 GNSS-RTK 测设道路中线

RTK(Real Time Kinematic)是能够在野外实时得到厘米级定位精度的测量方法,它采用了载波相位动态实时差分方法,是 GNSS 测量技术与数据传输技术的结合,是 GNSS 测量技术发展中的一个新方向。目前该技术日臻成熟,已被广泛应用于控制测量、地形碎部测量及施工放样等诸多工程测量中。

RTK 基本原理、组成和基本要求等详见第五章第四节。

一、RTK 技术在中线放样中的应用

设计和施工中进行定位放样时,在沿线布设控制网并精确测得各控制点坐标和高程,作为定线测量的条件,然后便可开始坐标放样。为了快速而准确地放样道路中线,利用 RTK 技术,设置好基准站,用手持 RTK 接收机作为流动站,沿着施工线路按照一定间隔进行测设,就可对道路中线进行准确定位并在实地上标定出来。利用 RTK 测量进行公路中线放样,主要有两种作业方式。

第一种是根据各种线形中桩坐标计算软件,计算出公路中线上各桩点的坐标,然后将中桩点坐标(逐桩坐标)转换成 *.txt 文件格式传输到 GNSS 控制手簿中,建立以桩号为标识符的公路放样文件。为了方便加桩,放样文件桩号间隔可以设置密一些,在现场根据需要选择必要的中桩放样。由于每个点的测量都是独立完成的,不会产生累积误差,各点放样精度基本一致。

第二种是利用 RTK 系统中自带的道路放样模块进行操作。放样时,首先将路线的平面定线元素(起点里程、起始方位角、直线段距离、圆曲线半径、缓和曲线等)输入电子手簿,按里程桩号进行放样。这种方法简单迅速,随机性强,加桩方便,比起传统的极坐标法测设要快得多。

定线放样时,一般采用 $1+1$ 或 $1+N(N>1)$ 的作业模式,将一台接收机作为基准站,另一台或两台流动站接收机按设计坐标进行放样。放样时从电子手簿上可随时看到所在位置与放样点的偏距、方位及放样精度,根据手簿提示找到放样点中桩后,即可打桩,并随即用 GNSS 测

得放样点的地面高程，可代替中平测量。

二、GNSS RTK 中桩放样操作

RTK 操作步骤：前期准备→设置基准站→设置流动站→定义坐标系统→放样。

以常用的基准站任意点架站为例，说明华星中海达 GNSS-RTK 的使用方法。

1. 前期准备

(1)编辑数据

在计算机中编辑控制点(已知点)的文本文件(*.txt)，点名和文件名不能是中文。格式：点名，东坐标(E)，北坐标(N)，高程。

中桩放样前，需要编辑逐桩坐标表文件(*.txt)。格式为：桩号，东坐标(E)，北坐标(N)。为了方便加桩，可以在生成逐桩坐标表时，桩号间隔5m，中桩放样时，按需要选择。

将编辑好的控制点数据文件、逐桩坐标表文件，通过传输线导入手簿 F:\ZHD\Out 路径下。

(2)新建项目(或选择已有项目)

打开 HI-Survey 软件。软件主界面如图9-20所示。

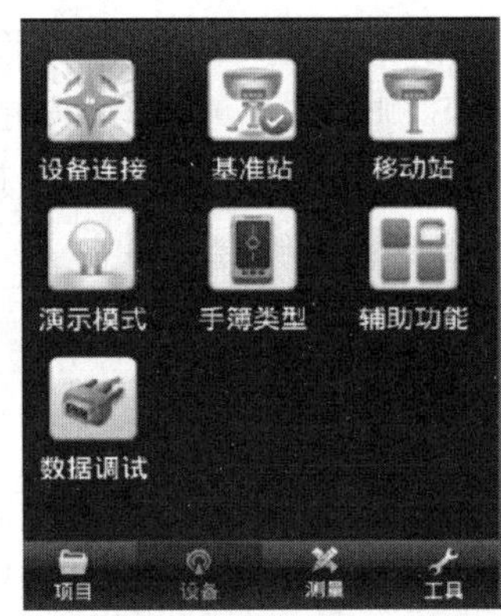

图9-20　GNSS 手簿测量界面

点击[项目]—[项目信息]，在下方输入项目名，点确定之后[新建项目]。

选择坐标系统，设置椭球和投影参数。

(3)数据导入

点击“[文件传输]”，将控制点、放样点数据导入新建立的项目。

2. 设置基准站、流动站、建立坐标系统、放样等

详见第五章第四节和第八章第五节。

三、应用 RTK 技术进行线路定测的优点

(1)常规的中线测量总是先确定平面位置，而后再确定高程。即先放线，后做中平测量。RTK 技术可提供三维坐标信息，因此在放样中线的同时也获得了点位的高程信息，无须再进行中平测量，大大提高了工作效率。

(2)目前 RTK 基准站数据链的作用半径可以达到 10km 以上,因此整个线路上只要布设首级控制网便可完成控制,而不必布设加密控制网。只要保存好首级点,便可随时放样中线或恢复整个线路,因此也不必担心桩位的遗失而给线路测量带来困难等。

(3)在 RTK 定线测量中首级控制网直接与中线桩点联系,点位精度可达厘米级,不存在中间点的误差积累问题,因此能达到很高的精度,满足高等级线路工程的要求。

(4)RTK 基准站发出的数据链信息,可供多个流动站应用,而基准站只需由 1 个人单独操作,这就大大节省了人力,提高了功效。

(5)应用 RTK 技术进行线路定测工作比较轻松,流动站作业员只要进入放样模式,并调出放样点,手簿软件中的电子罗盘就会引导作业员到达放样点。当屏幕显示流动站杆位和设计点位重合时,检查精度,记录放样点坐标和高程,然后标记地面点位(如打桩)。

(6)RTK 技术与常规全站仪相结合,可充分发挥 GNSS 无需通视以及常规全站仪灵活方便的优点,把两者相结合,能满足公路工程各种场合测量工作的需要,并大大加快观测速度,提高观测质量,形成新一代的线路勘测系统。

【思考题与习题】

1. 什么是路线的转角?已知交点桩号如何计算路线转角?如何判定转角是左转角还是右转角?

2. 已知路线导线的右角:$\beta_1=210°42'$,$\beta_2=162°06'$。试计算路线转角值,并说明是左转角还是右转角。

3. 什么是交点桩号?如何计算交点桩号?

4. 什么是整桩号法设桩?有什么特点?

5. 什么是虚交?虚交切基线法有何优点?

6. 什么是复曲线?如图 9-13 所示复曲线,设 $\alpha_1=30°12'$,$\alpha_2=32°18'$,AB = 387.62m,主曲线半径 $R_2=300$m。试计算复曲线半径及测设元素。

7. 什么是回头曲线?

8. 什么是缓和曲线?缓和曲线有何特点?

9. 已知 JD_5 的里程桩号为 K21 + 476.21,转角 $\alpha_{右}=37°16'$,圆曲线半径 $R=300$m,缓和曲线长 $l_s=60$m,JD_5 与 JD_6 距离为 580m,试计算 JD_6 的交点里程。

10. 已知交点的里程桩号为 K4 + 300.18,测得转角 $\alpha_{左}=17°30'$,圆曲线半径 $R=500$m,$l_s=80$m。若采用切线支距法并按整桩号法设桩(桩距 20m),试从 K4 + 180 开始排桩,并计算各桩在局部坐标系下的坐标。

11. 全站仪放样中桩有哪几个步骤,其作用是什么?

12. GNSS-RTK 组成包括哪几个部分?放样中桩有哪几个步骤?

第十章

路线纵、横断面测量

【学习内容与要求】

本章主要介绍道路纵断面、横断面测量的原理与方法。通过学习了解道路中线的恢复、路基边桩的测设;熟悉纵断面、横断面的绘制方法;掌握路线高程控制测量(基平测量),路线中桩高程测量(中平测量)的方法,掌握横断面方向的测定以及横断面的测量方法。

第一节 概　　述

路线纵断面测量又称中线高程测量,它的任务是道路中线在实地标定之后,测定中线各里程桩的地面高程,供点绘地面线和设计纵坡之用。横断面测量是测定中桩两侧垂直于中线方向各坡度变化点的距离和高差,供路线横断面图点绘地面线、路基设计、土石方数量计算以及施工边桩放样等使用。

为了保证测量精度和有效地进行成果检核,按照"从整体到局部"的测量原则,纵断面测量可分为路线高程控制测量和中桩高程测量。一般先沿路线方向设置高程控制点,建立路线高程控制网,即路线高程控制测量;再根据高程控制测量测定的控制点高程,分段进行中桩高程测量。测定路线各里程桩的地面高程,称为路线中桩高程测量。

第二节　路线高程控制测量

路线高程控制测量工作首先依据路线等级确定高程控制测量等级,然后沿线设置高程控制点,并测定其高程,建立路线高程控制测量网,作为路线中桩高程测量、施工放样及竣工验收的依据。

路线高程控制测量的方法有水准测量(亦称基平测量)、全站仪三角高程测量及 GNSS 测量等方法。光电测距仪(全站仪)三角高程测量及 GNSS 测量的方法详见第七章和第五章有关内容,本节主要介绍基平测量的方法。

基平测量是沿路线方向设置水准点,用水准测量的方法建立路线高程控制测量。

一、路线高程控制点的设置

路线高程控制点是用高程测量建立的控制点,在道路设计、施工及竣工验收阶段都要使用。因此,根据路线等级和用途的不同,道路沿线可布设永久性高程控制点(水准点)和临时性高程控制点(水准点)。在路线的起终点、大桥两岸、隧道两端以及一些需要长期观测高程的重点工程附近均应设置永久性高程控制点,在一般地区也应每隔适当距离设置一个。永久性高程控制点应为混凝土桩,也可在牢固的永久性建筑物顶面凸出处设置,点位用红油漆画上"⊠"记号;山区岩石地段的水准点桩可利用坚硬稳定的岩石并用金属标志嵌在岩石上。混凝土控制点桩顶面的钢筋应锉成球面。为便于引测及施工放样,还需沿线布设一定数量的临时高程控制点。临时性高程控制点可埋设大木桩,顶面钉入大铁钉作为标志,也可设在地面突出的坚硬岩石或建筑物墙角处,并用红油漆作标志。

高程控制点布设的密度,应根据地形和工程需要而定。高程控制点沿路线布设宜设于道路中线两侧 50 ~ 300m 范围之内,布设间距宜为 1 ~ 1.5km;山岭重丘区可根据需要适当加密为 1km 左右;大桥、隧道洞口及其他大型构造物两端应按要求增设高程控制点。高程控制点应选在稳固、醒目、易于引测、便于定测和施工放样,且不易被破坏的地点。

水准点用"BM"标注,并注明编号、水准点高程、测设单位及埋设的年月。其他高程控制点可采用三维控制点的标注及编号方法。

二、基平测量的方法

基平测量时,首先应将起始水准点与附近国家水准点进行联测,以获取绝对高程,并对测量结果进行检测。如有可能,应构成附合水准路线。当路线附近没有国家水准点,或引测困难时,则可参考地形图或用气压表选定一个与实际高程接近的高程作为起始水准点的假定高程。

公路高程测量的等级选用、技术要求及观测要求详见表 6-13 ~ 表 6-19。

水准点的高程测定,应根据水准测量的等级选定水准仪及水准尺类型,通常采用一台水准仪在水准点间作往返观测,也可用两台水准仪作单程观测。

基平测量时,采用一台水准仪往返观测或两台水准仪单程观测所得闭合差应符合水准测量的精度要求,且不得超过容许值。

当测段闭合差在规定容许闭合差(限差)之内,取其高差平均值作为两水准点间的高差。超出限差则必须重测。

三、跨河水准测量

跨河水准测量,是指水准路线跨越江河(或湖塘、沼泽、宽沟、洼地、山谷等),视线长度超过规定的水准测量。当视线长度在200m以内时,可用一般观测方法进行,但在测站上应变换一次仪器高,观测两次,两次高差之差应不超过7mm,取两次结果的中数;当视线长度超过200m时,应根据跨河宽度和仪器设备等情况,选用相应等级的光电测距三角高程测量或跨河水准测量方法进行观测。以下介绍公路桥梁测量中经常遇到的跨越宽度小于300m时常用的测量方法。

1. 测站与观测点的布设

要求两岸测站至水边的距离应尽可能相等;测站应选在开阔、通视之处,不能靠近墙壁和石堆。两岸仪器的水平视线距水面的高度应相等,视线高度应不小于2m。仪器和标尺应布置成图10-1的形式,I_1、I_2为测站,A、B为观测点(即立尺点),跨河视线I_1B、I_2A应力求相等,岸上视线I_1A、I_2B长度不得短于10m,且彼此相等。

2. 观测程序及注意事项

如图10-1所示,采用一台仪器施测时,先在I_1安置仪器,照准A点近尺,读数为a_1;再照准远尺B,读数为b_1,则$h_1=a_1-b_1$,此为半测回。严格保持望远镜对光不变,迅速搬仪器于I_2点,同时将标尺对调,由A调B,由B调A。按上半测回相反的顺序,先照准远尺A,得读数a_2;再照准近尺B,得读数b_2,则$h_2=a_2-b_2$,此即后半测回。取两个半测回的平均值,即组成一个测回。

每一跨河测量需观测两测回。在用两台仪器观测时,应尽可能各置一岸,同时观测一个测回。四等跨河水准测量,两测回间高差不符值应不超过16mm,在限差以内时,取两测回高差平均值作为最后结果;若超出限差应检查纠正或重测。

跨河水准测量的观测时间最好选在风力微弱、气温变化较小的阴天进行;晴天观测时,应在日出后1小时开始至9:30,下午自15时起至日落前1小时止。

当河面较宽,水准仪读数有困难时,可将觇牌装在水准尺上(图10-2),由观测者指挥上下移动觇牌,直至觇牌红白分界线与十字丝中横丝相重合为止,由立尺者直接读取并记录标尺读数。

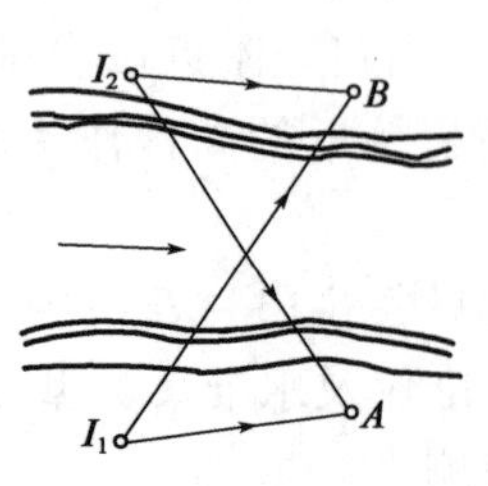

图10-1　跨河水准

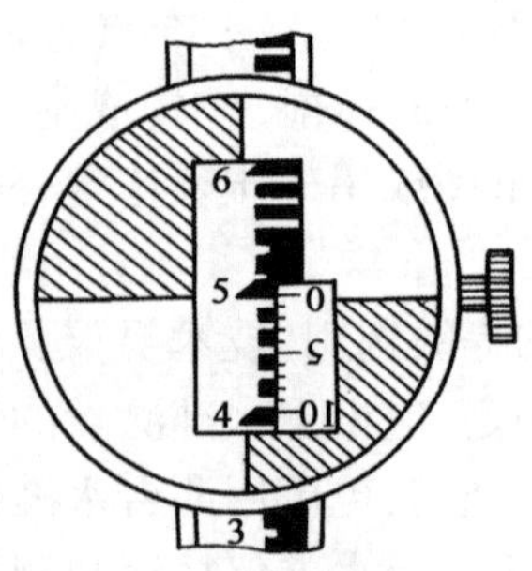

图10-2　觇牌

第三节　路线中桩高程测量

路线中桩高程测量的方法有水准测量、三角高程测量、GNSS-RTK 测量。水准测量即中平测量主要是利用基平测量布设的水准点及高程，引测出各中桩的地面高程，作为绘制路线断面地面线的依据。

一、中平测量的方法

中平测量一般是以两相邻水准点为一测段，从一个水准点开始，逐个测定中桩的地面高程，直至闭合于下一个水准点上。在每一个测站上，除了传递高程，观测转点外，应尽量多的观测中桩。相邻两转点间所观测的中桩，称为中间点，其读数为中视读数。由于转点起着传递高程的作用，在测站上应先观测转点，后观测中间点。转点读数至毫米，视线长不应大于 150m，水准尺应立于尺垫、稳固的桩顶或坚石上。中间点读数可至厘米，视线也可适当放长，立尺应在紧靠桩边的地面上。

如图 10-3 所示，水准仪置于Ⅰ站，后视水准点 BM_1，前视转点 ZD_1，将读数记入表 10-1 后视、前视栏内。然后观测 BM_1 与 ZD_1 间的中间点 K0 +000、+020、+040、+060、+080，将读数记入中视栏。再将仪器搬至Ⅱ站，后视转点 ZD_1，前视转点 ZD_2，然后观测各中间点 +100、+120、+140、+160、+180，将读数分别记入后视、前视和中视栏。按上述方法继续前测，直至闭合于水准点 BM_2（表 10-1）。

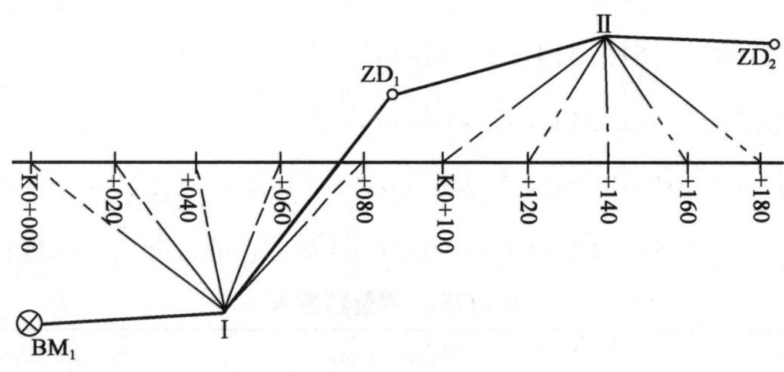

图 10-3　中平测量

中平测量只作单程测量。一测段观测结束后，应计算测段高差 $\Delta h_{中}$。它与基平所测测段两端水准点高差 $\Delta h_{基}$之差，称为测段高差闭合 f_h。测段高差闭合差应符合中桩高程测量精度要求，否则应重测。中桩高程测量的容许误差应符合表 10-2 的规定。

中桩高程测量，对需要特殊控制的建筑物、铁路轨顶等，应按规定测出其高程，检测限差为 ±2cm。

中桩的地面高程以及前视点高程应按所属测站的视线高程进行计算。每一测站的计算按下列公式进行：

$$视线高程 = 后视点高程 + 后视读数 \tag{10-1}$$

$$中桩高程 = 视线高程 - 中视读数 \tag{10-2}$$

$$转点高程 = 视线高程 - 前视读数 \tag{10-3}$$

中平测量记录表　　表10-1

测　点	水准尺读数(m)			视线高程(m)	高程(m)	备注
	后视	中视	前视			
BM_1	2.191			514.505	512.314	BM_1 高程为基平所测
K0 +000		1.62			512.89	
+020		1.90			512.61	
+040		0.62			513.89	
+060		2.03			512.48	
+080		0.90			513.61	
ZD_1	3.162		1.006	516.661	513.499	
+100		0.50			516.16	
+120		0.52			516.14	
+140		0.82			515.84	
+160		1.20			515.46	
+180		1.01			515.65	
ZD_2	2.246		1.521	517.386	515.140	
…	…	…	…	…	…	基平测得 BM_2 高程为524.824m
K1 +240		2.32			523.06	
BM_2			0.606		524.782	

复核：$f_{h容} = \pm 50\sqrt{L} = \pm 50\sqrt{1.24} = \pm 56(\text{mm})(L = \text{K}1+240 - \text{K}0+000 = 1.24\text{km})$

$\Delta h_{基} = 524.824 - 512.314 = 12.51(\text{m})$

复核：$\Delta h_{中} = 524.782 - 512.314 = 12.468(\text{m})$

$\sum a - \sum b = (2.191 + 3.162 + 2.246 + \cdots) - (1.006 + 1.521 + \cdots + 0.606) = 12.468(\text{m})$

$\Delta h_{基} - \Delta h_{中} = 12.51 - 12.468 = 0.042(\text{m}) = 42(\text{mm}) < f_{h容}$，精度符合要求。

中桩高程测量精度表　　表10-2

公 路 等 级	闭合差(mm)	两次测量之差(mm)
高速、一级、二级公路	$\leqslant 30\sqrt{L}$	≤5
三级及三级以下	$\leqslant 50\sqrt{L}$	≤10

注：L 为高程测量的路线长度(km)。

二、跨沟谷测量

当路线经过沟谷时，为了减少测站数，提高施测速度和保证测量精度，一般可采用沟内沟外分开的方法进行测量。如图10-4所示，当中平测至沟谷边缘时，仪器置于测站Ⅰ，同时设两个转点 ZD_{16} 和 ZD_A，后视 ZD_{15}，前视 ZD_{16} 和 ZD_A。此后沟内、沟外即分开施测。测量沟内中桩时，仪器下沟置于测站Ⅱ，后视 ZD_A，观测沟谷内两侧的中桩并设置转点 ZD_B。再将仪器迁至测站Ⅲ，后视 ZD_B，观测沟底各中桩，至此沟内观测结束。然后仪器置于测站Ⅳ，后视 ZD_{16}，继续前测。

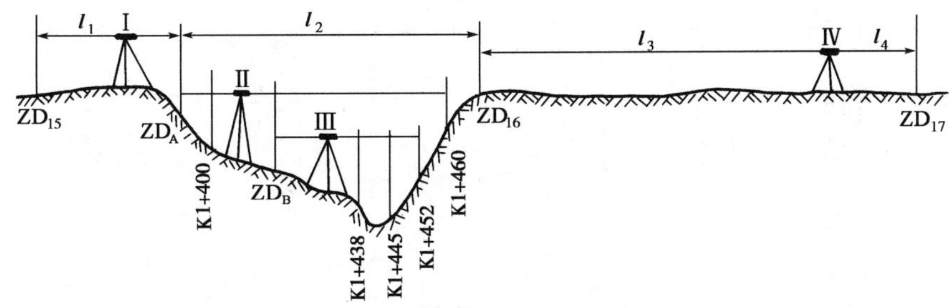

图 10-4　跨沟谷中平测量

这种测法可使沟内、沟外高程传递各自独立,互不影响。沟内的测量不会影响到整个测段的闭合,造成不必要的返工。但由于沟内的测量为支水准路线,缺少检核条件,故施测时应加倍注意,记录时也应分开单独记录。另外,为了减小Ⅰ站前、后视距不等引起的误差,仪器置于Ⅳ站时,尽可能使 $l_3=l_2$,$l_4=l_1$ 或者 $(l_1-l_2)+(l_3-l_4)=0$。

三、纵断面的绘制

纵断面图是沿中线方向绘制的反映地面起伏和纵坡设计的线状图,它表示出各路段纵坡的大小和坡长及中线位置的填挖高度,是道路设计和施工的重要技术文件之一。

如图 10-5 所示,纵断面图由上、下两部分组成。在图 10-5 的上部,从左至右有两条贯穿全图的线,是以里程为横坐标、高程为纵坐标。一条是细的折线,表示中线方向的地面线,是根据中平测量的中桩地面高程绘制的;另一条是粗线,是包含竖曲线在内的纵坡设计线。为了明显反映地面的起伏变化,一般里程比例尺取 1∶5 000、1∶2 000 或 1∶1 000,而高程比例尺则比里程比例尺大 10 倍,取 1∶500、1∶200 或 1∶100。此外,图上还注有水准点的位置和高程,桥涵的类型、孔径、跨数、长度、里程桩号和设计水位、竖曲线示意图及其曲线元素,同公路、铁路交叉点的位置、里程及有关说明等。

图 10-5 的下部主要用来填写有关测量及纵坡设计资料,自下而上主要包括以下内容:

(1)直线与曲线。按里程标明路线的直线和曲线部分。曲线部分用折线表示,上凸表示路线右转,下凹表示路线左转,并注明交点编号、圆曲线半径,带有缓和曲线者应注明其长度。

(2)里程。按里程比例尺标注公里桩、百米桩、平曲线主点桩及加桩。

(3)地面高程。按中平测量成果填写相应里程桩的地面高程。

(4)设计高程。根据设计纵坡和竖曲线推算出的里程桩设计高程。

(5)坡度及坡长。从左至右向上斜的直线表示上坡,下斜的表示下坡,水平的表示平坡。斜线或水平线上面的数字表示坡度的百分数,下面的数字表示坡长。

(6)土壤地质说明。标明路段的土壤地质情况。

纵断面图的绘制一般可按下列步骤进行:

(1)按照选定的里程比例尺和高程比例尺打格制表,填写直线与曲线、里程、地面高程、土壤地质说明等资料。

(2)绘地面线。首先选定纵坐标的起始高程,使绘出的地面线位于图上适当位置。一般是以 10m 整倍数的高程定在 5cm 方格的粗线上,便于绘图和阅图。然后根据中桩的里程和高程,在图上按纵、横比例尺依次点出各中桩的地面高程,再用直线将相邻点一个个连接起来,就得到地面线。在高差变化较大的地区,如果纵向受到图幅限制,可在适当地段变更图上高程起算位置,此时地面线将构成台阶形式。

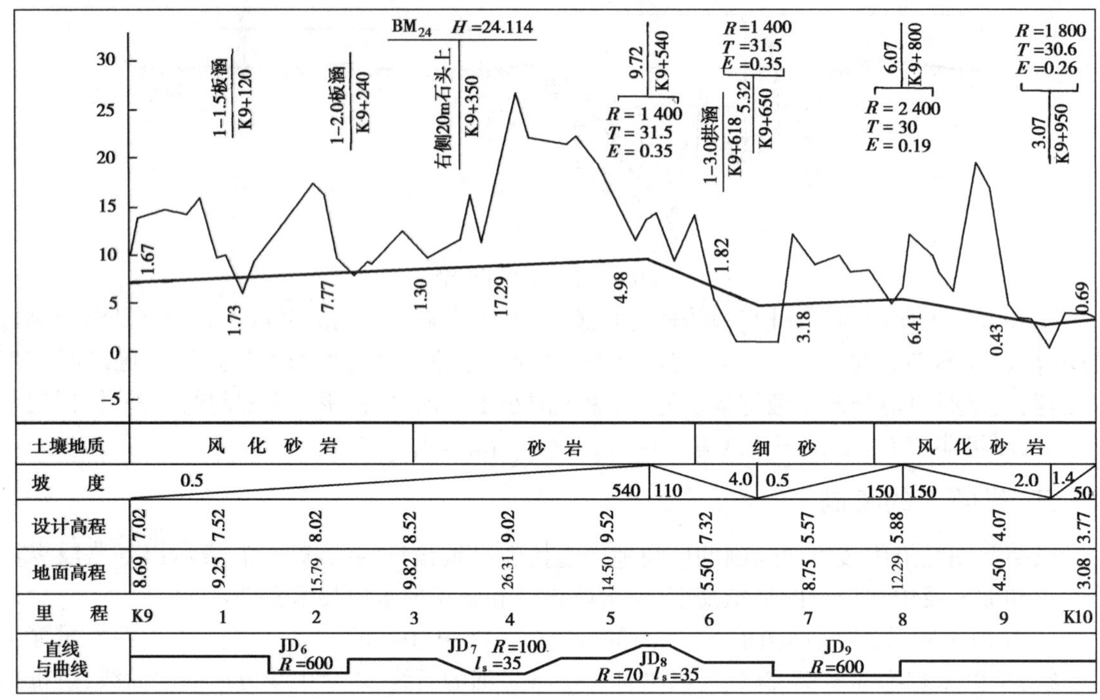

图 10-5 路线纵断面图

(3)根据纵坡设计计算设计高程。当路线的纵坡确定后，即可根据设计纵坡和两点间的水平距离，由一点的高程计算另一点的设计高程。

设计坡度为 i，起算点的高程为 H_0，推算点的高程为 H_P，推算点至起算点的水平距离为 D，则：

$$H_P = H_0 + i \cdot D \tag{10-4}$$

式中，上坡时 i 为正；下坡时 i 为负。

对于竖曲线范围内的中桩，在按式(10-4)算出切线设计高程后，还应加以修正。按竖曲线凹凸，加减竖曲线纵距，才能得出竖曲线内各中桩设计高程。

(4)计算各桩的填挖高度。同一桩号的设计高程与地面高程之差，即为该桩的填挖高度，填方为正，挖方为负。通常在图中专列一栏注明填挖高度。

(5)在图上注记有关资料，如水准点、桥涵、竖曲线等。

第四节　横断面测量

由于横断面测量是测定中桩两侧垂直于中线的地面线，因此首先要确定横断面的方向，然后在此方向上测定地面坡度变化点和地物特征点与中桩的距离和高差，再按一定比例绘制横断面图。横断面测量的宽度，应根据路基宽度、填挖高度、边坡大小、地形情况以及有关工程的特殊要求而定，一般要求中线两侧各测 10～50m，以满足路基和排水设计需要。横断面测绘的密度,除各中桩外,在大、中桥头、隧道洞口、挡土墙等重点工程地段,可根据需要加密;对于地面点距离和高差的测定,一般取位至0.1m。横断面检测限差应符合表10-3的规定。

横断面检测互差限差表 表10-3

公路等级	距离(m)	高差(m)
高速、一级、二级公路	$L/100+0.1$	$h/100+L/200+0.1$
三级、四级公路	$L/50+0.1$	$h/50+L/100+0.1$

注:L 为测点至中桩的水平距离(m);h 为测点至中桩的高差(m)。

横断面测量一般分为横断面方向的测定、横断面测量及横断面图的绘制等工作。

一、横断面方向的测定

横断面方向应与路线中线垂直,曲线路段与测点的切线垂直。一般可采用方向架、方向盘定向,精度要求高的横断面定向可用经纬仪、全站仪定向。如果路线测设时实地没有放样交点桩,或交点距离较远、通视不良,则可通过放样边桩确定横断面方向。

1. 直线段横断面方向的测定

直线段横断面方向与路线中线垂直,一般采用方向架测定。如图10-6所示,将方向架置于桩点上,方向架上有两个相互垂直的固定片,用其中一个瞄准该直线上任一中桩,另一个所指方向即为该桩点的横断面方向。

2. 圆曲线横断面方向的测定

圆曲线上任意一点的横断面方向即是该点指向圆心的半径方向。

圆曲线上横断面方向确定时采用"等角"原理,即同一圆弧上的圆周角相等。测定时一般采用求心方向架,即在方向架上安装一个可以转动的活动片,并有一固定螺旋可将其固定。

如图10-7所示,欲测圆曲线上桩点的横断面方向,将求心方向架置于ZY(或YZ)点上,用固定片ab瞄准切线方向(如交点),则另一固定片cd所指方向即为ZY(YZ)点的横断面方向。保持方向架不动,转动活动片ef瞄准1点并将其固定。然后将方向架搬至1点,用固定片cd瞄准ZY(YZ)点,则活动片ef所指方向即为1点的横断面方向。在测定2点的横断面方向时,可在1点的横断面方向上插一花杆,以固定片cd瞄准它,ab片的方向即为切线方向。此后的

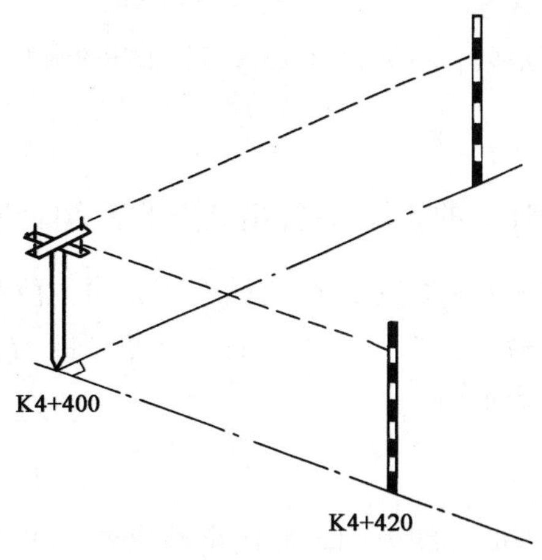

图10-6 测定直线段横断面方向

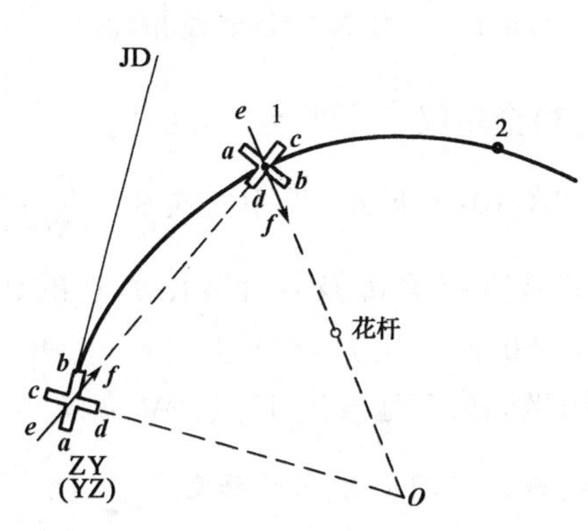

图10-7 测定圆曲线的横断面方向

操作与测定1点横断面方向时完全相同，保持方向架不动，用活动片ef瞄准2点并固定之。将方向架搬至2点，用固定片cd瞄准1点，活动片ef的方向即为2点的横断面方向。如果圆曲线上桩距相同，在定出1点横断面方向后，则可以保持活动片ef原来位置，将其搬至2点上，用固定片cd瞄准1点，活动片ef即为2点的横断面方向。圆曲线上其他各点亦可按上述方法进行。

3. 缓和曲线横断面方向的测定

缓和曲线上任一点的横断面方向，就是该点切线的垂直方向。

(1)方向架

如图10-8所示，先用公式 $t_d=\frac{2}{3}l+\frac{l^3}{360R^2}$（$l$ 为 P 点到ZH点的弧长）计算，再从ZH点沿切线方向量取 t_d 得 Q 点，将方向架置于测点 P，以固定指针ab瞄准 Q 点，则固定指针cd方向为 P 点的横断面方向。

(2)方向盘或经纬仪

测定横断面方向的原理为"倍角"关系，即缓和曲线上任意一点与起点的弦同该点切线的夹角，等于缓和曲线起点与任意一点的弦同起点切线夹角的2倍。如图10-9所示，由缓和曲线关系知 $\Delta_1=\frac{1}{3}\beta$，$\Delta_2=\frac{2}{3}\beta$。置方向盘或经纬仪于ZH点，测出 P 点偏角 Δ_1，再将仪器移到 P 点瞄准ZH点，拨角 $\Delta_2=2\Delta_1$ 即为 P 点的切线方向，然后旋转方向盘指针或经纬仪照准部90°(或270°)即为 P 点的横断面方向。

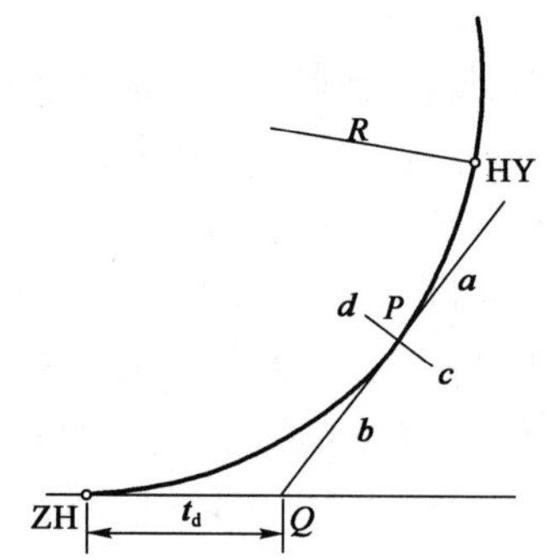

图10-8　方向架测定缓和曲线横断面方向

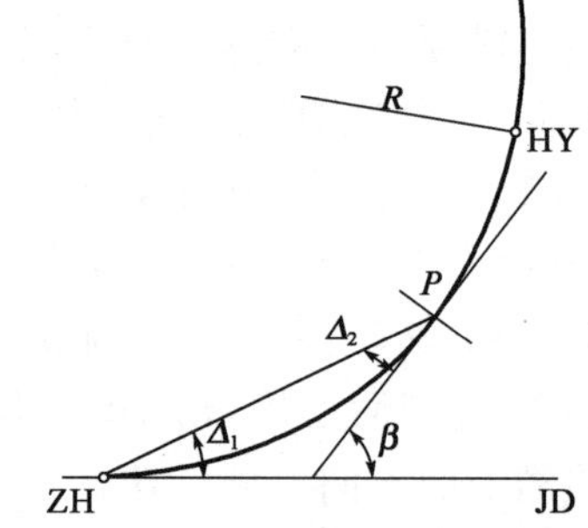

图10-9　方向盘或经纬仪测定缓和曲线横断面方向

(3)全站仪

如图10-10所示，先用公式 $\beta=\frac{l^2}{2Rl_s}$（l 为 P 到点ZH点的弧长）计算出 P 点的缓和曲线角，再用路线方位角 θ_i 及 β 计算出 P 点的切线方位角 $\theta=\theta_i\pm\beta$，则 P 点的横断面方向方位角为 $\theta_m=\theta\pm90°$。利用 P 点坐标 $P(x,y)$、θ_m，可求出 P 点横断面上一点 M(PM $=l$)的坐标 $M(x',y')$，用坐标法实地放出 M 点，PM方向即为 P 点的横断面方向。

4. 边桩横断面方向的确定

对于某一中桩，其横断面方向即为该中桩与其边桩的连线方向。利用全站仪或GPS放样道路中线时，一并将边桩放样出来，则路线横断面方向就可确定。

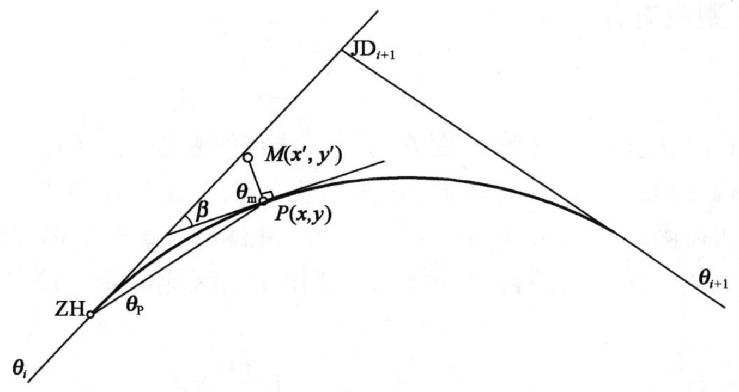

图 10-10 全站仪测定缓和曲线横断面方向

计算边桩坐标，需要知道中桩坐标、中桩至边桩的方位角及其至边桩的距离。中桩坐标(x_i, y_i)可由上一章相关公式计算得到，中桩至左、右边桩的距离d_L、d_R根据需要给定，中桩至左、右边桩的坐标方位角A_L、A_R可通过以下公式计算。

（1）直线上

$$\left.\begin{array}{l} A_L = A_{i-1,i} - 90° \\ A_R = A_{i-1,i} + 90° \end{array}\right\} \tag{10-5}$$

（2）第一缓和曲线及圆曲线段

$$\left.\begin{array}{l} A_L = A_{i-1,i} + f \times \beta - 90° \\ A_R = A_{i-1,i} + f \times \beta + 90° \end{array}\right\} \tag{10-6}$$

式中：β——切线角，当K点位于第一缓和曲线上时，$\beta = \frac{l^2}{2Rl_s} \cdot \frac{180}{\pi}$，当$K$点位于圆曲线上时，

$$\beta = \frac{l - l_s}{R} \frac{180}{\pi} + \frac{l_s}{2R} \frac{180}{\pi};$$

l——$l = L_K - L_{ZH_i}$，K点至ZH_i点的设计里程之差，即曲线长；

f——符号函数，右转取“+”，左转取“-”。

（3）第二缓和曲线段

$$\left.\begin{array}{l} A_L = A_{i,i+1} + f \times \beta - 90° \\ A_R = A_{i,i+1} + f \times \beta + 90° \end{array}\right\} \tag{10-7}$$

式中：$\beta = \frac{(L_{HZ_i} - L_K)^2}{2Rl_{s2}} \frac{180°}{\pi}$；

f——符号函数，右转取“-”，左转取“+”。

则左、右边桩坐标(x_L, y_L)、(x_R, y_R)为：

$$\left.\begin{array}{l} x_L = x_i + d_L \cos A_L \\ y_L = y_i + d_L \sin A_L \end{array}\right\} \tag{10-8}$$

$$\left.\begin{array}{l} x_R = x_i + d_R \cos A_R \\ y_R = y_i + d_R \sin A_R \end{array}\right\} \tag{10-9}$$

二、横断面的测量方法

1. 花杆皮尺法

如图 10-11 所示，A、B、C……为横断面方向上所选定的变坡点。施测时将花杆立于 A 点，从中桩处地面将尺拉平量出至 A 点的距离，并测出皮尺截于花杆位置的高度，即 A 相对于中桩地面的高差。同法可测得 A 至 B、B 至 C……的距离和高差，直至所需要的宽度为止。中桩一侧测完后再测另一侧。此法简便，但精度较低，适用于山区地形变化较多的地段。

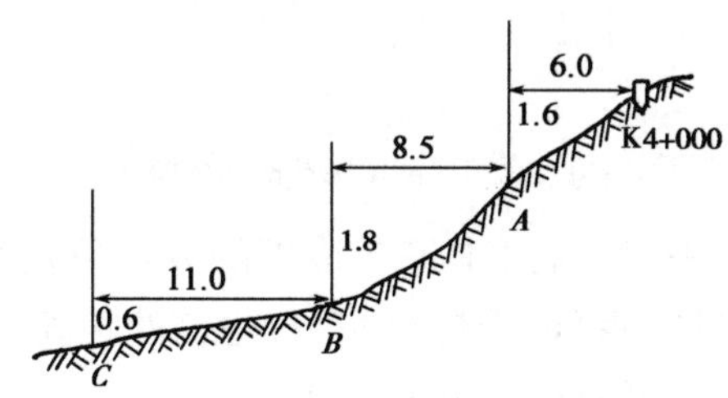

图 10-11 花杆皮尺法

记录表格如表 10-4 所示，表中按路线前进方向分左侧、右侧。分数的分子表示测段两端的高差，分母表示其水平距离。高差为正表示上坡，为负表示下坡。

横断面测量记录表 表 10-4

左 侧	桩 号	右 侧
……		……
$\frac{-0.6}{11.0}$ $\frac{-1.8}{8.5}$ $\frac{-1.6}{6.0}$	K4 +000	$\frac{+1.5}{4.6}$ $\frac{+0.9}{4.4}$ $\frac{-1.6}{7.0}$ $\frac{+0.5}{10.0}$
$\frac{-0.5}{7.8}$ $\frac{-1.2}{4.2}$ $\frac{-0.8}{6.0}$	K3 +980	$\frac{+0.7}{7.2}$ $\frac{+1.1}{4.8}$ $\frac{-0.4}{7.0}$ $\frac{+0.9}{6.5}$

2. 水准仪法

在平坦地区可使用水准仪测量横断面。施测时选一适当位置安置水准仪，后视中桩水准尺读取后视读数，前视横断面方向上各变坡点上水准尺得各前视读数，后视读数分别减去各前视读数即得各变坡点与中桩地面高差。用钢尺或皮尺分别量取各变坡点至中桩的水平距离。根据变坡点与中桩的高差及距离即可绘制横断面。

3. 经纬仪法

在地形复杂、山坡较陡的地段宜采用经纬仪施测。将经纬仪安置在中桩上，用视距法测出横断面方向各变坡点至中桩的水平距离和高差。

4. 全站仪法

在测站安置全站仪，路线中桩上安置棱镜，按全站仪斜距测量键测量中桩至测站斜距，然后移动棱镜于中桩横断面地形变化点，利用全站仪的对边测量功能，可直接测得地形变化点至中桩的斜距、平距及高差。

三、横断面的绘制

横断面图一般采用现场边测边绘的方法，以便及时对横断面进行核对。但也可在现场记录(表 10-3),回到室内绘图。绘图比例尺一般采用 1∶200 或 1∶100,绘在毫米方格纸上。绘图时,先将中桩位置标出,然后分左、右两侧,按照相应的水平距离和高差,逐一将变坡点标在图上,再用直线连接相邻各点,即得横断面地面线。图 10-12 为横断面图,其细线为横断面地面线,粗线为横断面设计线。

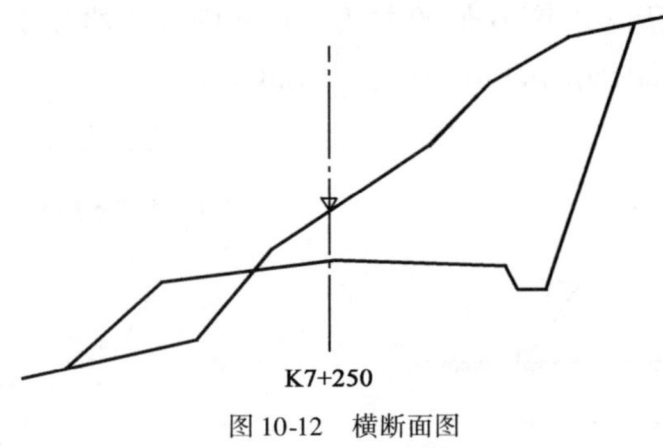

图 10-12　横断面图

第五节　道路施工测量

道路施工测量主要包括恢复路线中线的恢复、路基边桩的测设等工作。

一、路线中线的恢复

从路线勘测到开始施工这段时间里,往往会有一些中桩丢失,故在施工之前,应根据设计文件进行中线的恢复工作,并对原来的中线进行复核,以保证路线中线位置准确可靠。恢复中线所采用的测量方法与路线中线测量方法基本相同。此外,对路线水准点也应进行复核,必要时还应增设一些水准点以满足施工需要。

二、路基边桩的测设

路基边桩测设就是在地面上将每一个横断面的路基边坡线与地面的交点用木桩标定出来。边桩的位置由两侧边桩至中桩的距离来确定。常用的边桩测设方法如下。

1. 图解法

直接在横断面图上量取中桩至边桩的距离,然后在实地用皮尺沿横断面方向测量其位置。当填挖方不很大时,采用此法较简便。

2. 解析法

路基边桩至中桩的平距系通过计算求得。

(1)平坦地段路基边桩的测设

填方路基称为路堤,如图 10-13 所示,路堤边桩与中桩的距离为:

$$D = \frac{B}{2} + m \times h \tag{10-10}$$

挖方路基称为路堑,如图 10-14 所示,路堑边桩至中桩的距离为:

$$D = \frac{B}{2} + S + m \times h \tag{10-11}$$

式中：B——路基设计宽度；

$1:m$——路基边坡坡度；

h——填方高度或挖方深度；

S——路堑边沟顶宽。

以上是断面位于直线段时求算 D 值的方法。若断面位于曲线上并有加宽时，在以上述方法求出 D 值后，还应于曲线内侧的 D 值中加上加宽值。

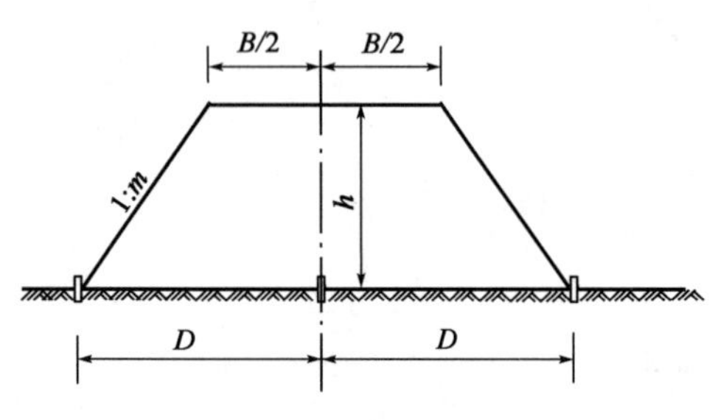

图 10-13　路堤边桩测设

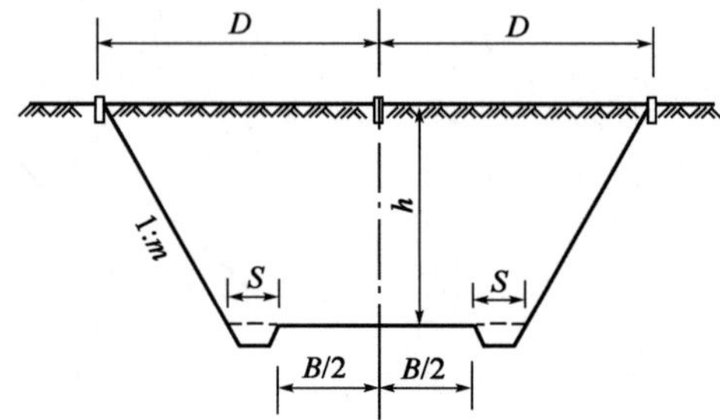

图 10-14　路堑边桩测设

（2）倾斜地段路基边桩的测设

在倾斜地段，边桩至中桩的距离随着地面坡度的变化而变化。如图 10-15 所示，路堤边桩至中桩的距离为：

$$\left.\begin{aligned}\text{斜坡上侧}\quad D_{上} &= \frac{B}{2} + m\times(h_{中} - h_{上})\\ \text{斜坡下侧}\quad D_{下} &= \frac{B}{2} + m\times(h_{中} + h_{下})\end{aligned}\right\} \tag{10-12}$$

如图 10-16 所示，路堑边桩至中桩的距离为：

$$\left.\begin{aligned}\text{斜坡上侧}\quad D_{上} &= \frac{B}{2} + S + m\times(h_{中} + h_{上})\\ \text{斜坡下侧}\quad D_{下} &= \frac{B}{2} + S + m\times(h_{中} - h_{下})\end{aligned}\right\} \tag{10-13}$$

式中，B、S 和 m 为已知，$h_{中}$ 为中桩处的填挖高度，亦为已知。$h_{上}$、$h_{下}$ 为斜坡上、下侧边桩与中桩的高差，在边桩未定出之前则为未知数。因此在实际工作中采用逐渐趋近法测设边桩。先根据地面实际情况，并参考路基横断面，估计边桩的位置。然后测出该估计位置与中桩的高差，并以此作为 $h_{上}$、$h_{下}$ 代入式（10-12）或式（10-13）计算 $D_{上}$、$D_{下}$，并据此在实地定出其位置。若估计位置与其相符，即得边桩位置。否则应按实测资料重新估计边桩位置，重复上述工作，直至相符为止。

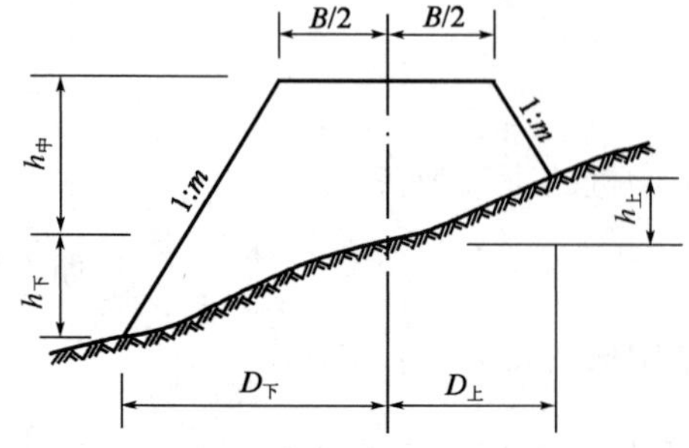

图 10-15　斜坡地段路堤边桩测设

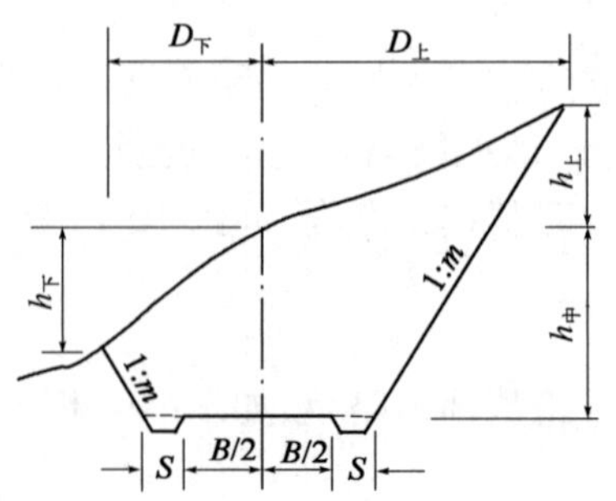

图 10-16　斜坡地段跨路堑边桩测设

(3)路堤边坡放样

有了边桩后,即可确定边坡的位置。可按下述方法测定:当填土高度较小(如填土小于3m)时,可用长木桩、木板或竹竿标记填土高度,然后用细绳拉起,即为路堤外廓形,如图10-17a)所示。

当路堤填土较高时,可采用分层填土,逐层挂线的方法进行边坡的放样,如图10-17b)所示。

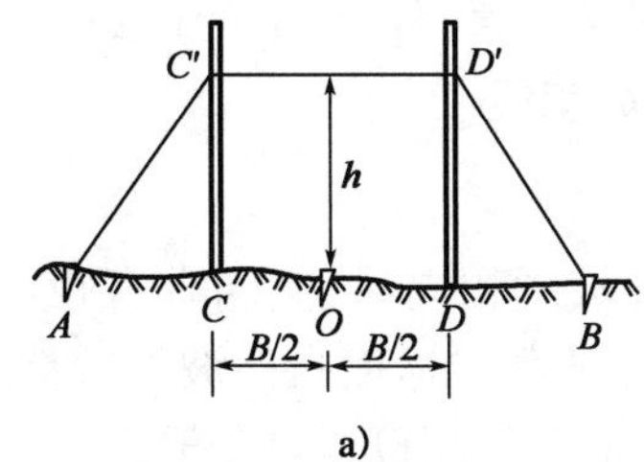

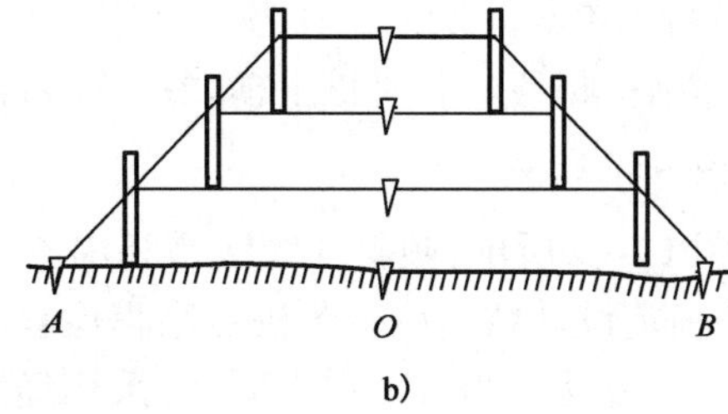

图10-17 路基边坡放样

三、已知设计坡度线的测设方法

在道路施工铺设管道以及平整场地等过程中,经常需要在地面上测设设计坡度线。坡度线的测设是根据附近水准点的高程、设计坡度线端点设计高程,采用水准测量的方法将设计坡度线上各点的设计高程位置标定在地面上。坡度的大小一般用百分比表示,见式(10-14),坡度的放样实质上是高程的放样。可以根据设计的坡度和前进方向上的水平距离计算点位间的高差,进而求得放样点的高程,测设的方法主要有水平视线法和倾斜视线法。

$$\alpha(A\text{、}B\text{ 间坡度})=\frac{h_{AB}(A\text{、}B\text{ 间高差})}{D_{AB}(A\text{、}B\text{ 间平距})}\times 100\% \tag{10-14}$$

1.水平视线法

如图10-18所示,A、B为设计坡度线的两端点。其设计高程分别为H_A和H_B,AB直线的设计坡度为b_i,为了施工方便,要在AB方向上每隔距离d定一木桩,并在木桩上标定出坡度线,测设方法如下:

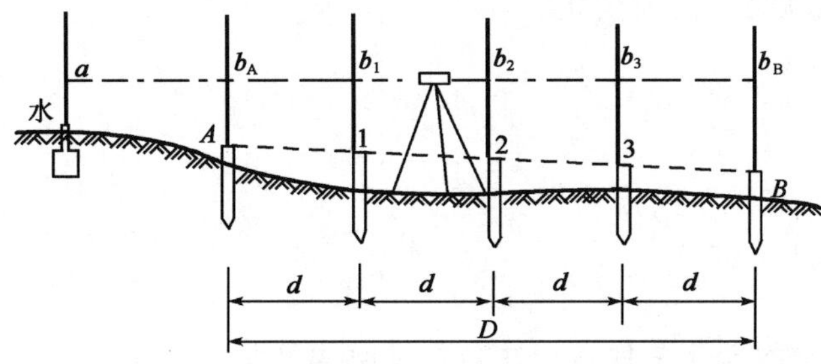

图10-18 水平视线测设坡度线

(1)沿AB方向,用钢尺定出水平间距d的中间点1、2、3的位置,打入木桩。

(2)计算各桩点的高程:

第1点 $H_1=H_A+i\times d$

第2点 $H_2=H_A+i\times 2d$

第 3 点 $H_3 = H_A + i \times 3d$

⋮

B 点的计算高程 $H_B = H_n + i \times n \times d = H_A + i \times D_{AB}$（用于计算检核）。

（3）安置水准仪在水准点附近，瞄准水准点上水准尺，读取后视读数 a，得视线高程 $H_i = H_{BM} + a$，然后根据各点的设计高程 H_i 计算测设各中间点水准尺读取的前视读数：

$$b_j = H_i - H_j (j = A、1、2、3、B) \tag{10-15}$$

（4）将水准尺分别贴靠在各木桩的侧面，上下移动水准尺。直至尺子上的读数为 b_j 时，沿尺子底部画一横线。各木桩上横线的连线即为 AB 的设计坡度线。

2. 倾斜视线法

如图 10-19 所示，倾斜视线法是利用水准仪视线与设计坡度相同时，其间垂直距离相等的原理，来确定设计坡度线上各桩点高程位置的方法。当设计坡度与地面自然坡度较接近时，适宜采用这种方法。当坡度更大时，宜采用经纬仪，经纬仪和水准仪测设原理相同。

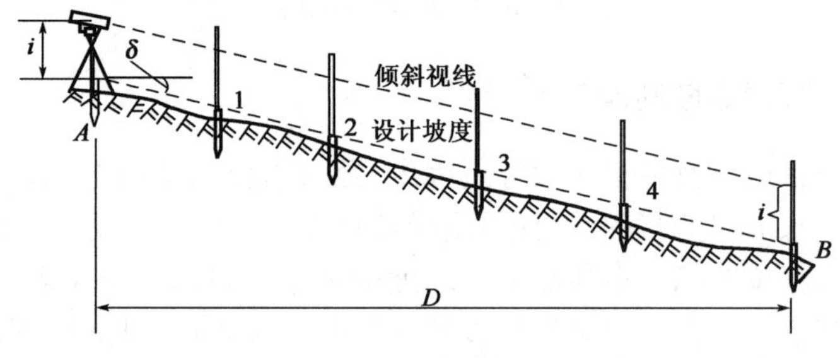

图 10-19 倾斜视线测设坡度线

（1）先用高程放样的方法，将坡度线两端点 A、B 的设计高程标定在地面木桩上，则 A、B 的连线已成为符合设计要求的坡度线。

（2）先在 A 点安置水准仪，使基座上一只脚螺旋位于 AB 方向线上，另两只脚螺旋的连线与 AB 方向垂直；量出仪器高 i；用望远镜瞄准立在 B 点上的水准尺，转动在 AB 方向上的那只脚螺旋，使十字丝横丝对准尺上读数为仪器高 i，此时，仪器的视线与设计坡度线平行。

（3）在 AB 的中间点 1、2、3……的各桩上立尺，逐渐将木桩打入地下，直到桩上水准尺读数均为 i 时，各桩连线就是设计坡度线。

【思考题与习题】

1. 路线纵断面测量的任务是什么？什么是横断面测量？
2. 跨河水准测量具有哪些特点？针对这些特点应采取哪些措施？
3. 用水准仪进行中桩高程测量时，中视与前视有何区别？
4. 完成表 10-5 中某高速公路中桩高程测量记录的计算。
5. 用水准仪进行中桩高程测量时，跨越沟谷可采取什么措施？为何采取这些措施？
6. 直线、圆曲线和缓和曲线的横断面方向如何确定？

中桩高程测量记录计算表

表 10-5

测点	水准尺读数(m)			视线高程(m)	高程(m)	备注
	后视	中视	前视			
BM_5	1.426				417.628	
K4 +980		0.87				
K5 +000		1.56				
+020		4.25				
+040		1.62				
+060		2.30				
ZD_1	0.876		2.402			
+080		2.42				
+092.4		1.87				
+100		0.32				
ZD_2	1.286		2.004			
+120		3.15				
+140		3.04				
+160		0.94				
+180		1.88				
+200		2.00				基平 BM_6
BM_6			2.186			高程为414.635m

第十一章

桥梁工程测量

【学习内容与要求】

通过本章学习，使学生了解桥梁工程测量的主要内容；掌握桥梁平面和高程控制测量的要求与方法；掌握桥轴线纵断面测量的方法；掌握桥梁墩台施工测量的方法与要求；学会涵洞施工内容与方法。

第一节　概　　述

桥梁是道路最重要的组成部分之一。在公路建设中，无论从投资比重、施工期限、技术要求等哪方面看，桥梁都居于十分重要的位置。尤其是一些大型桥梁或技术复杂的桥梁的修建，对于一条公路能否高质量的建成通车具有很大的作用，甚至起着主要的控制作用。

桥梁工程测量的精度及要求主要取决于桥梁按长度的分类，见表 11-1。桥梁工程测量的主要内容包括桥位勘测和桥梁施工测量两部分。要经济合理的建造一座桥梁，首先要选好桥址。桥位勘测的目的就是为选择桥址和进行设计提供地形和水文资料，这些资料提供得越详细、全面，就越有利于选出最优的桥址方案和做出经济合理的设计。当然决定桥址优劣的因素还有地质条件等因素。对于中小桥及技术条件简单、造价比较低廉的大桥，其桥址位置往往服从于路线走向的需要，不单独进行勘测，而是包括在路线勘测之内。但对于特大桥梁或技术条件复杂的桥梁,由于其工程量大、造价高、施工周期长,则桥位选择合理与否,对造价和使用条件都有极大的影响,所以路线的位置要服从桥梁的位置,为了能够选出最优的桥址,通常需要单独进行勘测。

桥 梁 分 类

表 11-1

桥梁分类		小 桥	中 桥	大 桥	特大桥
铁路桥	多孔跨径总长 L(m)	$6<L\leq20$	$20<L\leq100$	$100<L\leq500$	$L>500$
公路桥	单孔跨径 L_K(m)	$5\leq L_K<20$	$20\leq L_K<40$	$40\leq L_K\leq150$	$L_K>150$
	多孔跨径总长 L(m)	$8\leq L\leq30$	$30<L<100$	$100\leq L\leq1\,000$	$L>1\,000$

桥梁设计通常经过项目建议书、初步设计、施工图设计等几个阶段,各阶段要相应地进行不同的测量。

在编制项目建议书阶段,并不单独进行测量工作,而应广泛收集已有的国家地图。向有关单位索取 1:50 000、1:25 000 或 1:10 000 的地形图。同时也要收集有关水文、气象、地质、农田水利、交通网规则、建筑材料等各项已有的资料,这样可以找出桥址的所有可比方案。

在初步设计阶段,要对选定的几个可比方案进一步加以比较,以确定一个最优的设计方案。为此就要求提供更为详细的地形、水文及其他有关资料,以作为比选的依据,这些资料同时也供设计桥梁及附属构造物之用。设计桥梁需要提供的测量资料主要有:桥轴线长度、桥轴线纵断面图、桥位地形图等。设计桥梁需要提供的水文资料,可以向有关水文站索取,否则需在桥址位置进行水文观测。观测的内容有:洪水位、河流比降、流向及流速等。

根据设计和施工需要,桥位地形图分为桥位总平面图和桥址地形图。桥位总平面图,比例尺一般为 1:2 000 ~ 1:10 000,其测绘范围应能满足选定桥位、桥头引道、调治构造物的位置和施工场地轮廓布置的需要。一般情况下,上游测绘长度约为洪水泛滥宽度的 2 倍,下游约为 1 倍;顺桥轴线方向为历史最高洪水位以上 2 ~ 5m 或洪水泛滥线以外 50m。桥址地形图,比例尺一般为 1:500 ~ 1:2 000,其测绘范围应能满足桥梁孔跨、桥头引道路基和调治构造物设计的需要。一般情况下,上游测绘长度约为桥长的 2 倍,下游约为 1 倍;顺桥轴线方向为历史最高洪水位以上 2m 或洪水泛滥线以外 50m。桥位地形图的测绘方法参看第八章地形图的测绘。

桥梁在施工阶段,为了保证施工质量达到设计要求的平面位置、高程和几何尺寸,就必须采用正确的测量方法进行施工测量。

桥位勘测和桥梁施工测量的技术要求应符合《公路桥位勘测设计规范》(JTJ 62—91)和《公路桥涵施工技术规范》(JTG/T F50—2011)的规定。

第二节 桥梁控制测量

一、桥梁控制网的布设及要求

桥梁施工控制测量是桥梁工程建设的重要工作,目的是为桥梁选址、设计及施工各阶段提供统一的基准点位和参数。

桥梁施工控制测量包括平面控制测量和高程控制测量。桥梁平面控制以桥轴线控制为主，并保证全桥及桥梁与线路连接的整体性，同时兼顾到施工过程中桥梁建筑物定位、放样测量的需要，满足精度要求。高程控制主要是提供桥梁施工中统一的高程基准，与两端线路高程准确衔接，并与其他有关工程设施密切结合。

1. 平面控制网布设形式

布设桥梁施工控制网时，可利用桥址地形图，拟定布网方案。并在仔细研究桥梁设计及施工组织计划的基础上，结合当地地形情况进行踏勘选点。桥梁控制网的点位布设应力求：

(1) 图形简单并具有足够的精度，以使所得的两桥台间距离的精度满足施工要求，并能用这些控制点以足够的精度放样桥墩。

(2) 为了使控制网与桥轴线联系起来，桥轴线应作为控制网的一条边，控制点与桥台设计位置相距不应太远，以方便桥台的放样及保证两桥台间距离的精度要求。

(3) 桥梁控制网的边长与河宽有关，一般在0.5～1.5倍河宽的范围内变动。

(4) 为便于观测和保存，所有控制点不应位于淹没地区和土壤松软地区，并尽量避开施工区、堆放材料及交通干扰的地方。

(5) 桥梁控制网可布设成主网与附网的形式，主网控制主桥，附网控制引桥。

为确保桥轴线长度和墩台定位的精度，按观测要素的不同，桥梁平面控制网可布设成三角网、边角网、精密导线网、GNSS网等。

桥梁三角网、边角网的基本网形为三角形和大地四边形，应用较多的有双三角形、大地四边形、大地四边形与三角形相结合的图形、双大地四边形等，如图11-1所示。

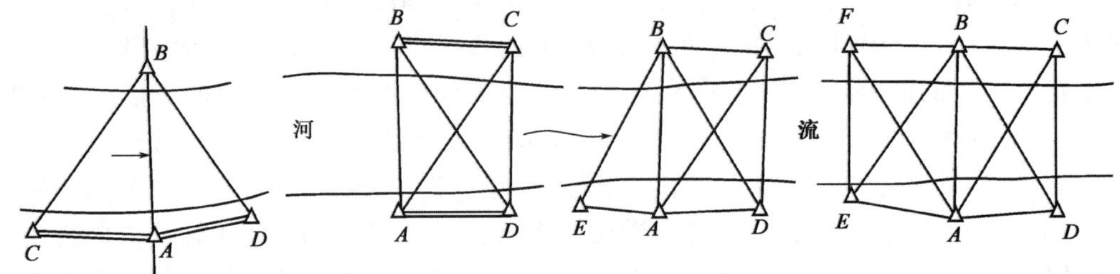

图11-1　桥梁三角网的布设形式

由于高精度测距仪的应用，桥梁施工控制网还可布设成精密导线网，如图11-2所示。

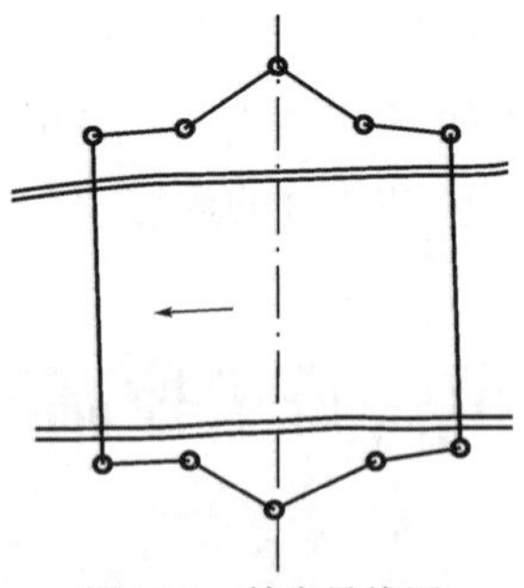

图11-2　精密导线网

由于GNSS测量的优势及桥梁桥址现场视野开阔的特点，目前多采用GNSS技术建立桥梁施工控制网，网形结构常采用三角网，图形简单，结构刚强，利用GNSS精确测定控制网各边长即可。

桥梁施工控制网点位是桥梁工程的基准标志，点位的选定应顾及控制网形结构，靠近施工场所；不影响工程和交通，占用场地小。点位的埋设应着眼于桥梁工程的需要，要求是：基本点位埋设稳固（必要时应埋设在基岩上），应用方便，加强保护；重要点位，特别是有长期用途的点位，应有长期重点保护的措施。

桥位平面控制网等级选用应符合表6-3的规定，其精度应符合表6-2的规定，其主要技术要求和观测技术应符合表6-5～表6-9的规定。

桥位三角网基线（边长）观测采用GNSS测量或测距仪测距的方法，三角网水平角观测采用方向观测法。桥位控制网的观测技术应符合表6-10～表6-12的规定

2. 高程控制网布设形式

高程控制网的布设形式主要有水准网，作为桥梁施工高程控制的水准点，每岸至少埋设三个点，并与国家（或城市）水准点联系起来。同岸三个水准点中的两个应埋设在施工区以外，以免受到破坏，另外一个点埋设在施工区，以便直接将高程传递到需要的地方。水准点应采用永久性的固定水准标石，也可利用平面控制点的标石作为水准点。

桥位高程控制测量，一般是在路线高程控制测量时建立。桥位高程控制测量等级选用参照表6-14的规定。

二、桥梁施工控制网的精度设计

1. 桥梁施工控制网精度的确定方法

建立施工控制网的目的是控制桥轴线的架设误差和满足桥墩、桥台定位放样的精度要求。对于保证桥轴线长度的精度来说，一般桥轴线作为控制网的一条边，只要控制网经施测、平差后求得该边长度的相对中误差小于设计要求即可。对于保证桥墩、桥台中心定位的精度要求来说，既要考虑控制网本身的精度又要考虑利用控制网点进行施工放样的误差；在确定了控制网和放样应达到的精度要求后，应根据控制网的网形、观测要素和观测方法及仪器设备条件等，在控制网施测前估算出能否达到要求。

对于桥梁施工放样而言，放样点位一般离控制点较远，放样不甚方便，且放样误差较大。在建立控制网时，则有足够的时间和条件来提高控制网的精度。因此，在设计施工控制网时，应以“控制点误差对放样点位不发生显著影响”为原则。以便为以后的放样工作创造有利条件。根据这个原则，对施工控制网的精度要求分析如下：

设M为放样后所得点位的总误差；m_1为控制点误差所引起的点位误差；m_2为放样过程中所产生的点位误差，则：

$$M = \pm\sqrt{m_1^2 + m_2^2} = \pm m_2\sqrt{1 + \left(\frac{m_1}{m_2}\right)^2} \tag{11-1}$$

显然，上式中$m_1 < m_2$，将式（11-1）展开为级数，并略去高次项，则有：

$$M = m_2\left(1 + \frac{m_1^2}{2m_2^2}\right) \tag{11-2}$$

若使上式括号中第二项为0.1，即控制网点误差的影响仅占总误差的10%时，即得：

$$m_1^2 = 0.2m_2^2$$

将上式与式（11-2）联合解算得：

$$m_1 \approx 0.4M \tag{11-3}$$

由此可见，当控制点误差所引起的放样误差为总误差的 0.4 倍时，则 m_1 使放样点位总误差仅增加 10%，即控制点误差对放样点位不发生显著影响。

2. 桥梁施工控制网的精度设计

桥梁施工控制网是为保证桥轴线长度、桥墩、桥台中心定位和轴线测设的精度要求而布设，建立的桥梁施工控制网要达到或超过桥轴线长度中误差的估算精度要求。在桥轴线精度估算问题上存在不同意见：一种认为应按桥梁的形式、长度作为控制依据；另一种认为应以桥墩、桥台中心点位误差为控制依据。

（1）根据桥梁跨越结构的架设误差确定桥梁施工控制网的必要精度

计算桥轴线长度应满足的精度，需要知道桥轴线的长度，同时要考虑桥跨的大小及跨越结构的形式。桥梁结构的不同，在制造、拼装和安装上存在的误差也不同，它们都影响桥梁全长的误差。例如钢桁梁存在着杆件制造误差、杆件组合拼装误差以及钢材因温度升降而涨缩的误差；架设钢梁时支点沿桥中线方向与支座位置产生偏差，以及支座安装定位的误差。这些因素关系复杂，要全面、周密地考虑有一定的困难，可以用不同桥梁形式和长度及其拼装上的综合误差与支座安装误差作为依据，来估算控制网精度。有关桥轴线长度中误差估算式参见《铁路测量技术规则》（TB 10101—2018）。

为了使测量误差不致于影响工程质量，可取控制测量误差为桥轴线长度相对中误差 $\frac{m_D}{D}$ 的 $\frac{1}{\sqrt{2}}$ 倍。

（2）从桥墩放样的容许误差分析桥梁施工控制网的必要精度

桥墩中心位置偏移，将为桥梁架设造成困难，而且会使桥墩上的支座位置偏移，改变桥墩的应力，影响墩台的使用寿命和行车安全。桥梁工程上对放样桥墩位置的要求是：桥墩、桥台中心在桥轴线方向的位置中误差不应大于 1.5 ~ 2.0cm。若考虑以桥墩、桥台中心在桥轴线方向的位置中误差不大于 2.0cm 作为研究控制网必要精度的起算数据，由式（11-3）计算，要求 $m_1 \leqslant 0.4M = 0.4 \times 20 = \pm 8(\text{mm})$。此即为放样桥墩桥台中心时控制网误差的影响应满足的要求，据此确定桥梁施工控制网的必要精度。

3. 桥梁高程控制网的建立

桥梁高程控制测量有两个作用：一是统一该桥的高程基准面；二是在桥址附近设立基本高程控制点和施工高程控制点，以满足施工中高程放样和监测桥梁墩台垂直变形的需要。

建立高程控制网的常用方法是水准测量或三角高程测量。

为了方便桥墩高程放样，在距水准点较远（一般大于 1km）的情况下，应增设施工水准点，施工水准点可布设成附合水准路线。施工高程控制点在精度要求低于三等时，也可用光电测距三角高程测量建立。

当水准路线需要跨越较宽的河流或山谷时，需用跨河水准测量特殊的观测方法建立桥梁高程控制。

三、大型桥梁施工控制网布设实例

杭州湾大桥起始于上海浦东南汇区的芦潮港，北与沪芦高速公路相连，南跨杭州湾北部海域,直达浙江省嵊泗县崎岖列岛的小洋山岛,如图 11-3 所示。杭州湾大桥为全长约 31km 的曲线桥梁。整座桥包括两座大跨度海上斜拉桥、四座大跨度的预应力连续桥梁、大量的大跨径为整跨安装的非通航孔。杭州湾大桥按双向六车道加紧急停车带的高速公路标准设计,桥宽 31.5m,设计车速 80km/h,大桥设计基准期为 100 年 。杭州湾大桥首级平面和高程控制网的建立是大桥建设基础性工作的基础, 其控制网的准确性与可靠性将直接影响到整个大桥工程建设的质量甚至安危。

图 11-3 杭州湾中部东海海域的跨海段

因工程所处的地理位置特别(连接大陆和海岛)、工程量巨大(跨越约 28km)、水文气象复杂等都给测量带来巨大困难。而跨海约 30 多 km,将大陆上已知的大地测量基准(包括国家统一平面基准和高程基准)传递到海上三个试桩平台、小洋山及洋山港区周边几个岛屿上,则是工程面临的最大技术难题。

杭州湾跨海大桥是从陆上直伸到海岛上的,平面控制点分布在大陆一侧,为了满足大桥能分标段同时施工的需要,工程要求需将平面控制点传递到离大陆 30km 外的海岛上,然后根据施工各阶段的需求,再进行控制点的加密测量。

1. 首级控制网测量

为了确保杭州湾大桥首级平面和高程控制网的正确与可靠, 及时、有效地为施工放样及后期变形监测打好基础。首级平面控制网在最初建立和后续复测中, 均采用全球卫星定位系统(GNSS)测量技术进行测设。如此特大型桥梁,控制网的布设亦不同于一般的桥梁控制网,国内亦没有同类控制网可供参考。图 11-4 为控制网基本网形。

在测量时为了有效联测国家控制网, 如图 11-4 所示, 将测区范围内的两个国家三角点(DA01、DA10) 作为全网的起算点, 既为本网提供了位置基准和方位基准, 又将本网纳入了杭州湾南岸的国家三角网。桥梁 GNSS 网布设应与国家大地网进行联系,以便于大桥配套工程(如公路、引桥、互通立交等) 的连接; 同时, 保证桥梁控制网网内控制点之间相对高精度。

测量时,考虑到投影带可能带来的误差,工程选用了任意带高斯正形投影平面直角坐标系,以东经 122°为中央子午线,平面坐标采用 1954 北京坐标系,并根据坐标转换关系,与国家 84 坐标系、上海市城市坐标系建立了相应的转换关系。

在首级网的测量过程中,采用高精度双频 ASHTECH GNSS 接收机(满足 5mm + 1ppm)进行同步观测。观测结束后,即将数据用随机软件下载备份,并转换为 RINEX 格式。

GNSS 基线解算采用美国麻省理工学院研制的 GNSS 精密处理软件 GAMIT;起算点为上海 IGS 跟踪站。对于边长较短的基线成果,其边长相对精度达到 10^{-7},相对点位精度达到毫米级。

GNSS 网平差采用同济大学编制的 GNSS 平差软件 GNSS_NET 分两步进行:

(1)以上海 IGS 跟踪站为起算点,在 WGS84 坐标下进行空间三维严密平差;

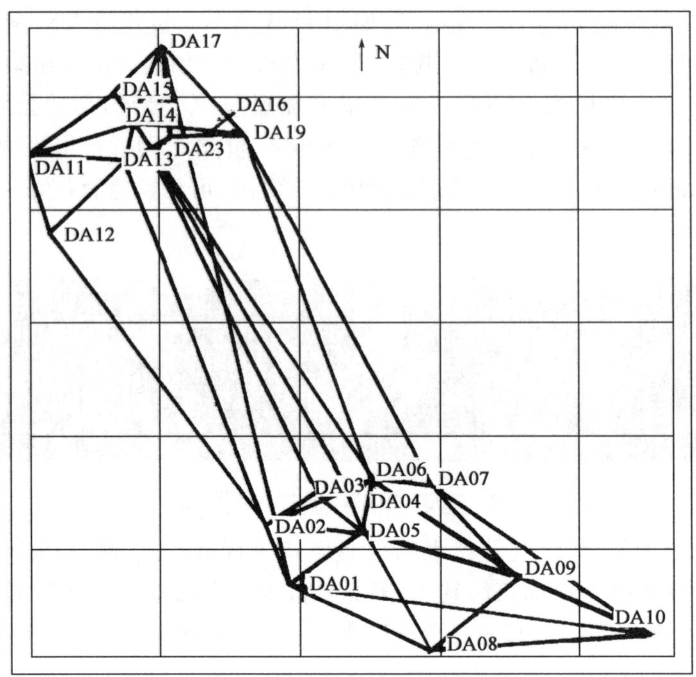

图11-4　大桥工程的首级 GNSS 控制网

(2)进行地面网与空间网的联合平差,求得各点的1954北京坐标系坐标,再转换成上海平面坐标系坐标。

经验算,同步环、异步环闭合差,重复基线长度角度较差均在限差范围内。

2. 加密控制网测量

在完成首级网的测量工作后,根据工程的需要,在大陆与海岛的等距离处,建造了 A、B、C 共3个测量平台,在平台上,建立了强制观测墩。

利用首级控制网的成果作为已知点,对平台进行了 GNSS 测量。测量时采用 GNSS 三等的技术要求,连续观测4h。由于海上建造平台的稳定性受潮汐等因素的影响,加密点的稳定也直接关系到了施工的精度,并以每月1次的频率,对 A、B、C 三个平台进行了测量,共完成了10次测量,具体见表11-2。

对 A、B、C 三个平台进行10次测量的结果　　表11-2

点　　号	10次平均坐标		测量中误差	
	X(m)	Y(m)	X(cm)	Y(cm)
LY12(A平台)	3 408 976.755	493 823.667	2.3	1.9
LY21(B平台)	3 402 011.081	497 665.444	2.7	2.1
LY30(C平台)	3 395 149.340	499 492.893	1.6	1.8

从以上数据可知,A、B、C 三个平台上的点处于一种稳定状态,可以作为施工测量的 GNSS 基准站。

根据施工的进程,在建造好的桥墩上,也布设了加密点,其间距约1km,利用首级网的测量成果,采用 GNSS 测量技术,用10台双频接收机同时测量,按照 GNSS 测量三等精度要求,完成了全线的控制网加密工作。

四、坐标系的选择

为进行线路的总体设计,在勘测设计阶段,一般都建立了整体线路工程控制网,该控制网在线路的起点、终点、桥涵等位置都设置了控制点,但这些控制点无论密度还是精度都无法满足桥梁施工测量的要求。

为便于线路全线坐标系统的统一和确定工程的绝对位置,勘测阶段所建立的控制点常采用国家坐标系统(如:1954 年北京坐标系或 1980 年西安坐标系),这些坐标系统是以参考椭球面为基准面的高斯平面直角坐标系统。这种坐标系统存在两种长度变形,第一种为高斯投影长度变形,第二种为基准面高程不同所引起的长度变形。

为保证桥梁施工的顺利进行,所建立的桥梁施工控制网必须和桥梁设计所采用的坐标系统相一致(一般为国家坐标系),但纯粹的国家坐标系统存在较大的长度变形,对特大型桥梁施工放样十分不利。因此,在建立桥梁施工控制网时,首先要保证施工控制网的坐标系和工程设计坐标系相一致,另外,还要使局部的施工控制网变形最小。为达到上述目的,应建立独立坐标系统的施工控制网。

为保持桥梁与两侧线路的联系,以独立坐标系统建立的控制网应以一个点位较为稳定的桥轴线点或勘测控制点作为坐标原点,以该点的原坐标值和里程作为独立坐标系统的起算坐标和起算里程,以桥轴线设计的坐标方位角或原 2 个勘测控制点的连线方位角作为起算方位角,以控制点顶面平均高程作为边长基准面,将所有观测边长都投影到该基准面上。这样建立的桥梁独立坐标系统,其 X、Y 轴方向与勘测时一致,且长度变形较小,它既考虑了桥梁勘测和设计的实际情况(设计图纸上桥梁墩台的设计坐标直接可用于施工放样,不需要换算),又满足桥梁这一重要构筑物施工测量的特殊要求。

由于桥梁工程的施工周期长,在施工期需要对控制网进行复测,在控制网复测时,应严格保证控制网的坐标系不变。为保证这一目标的实现,在控制网复测时,首先应分析和检查控制点的稳定性,利用稳定的控制点作为已知点进行计算。另外,还可以通过与国家控制点联测的方法进行比较,但由于国家点一般距离较远,其联测误差较大,因此,一般只能起检查作用,而不应将国家点联测后重新进行控制网的计算。

对直线桥,为便于施工放样数据的计算和放样点位的复核,还常常建立以某一个桥桩为坐标原点,以桥轴线为 X 轴,以横桥向为 Y 轴的桥梁施工局部坐标系 XOY,此时某一放样点的 x 坐标即为该点的里程,y 坐标即为该点偏离桥轴线的距离,此时,桥梁施工局部坐标系 XOY 和桥梁勘测设计坐标系 xoy 存在如下的坐标转换关系:

$$\begin{pmatrix} X \\ Y \end{pmatrix} = \begin{pmatrix} X_{原} \\ Y_{原} \end{pmatrix} + \begin{pmatrix} \cos\alpha & \sin\alpha \\ -\sin\alpha & \cos\alpha \end{pmatrix} \begin{pmatrix} x \\ y \end{pmatrix} \tag{11-4}$$

$$\begin{pmatrix} x \\ y \end{pmatrix} = \begin{pmatrix} \cos\alpha & \sin\alpha \\ -\sin\alpha & \cos\alpha \end{pmatrix} \begin{pmatrix} X - X_{原} \\ Y - Y_{原} \end{pmatrix} \tag{11-5}$$

式中:$X_{原}$、$Y_{原}$——xoy 的坐标原点在 XOY 坐标系中的坐标:

α——桥轴线在 XOY 坐标系中的设计坐标方位角。

五、投影面的选择

在桥梁施工控制网建立的过程中,通常会遇到控制网的投影面问题。投影面问题的产生主要是由于地球为近似的圆球，在不同的高程面，其计算边长不同。高程差异越大，其投影后的边长差异亦越大。为保证施工后的桥梁跨度与设计值相同，选择合理的投影面和放样方法是保证施工质量的关键。

为确定施工控制网的投影面，首先应确定桥梁设计的投影面。在通常情况下，桥梁工程的设计是在地形图上进行的，且一般不考虑地球曲率的影响，这对一般桥梁并无太大影响，而对于具有高塔柱的悬索桥和斜拉桥，影响就十分明显。因此在控制网平差前，应由设计部门确认桥梁的设计跨度是对哪个高程面而言的。在通常情况下，桥梁设计所用的地形图是在国家坐标系统下测绘的，在测绘地形图时采用了线路工程的统一坐标基准，但在测绘大比例尺桥区地形图时，一般只采用线路整体坐标系作为起算数据，并未将测绘数据投影到高斯投影面上，因此，该地形图可理解为以国家坐标系为基本框架的局部大比例尺地形图，不存在投影变形，与实际形状一致，该地形图的投影面可理解为工程的平均高程面。因此，桥梁的设计跨度可理解为地面平均高程面上的距离。

影响投影面选择的另一个重要因素是放样方法。在以前的桥梁施工过程中，由于受到测量仪器的限制，一般采用经纬仪前方交会的方法测设点位。在这种情况下，由于放样过程不涉及距离，控制网的距离尺度就是放样后建筑物的距离尺度。因此为保证放样后的桥梁跨度与设计值相同，控制网应投影到设计跨度的高程面上（如墩面高程，桥面高程等）。

由于全站仪的普及和应用，目前大部分桥梁工程都采用高精度全站仪坐标放样。这种仪器的使用不但提高了测量精度，而且大大提高了施工测量的作业效率。在利用全站仪坐标法放样时，由于该法是利用角度和边长来确定点位的，因此，应将边长作适当的投影改正，如果桥梁跨度的设计值确定在平均高程面上，控制点的实际位置也基本在平均高程面上，这时控制网的投影面应确定在平均高程面上，这样利用坐标反算的边长与实际测量的边长基本相等，投影变形很小，有利于点位的检核。由于全站仪具有自动距离改正的功能，因此，在用该法放样高塔柱时，其距离的改正可在仪器上自动进行。

在桥梁施工过程中，由于部分建筑物的施工，原来的控制点可能无法使用，这时通常在墩顶或桥面上增设控制点。在通常情况下，所增设的控制点应归算到同一个坐标系中，并采用相同的投影面。若采用全站仪放样，也可将控制网投影到桥面高程，这样施工放样较为方便。

综上所述，控制网投影面的选择与工程设计和放样方法有关，一般选择平均高程面或桥面高程作为投影面即可满足施工放样的要求。另外，在施工过程中，选用过多的投影面，容易引起资料使用的混乱，对施工测量管理不利。

第三节　桥轴线纵断面测量

桥轴线纵断面测量就是测量桥轴线方向地表的起伏状态，其测量结果绘制成的纵断面图，称为桥轴线纵断面图。桥梁设计时，需要根据桥轴线纵断面图来决定桥梁的孔径和布置墩台的位置。

桥轴线纵断面的测绘范围根据设计的需要而定，一般情况下应测至两岸线路路基设计高程以上。如果河的两岸陡峭或者有河堤，则应测至陡岸边或堤的顶部。如河的两岸为浅滩漫流,则岸上的测绘范围以能满足设计包括引桥在内的桥梁孔跨、导流建筑物和桥头引道的需要为原则。当地质条件复杂且地面横坡陡于 1∶4 时,为了更好地反映地面状况供设计时参考,尚需在上、下游适当位置处加测辅助纵断面。

桥轴线纵断面图包括岸上和水下两部分,其测量方法不同,下面分别加以说明。

岸上部分与路线纵断面测量方法相同,因而应在进行路线纵断面测量的同时完成。如果路线中线上的整桩及加桩尚嫌不足,应根据地形地质的变化情况进行加密。

水下部分由于无法钉设里程桩,也无法进行水准测量,所以测点的位置及其高程都是用间接方法测求。测点高程的测定是先测出水面高程(水位)和水深,然后由水面高程减去水深,以求河底的高程。

水面高程是随着时间变化的,特别是在洪水季节,其变化尤为显著。所以必须求得测量水深时的瞬时水面高程,才能用水面高程减去水深求出河底的高程。

为了测水面高程,应在岸边水中竖立水标尺。水标尺的构造与水准尺相似。如果水位变化很大,则可在岸边高低不同的位置上竖立若干个水标尺,如图 11-5 所示。立好水标尺后,采用水准测量的方法自附近的水准点测算出水标尺零点的高程。水标尺零点高程加上水面在水标尺上的读数等于水面的高程。

由于水位随时变化,所以应定期进行观测。在水位比较稳定时期每日观测一次。如在洪水季节,应适当增加观测次数。在取得时间及水位资料以后,即可以时间为横坐标,以水位为纵坐标,绘出时间-水位曲线,如图 11-6 所示。利用这一曲线,即可查出在测水深时的水位。如果断面测量时间很短,也可在测量开始及结束时各读一次水标尺读数,取两次读数的平均值计算测量时水位。

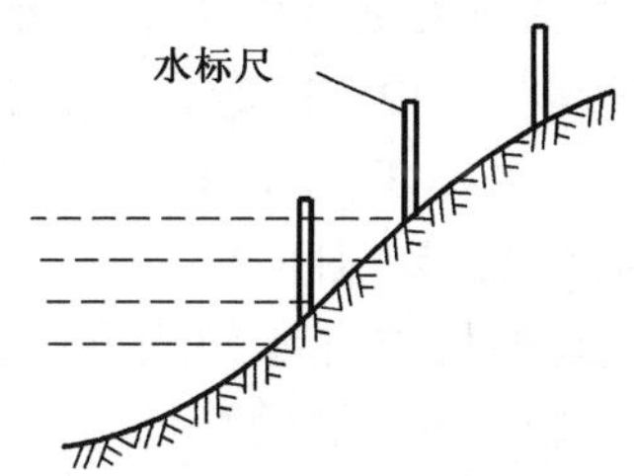

图 11-5　水位观测图

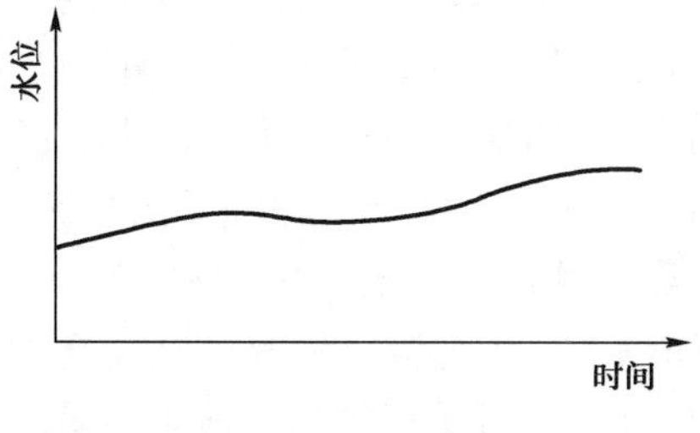

水位

时间

图 11-6　时间-水位曲线图

纵断面上测点的平面位置和水深是同时测定的。水深测量所采用的工具,根据水深及流速的大小,可以采用测深杆、测深锤或回声测深仪。

测深杆为一直径 5 ~ 8cm、长 3 ~ 5m 的竹杆,其上涂有测量深度的标记,下端镶一直径 10 ~ 15cm 的铁制底盘,用以防止测深时测杆下陷而影响测深精度,如图 11-7a)所示。测深杆宜在水深 5m 以内、水流流速和船速不大的情况下使用。用测深杆测深时,应在距船头 1/3 船长处作业,以减少波浪对读数的影响。测深杆要顺船插入水中,使测杆触到水底时,正好垂直以读取水深。

测深锤又名水铊。测深锤为一质量为 3 ~ 8kg 的铅铊上系一根作了分米标记的绳索,如图 11-7b)所示。测深锤测深时,应预估水深取相应绳长盘好,过长将收绳困难,过短则达不到水底,将铊抛向船首方向,在铊触水底,测绳垂直时,取水深读数。测深锤适用于在浅水区测量水深。

回声测深仪简称测深仪，是测量水深的一种仪器。在水深流急的江河与港湾，测深仪广泛应用。测深仪是根据超声波能在均匀介质中匀速直线传播、遇不同介质而产生反射的原理设计而成，使用测深仪测量水深时，应按仪器使用方法操作。如图 11-8 是 SDE-230 是南方全新一代高精度测量性测深仪，全金属外壳设计，IP67 级防护，以全新、高速工控主板和精简定制 WindowsXPE 系统组成稳定操作平台，可外接所有 GNSS 接收机，实现长期持续稳定作业，内部集成更智能、更专业的导航，可用以测量桥轴线水深及水下地形。

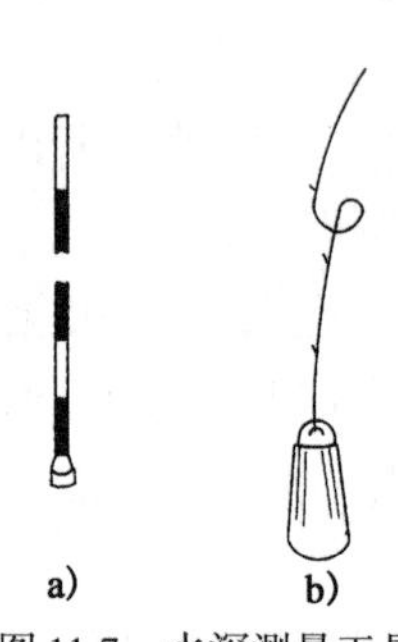

图 11-7　水深测量工具

图 11-8　SDE-230 水深测量仪

纵断面上测点平面位置的测定，根据河宽及地形条件，可采用断面索法、交会法或单点法。

断面索法是在两岸桥位桩间拉一根作了距离记号的绳索，这根绳索称断面索，测量时测船沿断面索前进，按预先规定的间距测出水深，并在同时记下测深时间和位置。这种方法适用于河流较窄而水深较深的河上。

交会法如图 11-9 所示。它是由桥位的标志桩沿岸边布设一条交会基线 AC，先测出 AC 距离及∠BAC 的大小，测深时测船沿桥轴线方向由 A 向 B 行驶，按预定间距在 1、2、3……点测深。测深的同时，由船上发出信号，架设在 C 点的经纬仪测出∠AC1、∠AC2、∠AC3…，根据正弦定理求出 1、2、3……点至标志桩 A 的平距。每次测深时还应记录时间。

单点法测定断面上测深点的位置时，在岸上选择一个高的桥位桩 A 作为测站，在测站安置经纬仪，如图 11-10 所示。量取仪器高度，A 点的高程已测出，则仪器的高程为已知值，当已知测深时的水位，便可求得仪器与水面的高差 h 。测船沿断面方向行驶，在每一测点测水深的同时，测出其竖直角 α 。测深点至测站的距离可用下式求出：

$$D = h \cdot \tan\alpha \tag{11-6}$$

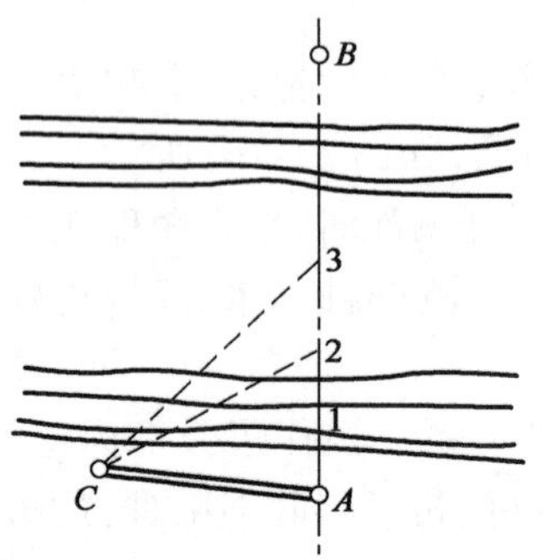

图 11-9　交会法测水深

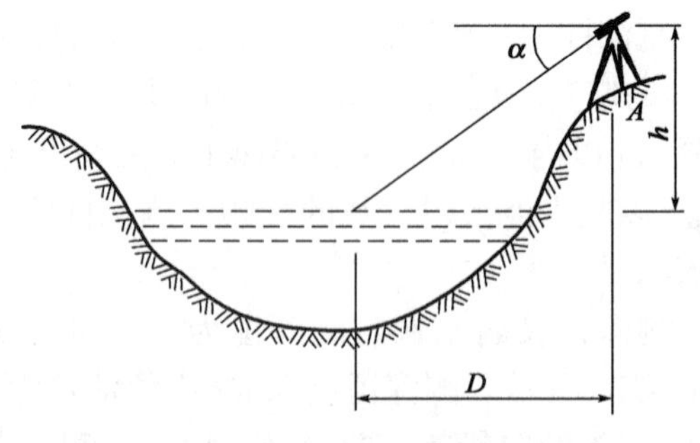

图 11-10　单点法测水深

用全站仪观测时,可采用跟踪测量的方式直接测出测深点至测站的距离。

用 GNSS RTK 观测时,可直接测量桥轴线纵断面上的各测点位置及测点处的水深。

断面上测深点数目,以能正确表示河床变化为原则。在一般情况下,测深垂线的间距不应大于表 11-3 的规定。

河床纵断面测量布点间距　　表 11-3

水面宽(m)	<50	50~100	100~300	300~1 000	>1 000
最大间距(m)	3~5	5~10	10~20	20~50	50

在测得断面上的测点位置及岸上和水下的地面高程以后,即可以用绘制路线纵断面图的方法,绘制出桥轴线纵断面图。图上应注明施测水位、最大洪水位及最低水位。

第四节　桥墩、桥台施工测量

在桥梁墩、台施工测量中,最主要的工作是准确地定出桥梁墩、台的中心位置及墩、台的纵横轴线。测设墩、台中心位置的工作叫墩、台施工定位。墩、台定位通常都要以桥轴线两岸的控制点及平面控制点为依据,因而要保证墩、台定位的精度,首先要保证桥轴线及平面控制网有足够的精度。在墩、台定位以后,还要测设出墩、台的纵横轴线,以固定墩、台的方向,同时它也是墩、台细部施工放样的依据。下面分别介绍墩、台定位及其纵横轴线的测设方法,墩、台基础及细部的放样方法。

一、墩、台定位

墩、台定位所根据的资料为桥轴线控制桩的里程和墩、台中心的设计里程,若为曲线桥梁,其墩、台中心有的位于路线中线上,有的位于路线中线外侧,因此还需要考虑设计资料、曲线要素及主点里程等。

直线桥梁的墩、台中心均位于桥轴线方向上,如图 11-11 所示,已知桥轴线控制桩 A、B 及各墩、台中心的里程,由相邻两点的里程相减,即可求得其间的距离。墩、台定位的方法,视河宽、水深及墩、台位置的情况而异。目前可用多坐标法或交会法。

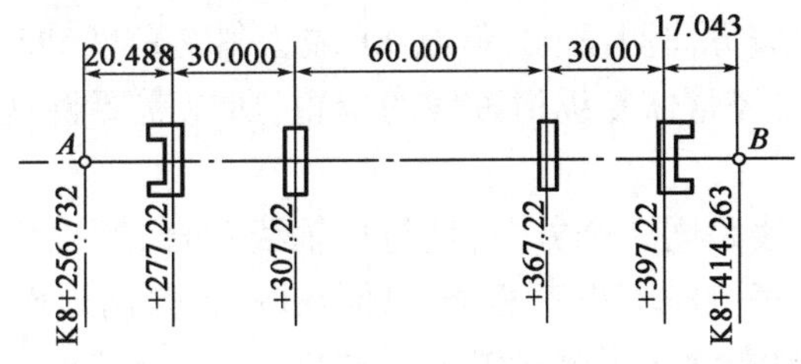

图 11-11　桥梁墩、台平面图

1. 坐标法

这种方法最为迅速、方便,应用最广泛。首先算出放样墩、台的中心坐标或墩台上任意放样点坐标,然后采用测距仪、全站仪或 GNSS RTK 等仪器按坐标法(或极坐标法)测设即可。

测设时应根据当时测出的气象参数和测设的距离求出气象改正值,对全站仪或测距仪可将气象参数输入仪器。为保证测设点位准确,常采用换站法校核,即将仪器搬到另一测站重新测设,两次测设的点位之差应满足要求。

GNSS RTK 测设时应按两次以上取中法定点。

2. 交会法

如果桥墩所在的位置河水较深,无法直接丈量,也不便于采用电磁波测距仪时,则可用角度交会法测设墩位。

用角度交会测设墩位的方法,如图 11-12 所示。它是利用已有的平面控制点及墩位的已知坐标,计算出在控制点上应测设的角度 α、β,将型号为 J_2 或 J_1 的三台经纬仪分别安置在控制点 A、B、C 上,从三个方向(其中 DE 为桥轴线方向)交会得出。交会的误差三角形在桥轴线上的距离 C_2C_3,对于墩底定位不宜超过 25mm,对于墩顶定位不宜超过 15mm。再由 C_1 向桥轴线作垂线 C_1C,C 点即为桥墩中心。

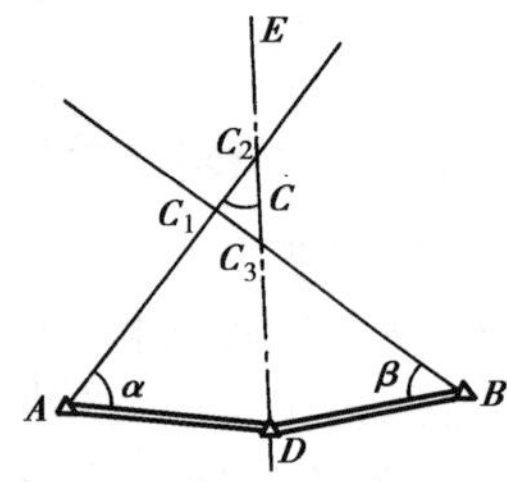

图 11-12 墩台交会法测设

二、墩、台纵横轴线测设

在墩、台定位以后,还应测设墩、台的纵横轴线,作为墩、台细部放样的依据。在直线桥上,墩、台的纵轴线是指过墩、台中心平行于线路方向的轴线;在曲线桥上,墩、台的纵轴线则为墩、台中心处曲线切线方向的轴线。墩、台的横轴线是指过墩、台中心与其纵轴垂直(斜交桥则为与其纵轴垂直方向成斜交角度)的轴线。

在直线桥上,各墩、台的纵轴线在同一个方向上,而且与桥轴线重合,无须另行测设。墩、台的横轴线是过墩、台中心且与纵轴线垂直或与纵轴垂直方向成斜交角度的,测设时应在墩、台中心架设经纬仪,自桥轴线方向测设 90°角或 90°减去斜交角度,即为横轴线方向。

由于在施工过程中需要经常恢复纵横轴线的位置,所以需要将这些方向及护桩标在地面上,如图 11-13 所示。

由于各个墩、台的纵轴线是同一个方向,且与桥轴线重合,所以用桥轴线的控制桩作为护桩。墩、台横轴线的护桩在每侧应不小于两个,以便在墩、台修出地面一定高度以后,在同一侧仍能用以恢复轴线。施工中常常在每侧设置三个护桩,以防止护桩被破坏。护桩位置应设在施工场地外一定距离处。如果施工期限较长,则应用固桩方法将护桩加以保护。

位于水中的桥墩,如采用筑岛或围堰施工时,则可把纵横轴线测设于岛上或围堰上。

在曲线桥上,若墩、台中心位于路线中线上,则墩、台的纵轴线为墩、台中心曲线的切线方向,而横轴与纵轴垂直。如图 11-14 所示,假定相邻墩、台中心间曲线长度为 l,曲线半径为 R,则:

$$\frac{\alpha}{2} = \frac{180}{\pi} \cdot \frac{l}{2R} (^\circ) \tag{11-7}$$

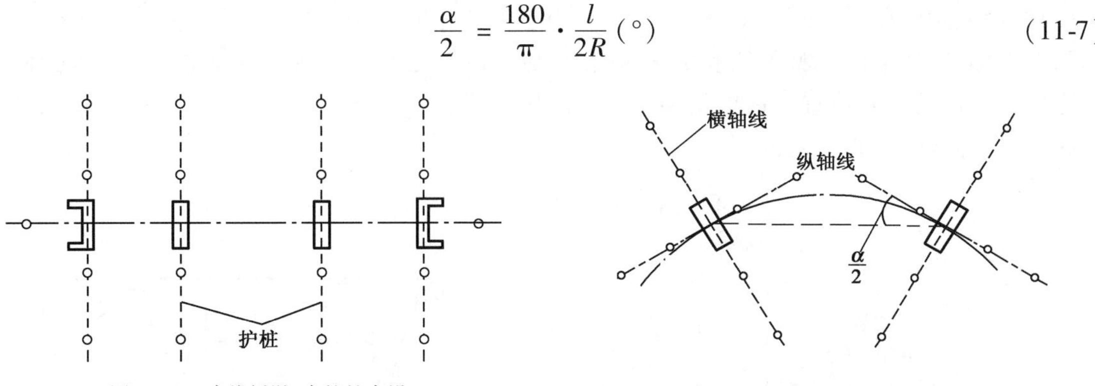

图 11-13 直线桥墩、台护桩布设　　图 11-14 曲线桥墩、台护桩布设

测设时，在墩、台中心安置经纬仪，自相邻的墩、台中心方向测设$\frac{\alpha}{2}$角，即得纵轴线方向，自纵轴线方向再测设 90°角，即得横轴线方向。若墩、台中心位于路线中线外侧时，应根据设计资料提供的数据采用上述方法测设墩、台的纵横轴线。在纵横轴线方向上，每侧至少要钉设两个护桩。

三、墩、台基础及细部施工放样

明挖基础是桥梁墩、台基础常用的一种形式。它是在墩、台位置处先挖基抗，将坑底整平以后，然后在坑内砌筑或灌注基础及墩、台身。当基础及墩、台身露出地面后，再用土回填基坑。视土质情况，坑壁可挖成垂直的或倾斜的。

在基坑放样时，根据墩、台纵横轴线及基坑的长度和宽度测设出它的边线。如果开挖基坑时，要求坑边具有一定的坡度，尚应设放基坑的开挖边界线。设放边坡界线时，应根据坑底与地表的高差及坑壁坡度计算出它至坑边的距离，而坑边至纵横线的距离是已知的，根据图 11-15 所示的关系，按下式求出边坡桩至墩、台中心的距离 d：

$$d = \frac{b}{2} + h \times n \tag{11-8}$$

式中：b——坑底的长度或宽度；

h——坑底与地表的高差；

n——坑壁坡度系数的分母。

设置边坡桩方法与路基边坡的放样相同，可以根据试探法，也可以用测出的断面用图解法求出。在地面上钉出边坡桩后，根据边坡桩撒出灰线，依灰线可进行基坑开挖。

当基坑开挖到设计高程以后，应将坑底整平，必要时还应夯实，然后安装模板。进行基础及墩、台身的模板放样时，可将经纬仪安置在轴线上较远的一个护桩上，以另一个护桩定向，这时经纬仪的视线即为轴线方向。安装模板时，使模板中心线与视线重合即可。当模板的位置在地平面以下时，也可以用经纬仪在基础的两边临时设放两个点，根据这两点，用线绳及垂球来指挥模板的安装工作，如图 11-16 所示。

桩基础也是桥梁墩、台基础常用的一种形式，其测量工作主要有：测设桩基础的纵横轴线，测设各桩的中心位置，测定桩的倾斜度和深度，以及承台横板的放样等。

桩基础纵横轴线可按前面所述的方法测设。各桩中心位置的放样是以基础的纵横轴线为坐标轴,用支距法测设,如图 11-17 所示。如果全桥采用统一的高斯坐标系计算出每个桩中心的高斯坐标,使用电磁波测距仪或全站仪,在桥位控制桩上安置仪器按直角坐标法或极坐标法放样出每个桩的中心位置。在桩基础灌注完以后,修筑承台以前,对每个桩的中心位置应再进行测定,作为竣工资料。

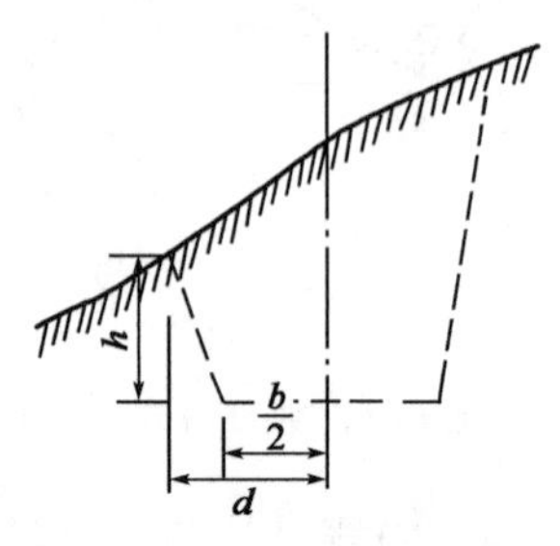

图 11-15　基坑施工放样

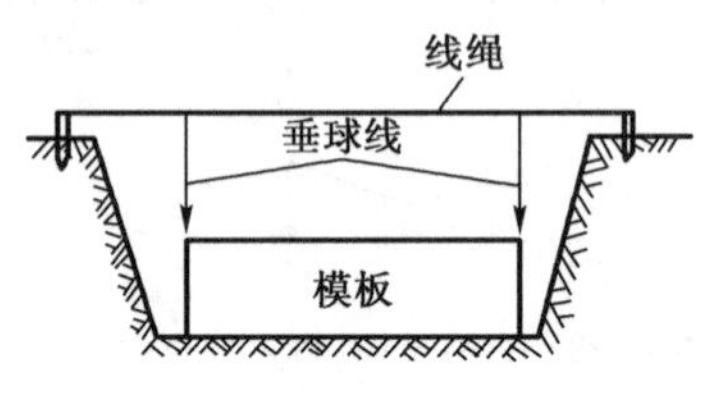

图 11-16　基础模板施工放样

每个钻孔桩或挖孔桩的深度用不小于 4kg 的重锤及测绳测定,打入桩的打入深度则根据桩的长度推算。在钻孔过程中测定钻孔导杆的倾斜度,用以测定孔的倾斜度,并利用钻机上的调整设备进行校正,使孔倾斜度不超过施工规范要求。桩基础的承台模板的放样方法与明挖基础相同。

墩、台身的细部放样,是以其纵横轴线为依据的。如果墩、台身是用浆砌圬工,则在砌筑每一层时,都要根据纵横轴线来控制它的位置和尺寸。如果是用混凝土灌注,则基础顶面和每一节顶面上都需要测出墩、台的中心及其纵横轴线作为下一节立模的依据,如图11-18所示。

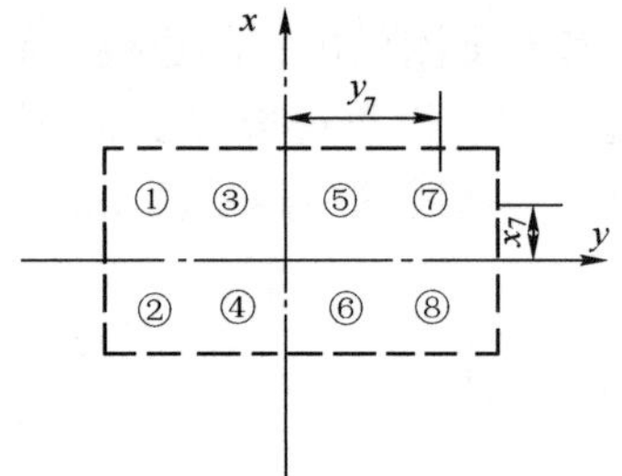

图 11-17　支距法测设桩基础

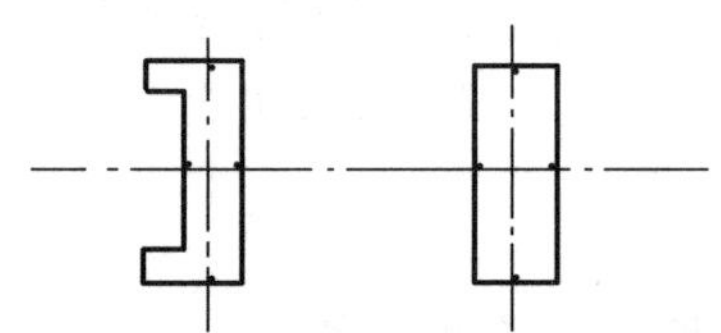
图 11-18　墩、台身施工放样

在立模时,在模板的外面需预先画出它的中心线,然后在纵横轴线的护桩上架设经纬仪,照准该轴线方向的另一护桩,根据这一方向校正模板的位置,直至模板中线位于视线的方向上。

当墩、台身砌筑完毕时,测定出墩、台中心及纵横轴线,以便安装墩、台帽的模板,安装锚栓孔、安装钢筋。横板立好后应再一次进行复核,以确保墩、台帽中心、锚栓孔位置等符合设计要求,并在模板上标出墩、台帽顶面高程,以便灌注。

支承垫石是墩、台帽上的高出部分,供支承梁端之用。支承垫石的放样是根据设计图纸所给出的数据,从纵横轴线放出,在灌注垫石时,应使混凝土面略低于设计高程 1 ~ 2cm,以便用砂浆抹平到设计高程。

墩、台施工时各部分的高程,是通过布设在附近的施工水准点将高程传递到墩、台身或围堰上的临时水准点,然后由临时水准点用钢尺向下或向上量取所需的距离得出的。但墩、台帽的顶面及垫石的高程等则用水准仪测设。

第五节 涵洞施工测量

涵洞施工测量时要首先放出涵洞的轴线位置,即根据设计图纸上涵洞的里程,放出涵洞轴线与路线中线的交点,并根据涵洞轴线与路线中线的夹角,放出涵洞的轴线方向。

放样直线上的涵洞时,依涵洞的里程,自附近测设的里程桩沿路线方向量出相应的距离,即得涵洞轴线与路线中线的交点。若涵洞位于曲线上,则采用曲线测设的方法定出涵洞与路线中线的交点。依地形条件,涵洞轴线与路线有正交的,也有斜交的。将经纬仪安置在涵洞轴线与路线中线的交点处,测设出已知的夹角,即得涵洞轴线的方向,如图 11-19 所示。涵洞轴线用大木桩标志在地面上,这些标志桩应在路线两侧涵洞的施工范围以外,且每侧两个。自涵洞轴线与路线中线的交点处沿涵洞轴线方向量出上下游的涵长,即得涵洞口的位置,涵洞口要用小木桩标出来。

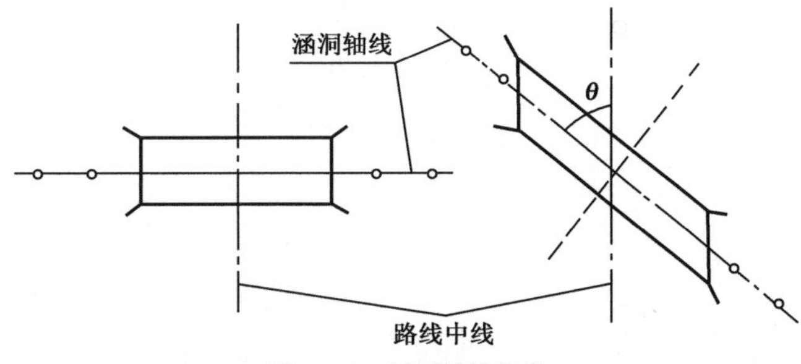

图 11-19 涵洞轴线放样

涵洞基础及基坑的边线根据涵洞的轴线测设,在基础轮廓线的转折处都要钉设木桩,如图 11-20a)所示。为了开挖基础,还要根据开挖深度及土质情况定出基坑的开挖界线,即所谓的边坡线。在开挖基坑时很多桩都要挖掉,所以通常都在离基础边坡线 1 ~1.5m 处设立龙门板,然后将基础及基坑的边线用线绳及垂球投放在龙门板上,并用小钉加以标志。当基坑挖好后,再根据龙门板上的标志将基础边线投放到坑底,作为砌筑基础的根据,如图 11-20b)所示。

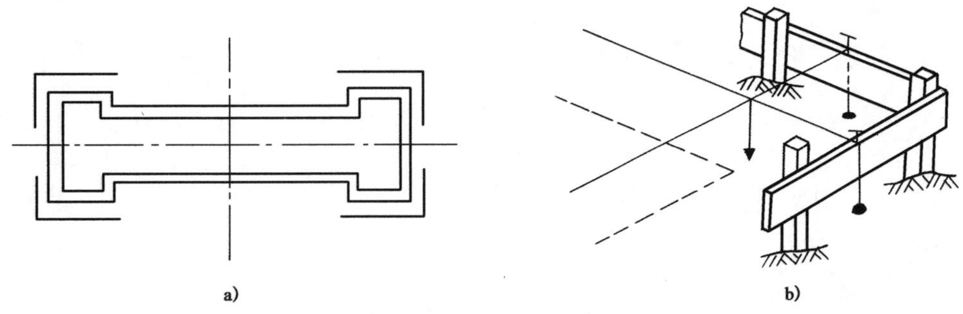

图 11-20 涵洞基础放样

在基础砌筑完毕,安装管节或砌筑墩台身及端墙时,各个细部的放样仍以涵洞的轴线作为放样的依据,即自轴线及其与路线中线的交点,量出各有关的尺寸。

涵洞细部的高程放样,一般是利用附近的水准点用水准仪测设。

【思考题与习题】

1. 桥梁测量的主要内容分哪几部分？桥位测量的目的是什么？
2. 何谓测角网？何谓测边网？何谓边角网？各有什么优缺点？
3. 何谓桥轴线纵断面测量？其测量范围如何确定？
4. 何谓河流比降？
5. 何谓墩、台施工定位？简述墩、台位常用的几种方法。

第十二章

隧道测量

【学习内容与要求】

通过本章学习,使学生了解隧道测量技术工作的主要内容;掌握隧道平面和高程控制测量的要求与方法;掌握隧道施工测量中平、纵、横断面的测量方法与技术;了解隧道贯通误差的分析方法;了解辅助坑道施工测量的内容与方法。

第一节　概　　述

一、公路隧道

位于地表以下或水下,横断面具有规定形状和尺寸,沿纵向延伸,两端起联通作用功能的人工建筑物称地道。横截面较小时称坑道,横截面较大时称隧道。

隧道是地下工程结构物,隧道组成包括主体建筑物和附属建筑物。主体建筑物包括洞身衬砌和洞门;附属建筑物包括通风、照明、防排水、安全设施等。

1. 隧道类型

通常隧道的开挖从两端洞口开始,亦即只有两个开挖工作面。如图 12-1 所示,*A*、*B* 两处为开挖隧道正洞。如果隧道工程量大,为了加快隧道开挖施工速度,必须根据需要和地形条件设立辅助坑道，增加新的开挖工作面，如横洞、平行导坑、竖井、斜井等都属于辅助坑道新工作面的形式。隧道正洞和辅助坑道都是整个隧道工程的组成部分。

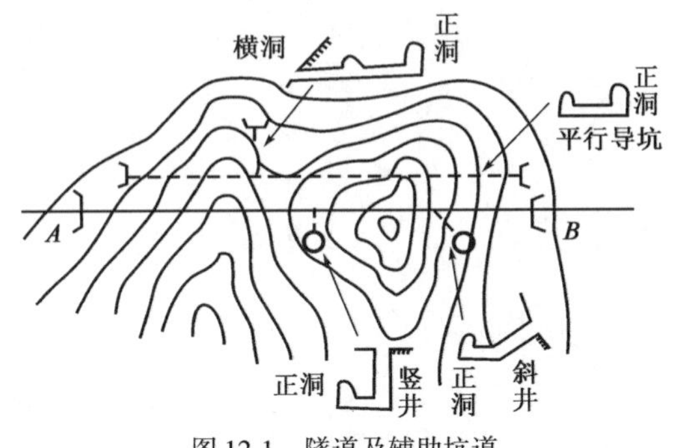

图 12-1　隧道及辅助坑道

公路隧道按其长度的不同分为四类，见表 12-1。这种分类的目的，主要是为了以各种隧道的长度确定有关的设计和施工的技术要求和规定，以及确定隧道设计及施工时的测量精度。

隧道长度指进出口洞门端墙之间的水平距离，即进出口两端端墙面与路面中线的交点间的距离。

公路隧道的分类　　表 12-1

隧道分类	特长隧道	长隧道	中隧道	短隧道
隧道长度 L(m)	$L>3\,000$	1 000　L　3 000	$500<L<1\,000$	L　500

2. 隧道工程的测量及其特点

一般地，特长隧道，对路线有控制作用的长隧道，以及地形、地质情况比较复杂的隧道，在勘测设计上采用初测和定测两阶段设计，隧道测量工作也包括有初测和定测两个阶段。

初测的主要任务：根据隧道选线的初步结果，在选定的隧道地域进行控制测量、地形测量、纵断面测量，为地质填图、隧道的深入研究和设计提供点位参数、地形图件及技术说明书。

隧道控制测量必须与路线控制测量衔接，按所需的技术等级进行控制测量，为路线与隧道形成系统一致的整体提供基准保证。带状地形图测量按隧道选定方案进行，带宽 200～400m（视需要可加宽）。纵断面图按隧道中线地面走向测量。用于测量纵断面图的里程桩（包括地形加桩）应预先测设在隧道中线上（偏差小于 ±50mm）。

定测的主要任务：根据批准的初步设计文件确定隧道洞口位置，测定隧道洞口顶的隧道路线，进行洞外控制测量。

隧道工程测量技术工作的主要内容有：

(1)在所选定隧道工程范围内布设控制网，进行控制测量，建立精确的基准点、基准方向。

(2)提供隧道工程设计所需的带状地形图、隧道洞口点地形图、纵横断面图。

(3)根据隧道工程设计所提供的图纸及有关的参数，在实地以测设的方法确定隧道的开挖与修筑的标志，保证隧道工程的正常作业和精确贯通。

(4)根据隧道开挖的进展情况，不断在隧道的开挖巷道中建立洞内控制点，进行洞内控制测量，提高测设的可靠性，检测隧道开挖的质量。

总之，地下工程测量包括：建立地面控制网、地面和地下的联系测量、地下坑道中的控制、施工及竣工测量。

与地面工程测量相比,地下工程测量具有以下特点:

(1)地下工程施工面黑暗潮湿,环境较差,经常需进行点下对中(常把点位设置在坑道顶部),并且有时边长较短,因此测量精度难以提高。

(2)地下工程的坑道往往采用独头掘进,而洞室之间又互不相通,因此不便组织校核,出现错误往往不能及时发现。并且随着坑道的进展,点位误差的累积越来越大。

(3)地下工程施工面狭窄,并且坑道往往只能前后通视,造成控制测量形式比较单一,仅适合布设导线。

(4)测量工作随着坑道工程的掘进而不间断地进行。一般先以低等级导线指示坑道掘进,而后布设高等级导线进行检核。

(5)由于地下工程的需要,往往采用一些特殊或特定的测量方法(如为保证地下和地面采用统一的坐标系统,需进行联系测量)和仪器。

二、隧道工程施工测量

1. 隧道工程施工测量的方法

隧道工程施工测量方法有现场标定法和解析法。

对于简单或小型的地下工程,例如较短的铁路隧道或水工隧洞,也可以不进行控制测量而直接测量,这就是所谓的现场标定法。

解析法是采用严格的地面和地下控制测量以及精确的测设方法。它是先建立一个控制网,将隧道中线上的主要点包括在网内,用解析法算出以控制网的坐标系(对于直线隧道,常以隧道中线为 x 坐标轴,曲线隧道常取过贯通点的一切线作为 x 坐标轴)所表示的隧道中线上的一切几何要素,这样在地下开挖的过程中,就可以根据所建立的控制点,随时将隧道的中线放样出来。

2. 隧道施工测量的任务

隧道施工测量的任务是保证隧道各施工洞口相向开挖能够正确贯通,并使各项建筑物按照设计位置和尺寸修建,不得侵入限界。其中保证隧道横向贯通精度是隧道施工测量的关键。

3. 隧道施工测量的内容

隧道施工测量包括施工前洞外控制测量、施工中洞内测量及竣工测量。施工中洞内测量又包括洞内控制测量、施工中线测量、高程测量、断面测量及衬砌施工放样测量等。

(1)地面(洞外)控制测量:在地面上建立平面和高程控制网;

(2)联系测量:将地面上的坐标、方向和高程传到地下,建立地面地下统一坐标系统;

(3)地下控制测量:包括地下平面与高程控制;

(4)隧道施工测量:根据隧道设计进行放样、指导开挖及衬砌的中线及高程测量。

4. 测量工作的作用

(1)在地下标定出地下工程建筑物的设计中心线和高程,为开挖、衬砌和施工指定方向和位置;

(2)保证在两个相向开挖面的掘进中,施工中线在平面和高程上按设计的要求正确贯通,保证开挖不超过规定的界线,保证所有建筑物在贯通前能正确地修建;

(3)保证设备的正确安装；

(4)为设计和管理部门提供竣工测量资料等。

第二节　隧道控制测量

隧道测量首先要建立洞外平面和高程控制网，每一开挖洞口附近都应设平面控制点及水准点，这样将各开挖面联系起来，作为开挖放样的依据。

一、隧道控制测量概述

隧道控制测量的目的在于保证两相向开挖方向在贯通面按设计要求正确贯通，即横向和高程贯通误差在规定的限差内。隧道控制测量是施工放样的依据，包括洞内、洞外平面控制测量与高程控制测量，为了增加开挖面，缩短贯通长度，在中间设有竖(斜)井时，还包括将传递平面位置、方向和高程的竖(斜)井联系测量。

1. 隧道贯通误差的分类及其限差

在隧道施工中，由于地面控制测量、联系测量、地下控制测量以及细部放样的误差，使得两个相向开挖的工作面的施工中线，不能理想地衔接，而产生错开现象，即所谓贯通误差。其在线路中线方向的投影长度称为纵向贯通误差(简称纵向误差)，在垂直于中线方向的投影长度称为横向贯通误差(简称横向误差)，在高程方向的投影长度称为高程贯通误差(简称高程误差)。

各项贯通误差的限差(用 Δ 表示)一般取中误差的两倍。纵向贯通误差影响隧道中线的长度，只要它不大于定测中线的误差，能够满足铺轨的要求即可。通常都是按定测中线的精度要求，即：

$$\Delta l = 2m_1 \leqslant \frac{1}{2\,000}L \tag{12-1}$$

式中：L——隧道两开挖洞口间的长度。

高程贯通误差影响隧道的坡度，而且应用水准测量的方法，也容易达到所需的要求。因此，实际上最重要的，讨论最多的是横向贯通误差。因为横向贯通误差如果超过了一定的范围，就会引起隧道中线几何形状的改变，甚至洞内建筑物侵入规定限界而使已衬砌部分拆除重建，给工程造成损失。

对于横向贯通误差和高程贯通误差的限差，按《铁路工程测量规范》(TB 10101—2018)，根据两开挖洞口间的长度确定，见表12-2。

贯通误差的限差　　表12-2

两开挖洞口间长度(km)	<4	4～8	8～10	10～13	13～17	17～20
横向贯通限差(mm)	100	150	200	300	400	500
高程贯通限差(mm)	50					

2. 贯通误差的来源和分配

隧道贯通误差主要来源于洞内外控制测量和竖井(斜井)联系测量的误差，由于施工中线和贯通误差是由洞内导线测量确定，所以施工误差和放样误差对贯通的影响可忽略不计。

按照《铁路工程测量规范》(TB 10101—2018)的规定,系将地面控制测量的误差作为影响隧道贯通误差的一个独立因素,而将地下两相向开挖的坑道中导线测量的误差各为一个独立因素。这样一来,设隧道总的横向贯通中误差的允许值为 M_q,按照等影响原则,则得地面控制测量的误差所引起的横向贯通中误差(以下简称"影响值")为:

$$m_q = \pm \frac{M_q}{\sqrt{3}} = \pm 0.58M_q \tag{12-2}$$

对于高程控制测量而言,洞内的水准线路短,高差变化小,这些条件比地面的好;但另一方面,洞内有烟尘、水气、光亮度差以及施工干扰等不利因素,所以将地面与地下水准测量的误差对于高程贯通误差的影响各为一个独立因素,按等影响的原则。设隧道总的高程贯通中误差的允许值为 M_h,则地面水准测量的误差所引起的高程贯通中误差为:

$$m_h = \pm \frac{M_h}{\sqrt{2}} = \pm 0.71M_h \tag{12-3}$$

按照上述原理所算得的隧道洞内、洞外控制测量误差,对于贯通面上的横向和高程贯通中误差所产生的影响见表 12-3。

洞外、洞内控制测量误差对贯通精度的影响值(mm) 表 12-3

测量部位	横向中误差						高程中误差
	两开挖洞口间长度(km)						
	<4	4 ~ 8	8 ~ 10	10 ~ 13	13 ~ 17	17 ~ 20	
洞外	30	45	60	90	120	150	18
洞内	40	60	80	120	160	200	17
洞外洞内总和	50	75	100	150	200	250	25

注:本表不适用于设有竖井的隧道。

由上述讨论可见,隧道控制测量关键在于要满足横向贯通精度,因此,应根据横向贯通精度影响值进行洞外、内平面控制测量设计。

3. 地面控制测量

隧道工程的地面控制测量可分为平面控制测量和高程控制测量,平面控制测量根据地下工程的特点、范围、地形条件,采用三角测量、导线测量及 GPS 测量进行。隧道洞外控制测量等级选定及技术要求,参见表 6-3 ~ 表 6-12 的规定。高程控制测量主要采用地面水准测量。地面水准测量等级选定及技术要求,可参见表 6-13 ~ 表 6-20 的规定。

(1)地面导线测量

在隧道施工中,地面控制测量可布设成地面导线测量形式。导线测量的优点是选点布网较自由、灵活,对地形适应性较好。

在直线隧道中,为了减少导线测距误差对隧道横向贯通的影响,应尽可能将导线沿着隧道的中线敷设。导线点数不宜过多,以减少测角误差对横向贯通的影响。对于曲线隧道而言,导线亦应沿两端洞口连线布设成直伸型导线为宜,但应将曲线的起点和终点以及曲线切线上两点包括在导线中。

光电导线测量的布设可分为单导线、单闭合导线、导线锁(环)等,如图 12-2 所示。为了增加校核条件、提高导线测量的精度,也可以采用主副导线闭合环,副导线只观测转折角而不量距。

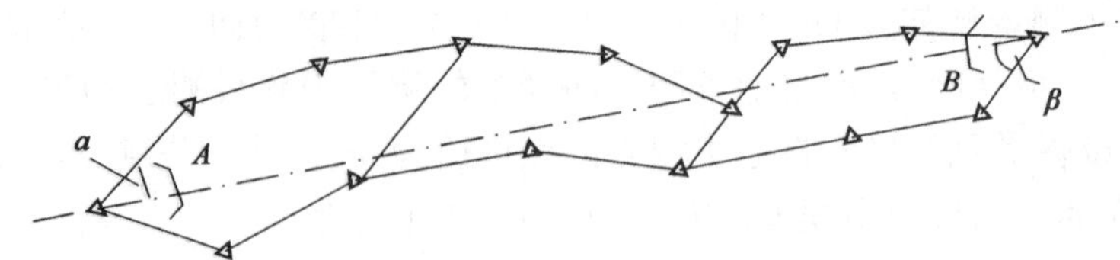

图 12-2　地面导线网

(2) GNSS 控制测量

用 GNSS 定位技术作隧道地面控制，只需在洞口处布设洞口点群，各洞口点群不得少于 3 个点。对于直线隧道，洞口点选在线路中线上，另外再布设两个定向点，除要求洞口点与定向点通视外，定向点之间不要求通视。对于曲线隧道还应把曲线的主要控制点如起终点，切线上的两点包括在网中。选点、埋石与常规方法的要求相同，主要应使所选点环境适于 GNSS 观测。网的布设一般应遵循“网中每个点至少独立设站观测两次”的原则。此外，还取决于所具有的接收机数量、经费和精度要求等因素。如图12-3 为采用 GNSS 技术进行控制的一种布网方案，图中两点间连线为独立基线，该方案每个点均有三条独立基线相连，可靠性较好。

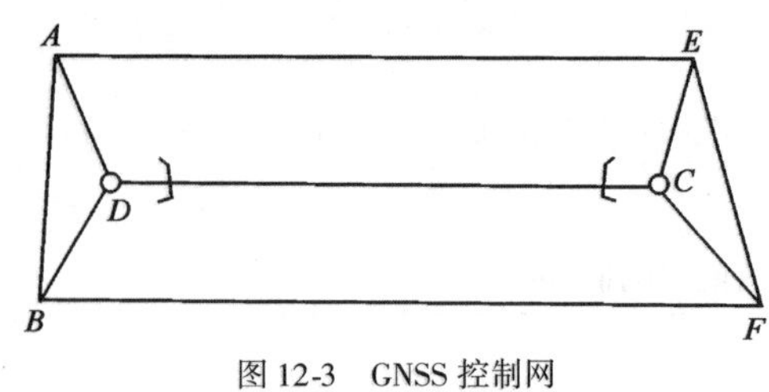

图 12-3　GNSS 控制网

(3) 地面水准测量

作为高程控制的地面水准测量，其等级的确定，不单取决于隧道的长度，更重要的是取决于隧道地段的地形情况，亦即由它所决定的两洞口间水准线路的长度。表 12-4 为《铁路工程测量规范》(TB 10101—2018) 对各级水准测量的规定。高程控制测量可采用精密水准测量或光电测距三角高程测量进行。

隧道地段水准测量的等级　　表 12-4

等　级	两洞口间水准线路长度(km)	水准仪型号
二	>36	$S_{0.5}$、S_1
三	13 ~ 36	S_1
		S_3
四	5 ~ 13	S_3

进行地面水准测量时，利用线路定测水准点的高程作为起始高程，沿水准线路在每个洞口至少应埋设两个水准点，水准线路应形成闭合环，或者敷设两条互相独立的水准线路，由已知的水准点从一端洞口测至另一端的洞口。

4. 地下控制测量

地下控制测量包括地下平面控制测量和地下高程控制测量。地下平面控制测量由于受地下工程条件的限制，使得测量方法较为单一，只能敷设导线。地下高程控制测量方法有水准测量、三角高程测量。

(1) 地下导线测量的特点和布设

地下导线测量的作用是以必要的精度建立地下的控制系统。依据该控制系统可以放样出隧道(或坑道)中线及其衬砌的位置，指示隧道(或坑道)的掘进方向。

地下导线的起始点通常位于平峒口、斜井口以及竖井的井底车场，而这些点的坐标是由地面控制测量或联系测量测定的。地下导线等级的确定取决于地下工程的类型、范围及精度要求等，对此各部门均有不同的规定。与地面导线测量相比，地下工程中的导线测量具有以下特点：

①由于受坑道的限制，其形状通常形成延伸状。地下导线不能一次布设完成，而是随着坑道的开挖逐渐向前延伸。

②导线点有时设于坑道顶板，需采用点下对中。

③随着坑道的开挖，先敷设边长较短、精度较低的施工导线，指示坑道的掘进。而后敷设高等级导线对施工导线进行检查校正。

④地下工作环境较差，对导线测量干扰较大。

地下导线的类型有支导线、附合导线、闭合导线、导线网等。

地下导线角度测量常采用测回法进行，边长测量可采用钢尺及电磁波测距仪测距。

在布设地下导线时应注意以下事项：

①地下导线应尽量沿线路中线(或边线)布设，边长要接近等边，尽量避免长短边相接。导线点应尽量布设在施工干扰小、通视良好且稳固的安全地段，两点间视线与坑道边的距离应大于0.2m。对于大断面的长隧道，可布设成导线网或主副导线环。有平行导坑时，平行导坑的单导线应与正洞导线联测，以资检核。

②在进行导线延伸测量时，应对以前的导线点作检核测量。在直线地段，只作角度检测；在曲线地段，还要同时作边长检核测量。

③由于地下导线边长较短，因此进行角度观测时，应尽可能减小仪器对中和目标对中误差的影响。当导线边长小于15m时，在测回间仪器和目标应重新对中，应注意提高照准精度。

④边长测量中，当采用电磁波测距仪时，应经常拭净镜头及反射棱镜上的水雾。当坑道内水气或粉尘浓度较大时，应停止测距，避免造成测距精度下降。洞内有瓦斯时，应采用防爆测距仪。

(2)地下高程控制测量

地下高程控制测量的任务是，测定地下坑道中各高程点的高程，建立一个与地面统一的地下高程控制系统，作为地下工程在竖直面内施工放样的依据。地下高程控制测量可分为地下水准测量和地下三角高程测量。其特点为：

①高程测量线路一般与地下导线测量的线路相同。在坑道贯通之前，高程测量线路均为支线，因此需要往返观测及多次观测进行检核。

②通常利用地下导线点作为高程点。高程点可埋设在顶板、底板或边墙上。

③在施工过程中，为满足施工放样的需要，一般是先建立低等级高程测量给出坑道在竖直面内的掘进方向，然后再建立高等级的高程测量进行检测。

地下水准测量与地下三角高程测量的作业方法同地面测量。

二、隧道控制测量设计

1. 平面控制测量设计

平面控制测量设计的目的在于确定控制网的布设方案，包括网形、测角量边的精度以及仪器设备的确定等。其主要依据是：由控制测量误差所引起的隧道贯通误差应小于表12-3所列之值,因此,测量设计就变成了影响值的计算问题。横向贯通精度影响值的计算有近似估算方法和严密计算方法两种,其中以单导线法和按方向的间接平差法最为常用。

(1)地面单导线测量设计

无论是单导线、闭合导线、导线锁还是三角锁等各种网形,都可选择最靠近隧道中线的一条线路,将其作为单导线,按下述公式估算对横向贯通误差的影响值(图 12-4)。

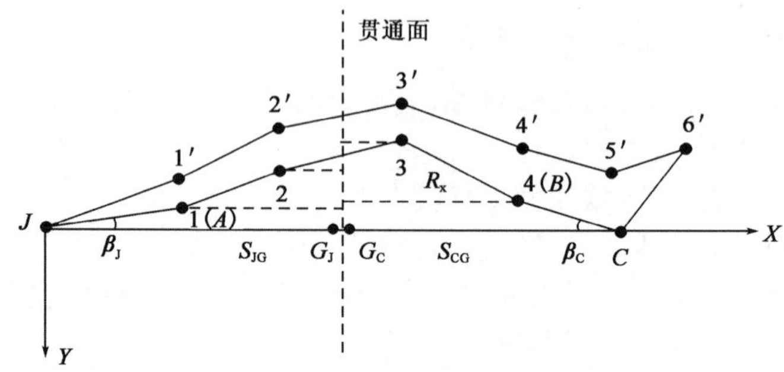

图 12-4 隧道贯通误差预计图

$$m_q = \pm\sqrt{m_{y\beta}^2 + m_{yl}^2} = \pm\sqrt{\left(\frac{m_\beta}{\rho}\right)^2 \sum R_x^2 + \left(\frac{m_l}{l}\right)^2 \sum d_y^2} \tag{12-4}$$

式中：$m_{y\beta}$、m_{yl}——测角、量边误差所引起的隧道横向贯通误差;

m_β——地面导线的测角中误差,以 s 计,取设计值;

$\frac{m_l}{l}$——导线边长的相对中误差;

$\sum R_x^2$——两洞口点之间各测角的导线点至贯通面垂直距离的平方和;

$\sum d_y^2$——两洞口点之间各导线边在贯通面上投影长度的平方和。

式(12-4)即为导线测量误差对横向贯通误差的影响值的近似公式。按式(12-4)估算的影响值偏大,有时与严密计算结果相差很大,因为它是按支导线推导的,而实际工作中,总是要布设为环形和网形,通过平差,测角测边精度都会产生增益,故按上式进行横向贯通误差估算将偏于安全。一般用于较短隧道的控制测量设计。估算时,一般通过改变测角精度来调整影响值,使之满足表 12-3 的要求。

式(12-4)同样适用于地下导线测量设计。

(2)地下导线测量设计

对于直线隧道,地下导线宜布设为等边直伸导线, 对于等边直伸的地下导线来说,导线的测角误差引起横向误差,而量边误差与横向误差无关。因地下导线一般为支导线,由测角引起的横向贯通误差可表示为:

$$m_q = \sqrt{\frac{n^2 s^2 m_\beta^2}{\rho^2} \times \left(\frac{n + 1.5}{3}\right)} \tag{12-5}$$

式中：m_q——地面控制测量的误差所引起的横向贯通中误差(m);

s——导线边长(m);

n——导线的边数。

故地下导线的测角精度的设计值为：

$$m_{\beta} = \frac{m_{q} \times \rho}{s \times n}\sqrt{\frac{3}{n + 1.5}} \tag{12-6}$$

式(12-6)即为设计地下导线时测角精度的计算公式。

2. 高程控制测量设计

高程测量误差对高程贯通误差的影响，可按下式计算：

$$m_{h} = \pm m_{\Delta}\sqrt{L} \tag{12-7}$$

式中：L——洞内外高程线路总长(以 km 计)；

m_{Δ}——每公里高差中数的偶然中误差，对于四等水准 $m_{\Delta} = \pm 5\text{mm/km}$，对于三等水准 $m_{\Delta} = \pm 3\text{mm/km}$。

需要指出，若采用光电测距三角高程测量时，L 取导线的长度。若洞内外测量精度不同，则应分别计算。

第三节　隧道施工测量

隧道施工测量的主要任务为在隧道施工过程中确定隧道在平面及竖直面内的掘进方向，另外还要定期检查工程进度及计算完成的土石方数量。

一、隧道掘进中的测量工作

1. 隧道平面掘进方向的标定

隧道掘进施工的方法有全断面开挖法和开挖导坑法，根据施工方法和施工程序的不同，确定隧道掘进方向的方法有中线法和串线法。

(1)中线法

当隧道采用全断面开挖法进行施工时，通常采用中线法。在图 12-5 中，P_1、P_2为导线点，A为隧道中线点，已知 P_1、P_2的实测坐标及 A 的设计坐标(可按其里程及隧道中线的设计方位角计算得出)和隧道中线的设计方位角。根据上述已知数据，即可计算出放样中线点所需的测设数据β_2、β_A 和 L。

$$\left.\begin{aligned}
\alpha_{p_2A} &= \arctan\frac{Y_A - Y_{p_2}}{X_A - X_{p_2}} \\
\beta_2 &= \alpha_{p_2A} - A_{p_2p_1} \\
\beta_A &= \alpha_{AB} - \alpha_{AP_2} \\
L &= \frac{Y_A - Y_{p_2}}{\sin\alpha_{p_2A}} = \frac{X_A - X_{p_2}}{\cos\alpha_{p_2A}}
\end{aligned}\right\} \tag{12-8}$$

求得上述数据后，即可将仪器安置在导线点 P_2上，拨角度 β_2，并在视线方向上量距 L，即得中线点 A。在 A 点上埋设与导线点相同的标志，并重新测定出 A 点的坐标。标定开挖方向时可将仪器安置于 A 点，后视导线点 P_2，拨角度 β_A，即得中线方向。随着开挖面向前推进，A 点距开挖面越来越远，这时需要将中线点向前延伸，埋设新的中线点。其标设方法同前。

(2)串线法

当隧道采用导坑法施工时,因其精度要求不高,可用串线法指示开挖方向。此法是用目测串通三条垂球线,直接用肉眼来标定开挖方向(图12-6)。使用这种方法时,首先需用类似前述设置中线点的方法,设置三个临时中线点(设置在导坑顶板或底板上),两临时中线点的间距不宜小于5m。标定开挖方向时,在三点上悬挂垂球线,一人在B点指挥,另一人在工作面持手电筒(可看成照准标志)使其灯光位于中线点B、C、D的延长线上,然后用红油漆标出灯光位置,即得中线位置。

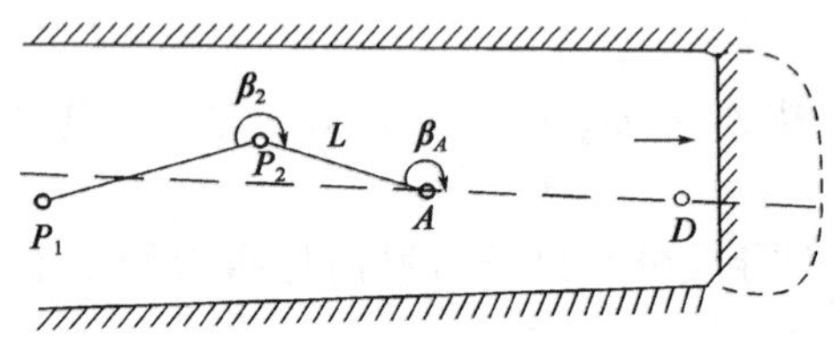

图12-5　中线法标定中线示意图

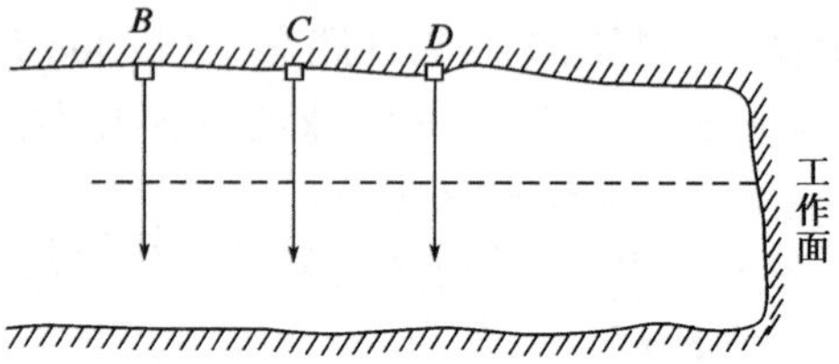

图12-6　串线法标定中线示意图

利用这种方法延伸中线方向时,误差较大,所以B点到工作面的距离不宜超过30m(曲线段不宜超过20m)。当工作面向前推进超过30m后,应向前再测定两临时中线点,继续用串线法来延伸中线,指示开挖方向。

随着开挖面的不断向前推进,中线点也应随之向前延伸,地下导线也紧跟着向前敷设,为保证开挖方向的正确,必须随时根据导线点来检查中线点,随时纠正开挖方向。

(3)激光指向法

在直线隧道(巷道)建设施工中,可采用激光指向仪进行指向与导向。由于激光束的方向性良好,发射角很小,能以大致恒定的光束直线传播相当长的距离,因此它成为地下工程施工中一种良好的指向工具。由激光器发射的激光束经聚焦系统后发出一束大致恒定的红光,测量人员将指向仪配置到所需的开挖方向后,施工人员即可自己随时根据指向需要,开启激光电源找到掘进开挖方向。

以上介绍的三种方法是对直线隧道掘进方向标定的方法,对于曲线隧道掘进时,其永久中线点是随导线测量而测设的。而供衬砌时使用的临时中线点则是根据永久中线点加密的,一般采用极坐标法(光电测距仪测距)测设。

(4)盾构自动引导测量系统

在城市地铁建设中,常采用盾构法开挖施工技术。

盾构法是地下工程暗挖法施工中的一种全机械化施工方法,用带防护罩的特制机械(盾构)在破碎岩层或土层中掘进隧洞(或巷道)。盾构机械在推进中,通过盾构外壳和管片支承围岩,防止发生向隧道内的坍塌,同时在开挖面前方用切削装置进行岩土开挖,通过出土机械运出洞外,靠千斤顶在后部加压顶进,并拼装预制混凝土管片,形成隧道结构的一种机械化施工方法。

盾构机安装的SLS-TAPD导向系统能够对盾构在掘进中的各种姿态、盾构线路和位置关系进行精确的测量和显示。SLS-T APD导向系统由激光全站仪、激光定向仪、ELS靶、工控机、显示器、调制解调器、通信装置和隧道掘进软件组成。隧道掘进软件是SLS-T APD的核心。提供盾构机的三维坐标和定向的动态信息。通过通信装置接收数据,隧道掘进软件计算的盾构机的方位和坐标,以图表方式格显示,使盾构机的位置一目了然,操作人员可根据导向系统提供的信息,实时对盾构的掘进方向及姿态进行调整,保证盾构沿设计方向掘进。

2. 隧道竖直面掘进方向的标定

在隧道开挖过程中,除标定隧道在水平面内的掘进方向外,还应定出坡度,以保证隧道在竖直面内的贯通精度,通常采用腰线法。隧道腰线是用来指示隧道在竖直面内掘进方向的一条基准线,通常标设在隧道壁上,离开隧道底板一定距离(该距离可随意确定)。

在图12-7中,A点为已知的水准点,C、D为待标定的腰线点。标定腰线点时,首先在适当的位置安置水准仪,后视水准点A,依此可计算出仪器视线的高程。根据隧道坡度i以及C、D点的里程计算出两点的高程,并求出C、D点与仪器视线间的高差Δh_1、Δh_2。由仪器视线向上或向下量取Δh_1、Δh_2即可求得C、D点的位置。

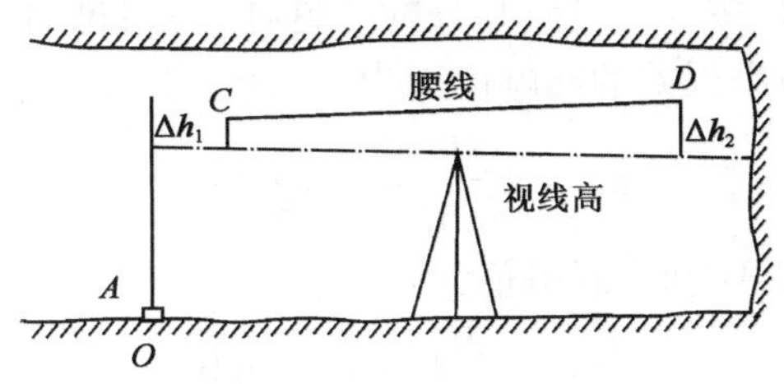

图12-7 隧道腰线标定示意图

二、施工期间的变形测量

隧道在施工期间有变形测量的需要,应根据情况制定监测方案。在城市地铁施工期间,部分地段需要对地上建筑物、地面和隧道进行沉降观测和位移观测,在矿山工程建设中,有地表位移和沉降观测及部分井下、巷道工程的变形监测等。沉降观测主要用精密水准测量方法,位移测量可采用全站仪、测量机器人和激光扫描仪等。

第四节 隧道贯通误差分析

一、贯通误差及分类

在隧道施工中,由于各阶段测量都存在误差,使两个相向开挖的工作面的施工中线,不能理想地衔接,而产生的错开现象,即所谓贯通误差。

贯通误差在线路中线方向的投影长度称为纵向贯通误差(简称纵向误差),在垂直于中线方向的投影长度称为横向贯通误差(简称横向误差),在高程方向的投影长度称为高程贯通误差(简称高程误差)。纵向误差只影响隧道中线的长度,这对隧道贯通没有多大影响;高程误差影响隧道的坡度,使用水准测量的方法,也容易达到所需的要求。因此,在实际上最重要的,讨论最多的是横向误差。因为横向误差如果超过了一定的范围,就会引起隧道中线几何形状的改变,甚至洞内建筑侵入规定限界而使衬砌部分拆除重建,给工程造成损失。

二、贯通误差来源及分配

隧道贯通误差主要来源于洞内、外控制测量和竖井(斜井)联系测量的误差,由于施工中线和贯通误差是由洞内导线测量确定，所以施工误差和放样误差对贯通的影响可忽略不计。

在隧道施工中由于地面控制测量与洞内测量往往由不同单位担任，故应将容许贯通误差加以适当分配。一般来说，对于平面控制测量而言，地面上的条件要较洞内为好，故对地面控制测量的精度要求可高一些，而将洞内导线测量的精度要求则适当降低。这里可以将地面控制测量的误差作为影响隧道贯通误差的一个独立因素，而将地面两相向开挖洞内导线测量误差各为一个独立因素。这样一来，设隧道总的横向贯通中误差的允许值为 M_q，按照等影响原则，则得地面控制测量的误差所引起的横向贯通中误差的允许值为：

$$m_q = \frac{M_q}{\sqrt{3}} = \pm 0.58M_q \tag{12-9}$$

对于通过竖井开挖的隧道，横向贯通误差受竖井联系测量的影响也较大，通常将竖井联系测量也作为一个独立因素，且按等影响原则分配。这样，当通过两个竖井和洞口开挖时，地面控制测量误差对于横向贯通中误差的影响值则为：

$$m_q = \pm \frac{M_q}{\sqrt{5}} = \pm 0.45M_q \tag{12-10}$$

当通过一个竖井和洞口开挖时，影响值为：

$$m_q = \pm \frac{M_q}{\sqrt{4}} = \pm 0.50M_q \tag{12-11}$$

对于高程控制测量而言，洞内的水准路线短，高差变化小，这些条件比地面的好；但另一方面，洞内有烟尘、水气、光亮度差以及施工干扰等不利因素，所以将地面与洞内水准测量的误差，对高程贯通误差的影响，按相等的原则分配。设隧道总的高程贯通中误差的允许值为 M_h，则它们的影响值为：

$$m_h = \pm \sqrt{\frac{1}{2}}M_h = \pm 0.71M_h \tag{12-12}$$

对于纵向贯通误差而言，它主要影响隧道中线的长度，只要求满足定测中线的精度，即限差 $\Delta_l = 2m_l \leqslant L/2\,000$（$L$ 为隧道长度）。

三、贯通测量的误差预计

如图 12-8 所示，竖井 A、B 掘进到贯通水平，相向掘进以求隧道的贯通，预计贯通面在 K 点。通过 A、B 井筒分别将地面控制网的坐标和方位角引入地下，并在地下布设施工导线（图 12-9）。

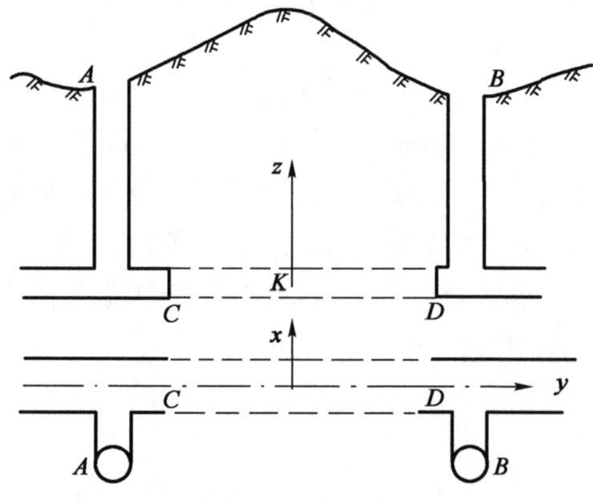

图 12-8　通过竖井挖掘隧道

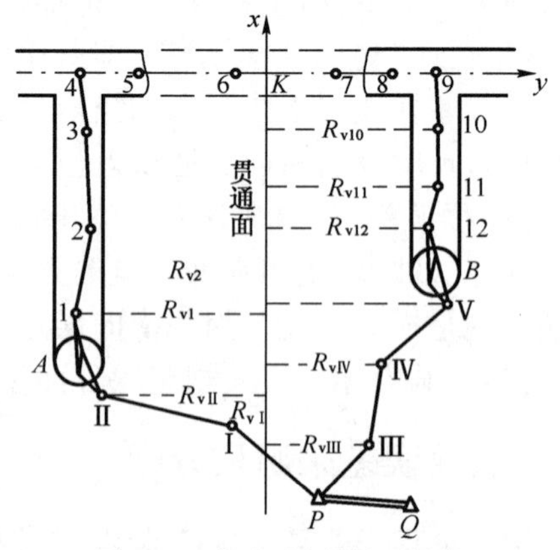

图 12-9　在地下布设施工导线

在误差预计时,先将已有的控制测量资料和地面、地下控制网方案,以较大的比例尺绘在图上,并绘出预计的贯通点 K。如图 12-8 所示,在假定坐标系统中,以中线方向为 y 轴,垂直中线方向为 x 轴,竖直方向为 z 轴。重要的贯通误差为 x 轴方向的横向贯通误差和 z 轴方向的高程贯通误差。

1. 贯通点 K 在 x 方向的测量误差

(1)地面控制测量对 K 点的误差影响

如图 12-8 所示,地面控制点 P 分别向竖井 A、B 引测支导线Ⅰ、Ⅱ……Ⅴ。根据支导线的误差分析知,由测角误差引起 K 点在 x 轴方向的贯通误差:

$$m_{x\beta上} = \pm \frac{m_{\beta上}}{\rho} \times \sqrt{\sum R_{y_i上}^2} \tag{12-13}$$

式中:$m_{\beta上}$——地面导线的测角误差;

$R_{y_i上}$——地面导线第 i 点至 x 轴的垂直距离,在设计方案图上量取。

测边误差对 K 点在 x 轴方向上引起的贯通误差为 $m_{x/上}$。如图 12-10 所示,量距误差主要由偶然误差引起,其相对中误差为 $\frac{m_1}{l}$,按对应边成比例计算,则:

$$N'N_1' = \frac{m_1}{l} \cdot d \tag{12-14}$$

若有 n 条边,则:

$$m_{xl上}^2 = \frac{m_{l上}^2}{l^2} \times \sum d_{x_i}^2 \tag{12-15}$$

式中:$\sum d_x^2$——各导线边长在 x 轴上投影的平方和,d_x 可在方案图上量取。

由地面控制点引起贯通点的总误差:

$$m_{xk上}^2 = \left(\frac{m_{\beta上}}{\rho}\right)^2 \times \sum R_{y_i上}^2 + \left(\frac{m_{l上}}{l}\right)^2 \times \sum d_{x_i}^2 \tag{12-16}$$

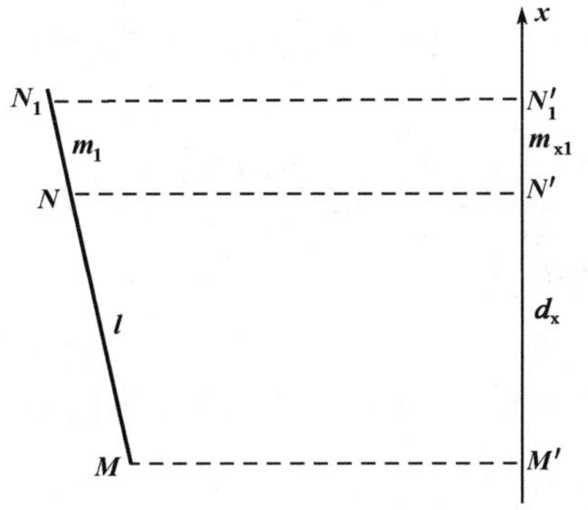

图 12-10 在 x 轴方向上引起的贯通误差

(2)定向测量误差对 K 点引起的横向贯通误差

$$m_{x0} = \pm \frac{m_{a0}}{\rho} \times R_{y0} \tag{12-17}$$

式中:m_{a0}——地下导线起始边的定向误差;

R_{y0}——地下导线起算点至 x 轴的垂直距离。

设一次定向的中误差为±42″,如图 12-9 通过两井定向产生的误差影响为 m_{xoA} 和 m_{xoB},可用下式计算：

$$m_{xoA} = \pm \frac{42''}{\rho''} \cdot R_{y1}$$

$$m_{xoB} = \pm \frac{42''}{\rho''} \cdot R_{y12}$$

式中:R_{y1}、R_{y12}——井下起始导线点距 x 轴的垂直距离。

(3)地下经纬仪导线测量对 K 点横向误差的影响

与地面情况相同,可得：

$$m_{x\beta下} = \pm \frac{m_{\beta下}}{\rho} \cdot \sqrt{\sum R^2_{y_i下}} \tag{12-18}$$

$$m_{xl下} = \pm \frac{m_{l下}}{l} \cdot \sqrt{\sum d^2_{x_i下}}$$

综合以上各项误差,得：

$$m_x = \pm \sqrt{m^2_{x\beta上} + m^2_{xl上} + m^2_{x\beta下} + m^2_{xl下} + m^2_{xoA} + m^2_{xoB}} \tag{12-19}$$

贯通测量工作独立进行两次,取其平均值作为最后结果,其中误差：

$$m_{x均} = \pm \frac{m_x}{\sqrt{2}}$$

水平方向的容许误差为中误差的 2 倍：

$$M_{x容预} = 2m_{x均} \tag{12-20}$$

如果 $M_{x容预} \leqslant M_{容}$,则说明方案可行。

2. *贯通点 K 在 z 轴方向的测量误差*

影响 K 点在高程方向测量误差的主要有:地面水准测量误差、地下高程测量误差,以及通过 A、B 两井导入高程的误差。如果是平峒贯通两井导入高程的误差则不计入。

(1)地面水准测量误差

用高差闭合差的大小确定其容许值。现以四等水准计算,一般规定闭合差不大于 2 倍中误差,则：

$$m_{H上} = \frac{f_h}{2} = \pm \frac{20\sqrt{L}}{2} = \pm 10\sqrt{L}\text{mm} \tag{12-21}$$

式中:L——地面水准路线的长度,km。

(2)地下水准测量误差

用地下水准测量的闭合差确定,以Ⅰ级水准计算,并且地下水准支线是往返测求平均值,平均值的中误差为：

$$m_{H下} = \pm \frac{f_h}{2\sqrt{2}} \tag{12-22}$$

式中:$f_h = 15\sqrt{R}$mm;

R——往测或返测的水准路线长度,100m。

(3)导入高程的误差 m_{H0}

按照规范规定,两次独立导入高程之差不得超过 $\frac{H}{8\,000}$,一次导入的中误差：

$$m_{H0} = \pm \frac{H}{8\,000} \times \frac{1}{2\sqrt{2}} \tag{12-23}$$

式中：H——井深，从两个井筒各导入一次。

综合以上误差的影响：

$$M_{H} = \pm \frac{1}{\sqrt{2}} \sqrt{m_{H上}^2 + m_{H下}^2 + m_{H0A}^2 + m_{H0B}^2} \tag{12-24}$$

$$M_{H容预} = 2M_{H}$$

若：$M_{H容预} < M_{容}$，则说明测量方案可行。

四、隧道贯通误差的测定与调整

隧道贯通后，应及时地进行贯通测量，测定实际的横向、纵向和竖向贯通误差。若贯通误差在允许范围之内，就认为测量工作达到了预期目的。但是，由于存在着贯通误差，它将影响隧道断面扩大及衬砌工作的进行。因此，《公路隧道施工技术规范》规定了容许误差，见表12-2，应该采用适当的方法将贯通误差加以调整，从而获得一个对行车没有不良影响的隧道中线，并作为扩大断面、修筑衬砌的依据。

1. 贯通误差的测定

（1）采用中线法测量的隧道，贯通之后，应从相向测量的两个方向各自向贯通面延伸中线，并各钉一临时桩 A、B（图12-11）。丈量出两临时桩 A、B 之间的距离，即得隧道的实际横向贯通误差，A、B 两临时桩的里程之差，即为隧道的实际纵向贯通误差。

（2）采用洞内导线作洞内控制的隧道，可由进洞的任一方向，在贯通面附近钉设一临时桩点，然后由相向的两个方向对该点进行测角和量距，各自计算临时桩点的坐标。这样可以测得两组不同的坐标值，其 y 坐标的差数即为实际的横向贯通误差，其 x 坐标之差为实际的纵向贯通误差（或者将两组坐标差投影至贯通面及其垂直的方向上，得出横向和纵向贯通误差）。在临时桩点上安置经纬仪测出角度 α，如图12-12所示，以便求得导线的角度闭合差（也称方位角贯通误差）。

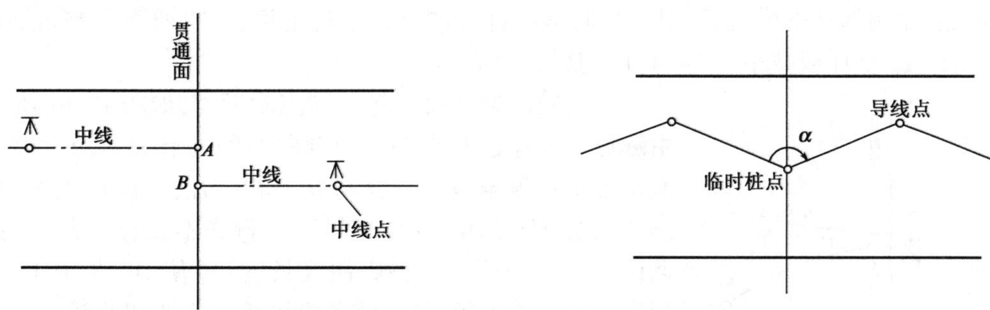

图12-11 中线法测量贯通误差　　图12-12 导线法测量贯通误差

（3）由隧道两端洞口附近的水准点向洞内各自进行水准测量，分别测出贯通面附近的同一水准点的高程，其高程差即为实际的高程贯通误差。

2. 贯通误差的调整

隧道中线贯通后，应将相向两方向测设的中线各自向前延伸一段适当的距离。如贯通面附近有曲线始点（或终点）时，则应延伸至曲线以外的直线上一段距离，以便调整中线。

调整贯通误差的工作,原则上应在隧道未衬砌地段上进行,不再牵动已衬砌地段的中线,以防减小限界而影响行车。对于曲线隧道还应注意尽量不改变曲线半径和缓和曲线长度,否则需经上级批准。在中线调整之后,所有未衬砌地段的工程,均应以调整后的中线指导施工。

(1)直线隧道贯通误差的调整

直线隧道中线的调整,可在未衬砌地段上采用折线法调整,如图12-13所示。如果由于调整贯通误差而产生的转折角在5′以内时,可作为直线线路考虑。当转折角在5′~25′时,可不加设曲线,但应以顶点 a、C 的内移量考虑衬砌和线路的位置。各种转折角的内移量见表12-5。当转折角大于25′时,则应以半径为4 000m的圆曲线加设反向曲线。

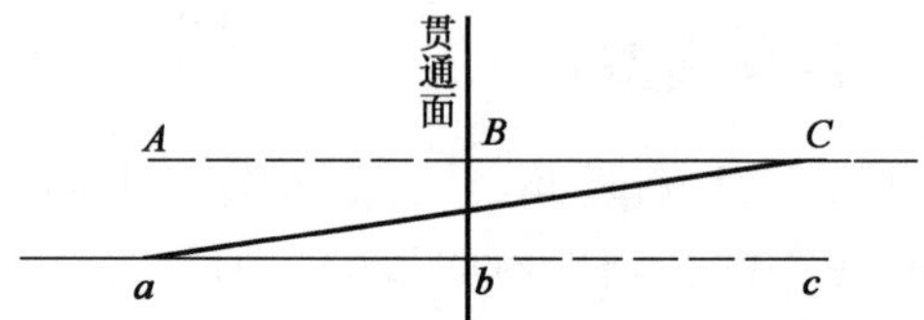

图12-13　直线隧道贯通误差调整

各种转折角的内移量　　表12-5

转折角(′)	内移量(mm)	转折角(′)	内移量(mm)
5	1	20	17
10	4	25	26
15	10		

对于用地下导线精密测得实际贯通误差的情况,当在规定的限差范围之内时,可将实测的导线角度闭合差平均分配到该段贯通导线各导线角,按简易平差后的导线角计算该段导线各导线点的坐标,求出坐标闭合差。根据该段贯通导线各边的边长按比例分配坐标闭合差,得到各点调整后的坐标值,并作为洞内未衬砌地段隧道中线点放样的依据。

(2)曲线隧道贯通误差的调整

当贯通面位于圆曲线上,调整贯通误差的地段又全部在圆曲线上时,可由曲线的两端向贯通面按长度比例调整中线,也可用调整偏角法进行调整。也就是说,在贯通面两侧每20m弦长的中线点上,增加或减小10″~60″的切线偏角值。

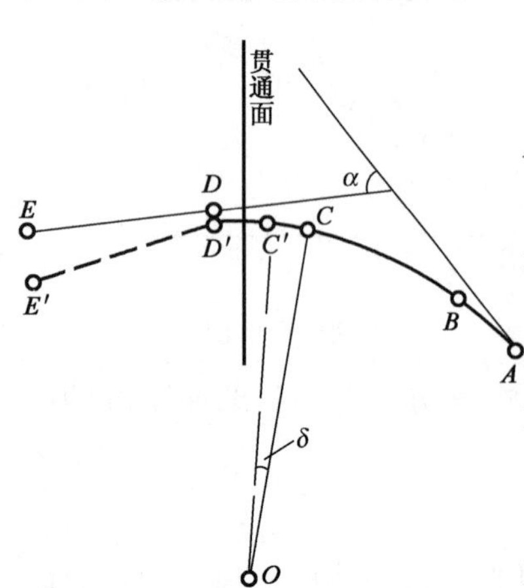

图12-14　曲线隧道贯通误差调整

当贯通面位于曲线起(终)点附近时,如图12-14所示,可由隧道一端经过 E 点测量至圆曲线的终点 D,而另一端经由 A、B、C 诸点测至 D' 点。D 与 D' 不相重合,再自 D' 点作圆曲线的切线至 E' 点,DE与D′E′既不平行又不重合。为了调整贯通误差,可先采用"调整圆曲线长度法"使DE与D′E′平行。即在保持曲线半径不变,缓和曲线长度不变和曲线 A、B、C 段方向不受牵动的情况下,将圆曲线缩短(或增长)一段CC′,使DE与D′E′平行。CC′的近似值可按下式计算:

$$CC' = \frac{EE' - DD'}{DE} \cdot R \qquad (12\text{-}25)$$

式中:R——圆曲线的半径。

因为圆曲线长度缩短(或增长)了一段CC′,与其相应的

圆曲线中心角亦应减少(或增加)一δ值,δ可按下式计算:

$$\delta=\frac{360°}{2\pi R}\cdot CC' \tag{12-26}$$

式中:CC′——圆曲线长度变动值。

经过调整圆曲线长度后,已使D′E′与DE平行,但仍不重合,如图12-15此时可采用“调整曲线起终点法”调整之,即将曲线的起点A沿着切线向顶点方向移动到A'点,使AA′=FF′,这样D′E′就与DE重合了。然后,再由A'点进行曲线测设,将调整后的曲线标定在实地上。

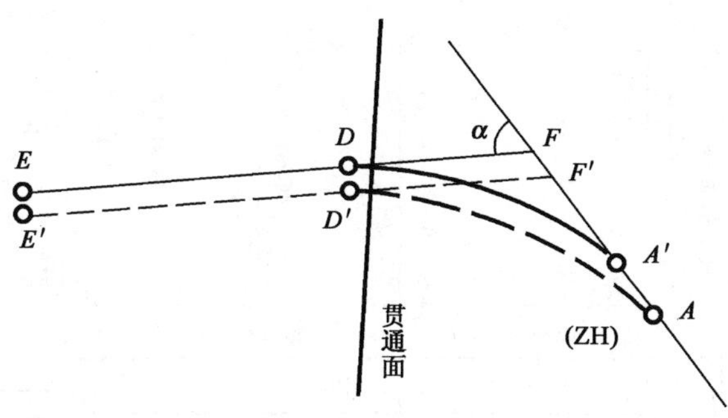

图12-15 曲线隧道贯通误差调整

曲线起点A移动的距离可按下式计算:

$$AA'=FF'=\frac{DD'}{\sin\alpha} \tag{12-27}$$

式中:α——曲线的总偏角。

(3)高程贯通误差的调整

贯通点附近的水准点高程,采用由贯通面两端分别引测的高程的平均值,作为调整后的高程。洞内未衬砌地段的各水准点高程,根据水准路线的长度对高程贯通误差按比例分配,求得调整后的高程,并作为施工放样的依据。

第五节 隧道开挖断面测量

一、隧道横断面

1.隧道净空

隧道净空是指隧道内轮廓线所包围的空间,包括公路隧道建筑限界、通风及其他功能所需要的断面积。断面形状和大小应根据结构设计力求得到最经济值。净空所包括的其他断面中,有通风机或通风管道、照明灯具及其他设备、监控设备和运营管理设备、电缆沟或电缆桥架、防灾设备等断面,以及富裕量和施工允许误差等。

2. 隧道建筑限界

隧道建筑限界是指为了保证在隧道中的安全行车，在一定的宽度、高度空间范围内任何部件不得侵入的界限。在公路隧道规范中，对隧道的建筑限界有明确的规定。公路隧道的建筑限界，横向包括行车道、侧向宽度（含路缘带、余宽）以及人行道、检修道等；顶角宽度的规定是保证正常行驶的车辆顶角不会跑到限界外面去；竖向包括4m的起拱线、人行道或检修道高度等。见图12-16。

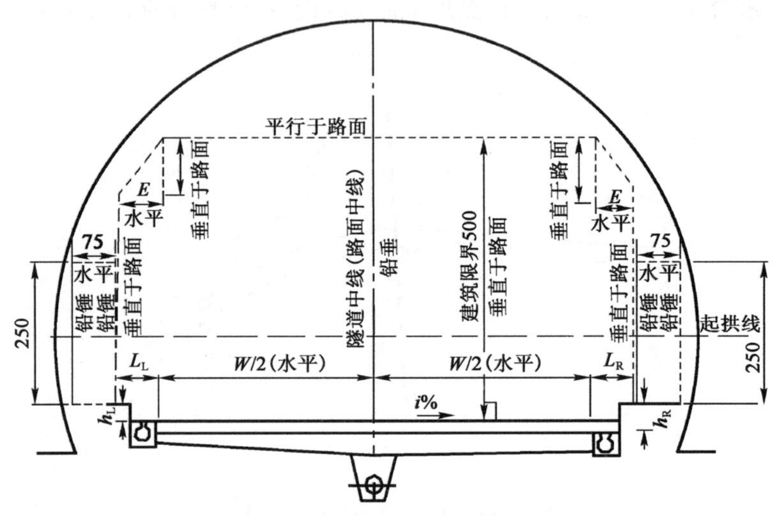

图12-16 建筑界限及内轮廓图

二、掘进中隧道断面的测量

每次断面掘进前，应根据设计的断面类型和尺寸放样出断面。常用的方法有：五寸台阶法（断面支距法）、直接测量、三角高程法、激光断面仪法等。

1. 五寸台阶法（断面支距法）

如图12-17所示，根据中线及拱顶处高程，从上而下每0.5m（拱部和曲线地段）和1.0m（直墙地段）量出中线左右两侧的横向支距（量测支距时，应考虑隧道中心与路线中心的偏移值和施工的预留宽度），所有支距端点的连线即为断面开挖的轮廓线，用以指导开挖及检查断面，并作为安装拱架的依据。遇有仰拱的隧道，仰拱断面应每隔0.5m由中线起向左右量出路面高程向下的开挖深度，此种方法最常用，适用于全断面开挖或上下导坑开挖施工的隧道。此种方法的作业程序见图12-18。

2. 直接测量（放大样法或以内模为参照物法）

对于一种类型尺寸的开挖断面，提前在地面上放出大样（1 : 1），用木板或金属条作出大样，测量时放出拱顶中点及两侧起拱点的位置，往上套上大样，在周边画点即可，此种方法是用于全断面开挖或上下导坑开挖及预留核心土施工的隧道。

在二次衬砌立模后，以内模为参照物，从内模量至围岩壁的数据 l 加上内净空 R_1 即为断面数据，如图12-19所示。

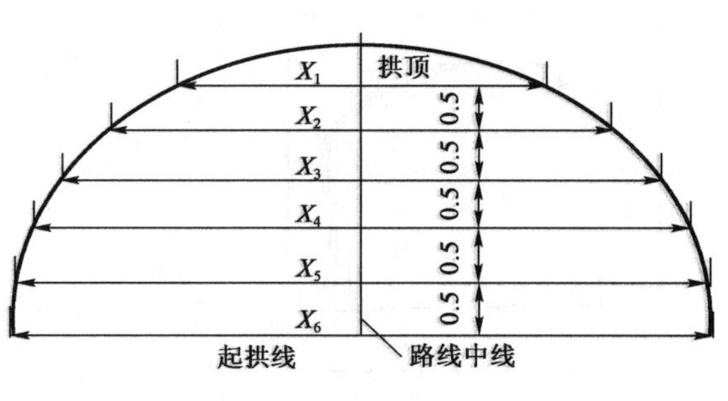

图 12-17 五寸台阶法

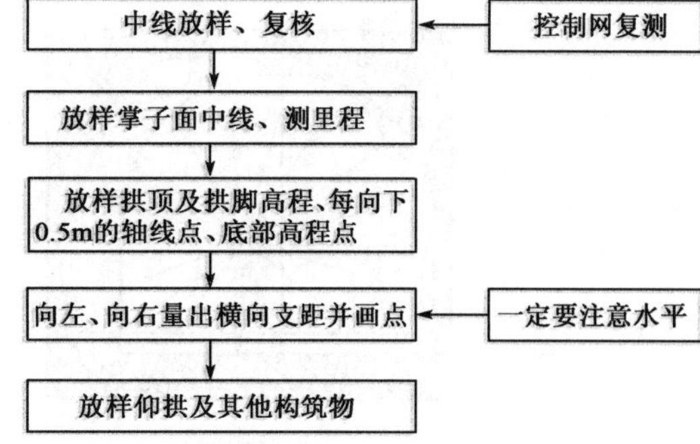

图 12-18 “五寸台阶法”作业程序

3. 三角高程法(直角坐标)

如图 12-20 所示,将仪器置于里程处的中线上,一次放样出掌子面的各个轮廓线。此方法特点是:速度快、要求的条件高;计算量大,放样前须提前计算出所有须放样点的数据,且对掌子面的平整度有较高要求,对于有激光导向及免棱镜的仪器尤为方便,但受掌子面平整度精度影响较大。

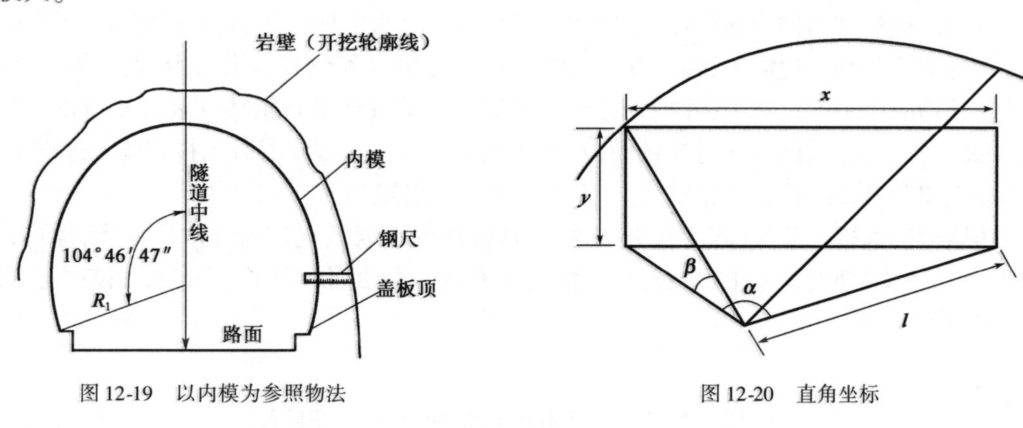

图 12-19 以内模为参照物法

图 12-20 直角坐标

$$x = l \cdot \tan\alpha \tag{12-28}$$

$$y = \frac{l}{\cos\alpha} \cdot \tan\beta + \text{经纬仪高程} - \text{开挖断面底板高程} \tag{12-29}$$

式中:x——断面水平方向坐标;

y——断面竖直方向坐标;

l——经纬仪与棱镜的距离;

α——水平夹角;

β——竖直角。

4. 激光断面仪法

激光断面仪法的测量原理为极坐标法。如图 12-21 所示,以水平方向为起算方向,按一定间距(角度或距离)依次一一测定仪器旋转中心与实际开挖轮廓线的交点之间的矢径(或距离)、矢径与水平方向的夹角,将这些矢径端点依次相连即可获得实际开挖的轮廓线。

现在免棱镜仪器较为普遍,这样就可以采用一些仪器自带或别的软件来直接测量断面,给施工分析提供科学准确的数据。

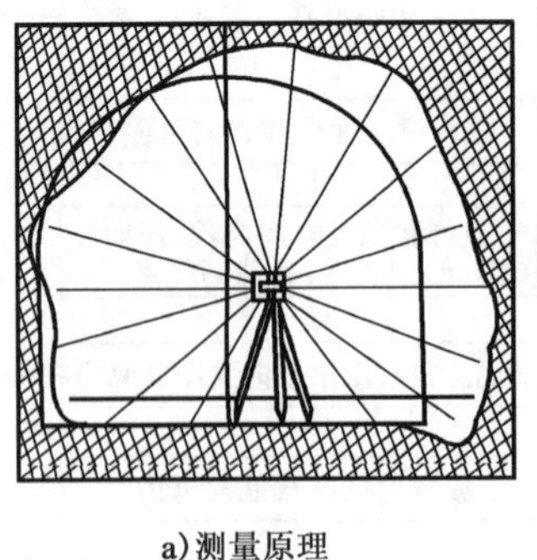

a）测量原理

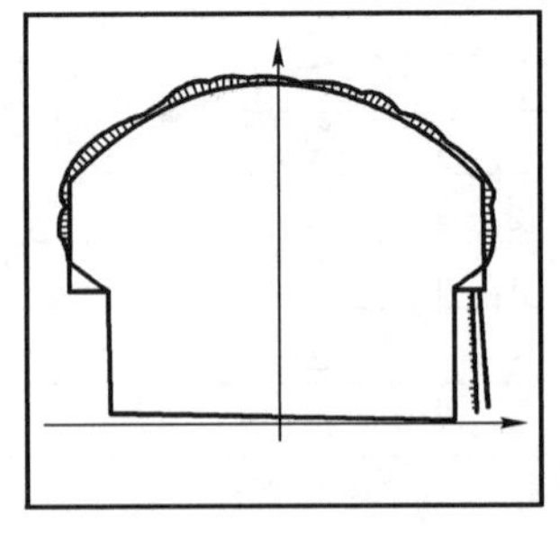

b）输出图形成果

图 12-21　激光断面仪法

三、隧道衬砌位置控制

隧道衬砌，不论何种类型均不得侵入隧道建筑界限，因此各个部位的衬砌放样都必须在线路中线、水平测量正确的基础上认真做好，使其位置正确，尺寸和高程符合设计要求。

中线两侧衬砌结构物的放样，是以中线点和水准点为依据，控制其平面位置和高程。放样建筑物的部位分别有边墙角、边墙基础、边墙身线、起拱线等位置。拱顶内沿、拱脚、边墙脚等设计高程均应用水准仪放出，并加以标注。拱部衬砌的放样是将拱架安装在正确的空间位置上，拱架定位并固定好后，即可铺设模板、灌注混凝土等。在灌注混凝土衬砌施工过程中，应经常检查拱架和模板的位置和稳定性。若位移变形值超限，应及时加以纠正。

边墙衬砌的施工放样，若为直墙式衬砌，从校准的中线按规定尺寸放出支距，即可安装模板；若为曲墙式衬砌，则从中线按计算好的支距安设带有曲面的模板，并加以支撑固定，即可开始衬砌施工。

第六节　辅助坑道施工测量

一、辅助坑道类型

当隧道较长时，为了增加施工工作面，加快施工进度，改善施工条件（出渣、进料运输、通风、排水等），往往需要设置一些适宜的、辅助性的坑道，如横洞、斜井、竖井或平行导坑等。

1. 横洞

傍山、沿河或山体侧向岩土体较薄的隧道，设置辅助坑道时宜优先考虑采用横洞，设置的位置依地形条件和施工需要而定。横洞的布置如图 12-22 所示。

2. 斜井

斜井是在隧道侧面上方开挖的与之相连的倾斜坑道。当隧道在埋置不太深、地质条件较好的地段时，或当隧道洞身一侧有较开阔的山谷低凹处可作为弃渣场地时，斜井的立、平面如图 12-23 所示。

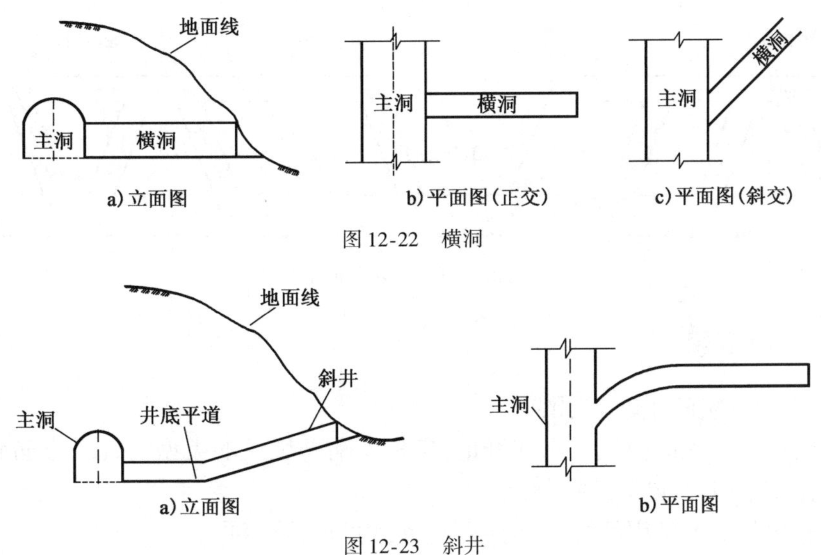

图12-22 横洞

图12-23 斜井

3. 竖井

竖井是在隧道上方开挖的与隧道相连的竖向坑道。竖井位置以设在隧道中心线一侧为宜,与隧道的距离一般为15~25m之间,如图12-24a)所示。竖井也可设在隧道正上方直接联通主洞,如图12-24b)所示。

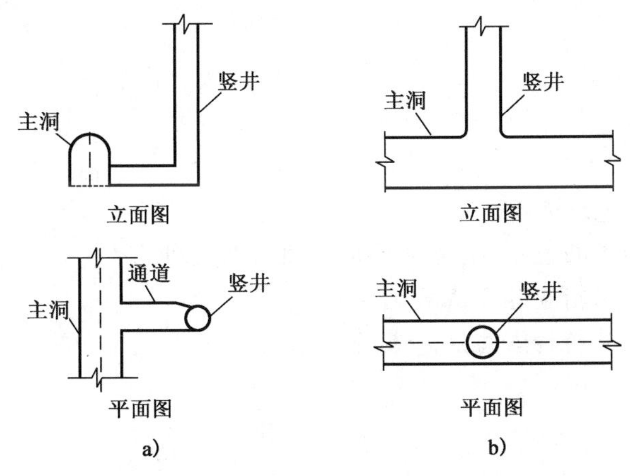

图12-24 竖井布置形式

4. 平行导坑

平行导坑是与隧道走向平行的辅助坑道。越岭的特长隧道($L>3\,000$m)或拟建双洞的隧道,施工不宜选用横洞、斜井、竖井等辅助坑道时,往往采用开挖平行导坑的办法来处理,可同时解决特长隧道施工中的出渣与进料运输、通风、排水、施工测量及安全等问题。平行导坑的平面布置如图12-25所示。

平行导坑可比主洞超前掘进,可进行地质勘察及地质预报,充分掌握主洞开挖前方地质状况,便于及时变更设计和改变施工方法;平行导坑通过横向通道与主洞连接,可增辟主洞掘进工作面,可将洞内作业分区段施工,减少互相干扰加快施工速度,并可进行通风、排水、降低水位、进料出渣运输;平行导坑可以构成洞内施工测量导线网,可以提高施工测量精度等。

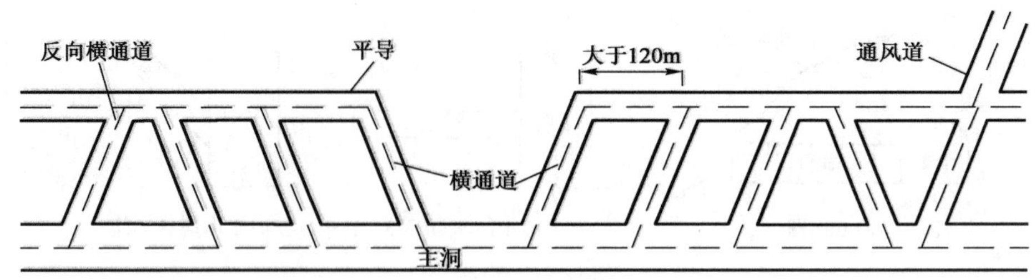

图 12-25　平行导坑平面布置

二、辅助坑道测量

辅助坑道测量时应遵守以下原则：

(1)经辅助坑道引入的中线及水准测量,应根据辅助坑道的类型、长度、方向和坡度等,按要求精度在坑道口附近设置洞外控制点。

(2)平行导坑与横洞的引线方法和高程测量,均与正洞相同。

(3)斜井中线的方向,应由斜井井口外直线引伸,可采用正倒镜分中法进洞;斜井量距应丈量斜距,测出桩顶高程,求出高差,按照斜距换算出水平距离。

(4)竖井测量时,应根据竖井的大小、深度,必要的测量精度决定测量方法,经竖井引入中线的测量,可使用钢丝吊锤、激光、经纬仪等。经竖井的高程,可将钢卷尺直接吊下测定。

【思考题与习题】

1. 隧道测量的内容包括哪些?
2. 导线建立隧道的平面控制网,为何要使导线成为延伸形?
3. 比较隧道地面控制测量各方法的优缺点。
4. 隧道洞内导线测量的特点与注意事项。

第十三章
变形监测

【学习内容与要求】

本章学习变形监测的概念、目的、内容、特点以及桥梁变形监测、滑坡变形监测和地面沉降变形监测等内容。通过学习，了解变形监测的概念、目的、内容和特点；熟悉桥梁变形监测、滑坡变形监测和地面沉降变形监测；掌握相应的数据处理方法。

变形监测（或变形观测）是指用测量仪器或专用仪器定期测定变形体在自身荷载或外力作用下随时间而变形的工作。通过变形监测，可以检查各种工程建（构）筑物和地质构造的稳定性，及时发现问题，确保质量和使用安全；同时，还可以更好地了解变形的机理，验证有关工程设计的理论，建立正确的预报变形的理论和方法，以便对某种新结构、新材料、新工艺的性能做出科学的、客观的评价。因此，在测量工程的实践和科学研究活动中，变形监测占有重要的位置。

本章主要介绍变形监测的概念、目的、内容、特点以及桥梁变形监测、滑坡变形监测和地面沉降变形监测等内容。

第一节　概　　述

一、变形监测的概念

变形监测是对监视对象或物体(简称变形体)进行测量以确定其空间位置随时间变化的特征。变形监测又称变形测量或变形观测,它包括全球性的变形监测、区域性的变形监测和工程的变形监测。

变形监测按时间特性可分为静态变形监测和动态变形监测,静态变形监测通过周期测量得到,动态变形监测须通过持续监测得到。

二、变形监测的目的及意义

总的来说,变形监测的目的是要获得变形体(大到整个地球,小至一个工程建筑物)变形的空间状态和时间特性,同时还要解释变形的原因。对于前一个目的,相应的变形监测数据处理任务称为变形的几何分析,对于后一个目的,相应的任务称为变形的物理解释。

因此,变形监测具有实际应用和科学研究两方面的意义:

(1)实际应用

保障人类生命和财产安全,监测各种工程建(构)筑物、各类灾害体、机器设备、厂房以及与工程建设有关的地质构造的变形,及时发现异常变化,对其稳定性、安全性做出判断,以便及时采取措施进行防治或处理,防止事故发生。

(2)科学研究

积累监测分析资料,能更好地解释变形的机理,验证变形的假说,为研究变形体(或灾害体)预报的理论和方法服务,检验工程设计的理论是否正确、是否合理,为以后的修改及制定设计规范提供依据。例如,改善建(构)筑物的物理参数和地基强度参数,从而防止工程灾害的发生,提高抗灾能力等。

三、变形监测的内容和特点

1. 变形监测的内容

变形监测的内容主要包括水平位移和垂直位移监测,以及对偏距、挠度、弯曲、扭转、震动、裂缝等用于描述变形体自身形变和刚体位移的几何量的监测。水平位移是监测点在平面上的变动;偏距和挠度可以视为某一特定方向的位移;倾斜可以换算成水平或竖直方向上的位移,也可以通过水平或垂直位移测量和距离测量得到。

变形监测的内容应根据变形体的性质与特点等情况来确定,要求有明确的针对性,既要有重点,又要做全面考虑,以便能正确反映出变形体的变化情况,达到监视建筑物的安全运营、了解其变形规律之目的。

2. 变形监测的特点

变形监测的最大特点是要进行周期观测,所谓周期观测就是多次的重复观测,第一次称初始周期或零周期,每一周期的观测方案(如监测网的图形、使用仪器、作业方法乃至观测人员)

都要一致。重复观测的周期取决于观测的目的、预计变形量的大小和速率等。

变形监测需要确定合理的测量精度。对于不同的任务,变形监测所需要的精度不同。为积累资料而进行的变形观测,或为一般工程进行的常规监测任务,精度可以低一些;而对大型特种精密工程,对人类生命和财产相关的变形监测任务,则精度要求比较高。因此,根据变形监测的不同目的,确定合理的观测精度和观测方法、优化观测方案、选择合适的测量仪器是实施变形监测的重要前提。

此外,要求采用严密的数据处理方法是变形监测的另一重要特点。在变形监测中,大量重复观测使得原始数据增多,要想从不同时期的大量观测数据中准确地获取变形体的变形信息,必须采用严密的数据处理方法。

变形监测还需要有多学科知识的配合。在确定变形监测精度、优化设计变形监测方案、合理地分析变形监测成果,特别是进行变形的物理解释时,变形测量工作者应熟悉所研究变形体的情况。例如,研究地壳变形,需要有地球物理的知识;研究工程建筑物的变形,需要有土力学和土木工程的知识;研究变形的机理,需要有力学方面的知识。可以说,变形测量是处于测绘学和地球物理、土木工程等科学的边缘。一个成功的变形测量工作者需要具备其他学科的知识,才能与其他学科方面的专家紧密地协作。

四、变形监测的方法

变形监测方法的选择取决于变形体的变形特征、变形的大小和变形的速度等因素,合理地设计变形监测方案和选择合适的变形监测仪器是变形监测的关键环节。

1. 常规大地测量法

常规大地测量法是指用常规的大地测量仪器测量方向、角度、边长和高差等所采用办法的总称,包括布设成网形来确定一维、二维、三维坐标的三角测量法、导线测量法、各种交会测量法、极坐标法以及几何水准测量法、三角高程测量法等。这些方法除用于变形监测外,还广泛用于国家大地控制测量和各种工程测量。

常规的大地测量仪器主要有经纬仪、水准仪、电磁波测距仪以及全站仪等。目前,带马达的全站仪已发展成为智能型的高精度测量机器人,可用于变形监测的许多领域。

常规大地测量包括以下一些经典的测量技术:

(1)精密高程测量

高程测量一般通过几何水准测量或者电磁波测距三角高程测量的方法获得。在变形监测中,多采用重复精密水准测量方法或者精密三角高程测量方法精确测定监测点之间的高差及其变化。

(2)精密距离测量

重复精密测距可测定点在某个方向上的相对位移。早期的测距工具是铟瓦基线尺。目前铟瓦基线尺仍然是有效的精密测距工具,但它不适应于距离远、地表起伏不平或跨越深沟的区域。20 世纪 70 年代以来,各种型号的精密光电测距仪或全站仪被广泛应用于变形监测,使得变形测量中的精密距离测量变得非常便利。测距精度由毫米级提高到亚毫米级。长距离测距需要解决大气折光问题。20 世纪 90 年代以后,由于 GPS 技术的广泛应用,长距离测距方法已被 GPS 测量法所取代。

(3)角度测量

角度测量又分为水平角测量和高度角测量,主要工具是经纬仪和全站仪,包括光学经纬仪、电子经纬仪、全站仪等,目前全站仪已成为地面测量的主要仪器。

由伺服马达带动的全站仪可以实现自动测角、测距,也称测量机器人。测量机器人具有全自动、遥测、实时、动态、精确、快速等优点,其缺点是需要地面通视、受外界条件的影响较大(如雨天、雾天不能观测)、随距离的增加精度降低较快等。

常规大地测量法主要用于变形监测网的布设和周期性观测。对于平面监测网,究竟是采用测边网还是边角网,要根据具体情况权衡设计,但单纯的测角网已不可取了;对于高程监测网,究竟采用几何水准测量法还是电磁波测距三角高程测量法,也要根据具体情况而定。测量方法的选取,涉及测量误差的来源、产生、传播以及改正消除方法等方面的知识,要进行精心设计和论证。

常规大地测量法的优点是:可以提供变形体整体的变形状态,监控面积大,可有效测定变形体的变形范围和绝对位移;观测量可以通过组网的形式进行结果的校核和精度评定,可靠性较高;灵活性大,能适用于不同的精度要求,适应于不同形式和不同的外界条件。

但常规大地测量法也存在一些缺点,主要是外业工作量大、作业时间长、效率较低,而且需要测量人员到现场观测,难以实现连续监测和测量过程的自动化或无人值守监测。

2. 空间测量技术和方法

(1)GPS 测量法

GPS 技术已广泛应用于滑坡、地面沉降、地震、地裂缝和各类工程建(构)筑物的变形监测中。用户通过利用 GPS 接收机跟踪 GPS 卫星连续不断发送到地球的电磁波信号,可获取测站点的精确三维坐标等信息。GPS 测量法以坐标、距离和角度为基础,用获得的最新坐标值与初始坐标之差反映目标点(或监测点)的运动,从而实现监测变形的目的。

GPS 技术应用于变形监测具有以下优点:

①观测点之间无须通视,选点方便;

②观测不受天气条件的限制,可以进行全天候的监测;

③观测点的三维坐标可以同时测定,对于运动的观测点还能精确地测出它的速度;

④在观测点之间距离较长时,其相对定位的精度较高,优于精密光电测距仪和全站仪的测量精度;

⑤作业简单方便,自动化程度高,可实现在无人值守的情况下通过计算机网络远程控制,实现对变形体的连续自动监测,即自动按规定时刻下载数据、自动解算和分析。

(2)InSAR 测量法

InSAR 测量技术,即合成孔径雷达干涉测量技术(Interferometric Synthetic Aperture Radar, InSAR),是利用合成孔径雷达(SAR)影像进行干涉来提取相位信息从而获取地表高程及其变化信息的一种新型遥感技术。

目前,InSAR 技术以其全天时、全天候对地观测,地面高分辨率、高精度以及长时间序列等特点,已应用于地球科学的各个领域。特别是在地质灾害监测方面,InSAR 测量技术可用于与构造活动相关的地震同震、余震和震间形变监测,火山的膨胀与收缩监测,以及由于地下油、气、水的抽取导致的地面沉降、滑坡和冰川运动等灾害的变形监测。

与其他方法相比,用 InSAR 进行地面变形监测的主要优点在于:

①覆盖范围大,方便迅速;

②成本低,不需要建立监测网;

③空间分辨率高,可以获得某一地区连续的地表形变信息;

④可以监测或识别出潜在或未知的地面形变信息；

⑤全天候，不受云层及昼夜影响。

InSAR测量技术所具有的独特优点，特别是可以快速获取人员无法到达的困难区域的地形及形变信息的优势，使得该技术迅速得到广泛的应用。同时，世界各科技强国对研制发射功能更强的新型SAR卫星具有很大热情，近年来欧空局、加拿大、日本、德国、意大利均先后发射了SAR卫星，我国也计划在未来几年发射自己的SAR卫星。

3. 摄影测量和激光扫描技术

(1)摄影测量法

用摄影测量方法测定各种工程建筑物、滑坡等的变形，其方法就是在这些变形体的周围选择稳定的点，在这些稳定点上安置照相机或者摄像机，对变形体进行拍摄，然后通过内业处理得到变形体上目标点的二维或者三维的坐标，通过不同时期相同目标点的坐标变化情况，从而获得变形体的变化情况。

摄影测量法的精度主要取决于像点坐标的量测精度和摄影测量的几何强度。前者与摄影机和量测仪的质量、摄影材料的质量有关，后者与摄影位置和变形体之间的关系以及变形体上控制点的数量和分布有关。在数据处理中采用严密的光束法平差，将外方位元素、控制点的坐标以及摄影测量中的系统误差如底片形变、镜头畸变作为观测值或估计参数一起进行平差计算，可进一步提高变形体上被测目标点的精度。

目前，摄影测量的硬件和软件技术发展很快，相片坐标精度可达2～4μm，目标点精度可达摄影距离的$1/10^5$。近年来发展起来的数字摄影测量和实时摄影测量技术在变形监测中有更好的应用前景。

与其他方法相比，摄影测量法有下述显著特点：

①不需要接触被监测的变形体；

②外业工作量少，观测时间短，可获取快速变形过程，可同时确定变形体上任意点的变形；

③摄影影像的信息量大、种类多、利用率高，可对变形体产生变形前后的信息做各种后处理，通过底片可观测到变形体在任意时刻的状态；

④摄影测量的仪器费用较高，数据处理对软硬件的要求也比较高。

(2)三维激光扫描测量法

三维激光扫描仪是一种集成多种高新技术的新型测绘仪器，采用非接触式高速激光测量方式，以点云形式获取地形及复杂物体三维表面的阵列式几何图形数据，通过后处理软件可获取物体在给定坐标系下的三维坐标。

与传统的测量手段相比，三维激光扫描技术如下优点：

①全天候工作；

②数据量大，精度较高；

③获取数据速度快、实时性强；

④全数字特征，信息传输、加工和表达容易。三维激光扫描测量技术可应用于建筑物特征的提取、监测滑坡、度量岩石等的裂缝，还可以记录和监测古建筑物的变化情况。

目前，三维激光扫描测量技术已成为地面数据采集的重要手段之一，在大范围数字高程模型的高精度实时获取、城市三维模型重建、局部区域的地理信息获取、断面三维测绘、大比例尺地形图绘制、灾害评估、3D城市模型建立、复杂建筑物施工等方面表现出强大的优势；而在工程建筑物和构筑物的变形监测方面，也已有成功的应用实例。随着三维激光扫描技术、三维建模技术以及计算机软硬件技术的不断发展，三维激光扫描测量技术将成为一种重要且广泛应用的变形监测方法。

4. 专门测量方法

作为对常规大地测量方法的补充或部分代替，这些专门的测量方法特别适合于变形监测。这些方法的特点是，或者操作特别方便简单，或者精度特别高，大多数情况下是精确地获取一个被测量的变化，而被测量本身的精度则不要求很高。下面仅在众多方法中选取几种典型方法予以说明：

(1)偏离水平基准线的微距离测量——准直法

水平基准线通常平行于被监测物体，如大坝、机器设备的轴线。偏离基准线垂直距离或到基准线所构成的垂直基准面的偏离值称偏距（或垂距），测量偏距的过程称准直测量。

基准线（或基准面）可用光学法、光电法和机械法等产生。

(2)偏离垂直基准线的微距离测量——铅直法

以过基准点的铅垂线为垂直基准线，沿铅垂基准线的目标点相对于铅垂的水平距离（亦称偏距）可通过垂线坐标仪、测尺或传感器得到。与准直法一样，铅垂基准线可以用光学法、光电法或机械法产生。

准直法和铅直法中的基准点或工作基点一般需要与变形监测网联测。

(3)液体静力水准测量法

该方法基于贝努利方程，即对于连通管中处于静止状态的液体压力，满足 $P+\rho gh$ 等于常数（式中，P 为空气压力，ρ 为液体密度，g 为重力加速度，h 为液体水柱高）的要求。按此原理制成的液体静力水准测量仪或系统可以测两点或多点之间的高差。若其中的一个观测头安置在基准点上，其他观测头安置在目标点上，进行多期观测，则可得各目标点的垂直位移。这种方法特别适合建筑物内部（如大坝）的沉降观测，尤其是适用那些使用常规的光学水准法观测比较困难且高差又不太大的情况。目前，液体静力水准测量系统采用自动读数装置，可实现持续监测，监测点可达上百个。此外，还发展了移动式系统，观测的高差可达数米，因此也用于桥梁的沉降变形监测。

(4)挠度测量方法

挠度曲线为相对于水平线或铅直线（称基准线）的弯曲线，曲线上某点到基准线的距离称为挠度。例如，在建筑物的垂直面内各不同点相对于底点的水平位移就称为挠度；大坝在水压作用下产生弯曲，塔柱、塔梁的弯曲以及钻孔的倾斜等，都可以通过正、倒垂线法或倾斜测量方法获得挠度曲线及其随时间的变化；对于高层建筑物而言，由于其相对高度较大，故在较小的面积上有很大的集中荷载，从而导致基础与建筑物的沉陷，其中不均匀的沉陷将导致建筑物倾斜，局部构件产生弯曲而引起裂缝；对于房屋类的高层建筑物，这种倾斜和弯曲将导致建筑物挠曲。

建筑物的挠度可通过观测不同高度处的倾斜来换算求得。大坝的挠度可采用正垂线法测得，即在坝体竖井中从坝顶附近挂下一根铅垂线而直通到坝底。在铅垂线的不同高程上设置测点，以坐标仪测出各点与铅垂线之间的相对位移值。

挠度曲线的各测点构成导线，在端点与周围的监测联测，通过周期观测，可获取挠度曲线的变化。

(5)裂缝的观测方法

工程建(构)筑物的裂缝观测内容包括对裂缝编号,观测裂缝的位置、走向、长度、宽度等,对于重要的裂缝,需埋设观测标志,并定期测定两个标志点之间距离的变化,确定裂缝的发展情况。混凝土大坝和土坝的裂缝观测十分重要,观测次数与裂缝的部位、长度、宽度、形状和发展变化情况有关,应与温度、水位和其他监测项目相结合。对于建筑预留缝和岩石裂缝这种更小距离的测量,一般通过预埋内部测微计和外部测微计进行。测微计通常由金属丝或铟瓦丝与测表构成,其精度可优于0.01mm。

目前,测量技术的发展使变形监测自动化成为可能并得到广泛应用。基于信号转换的传感技术,可以把变形监测中需要确定的距离、角度、高差、倾角等几何量及其微小变化转化为电信号,按转换原理可分为电感式、电容式、光电式、电阻式、压电式和压抗式等。由上述原理所制造的各种传感器有电感式传感器中的差动变压器、直线式感应同步器、电容式传感器、光栅式传感器、硅光电池、电荷耦合器(CCD,又称固态图像传感器)、数模转换器等。将这些用于变形监测以及精密测量的传感器安装在伸缩仪、应变仪、准直仪、铅直仪、测斜仪以及静力水准测量系统中,通过数据获取、信号处理、数据转换与通信,可将成百上千个目标点上的监测数据传送到数据终端或数据处理中心,实现对变形体的持续监测、数据的自动记录、传输与处理。

五、变形监测的精度和周期

监测目的不同时,其所要求的精度也不同。一般为积累资料而进行的变形监测,其精度可以低一些;如果变形监测是为了确保建筑物的安全,则监测精度应小于允许变形值的1/20～1/10;如果是为了研究变形的过程,则监测精度还应更高。

由于变形监测的重要性和目前测量技术的进步,测量费用所占工程费用的比例较小,故变形监测的精度要求一般较严。目前,对于重要工程,一般要求"以当时所能达到的最高精度为标准进行变形观测"。对于不同类型的工程建筑物,其变形监测的精度要求差别较大,同一建筑物,不同部位不同时间对观测精度的要求也不尽相同。例如《建筑变形测量规范》(JGJ 8—2016)中规定的建筑变形测量级别与精度指标如表13-1所示。

建筑变形测量级别、精度指标及适用范围 表13-1

变形测量级别	沉降观测	位移观测	主要适用范围(依据设计文件)
	观测点测站高差中误差(mm)	观测点坐标中误差(mm)	
特级	±0.05	±0.3	
一级	0.15 (工测0.3)	1.0 (工测1.5)	
二级	0.5 (工测0.5)	3.0 (工测3.0)	
三级	1.5 (工测1.0)	10.0 (工测6.0)	
四级	3.0 (工测2.0)	20.0 (工测12.0)	

注:1. 观测点测站高差中误差,系指水准测量的测站高差中误差或静力水准测量、电磁波测距三角高程测量中相邻观测点相应测段间等价的相对高差中误差。

2. 观测点坐标中误差,系指观测点相对于测站点(如工作基点等)的坐标中误差、坐标差中误差以及等价的观测点相对基准线的偏差值中误差、建筑或构件相对于底部固定点的水平位移分量中误差。

变形监测须重复进行，每隔一定时间所作的监测工作称观测周期，观测周期与监测目的、工程大小、观测点位置、数量以及观测一次所需时间的长短有关。一个周期可从几小时到几天，观测速度要尽可能地快，观测周期要尽可能缩短，以免在观测期间某些观测点产生位移。

同时，变形监测的频率取决于变形值的大小、变形速度和观测目的。通常要求观测次数既能反映出变化的过程，又不遗漏变化的时刻。一般在监测初期，变形体的变形速度比较快，观测频率要大一些；经过一段时间后，变形体逐步稳定，观测次数可逐步减少；在掌握了一定的规律或变形稳定后，可固定其观测周期；在遇到特殊情况时（如遇地震、洪水、强降雨时），应及时观测。

及时进行第一周期的观测有重要的意义。因为延误初始测量就可能失去已经发生的变形资料，以后各周期的测量成果是与第一期相比较的，所以要特别重视第一期观测的质量。

六、变形监测数据处理

变形监测数据可分为两种：一种是监测网的周期观测数据，根据这些数据，计算网点的坐标，进行参考点稳定性检验和周期间的叠合分析，从而得到目标点的位移；另一种是各监测点上的某一种特定的形成时间序列的监测数据，如该点的沉降值、某一方向上的位移值以及其他与变形监测有关的量，如气温、体温、水温、水位、渗流、应力、应变等，对他们进行回归分析、相关分析、时序分析和统计检验，确定变形过程及趋势。此外，还应进一步做变形体的变形模型分析，进行变形模型参数如刚体变形及相对形变参数估计和统计检验。

变形分析又可分为变形的几何分析和物理解释。几何分析在于确定变形量的大小、方向及其变化，即变形体形态的动态变化；物理解释在于确定引起变形的原因（例如是由某种荷载为主引起的周期性变形）和确定变形的模式（属于弹性变形还是塑性变形，是自身内部变形还是整体变形等）。一般来说，几何分析是基础，主要是确定相对和绝对位移量，物理解释则是从本质上认识变形。变形的物理解释和变形预报可根据确定函数法，如动力学方程等方法进行，也可根据大量的监测资料用统计分析法进行，同时还可将两种方法结合起来进行综合分析预报。

总的来说，变形监测是基础，变形分析是手段，变形预报是目的，变形观测数据处理过程就是进行变形分析和预报的过程。

第二节　桥梁变形监测

桥梁建成之后，如何确保桥梁的安全运营是人们最关心的问题之一。为了能及时地发现桥梁在运营过程中存在的隐患，有必要对桥梁的工作性态进行及时的分析与监控，为桥梁主管部门的决策提供依据，而这些工作都需要完整的监测数据。桥梁变形监测的对象主要包括：桥梁的墩台、塔柱和桥面等。桥梁变形监测是桥梁运营期养护的重要内容，对桥梁的健康诊断和安全运营有着重要的意义。

一、桥梁变形监测的目的

1.保证桥梁安全运营

随着桥龄的增长，由于气候、环境等自然因素的作用和日益增加的交通量，尤其是重车、超重车过桥数量不断增加,桥梁结构使用功能的退化必然发生。同时又由于大跨径桥梁施工和运营环境复杂,桥体轻柔化和功能多样化要求高,所以其安全性更是不容忽视。

2. 验证设计参数

由于桥梁观测数据可以为验证结构分析模型、计算假定和设计方法提供反馈信息,并可用于深入研究大跨度桥梁结构及其在自然环境中的未知或不确定性问题。桥梁安全观测信息反馈给结构设计的更深远的意义在于,结构设计方法与相应的规范标准等可能得以改进,对桥梁在各种交通条件和自然环境下的真实行为的理解以及对环境荷载的合理建模是将来实现桥梁"虚拟设计"的基础。桥梁安全观测带来的将不仅是观测系统和某特定桥梁设计的反思,它还可能并应该成为桥梁研究的"现场试验室"。

3. 检验工程施工质量

桥梁建成之后,如何对桥梁的实际品质进行鉴定是业主最关心的问题。飞机、船舶、汽车等批量生产的机械设备,可以通过破坏性原型试验来检验设计目标的满足程度。桥梁等建筑结构属于单件生产,不可能进行破坏性原型试验,因此,非破坏性检验技术受到了特别关注。巡回目检的方法简单方便,但缺陷也是显而易见的,不仅目检结果因人而异,而且无法对桥梁的整体品质做出定量判断。因此,结构状态及参数辨识问题的解决不仅具有重要的理论价值,而且具有广阔的应用前景。

4. 为科学研究和健康诊断提供基础数据

为了能及时地发现桥梁运营过程中存在的隐患,有必要对桥梁工作状态进行及时的分析与监控,为桥梁主管部门的决策提供依据,而这些工作都需要完整的观测数据。

二、桥梁变形监测的内容

桥梁变形按其类型可分为静态变形和动态变形,静态变形是指变形观测的结果只表现在某一期间内的变形值,它是时间的函数。动态变形是指在外力影响下而产生的变形,它是表示桥梁在某个时刻的瞬间变形,是以外力为函数来表示的对于时间的变化。桥梁墩台的变形一般来说是静态变形,而桥梁结构的挠度变形则是动态变形。

1. 桥梁墩台变形观测

桥梁墩台的变形观测主要包括两方面:

(1)各墩台的垂直位移观测。主要包括墩台特征位置的垂直位移和沿桥轴线方向(或垂直于桥轴线方向)的倾斜观测。

(2)各墩台的水平位移观测。其中各墩台在上、下游的水平位移观测称为横向位移观测;各墩台沿桥轴线方向的水平位移观测称为纵向位移观测。两者中,以横向位移观测更为重要。

2. 塔柱变形观测

塔柱在外界荷载的作用下会发生变形,及时而准确地观测塔柱的变形对分析塔柱的受力状态和评判桥梁工作状态有十分重要的作用。塔柱变形观测主要包括:

(1)塔柱顶部水平位移监测;

(2)塔柱整体倾斜观测;

(3)塔柱周日变形观测;

(4)塔柱体挠度观测；

(5)塔柱体伸缩量观测。

3. 桥面水平位移观测

桥面水平位移主要是指垂直于桥轴线方向的水平位移。桥梁水平位移主要由基础的位移、倾斜以及外界荷载(风、日照、车辆等)引起，对于大跨径的斜拉桥和悬索桥，风荷载可使桥面产生大幅度的摆动，这对桥梁的安全运营十分不利。

4. 桥面挠度观测

桥面挠度是指桥面沿轴线的垂直位移情况。桥面在外界载荷的作用下将发生变形，使桥梁的实际线形与设计线形产生差异，从而影响桥梁的内部应力状态。过大的桥面线形变化不但影响行车安全，而且对桥梁的使用寿命有直接的影响。

三、桥梁变形监测方法

1. 垂直位移监测

垂直位移监测是定期地测量布设在桥墩台上的观测点相对于基准点的高差，求得观测点的高程，利用不同时期观测点的高程求出墩台的垂直位移值。垂直位移监测方法主要有以下几种：

(1)精密水准测量。这是传统的测量垂直位移的方法，这种方法测量精度高，数据可靠性好，能监测建筑物的绝对沉降量。另外，该法所需仪器设备价格较低，能有效降低测量成本。该方法的最大缺陷是劳动强度高，测量速度慢，难以实现观测的自动化，对需要高速同步观测的场合不太适合。

(2)三角高程测量。这也是一种传统的大地测量方法，该法在距离较短的情况下能达到较高的精度，但在距离超过400m时，由于受大气垂直折光的影响，其精度会迅速降低。该法在高塔柱、水中墩台的垂直位移监测中有一定的优势。

(3)液体静力水准测量(又称连通管测量)。该法采用连通管原理，测量两点之间的相对沉降量。该法的优点是测量精度高、速度快，且可实现自动化连续观测。该法的主要缺点是测点之间的高差不能太大，且一般只能测量相对位移，另外，这种设备的总体价格较高，对中、小型工程不太适用。

(4)压力测量法。该法利用连成一体的压力系统，测量各点的压力值，当产生垂直位移时，系统内的压力将产生变化，利用压力的变化量，可转换为高程的变化量，从而测出各点的垂直位移。该法一般只能测量两点之间的相对位移且设备价格较高。

(5)GPS测量。GPS除了可以进行平面位置测量外，还能进行高程测量，但高程测量的精度要比平面测量的精度低1/2左右。若采用静态测量模式，1h以上的观测结果一般能达到±5mm以上的测量精度，若采用动态测量模式，一般只能达到±40mm左右的精度，经特殊处理过的数据，有时能达到±20mm左右的精度。利用该法测量可以实现监测的自动化，但测量设备的价格较高。

2. 水平位移监测

测定水平位移的方法与桥梁的形状有关，对于直线形桥梁，一般采用基准线法、测小角法等；对于曲线形桥梁，一般采用三角测量法、交会法、导线测量法等。

(1)三角测量法。在桥址附近,建立三角网,将起算点和变形监测点都包含在此网内,定期对该网进行观测,求出各监测点的坐标值,根据首期观测和以后各期的坐标值,可求出各监测点的位移值。三角网的观测可采用测角网、边角网、测边网等形式。

(2)交会法。利用前方交会、后方交会、边长交会等方法可测定位移标点的水平位移,该方法适用于对桥梁墩台的水平位移观测,也可用于塔柱顶部的水平位移观测。该法能求得纵、横向位移值的总量,投影到纵、横方向线上,即可获得纵、横向位移量。

(3)导线测量法。对桥梁水平位移监测还可采用导线测量法,这种导线两端连接于桥台工作基点上,每一个墩上设置一个导线点,它们同时也是观测点。这是一种两端不测连接角的无定向导线,通过重复观测,由两期观测成果比较可得观测点的位移。

(4)基准线法。对直线形的桥梁测定桥墩台的横向位移以基准线法最为有利,而纵向位移可用高精度测距仪直接测定。大型桥梁包括主桥和引桥两部分,可分别布设三条基准线,主桥一条,两端引桥各一条。

(5)测小角法。测小角法是精密测定基准线方向(或分段基准线方向)与测站到观测点之间的小角。由于小角观测中仪器和觇牌一般置于钢筋混凝土结构的观测墩上,观测墩底座部分要求直接浇筑在基岩上,以确保其稳定性。

(6)GPS 观测。利用 GPS 自动化、全天候观测的特点,在工程的外部布设监测点,可实现高精度、全自动的水平位移监测,该技术已经在我国的部分桥梁工程中得到应用。由于 GPS 观测不需要测点之间相互通视,所以,有更大的范围选择和可以建立稳定的基准点。

(7)专用方法。在某些特殊场合,还可采用多点位移计等专用设备对工程局部进行水平位移监测。

3. 挠度观测

桥梁挠度测量是桥梁检测的重要组成部分。桥梁建成后,由于要承受静荷载和动荷载,必然会产生挠曲变形,因此,在交付使用之前或交付使用后应对桥梁的挠度变形进行观测。

桥梁挠度观测分为桥梁的静荷载挠度观测和动荷载挠度观测。静荷载挠度观测时测定桥梁自重和构件安装误差引起的桥梁的下垂量;动荷载挠度观测则测定车辆通过时在其重量和冲量作用下桥梁产生的挠曲变形。目前常用的桥梁挠度测量方法主要有悬锤法、水准仪(经纬仪)直接测量法、水准仪逐点测量法、全站仪观测法、GPS 观测法和摄影测量方法等。

(1)悬锤法。该法设备结构简单、操作方便、费用低廉,所以在桥梁挠度测量中被广泛应用。该法要求测量现场有静止的基准点,所以一般适应于干河床情形。另外,利用悬锤法只能测量某些观测点的静挠度,无法实现动态的挠度检测,也难以给出其他非测点的静挠度值。同时,其测量结果中包含桥墩的下沉量和支墩的变形等误差影响,因此,该法的测量精度不高。

(2)精密水准法。精密水准是桥梁挠度测量的一种传统方法,该方法利用布置在稳定处的基准点和桥梁结构上的水准点,观测桥体在加载前和加载后的测点高程差,从而计算桥梁检测部位的挠度值。精密水准是进行国家高程控制网及高精度工程控制网的主要手段,因此,其测量精度和成果的可靠性是不容置疑的。由于大多数桥梁的跨径在 1km 以内,所以,利用水准测量方法测量挠度,一般能达到 ±1mm 的精度。但采用该方法测量,封桥时间长、效率较低。

(3)全站仪观测法。由于近年来全站仪的普及和精度的提高,使得全站仪在许多工程中得到了广泛的应用。该方法的实质是利用光电测距三角高程法进行观测。在三角高程测量中,大气折光是一项非常重要的误差来源,但桥梁挠度观测一般在夜里,这时的大气状态较稳定，且挠度观测不需要绝对高差，只需要高差之差，因此，只有大气折光的变化对挠度有影响，而该项误差相对较小，利用 TC2003 全站仪（0.5″，1mm + 1ppm），在 1km 以内，全站仪观测法一般可以达到 ±3mm 的精度。

（4）GPS 观测法。目前，GPS 测量主要有三种模式：静态、准动态和动态，各种测量模式的观测时间和测量精度有明显的差异。在通常情况下，静态测量的精度最高，一般可达毫米级的精度，但其观测时间一般要 1h 以上。准动态和动态测量的精度一般较低，大量的实测资料表明，在观测条件较好的情况下，其观测精度为厘米级。因此，对于大挠度的桥梁，应用 GPS 观测还是可以考虑的。

（5）静力水准观测法。静力水准仪的主要原理为连通管，利用连通管将各测点连接起来，以观测各测点间高程的相对变化，目前，静力水准仪的高差测量范围一般在 20cm 以内，其精度可达 ±0.1mm，另外，该方法可实现自动化的数据采集和处理。这项技术在建筑物的安全观测中应用已十分普遍，仪器的稳定性和数据的可靠性也有保障。

（6）测斜仪观测法。该法利用均匀分布在测线上的测斜仪，测量各点的倾斜角变化量，再利用测斜仪之间的距离累计计算出各点的垂直位移量。该法的最大缺陷是误差累计快，精度受到很大的影响。

（7）摄影测量法。摄影前，在上部结构及墩台上预先绘出一些标志点，在未加荷载的情况下，先进行摄影，并根据标志点的影像，在量测仪上量测它们之间的相对位置。当施加荷载时，再用高速摄影仪进行连续摄影，并量测出在不同时刻各标志点的相对位置，从而获得动载时挠度连续变形的情况。这种方法外业工作简单，效率较高。

（8）专用挠度仪观测法。在专用挠度仪中，以激光挠度仪最为常见。该仪器的主要原理为：在被检测点上设置一个光学标志点，在远离桥梁的适当位置安置检测仪器，当桥上有荷载通过时，靶标随梁体振动的信息通过红外线传回检测头的成像面上，通过分析将其位移分量记录下来。该方法的主要优点是可以全天候工作，受外界条件的影响较小。该方法的精度主要受距离测量的影响，在通常情况下，这种仪器的挠度测量精度可达 ±1mm。

四、桥梁变形监测实例——虎门大桥 GPS 实时位移监测

1. 虎门大桥简介

虎门大桥位于广东省珠海三角洲中部，跨越珠江干流狮子洋出海航道。该桥是珠江三角洲陆路交通的联系枢纽，是沟通广东东南公路网的咽喉道。虎门大桥工程是由跨越珠江水面的虎门大桥及东西两岸引道和配套工程组成，全长 15.762km，双向 6 车道，含各种桥梁 20 座。其中，虎门大桥长 4606m，跨越在主航道上的主跨是 888m 的悬索桥，跨越辅航道 270m 的是预应力混凝土连续钢构桥及引桥，另外还有 3 座隧道。悬索桥在风荷载下设计水平最大位移为 0.95m，垂直最大位移为 1.29m，大桥各点基振频率集中在 0.088 ~ 0.64Hz 之间。由于虎门大桥位于热带风暴多发区，大桥安全性监测十分重要。如何监测台风、地震、车载及温度变化对桥梁位移的影响尤为重要。

用于结构监测的常规方法主要有：全站仪、位移传感器、加速度传感器和激光测量等方法。

（1）全站仪的应用比较普遍，以上海杨浦大桥为例，其采用的是全站仪自动扫描法，通过对各个测点进行 2min 一周的连续扫描，获取变形数据。其缺点是：各测点不同步；大变形比较难以测量；实时性较差。

(2)位移传感器是一种接触型传感器,必须与测点相接触,其缺点是:对于难以接近的点无法测量;横向位移测量有困难。

(3)加速度传感器,对于低频静态位移鉴别效果差,为获得位移必须对它进行两次积分,精度不高,也无法实现对大型悬索桥的频率分析。

(4)激光测量方法的精度较高,但在桥梁晃动大时由于无法捕捉光点也无法测量。

此外,上述几种方法对桥梁的扭角(以大桥中心线为基准,左右摆动的角度)测量也力不从心。为了对桥梁进行安全监测,有必要寻找更好的测量方法。

2. GPS 实时位移监测系统的组成

(1)GPS 观测点的安装位置:GPS 监测点分别布设在虎门大桥的桥面上,测定位置见图 13-1。其中桥面上布设了 12 个 GPS 监测点,分布在桥面的中点、四分之一、八分之一两侧对称的位置处,以及东西桥塔的上横梁中点位置处。在各个监测点位置均装有天线安装座、电缆、光缆及电源。一期工程在桥面中点、桥面以东四分之一及八分之一处安装 6 台 GPS 接收机,在东桥塔上横梁中点安装 1 台 GPS 接收机,共 7 个 GPS 监测站。图 13-1 标出的"▽"符号位置即为一期工程时安装的 GPS 监测站的位置。

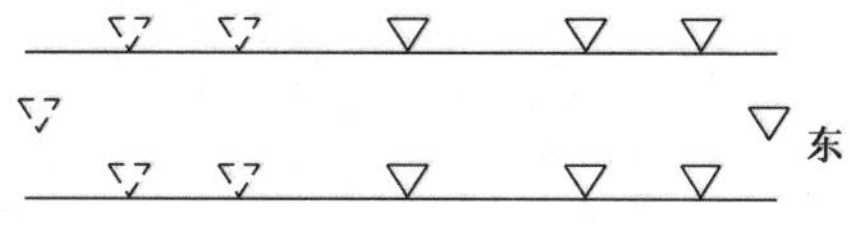

图 13-1 GPS 监测站分布俯视图

(2)大桥位移监测系统总体设计:虎门大桥 GPS 监测系统主要是由 GPS 基准站、GPS 监测点、光纤通信链路和 GPS 监测中心 4 部分组成,其中监测中心主要由工作站、服务器和局域网组成,具体如图 13-2 所示。

(3)系统各个部分的功能:

GPS 基准站:输出差分信号和原始数据。

GPS 流动站:输出 RTK 差分结果和原始数据。

工控机:采集 GPS 流动站的原始数据和 RTK 差分结果,向 GPS 流动站发送控制命令。通过切换开关控制共享、分配器的工作。

服务器:运行数据库,处理工控机发送来的数据供工作站显示和分析。

远程控制器:远程启动和复位 GPS 流动站。

共享、分配器:把差分信号由 1 路分成 12 路,每路差分信号和对应的控制命令通过切换开关共享一路。

局域网:网络包括网络光调制解调器、光纤、集线器和网线等,提供数据库存取和文件操作的通道。

3. GPS 实时位移监测系统信号流程

(1)差分信号的传递:由于大桥实时监测系统的精度要求较高,水平 X、Y 的误差为 1cm,高程误差为 2cm,所以采用了 GPS RTK 差分方式,差分信号传递的实时性比较强。为减少信号延迟,在系统设计时差分信号回路基本是很少控制的。差分信号的传递路径如图 13-3 所示。

(2)控制命令的传递:根据数据的分析要求和监测系统的实际情况,GPS 接收机应能单独输出 0 ~ 5Hz 频率的 RTK 数据,也能同时输出 RTK 结果和原始数据,这样系统能根据实际的需求远距离设置桥上 GPS 接收机的参数。本系统的实现是先由工作站的设置程序通过网络通信去控制工控机上的数据采集程序,再由采集程序根据工作站的命令控制切换开关,向各个 GPS 接收机发送指令。控制指令的具体流程如图 13-4 所示。

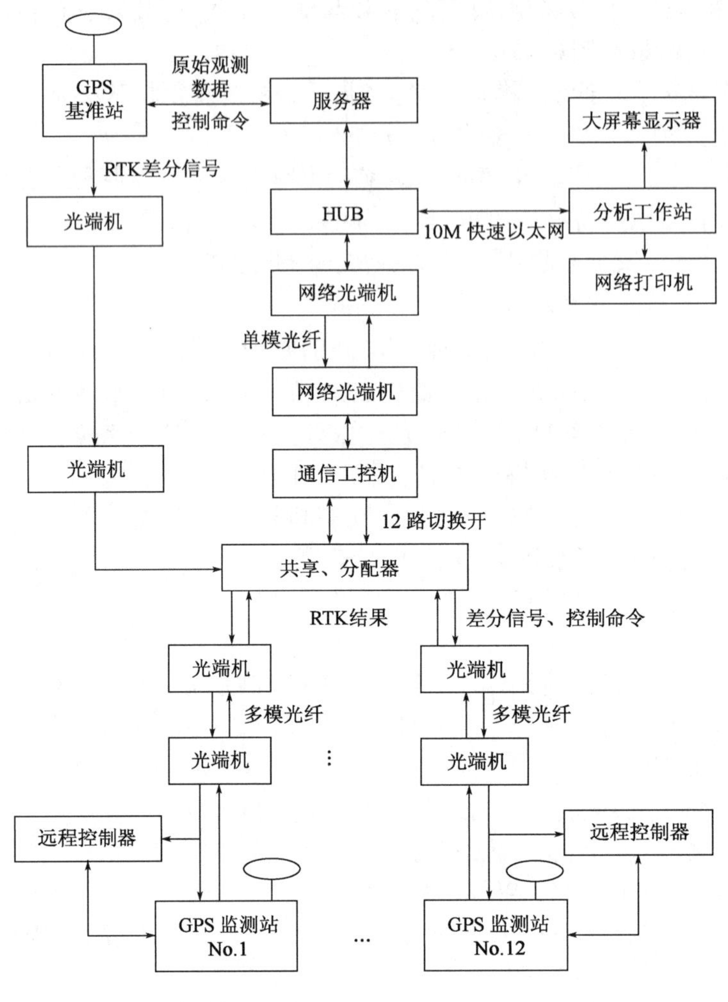

图 13-2　GPS 监控系统总体设计图

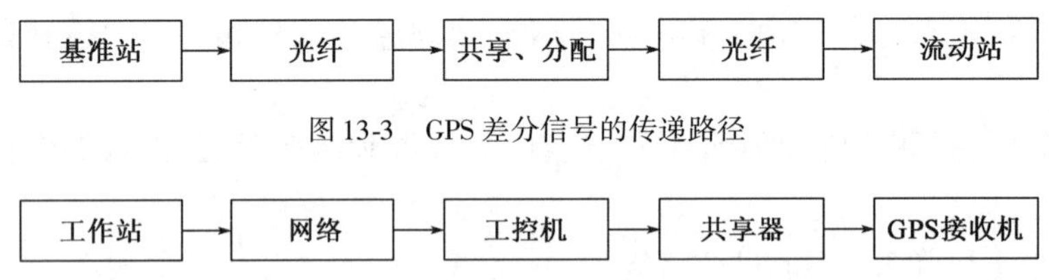

图 13-3　GPS 差分信号的传递路径

图 13-4　控制命令流程

(3)RTK 数据和原始数据传递:RTK 数据、原始数据的采集是系统工作的核心,通信回路上的数据量也是最大的。系统能处理两种数据任意频率的组合,通过工控机的处理,RTK 结果以数据库方式存入服务器,原始数据则以文件形式写入,具体流程如图 13-5 所示。

4. 系统运行效果

系统经过安装调试运行后,做到了可以实时监测各个观测点 X、Y、Z 方向的位移,实时监测整桥在三个方向上的位移和大桥扭角的状况,并能对各点的数据进行记录回放。通过系统在桥下实时试验和在桥上的GPS原始数据后处理两种方法的分析,均证明系统实时精度达到设计要求。由于采样频率较高,能够完全对各个点进行频谱分析,可以及时反映大桥的安全性,在数据的备份处理方面也有很强的功能。

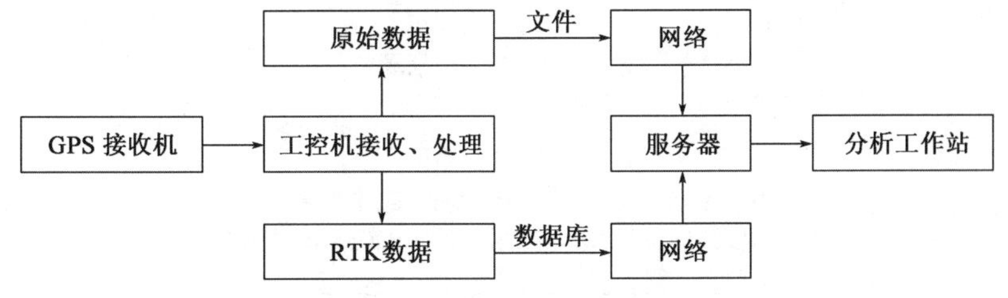

图13-5 RTK数据、原始数据流程

从总体上看,虎门大桥GPS实时位移监测系统的运行达到了预期的目标。同其他的测量方式相比,利用GPS技术实时监测大桥位移显示出独特的优越性。特别是实时性和高采样率的数据为大桥的状态分析提供了方便的条件,也为大桥管理部门的决策提供了依据,使大桥的安全得到了保证。

第三节　滑坡变形监测

滑坡是世界范围内最严重的灾害之一,它威胁着人类的生命和财产安全,每年因此造成数千人员伤亡和大量设施的严重损坏。我国疆土辽阔,约有70%为山地,是一个山地灾害频发的国家,而其中大多数山地灾害是以滑坡为主要表现形式的。据统计,每年有数以万计不同规模的滑坡发生,因滑坡造成的年均经济损失高达50亿元,同时还造成自然环境的破坏和人民生命财产的损失。一般而言,滑坡在发生失稳破坏时都有明显的前兆现象,滑坡变形就是最突出、最直接、最容易捕捉到的滑坡特征,所以滑坡变形监测是进行滑坡预报的最可靠办法之一。

一、滑坡概述

滑坡是指斜坡上的土体或岩体,受河流冲刷、地下水活动、雨水浸泡、地震及人工切坡等因素影响,在重力作用下,沿着一定的软弱面(带),而发生的整体地或分散地顺坡向下滑动的地质灾害现象,俗称“走山”“垮山”“地滑”“土溜”等。滑坡通常有双重含义,可指一种重力地质作用的过程,也可指一种重力地质作用的结果。

滑坡作为自然灾害的特殊性之一在于其致灾的瞬间性,因此,滑坡灾害具有突发性强、危害性大的特点,但多数情况下坡体要经过弹塑性变形、微裂变形、匀速变形等能量聚集阶段后才会过渡到加速变形和剧烈滑动阶段。同时,滑坡因特殊的地形地貌以及岩性,结合特定气候条件极易形成骤发性的崩滑和高速滑坡,可在数分钟内完成全部运动过程,危害巨大。

为了把由于可能的大规模滑坡造成的危害减小到最低程度,就必须对滑坡体进行监测。通过对滑坡体位移(形变)的周期性监测,可以了解并掌握滑坡体未来的发展变化趋势和变形破坏机理,对其趋势进行监测,进行短期预报或临滑预报,为滑坡治理工程提供设计依据,达到预报和减灾防灾的目的。

二、滑坡监测的内容

滑坡监测的内容包括滑坡变形监测、滑坡变形破坏的相关因素监测及滑坡诱发因素监测等。具体内容如表13-2所示。

滑坡监测内容一览表　　表13-2

监测项目	监测内容
地质宏观监测	滑坡裂隙(拉张裂隙、剪切裂隙、鼓张裂隙、扇形裂隙等)、建筑物裂缝和泉水动态等;地表隆起、位移(如沟谷变窄)、地面沉降、塌陷等
地表位移监测	滑体的三维位移量、位移方向、位移速率等绝对位移量
深部位移监测	深部裂缝、滑带等点与点之间的绝对位移量和相对位移量
地表水监测	与滑体有关的河、沟、渠的水位、水量、含砂量等动态变化及农田灌溉用水的水量和时间
地下水监测	钻孔、井水水位及水压力、泉水的动态变化等
气象指标监测	降雨量、降雪量、融雪量、气温、蒸发量等内容

不同类型的滑坡,其监测的重点内容也不同。如降雨型土质滑坡应主要监测地下水、地表水和降水动态变化,降雨型岩质滑坡还应增加裂缝的充水情况、充水高度等内容;冲蚀型及明挖型滑坡应主要监测前缘的冲蚀和开挖情况,坡角被切割的宽度、高度、倾角及其变化情况,坡顶及谷肩处裂缝发育情况与充水情况;洞掘型滑坡应进行倾斜、地声和井下地压监测;土质滑坡可不进行地声和地应力监测。另外,同一类型的滑坡由于其诱发因素不同,其监测的重点也不同。例如,同为土质滑坡,我国南方红土地区的滑坡,主要诱发因素是降雨,重点监测的是雨量及降雨时间的连续性;而在我国西北的黄土地区,部分滑坡是由于冻融导致的,所以重点监测温度变化所引起的土壤中含水率的变化。

三、滑坡监测方法

从滑坡的监测内容来看,滑坡监测应该是由多种监测方法相结合的。它既要监测地面、地下变形,同时也要监测诱发因素和相关因素。对于不同的监测目的、不同的滑坡发育阶段及不同的滑坡类型所选择的滑坡监测方法也不同。常用的监测方法有简易观测法、设站观测法、仪表观测法和远程监测法等。

1.简易观测法

简易观测法主要是对滑坡发育过程中的各种迹象,如地表裂隙、鼓胀、沉降、坍塌、建筑物变形及地下水位变化等进行定期监测、记录,掌握滑坡的动态变化和发展趋势。其中,最常用的是对地表裂隙、建筑物变形的监测。在裂隙处设置简易监测标志,定期测量裂隙长度、宽度、深度的变化,以及裂隙的形态和开裂延伸方向等。由于滑坡体在滑动过程中各部位受力性质和大小不同,滑速也不同,因而不同部位产生不同力学性质的裂隙,有滑坡后部的拉张裂隙、滑坡体中前部两侧的剪切裂隙、滑体前缘的鼓胀裂隙和滑坡舌部的扇形裂隙。除此之外,还有一些滑坡标志,如封闭洼地、滑坡鼓丘、滑坡泉、马刀树,醉汉林等。

该方法的特点是获取的信息直观可靠、简单经济、实用性较强，适应于对正在发生灾害的边坡进行观测。但也存在内容单一、精度低和劳动强度大等缺点。

2. 设站观测法

设站观测法是指在充分了解现场的工程地质背景的基础上，在滑坡上设立变形监测点（成线状、网络状），在变形区影响范围之外稳定地点设置固定观测站，用测量仪器（经纬仪、水准仪、测距仪、摄影仪、全站仪、测量机器人、GPS 接收机、三维激光扫描仪等）定期监测变形区内网点的三维（x、y、z）位移变化的一种行之有效的监测方法。按照所用仪器和观测方法，一般可采用常规大地测量法、高精度测量机器人系统、GPS 测量法和摄影测量法等。

3. 仪表观测法

仪表观测法是指用精密仪表对变形斜坡地表及深部的位移，倾斜（沉降）动态，裂缝相对张、闭、沉、错变化及地声、应力应变等物理参数与环境影响因素进行监测。目前，监测仪器的类型一般可分为位移监测、地下倾斜监测、地下应力应变监测和环境监测四大类。

4. 远程监测法

伴随着电子技术及计算机技术的发展，各种先进的自动监测系统（如高精度自动跟踪全站仪监测系统，GPS 连续监测系统及 3S 集成技术等）相继问世，为滑坡的自动化连续遥测创造了条件。远距离有线或无线传播是该方法最基本的特点，由于其自动化程度高，可全天候连续观测，故省时、省力和安全，是当前和今后一个时期滑坡监测发展的主要方向。

四、滑坡监测点的布设原则

首先应确定监测的主要范围，在该范围内按监测方案的要求确定主要滑动方向，按主要滑动方向及滑动面确定测线，然后选取典型断面，布设测线，再按测线布设相应观测点。

考虑到平面及空间的展开布设，各个测线可按一定规律形成监测网。监测网的形成可一次完成，也可分阶段按不同时期和不同要求形成。

对于关键部位，如可能形成滑动带、重点监测部位和可疑点，应加强监测工作，在这些点上加密布设监测点。

五、滑坡监测精度

滑坡监测精度的确定，应当参考国内外同类型滑坡的监测精度要求，并结合实地的勘察结果、滑坡的形成机理、变形的趋势和监测仪器的精度指标来综合分析，按照误差理论（观测误差一般为变形量的 1/5 ~ 1/10）来确定适当的监测精度。通过一段时间（1 ~ 2 年）的监测实践和监测资料的分析，对滑坡的变形状态和变形趋势做出预测预报，然后再对监测方法、监测内容和精度进行适当的调整、完善。

六、滑坡监测的周期和频率

对于不同类型、不同阶段的滑坡，根据其所处的阶段和规模，以及滑坡变形的速率等因素，滑坡变形监测的周期及频率有所不同，应视具体情况而定。一般而言，在滑坡未进入速变状态之前，且变形量较小时，监测周期可长一些，监测频率可低一些，但监测精度要高一些；当滑坡变形速率增大或出现异常变化时，应缩短监测周期、增加监测频率，而监测精度可适当放宽。

七、滑坡监测资料的处理与分析

对于不同的滑坡监测方法，其监测资料的处理分析也不尽相同。但从整体上来讲，基本都是通过计算监测量的变化值来分析滑坡变形特征，掌握滑坡变形规律和机理，预测其变形趋势。

变形观测的数据分析主要有两种方法：一种是用确定性模型进行分析，另一种就是使用统计模型。在滑坡监测中，由于滑坡往往是一个极其复杂的发展演化过程，采用确定性模型进行滑坡的分析和预报是非常困难的。目前国际、国内常用的滑坡预测手段还是传统的统计模型。统计模型也可以分为两类，第一类多元回归模型，另一类是非线性回归模型。多元回归模型的优点是能逐步筛选回归因子，但对除了时间因素外的其他因素的分析仍然非常困难。非线性回归模型在许多情况下能较好地拟合观测数据，但其最大的缺点是不能进行因子的筛选。因此，各个模型有着各自的优缺点，在对监测资料进行处理分析时，应根据滑坡的变形特征以及监测要求合理选择模型，以准确预测滑坡变形趋势，及时报警。

八、滑坡监测实例

根据工程地质勘察，黑河金盆水利枢纽库区与大坝分别相距 11km 与 16km 处存在若干个滑坡，它们分别是：水门沟、碾子沟、水溜沟、望长沟、桃园沟等。

各滑坡体的主要特征如下：桃园沟滑坡距大坝约 16km，位于两条冲沟之间，其东侧冲沟就是桃园沟，滑坡顶部有数级陡坎，下部受黑河河水侵蚀形成高 10 ~ 15m 的陡坎，主滑方向为 168°；水溜沟滑坡距大坝约 13.5km，坡体覆盖较厚的植被，其侧后缘边界不是很清楚，前缘靠近河谷，有大片基岩出露，滑坡体被流水切割成两部分，主滑方向为 187°；碾子沟滑坡距大坝约 12.5km，滑坡体发育在一冲沟中，植被覆盖较厚，但边界清楚，前缘边界直达河床，主滑方向为 60°；水门沟滑坡距大坝约 11km，具有典型的圈椅状地貌，其侧后缘植被覆盖较厚，前缘至 582m 高程处，下部出露基岩，主滑方向为 62°。

工程地质稳定性评价结果认为：除望长沟滑坡比较稳定以外，其余 4 个滑坡都存在不同程度的不稳定性。在库区蓄水后有可能成为影响周城公路（108 国道周至段）和库区安全的隐患，需对其变形情况进行长期监测。

以下仅以水门沟滑坡为例，介绍滑坡监测网的布设、监测作业及数据处理结果和分析。考虑到测区地形复杂，滑坡体植被覆盖层较厚，通视困难的特点，监测以采用 GPS 定位技术为主，配合以高精度全站仪测量的基准边以及精密水准测量等技术手段。

1. 滑坡监测基准点的布设

监测网中的基准点是分析各滑坡体水平位移场和垂直位移场的参考基准，因此，基准点应埋设在滑坡体以外稳定地区的基岩上，且根据各滑坡的不同情况选取不同的基准点数。

水门沟滑坡的水平位移监测基准点选在滑坡体对岸的山坡上，共有 3 个基准点：SM01、SM02、SM03，而 2 个垂直位移监测基准点 SMS1 和 SMS2 则选在滑坡体两侧的公路旁（图 13-6）。

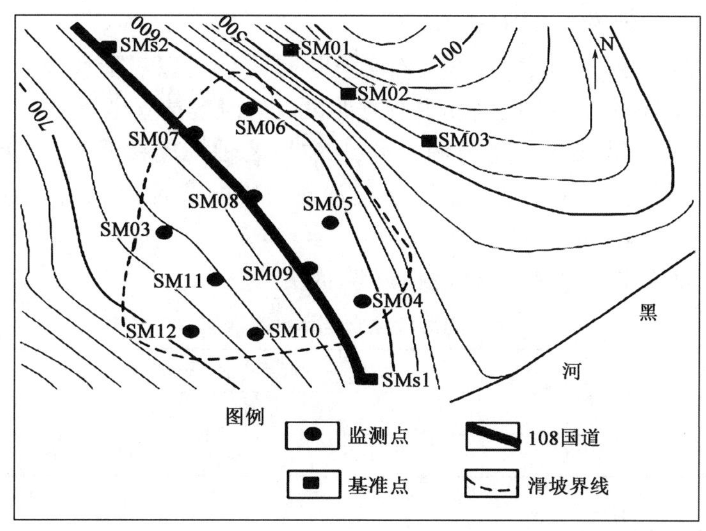

图 13-6　水门沟滑坡变形监测网示意图

2. 变形监测点的布设

为了监测滑坡体的水平微量位移,所有变形监测点均布设成带有强制归心的 GPS 观测墩。在公路及其以下的滑坡部分,还需进行水准观测,以监测滑坡体的垂直位移,因此,在滑坡体此部分的 GPS 观测墩上还设立了垂直位移变形监测点。

GPS 变形监测点站沿滑坡主滑线及其两侧剖面线布设,布点范围由滑坡后缘起到 594m 设计水位线为止。相邻监测点间的距离为 30 ~ 60m,公路以及公路以下点距较小,公路以上点距较大。

水门沟滑坡体上共布设滑坡监测点 10 个,分别位于滑坡体的前缘、后缘和公路两侧,具体分布情况如图 13-6 所示。

GPS 监测网的基准点和监测点均埋设水泥观测墩作为长期观测标记,观测墩中心安装了强制对中螺丝,用以固定仪器和观测标志。水泥观测墩参照《精密工程测量规范》(GB/T 15314—94)附录 B 提供的图样设计(图 13-7)。兼作垂直位移监测与水平位移监测用的监测点,还在观测墩上加装了球状的水准点标记。位于公路旁的垂直位移监测基准点,同样必须埋设在稳定、坚固的基岩上,但可不制作水泥观测墩,而仅埋设水准标石。

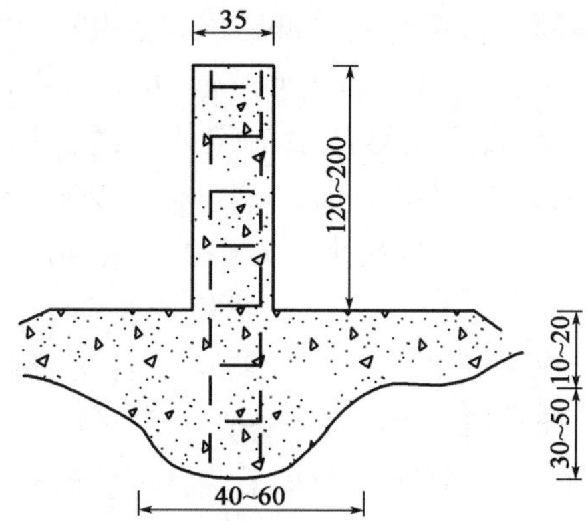

图 13-7　GPS 水泥观测墩(尺寸单位:cm)

3. 滑坡监测网的坐标系

考虑到要求监测的滑坡体的位移场具有独立性，因此，可以对滑坡体独立布网监测，独立研究其位移场。滑坡监测网采用根据其主滑方向设计的滑坡独立坐标系。坐标系的设计原则是：取 X 轴的正向与相应滑坡的主滑方向一致，Y 轴与 X 轴构成右手系，坐标原点设置在滑坡体外并应考虑使 X 和 Y 坐标不出现负值。水门沟滑坡体的位置基准（起始点坐标）和方向基准（X 轴正向方位角）见表 13-3。

监测网的尺度基准采用由精密基线测量提供的尺度。

水门沟滑坡独立坐标系基准值 表 13-3

滑坡监测网名称	起算点名称	起算点坐标		X 轴正向方位角
		x	y	
水门沟监测网	SM01	500	400	62°

4. 滑坡监测技术方法

监测工作采用精密测距、GPS 定位技术以及精密水准测量三种方法，它们的作用和意义如下：

精密测距用以测定基准网的起算边，为监测网提供尺度基准；

GPS 定位技术主要用来监测滑坡体的水平位移，并同时测定其三维位移场；

精密水准测量是用来测定公路及其以下坡体的垂直位移，尤其是在治理后测定坡体的微量沉降。

5. 水门沟滑坡监测结果及分析

对水门沟滑坡的变形监测从 2000 年 11 月布设观测网开始到 2008 年 3 月，共进行了 23 期监测，在 2003 年 7 月水库蓄水前监测了 7 期，蓄水后进行了 16 期监测。根据滑坡体的特征及布设观测网的具体情况，把公路以上的监测点即 SM10、SM11、SM12、SM13 作为滑坡体推移段来考虑，而把公路及以下的监测点即 SM04、SM05、SM06、SM07、SM08、SM09 作为滑坡体的主滑段来考虑。从水平位移及垂直位移两方面考虑，对滑坡体动态变化趋势进行整体分析。

（1）水门沟滑坡的水平位移分析

对水门沟滑坡公路上部的变形，只进行水平位移变形监测，没有做垂直沉降监测，其主滑线方向水平位移量见图 13-8。变形监测点 SM10、SM11、SM12、SM13 分别位于滑坡体后缘。由图 13-8 可以看出，滑坡体上部位移量在各监测时间段变化较大，前 7 期（即从 2000 年 11 月到 2003 年 6 月）各监测点沿滑坡体主滑方向变形缓慢；从第 8 期（2003 年 8 月，即水库蓄水以后）到第 14 期（2005 年 4 月），各监测点整体沿滑坡体主滑方向变形增大，最大变形增量为 SM10 点的 35.2mm，月平均变形增量为 4.4mm；从第 16 期（2005 年 10 月）开始，各监测点沿滑坡体主滑方向出现变形回弹，回弹值增量最大为 SM12 点的 26.5mm，各监测点的变形趋于缓慢增大的趋势。

变形监测点 SM04、SM05、SM06、SM07、SM08、SM09 分别位于滑坡体的前缘，是滑坡体的主滑段。该主滑段变形一般以水平位移变形为主，各点同期监测值差异性较小，监测数据较可靠（图 13-9）。根据变形数据可知：各个监测点的水平位移变化较一致，具有一定的规律性，从第 1 期（2000 年 11 月）到第 7 期（2003 年 6 月），各监测点沿滑坡体主滑方向缓慢变形，最大累计变形量是 SM09 点的 15.3mm,从第 8 期(2003 年 8 月)到第 13 期(2005 年 1 月),水库蓄水以后,各监测点沿滑坡体主滑方向变形增大,最大变形增量为 SM08 点的 21.7mm,从第 13 期(2005 年 1 月)到第 15 期(2005 年 7 月),各监测点沿滑坡体主滑方向出现变形量回弹,回弹值增量最大为 SM08 点的 22.7mm,从第 15 期(2005 年 7 月)到第 23 期(2008 年 3 月),各点水平变形趋于缓慢,呈上升趋势。水门沟滑坡体水平变形表现了大体相同的过程,同步性较明显,其变化趋势由缓慢变形到回弹,由变形增大再回弹,再到缓慢增大。

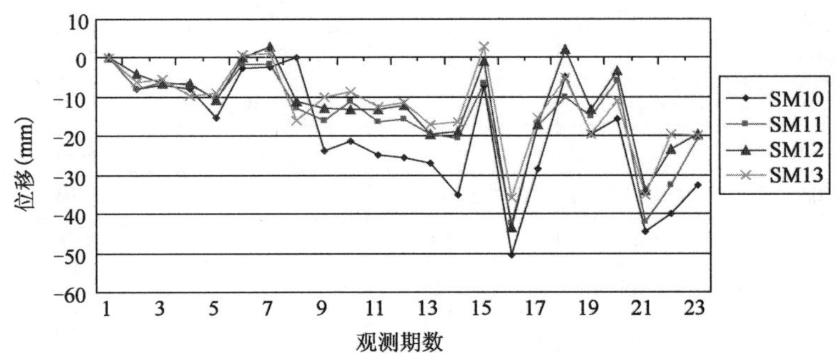

图 13-8　SM10、SM11、SM12、SM13 监测点主滑线方向水平位移场时空变化曲线

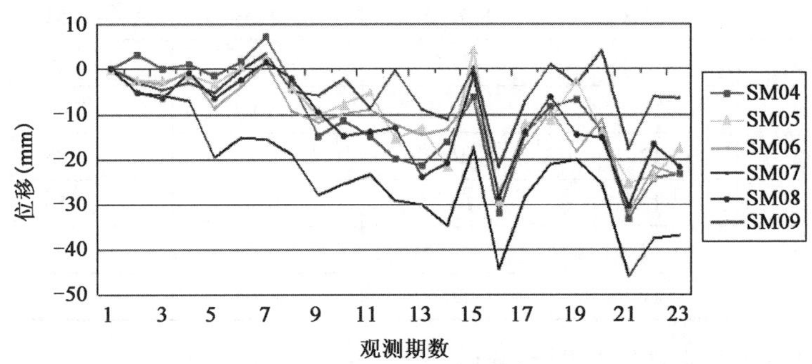

图 13-9　SM04、SM05、SM06、SM07、SM08、SM09 监测点主滑线方向水平位移场时空变化曲线

分析以上监测数据可知,水库蓄水以后,各监测点的变形量变大,水库蓄水水位稳定以后,变形速率又趋于稳定,有变小的趋势。从而可以认为,水库蓄水是导致水平位移形变加剧的主要诱发因素。

(2)水门沟滑坡的垂直位移分析

根据垂直位移量观测数据成果表(表 13-4)可知,在 2003 年 6 月水库蓄水以前,各监测点的垂直位移量变化不大,累计最大沉降量是 SM04 点的 6.16mm,大部分点累计沉降量不超过 5mm;水库蓄水以后,监测点 SM06、SM07 的累计沉降量都很小,平均在 2mm 左右,表明这两个监测点的沉降量随时间基本没有变化;监测点 SM05 呈现逐渐变大的趋势,但是变化量比较小,最大沉降量是 2006 年 12 月监测的 10.2mm;而监测点 SM04、SM08 的变化趋势较一致,水库蓄水前沉降略有回弹,在 2003 年 8 月水库蓄水后,沉降有越来越大的变化趋势,最大沉降量分别为 12.74mm、19.78mm。这与滑坡体宏观上表现的规律基本一致,即在主滑段一般属纯剪切受力,此时滑坡主要表现为水平位移,其垂直位移变化较小。

水门沟滑坡监测点 SM04、SM05、SM06、SM07、SM08 垂直位移量一览表(mm)　　表 13-4

观测时间段	SM04	SM05	SM06	SM07	SM08
2000.11～2001.08	-4.5	-3.4	-3.1	-3.0	-3.9
2000.11～2001.12	-3.3	-2.7	-1.5	-0.9	-1.9
2000.11～2002.05	-2.6	-2.6	-1.9	-1.5	-1.8
2000.11～2002.08	-4.97	-2.67	-1.28	-2.5	-5.95
2000.11～2002.11	-6.16	-3.62	-1.57	-2.14	-4.79
2000.11～2003.06	-6.09	-3.28	-2.28	-2.58	-4.09
2000.11～2003.08	-4.06	-2.2	-0.26	-1.13	-4.47
2000.11～2004.05	-6.16	-3.9	-1.06	-2.23	-6.87
2000.11～2004.08	-10.87	-5.03	-3.52	-1.95	-9.08
2000.11～2004.11	-8.15	-4.37	-1.24	-1.8	-8.46
2000.11～2005.01	-8.15	-5.32	-2.6	-1.94	-8.3
2000.11～2005.04	-6.63	-4.49	-1.81	-1.77	-8.23
2000.11～2005.07	-9.47	-5.19	-3.34	-1.43	-12.1
2000.11～2005.10	-7.69	-7.41	-2.63	-1.9	-10.78
2000.11～2006.01	-7.81	-7.82	-3.33	-1.52	-10.76
2000.11～2006.05	-8.28	-8.18	-4.02	-2.05	-12.13
2000.11～2006.09	-10.51	-9.19	-5.07	-2.45	-15.65
2000.11～2006.12	-12.74	-10.2	-6.12	-2.85	-19.17
2000.11～2007.03	-12.65	-10.15	-6.62	-2.56	-18.79
2000.11～2007.09	-12.42	-9.35	-3.54	-3.01	-19.78
2000.11～2008.03	-11.94	-9.7	-6.07	-2.34	-18.9

(3)水门沟滑坡的稳定性影响因素分析

滑坡稳定性影响因素分析对边坡稳定的研究非常有意义,分析影响因素的变化与滑坡稳定性的相关关系可以找出滑坡失稳的主导因素,可以使我们更好地了解边坡的失稳机理,从而为边坡工程防灾、治理提供帮助。

根据工程勘察资料分析,影响水门沟滑坡稳定性的因素主要是降雨和黑河水库水位的变化。

黑河水库每年的汛期主要在6—10月之间,从水门沟滑坡监测资料可以看出,每年汛期水门沟滑坡监测点变形量明显大于其他时间段。以2001年为例,春季降雨量为88mm,夏季降雨量为402mm,秋季降雨量为270mm,冬季降雨量为18mm。2000年11月到2001年8月,水平位移最大位移量为SM10、SM11监测点的8mm,最小位移为SM05的2.5mm。平均为4.2mm。

2001年8月到2001年12月,水平位移最大位移量为SM04的3mm,最小位移为SM05的0.1mm。平均位移为1.6mm。通过上面分析可以看出,水库蓄水以前,降雨是引发变形量增大的主要因素。

2006年1月到5月降雨量为130mm,5月到9月降雨量为255mm,9月到12月降雨量为48mm。2006年1月到5月变形量最大为SM10的23.4mm,最小为SM05的0.9mm。在2006年5—9月这四个月时间里,水平位移量最大值为SM13的18.7mm,最小值为SM07的7.7mm,

平均值为 11.7mm。

在 2006 年 9—12 月这段时间里，水门沟滑坡体沿滑坡主轴线方向下滑最大的是 SM05 点，水平位移量达 21.8mm；最小值的是 SM08 点，水平位移量为 11.1mm。反弹最大的是 SM12 点，水平位移量达 30.6mm；最小值的是 SM06 点，水平位移量为 8.3mm。

以上分析可以看出，降雨会导致变形量增大，使滑坡的稳定性降低。

黑河水库水门沟滑坡在 2003 年 7 月蓄水，水位-时间变化曲线见图 13-10，每年在 1—5 月及 11 月至来年的 2 月，水位线在 582 ~ 588m 范围内变化；6 ~ 10 月，水位线基本保持在 593m 左右。滑坡体在蓄水前，即从 2000 年 11 月到 2003 年 6 月，各监测点变形较一致，虽有所波动，但总的趋势是变形较平稳缓慢；从 2003 年 6 月到 2003 年 8 月，即水库第一次蓄水后，滑坡体的变形量增加显著，由于 SM04 监测点位于滑坡体前缘，距蓄水水位线较近，受库水位变化影响最大，其变形量也最大，从 2003 年 8 月水库蓄水后，SM04 监测点变形量开始变大，水库蓄水位在 580m 左右，SM04 监测点变形趋于缓慢增大的趋势（图 13-11）。

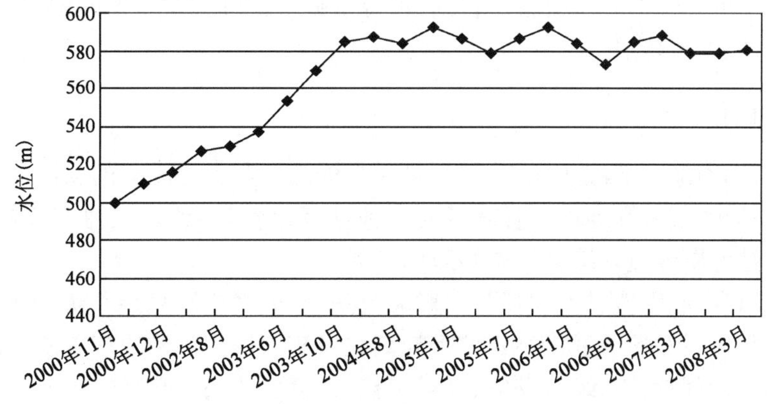

图 13-10 黑河水库水位变化图

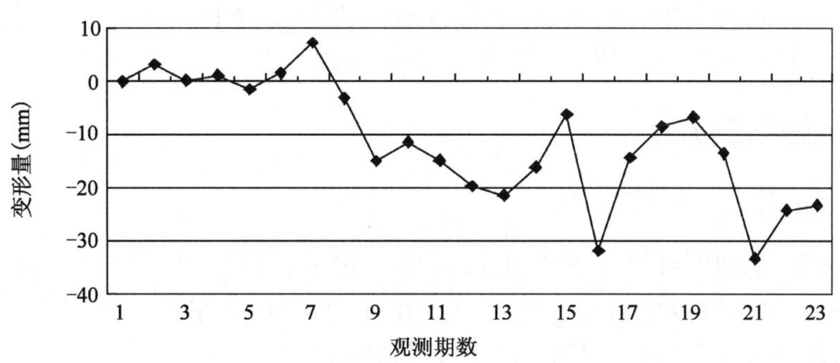

图 13-11 SM04 监测点水平变形曲线图

水库水位的变化，使水门沟滑坡的坡脚部分浸泡在水中，显著提高了滑坡体中地下水的浸泡和浸润范围，这导致了如下变化：水面以上岩土体随地下水含量的增加而增大了其重量；在地下水的浸润下，滑带岩土体在长期的软化、泥化作用下而使抗剪强度参数减少，形成下部滑面抗剪强度的降低；位于坡脚的水下岩土体在浮力作用下重量减少，进一步降低了此段潜在滑面上的摩阻力，使得坡脚岩土体中存在的抗滑阻力变小。另外，水库水位的升降波动，使坡体中地下水水力坡度发生变化，在渗透作用下，会造成坡体中细颗粒的冲移，从而引起滑带岩土体抗剪强度的降低，从一定程度上影响滑坡体所在区域的水文地质条件。

通过对水门沟滑坡GPS监测资料的分析，滑坡体各监测点水平变形表现了大体相同的动态过程，它们的同步性较明显，说明滑坡体同期水平位移变化趋势较一致。在水库蓄水前，滑坡体水平位移变化较缓慢；水库开始蓄水后，前期变形较显著，之后滑坡体变形又转变为缓慢增大的趋势。而滑坡体的垂直位移变化相对较小，因此可以判定该滑坡体目前尚处于稳定变形阶段。

第四节　地面沉降变形监测

地面沉降是一种因多种原因引起的地表高程缓慢减小的现象，由于地面沉降发生范围大且不易察觉，又多发生在经济活跃的大、中城市，因此对人民生活、生产、交通和旅游环境影响极大，已成为一种世界性的环境公害。目前，世界上地面沉降灾害多发的国家纷纷采取多种技术手段对其进行监测和防治。

一、地面沉降概述

地面沉降又称为地面下沉或地面沉陷，是在自然因素和人为因素的共同作用下，由于地壳表层土体压缩而导致区域性地面高程降低的一种环境地质现象，是一种不可补偿的永久性环境和资源损失，是地质环境系统破坏所导致的结果。

地面沉降具有形成缓慢、持续时间长、影响范围广、成因机制复杂和防治难度大等特点，是一种对资源利用、环境保护、经济发展、城市规划建设和人民生活构成严重威胁的地质灾害。

地面沉降危及资源利用、经济发展、环境保护、社会生活、农业耕作、工业生产、城市建设等各个领域，造成的损失是综合的，危害是长期的、永久的，且危害程度呈现逐年递增趋势。因此，有必要对地面沉降灾害进行监测，以掌握区域地面沉降的发展趋势，查明地面沉降的影响因素及其危害，为开展区域地面沉降防治工作奠定基础。

二、地面沉降监测方法

1. 水准测量方法

按照传统观念，地面沉降被定义为正常高的变化量，习惯上是通过重复精密水准测量测定。水准测量是一项大地测量的传统技术，利用高精度的重复水准测量可分辨毫米级地面高程的变化，因此直到现在它仍广泛地用于地面沉降监测。

尽管重复水准测量有很高的精度和可靠性，但它也有自己的局限性。水准测量存在跨度小，作业周期长，费时、费力，难以实现自动化监测，再加上大面积水准测量容易受到系统误差的干扰而影响测量精度等问题。随着区域经济的发展，地面沉降面积进一步扩大，单靠重复水准测量很难适应发展的需要。

2. GPS和InSAR测量方法

20世纪80年代以来，空间对地观测技术进入实用阶段，全球定位系统（GPS）、合成孔径雷达干涉测量（InSAR）等现代科技为大跨度、大面积、实时、高精度、自动化的地面沉降监测提供了新的手段。

因此,自进入21世纪以来,GPS定位技术正越来越广泛地应用于地面沉降监测。尤其是GPS的连续运行参考站(CORS站)技术,可借助互联网采取有线或无线传输数据的方式进行远程控制,实现真正意义下的实时连续监测。

而InSAR技术则一改以往以点为主的测量模式,以全新的可实时获取整个扫描区域的地面变形状况而深受青睐。为进一步提高测量精度,近期又发展了合成孔径雷达差分干涉测量技术(Differential InSAR,差分干涉)。D-InSAR具有高形变敏感度、高空间分辨率、几乎不受云雨天气制约的优点,因而有人认为它是基于面观测的空间大地测量新技术,可补充现有的基于点观测的空间大地测量技术。

由于InSAR和GPS技术具有互补性,即利用GPS数据可以修正InSAR结果中的诸如对流层、电离层、卫星轨道等误差,并提供精确的坐标框架,从而提高InSAR技术的实际监测精度。同样,利用InSAR影像的高空间分辨率性,可以加密GPS监测结果。因此,GPS与InSAR的数据融合,成为地面沉降监测技术中一个新的研究热点。

最近二十年来,许多国家都陆续采用GPS与InSAR技术布设地面沉降监测网,以适应技术发展的需要。美国在加利福尼亚州的萨克拉门托用GPS替代水准测量监测该地区的地面沉降。1986年在该地区建立了38个GPS监测站,1989年又增加到68个,大地高测量精度达到毫米级。意大利为监测威尼斯泻湖地区的地面沉降,采用GPS与InSAR技术布设了长480km,由527个点组成的监测网。2004年进行了第一次测量,并与以前的资料进行比较,结果表明在威尼斯北部沿海地区出现了明显的地面沉降趋势,沉降速率达到了5mm/a。我国几个地面沉降比较严重的地区,如以上海为中心城市的长江三角洲地区,以北京、天津为中心城市的华北平原地区,以西安市、太原市为中心城市的汾渭盆地等,都陆续建立和逐步完善了GPS和InSAR监测网,西安市还利用GPS和InSAR技术监测该地区的地裂缝变形情况。北京市在2008年建成了"北京市地面沉降监测网站预警预报系统第二期工程",并正式投入使用。该系统集成了地下水动态监测系统,以及由基岩标、分层标、GPS和InSAR监测点组成的地面沉降监测系统,成为我国首个地面沉降监测体系。

三、地面沉降监测实例

1. 上海市地面沉降监测

上海市位于长江三角洲东南前缘,全区除西南部有几座低矮残丘外,地势低平,海拔在2.2~4.5m之间,为第四纪沉积平原。沉积厚度一般在200~350m之间,由于土质松软、过量开采地下水等原因,导致上海市地面大面积沉降,严重威胁各项工程建设的安全,成为上海市城市建设和环境保护中的一个突出问题。

早在1921年,上海市中心区地面沉降就为水准测量所发现,此后进行了长达70多年的连续监测,截止1995年上海市中心区地面平均累计沉降量达1 806.7mm。地面沉降速率变化大致可分成如下三个阶段:由1921年起到1965年止为快速沉降阶段,年平均沉降量达37.6mm;由1966年起到1985年左右为相对稳定期,地面沉降趋于稳定;1986年后为再次加速期,年平均沉降量达11.9mm。

多年来,上海市地质调查研究院采用重复精密水准测量的方法,监测上海市地面沉降,共布设一、二等水准点500多个。每期监测不但人工费用较高,而且工期也较长,难以适时、客观的反映地面动态变化。并且水准测量系统误差积累也比较大，影响监测精度。随着上海市城市建设的发展，监测范围尚需进一步扩大，常规测量手段已很难继续满足上海市地面沉降研究的要求。1998年3月起上海市地质调查研究院立项研究采用GPS技术监测上海市地面沉降的可行性，并于1999年开始实施建设上海市地面沉降GPS监测网络计划。

上海市GPS地面沉降监测网由参考基准点和若干在基岩分层标邻近埋设的坚固的永久性监测点组成，平均边长约20km，共34个点（图13-12）。并选定小闸基岩分层标J1-2，作为GPS沉降监测网的参考基准。自1999年起到2003年共组织了六期GPS监测试验，采用10台配备扼流圈天线的Ashtech Z-Suveyor双频GPS接收机同步观测，观测时段长12h。数据处理采用美国GAMIT/GLOBK软件包与IGS精密星历，GAMIT/GLOBK软件是美国麻省理工学院开发研制的大地测量分析软件，新版软件与Linux系统兼容，可以在PC机上运行。GAMIT软件处理基线可以达到10^{-8} ~ 10^{-9}的精度，因此它成为处理长基线的首选软件。GPS网平差采用了含形变速率参数的动态模型，平差时固定小闸基岩分层标J1-2的大地高不变，平差结果直接获得监测点的地面沉降量。计算结果表明，在基线边长达到30 ~ 40km时，GPS在大地高方向上的中误差仍可控制在2mm左右，由此推算GPS监测地面沉降的分辨率在3mm左右，完全适应上海地面沉降的现实。

为了进一步提高监测网的精度，实现地面沉降的连续变形监测与远程控制。上海市地质调查研究院在2004年又建设了四个具有连续大地参考站性能的GPS固定站，使上海GPS地面沉降监测步入国际先进行列。上海为监测地面沉降而建立的，具备连续大地参考站功能的GPS固定站如图13-13所示。

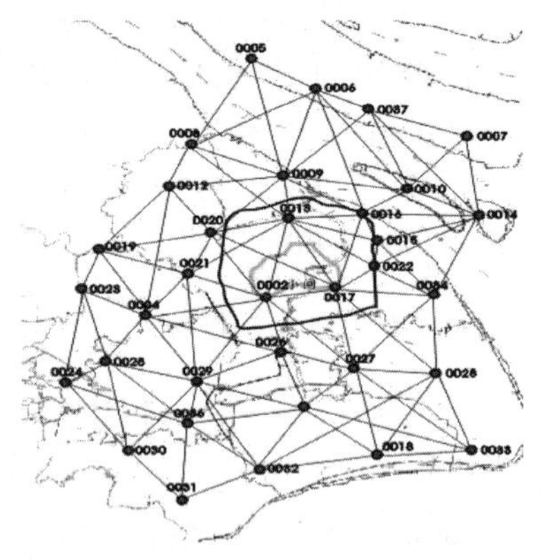

图13-12　上海市GPS地面沉降监测网

图13-13　上海市GPS地面沉降监测固定站

2. 西安市地面沉降监测

西安市是世界著名古都，也是我国西北地区经济文化的中心。受区域构造活动和城市建设，特别是受过量开采承压水引起水位大幅度下降导致开采层失水压密的影响，西安市从20世纪70年代末期以来出现了严重的地面沉降与地裂缝，给城市的资源利用、环境保护、经济发展、市政设施和城市建设及人民生活造成很大危害。因此长期以来，特别是20世纪80、90年代许多专家、学者对其形成机制，发展趋势进行了大量研究。

自2005年开始，长安大学利用现代空间大地测量监测技术——合成孔径雷达干涉测量（InSAR）和全球卫星定位系统（GPS）对西安市地面沉降和地裂缝进行了监测研究，在西安市区布设了由24个高精度GPS监测点组成的地面沉降监测网，于2005—2007年期间对其进行了四次监测，同时收集购买了20世纪90年代至今的37景InSAR数据影像，并针对GPS、InSAR技术用于城市地面沉降垂向变形监测的理论技术方法进行了研究，利用GPS获取了西安2005—2007年两年间的地面沉降和地裂缝变形量，而由InSAR不但获取了西安市20世纪90年代初和中后期的沉降信息，而且还获得了2004—2006年两年间西安地区整体的地面沉降形变图。通过这些成果的分析对比，不但获取了西安地区现今地面沉降及地裂缝的变形现状，而且还研究获取了西安市地面垂直变形场的时空演化特征及其成因规律。

(1)西安市地面沉降与地裂缝的InSAR监测

研究区域选在西安市区的主要沉降区域(图13-14)，覆盖面积为20km×20km。获取了欧空局20世纪90年代ERS1/2的17景数据，获取了20世纪90年代西安市地面沉降的历史资料，同时还获取了Envisat卫星2004年到2007的17景数据，分别以2005—2006年和2006—2007年数据进行配对组成干涉像对组合，研究2005—2006年、2006—2007年西安市地面沉降现状。

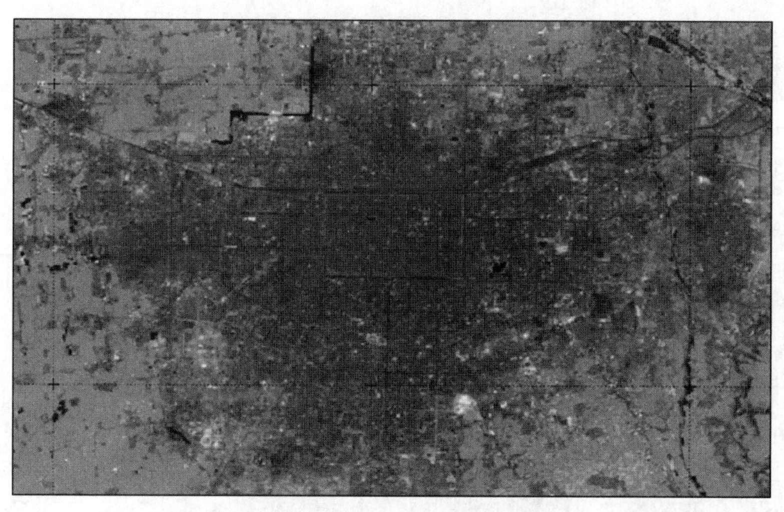

图13-14　西安地区LandSAT影像图

由差分InSAR原理可知，InSAR进行地面变形监测主要应消除地平效应相位和高程分量相位的影响，主要采用二轨法进行差分干涉，即采用外部DEM来消除高程效应影响，分别采用了美国地调局3弧秒的SRTM DEM和当地1∶5万地形图中25m分辨率的DEM；而对于地平效应采用DELFT精密的卫星轨道数来求解消除该项影响。

除此之外，干涉图中还会存在噪声误差，该误差有时是很严重的，因此要对干涉图进行滤波处理，以减弱噪声的影响，为此采用了频域自适应滤波，根据区域噪声的强弱调整滤波强弱因子，以保持相位分辨率不至于受滤波影响太大。同时，通过调整基线参数并拟合整个区域的残差相位来减弱可能存在的轨道效应残差。

为与地面水准结果和GPS成果进行比较，对InSAR地理编码后的成果，分别选取同一参考点进行绝对形变的求取，并将其归算求出各监测阶段的年沉降速率。

分别采用上述数据处理的方法对20世纪90年代以及050618-060325、060429-070318的SAR干涉数据进行了差分处理，获取了不同年代的形变年速率，图13-15和图13-16给出了

2005—2006 年和 2006—2007 年的西安 InSAR 沉降速率图（两图中黑色矩形框为西安市城墙所在的位置，图中的 13 条粉红色曲线为西安地区最新的地裂缝的位置，图中色标由蓝到红表示沉降速率逐渐增加，单位为 cm/年，图 13-15 和图 13-16 的彩色版请扫相应的二维码）。

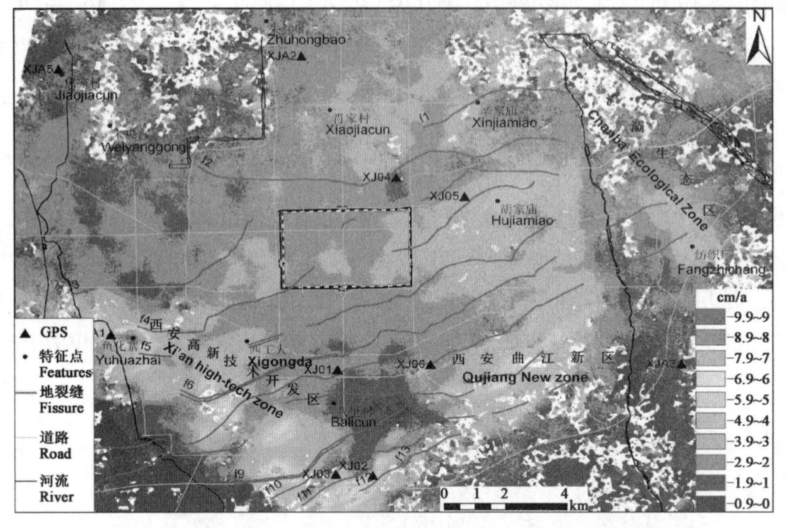

图 13-15　西安地区 2005—2006 年 InSAR 监测年沉降速率图

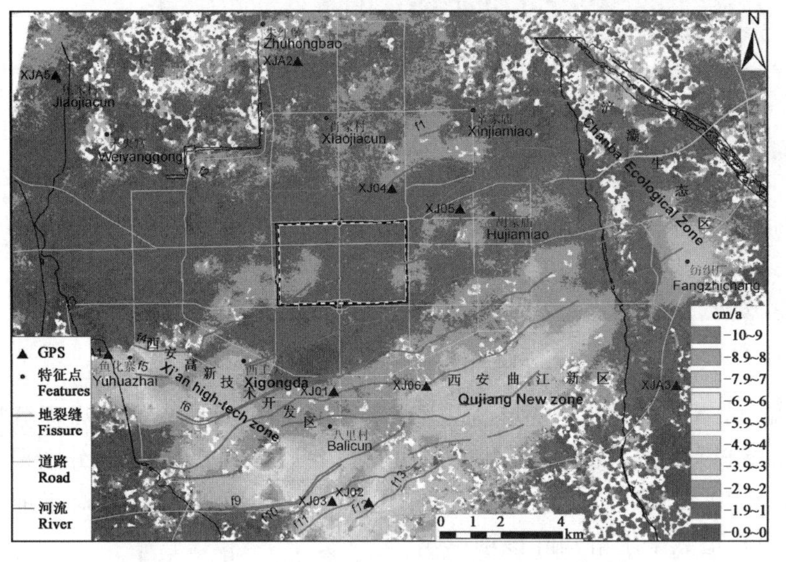

图 13-16　西安地区 2006—2007 年 InSAR 监测年沉降速率图

（2）西安市地面沉降与地裂缝的 GPS 监测

针对西安市地面沉降及地裂缝变形，在该地区布设建立了相应的高精度 GPS 监测网（图 13-17），由 20 多个带有强制对中的 GPS 观测墩组成，观测墩的地下埋深为 2m，除了保证监测墩的稳定性外，还要使监测墩底部基础与地面原状土结合。针对西安市地质地貌的特殊性，本监测网采取三级布网方式构网，包括 GPS 监测基准网、地面沉降监测的基本网和地裂缝变形的监测网。西安市地裂缝十分发育，地裂缝变形即与西安市地面沉降存在一定内在联系，又在变形特征上存在较大区别，地裂缝两侧不但存在垂向变形差异，还存在水平拉张扭曲及变形差异，因此，针对地裂缝所具有的以上特征，采用布设 GPS 对点的形式构建地裂缝变形监测网，以监测发现地裂缝两侧三维形变差异。

利用西安市地面沉降 GPS 监测网，分别于 2005 年 11 月、2006 年 6 月、2006 年 11 月和 2007 年 6 月进行了 4 期监测，以 JZ01、JZ02 和 JZ03 点作为起算点 GPS 连续跟踪站点。施测时采用 6 台双频 GPS 接收机以静态相对定位模式同步观测，并以网连式构网方式进行观测。GPS 外业观测时间为每天早晨 8 点到第二天早晨 7 点，保证每一时段(每天)的观测时间不少于 23h，且每个监测点的观测均保证有 2～3 个时段。

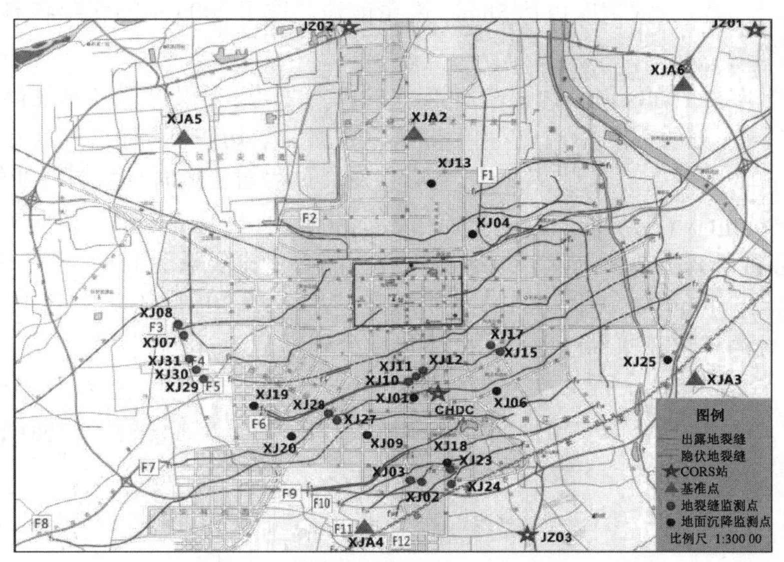

图 13-17 西安市地面沉降地裂缝 GPS 监测网点位分布图

西安市地面沉降 GPS 监测网的起算点(已知点)为 JZ01、JZ02 和 JZ03，为了获得其高精度的点位坐标，通过与中国及周边地区共 6 个 IGS 国际跟踪站进行连续 5d 的同步观测，以每天 24h 的连续观测数据为一个时段，采用 GAMIT 软件和 IGS 精密星历进行解算，获得 JZ01、JZ02 和 JZ03 点在 ITRF2000 坐标框架下的精确坐标。

在 GPS 基线向量解算中，卫星钟差改正采用国际 IGS 站提供的卫星钟差参数；根据伪距观测值计算出接收机钟差进行钟差的模型改正；卫星星历采用 IGS 提供的卫星精密星历；电离层折射延迟用 LC 观测值消除；利用实测干湿温和气压数据作为依据，改善对流层模型；接收机天线相位中心改正采用 GAMIT 软件中的设定值；所有各期基线最大中误差不大于 ±2.5mm，相对精度均优于 10^{-7}。

GPS 网平差采用长安大学专门编制的 GPS 监测网平差软件 HPGPSADJ1.0 对监测基线网进行平差，本数据处理采用拟稳平差基准，以消除基准点不一致造成的网的扭曲变形；在平差中还考虑了各期网间可能存在的系统差异问题，并进行了稳健估计以剔除或削弱粗差影响。完全能满足监测 ±1cm 沉降变形的精度要求。

(3)InSAR 与 GPS 监测成果对比分析

为了对 InSAR 与 GPS 这两项新型监测技术手段进行相互验证，同时也为了更好地研究西安市现今地面变形特征，在 InSAR 获得的 2005—2006 年形变图(图 13-15)上选取与 GPS 相同点位的沉降年速率与 GPS 结果进行比较，80% 以上点的 GPS 与 InSAR 监测结果的互差均不大于

1cm，说明两者整体上具有很好的一致性。

自2005年开始对西安市地面沉降和地裂缝进行GPS和InSAR监测，已取得了显著进展。GPS技术本身具有观测效益高，费用低，获取信息速度快，监测自动化程度高等特点，在地面沉降与地裂缝监测中，GPS具有监测变形位置定位准确，获取变形量精度高，可连续获得变形信息等优点，特别是用于地裂缝监测，采用布设GPS监测对点的方法，不仅仅可以获取地裂缝两侧的相对沉降差异，而且还可以获得各自的绝对沉降量、水平位移拉张和扭曲等三维变形信息。在本监测研究中，通过采用高精度地面沉降和地裂缝变形监测作业技术方法，严格的数据处理理论方法，使监测数据精度可达5mm，高精度地获取了2005—2007年各GPS点上的年沉降速率和地裂缝的空间三维变形信息。

InSAR技术作为地面沉降监测是一种有效的技术手段，不仅可以高精度高分辨率快速地获取城市面状形变，还可以利用历史存档InSAR数据获取历史变形信息，具有从时间和空间上获取整个监测面上的变形信息，实现研究形变发展过程与变形时空发展特征的特点。

通过GPS和InSAR技术的结合并辅以精密水准观测，获取了西安市地面沉降的时空演化特征，并初步分析研究了地面沉降与地裂缝机理。随着停止限采地下水，西安市地面沉降已整体减弱减小，由20世纪90年代中期的最大年沉降速率20～30cm/年减少到10cm/年，且超过60%的沉降区域的年沉降速率已由5～8cm/年减少到不足2cm/年。

原有的7个沉降中心大部分已不存在或大大减小，地裂缝在时空活动和分布上与地面沉降存在明显的关联性；现今西安市地面沉降和地裂缝随着城市建设的发展向南、西南、东南逐步扩展。

【思考题与习题】

1. 什么是变形监测？变形监测有何作用？
2. 简述变形监测的内容和特点。
3. 常用的变形监测方法有哪些？各有何特点？
4. 变形监测数据可分为哪两种？
5. 为什么要进行桥梁变形监测？
6. 桥梁变形监测的内容有哪些？
7. 常用的桥梁变形监测方法有哪些？各有何特点？
8. 什么是滑坡？为什么要进行滑坡监测？
9. 滑坡监测的内容有哪些？
10. 试简述常用的滑坡监测方法及其特点。
11. 试简述滑坡监测点的布设原则。
12. 如何确定滑坡监测精度、周期和频率？
13. 什么是地面沉降？地面沉降有哪些危害？
14. 常用的地面沉降监测方法有哪些？各有何特点？

第十四章

当代测量新技术简介

【学习内容与要求】

通过本章学习,使学生了解GIS、摄影测量和遥感的基本原理,学习其在各个领域的应用情况,掌握三维激光扫描技术的原理和各类仪器设备的使用方法,重点掌握无人机倾斜摄影实景建模的原理和方法,最后了解各种新技术在公路交通基础设施中的应用情况。

第一节　GIS技术的基本原理与应用简介

一、GIS技术及其基本原理

地理信息系统(Geographic Information System或Geo-Information system,GIS)有时又称为“地学信息系统”。它是一种特定的十分重要的空间信息系统。它是在计算机硬、软件系统支持下,对整个或部分地球表层(包括大气层)空间中的有关地理分布数据进行采集、储存、管理、运算、分析、显示和描述的技术系统。它用来处理与研究对象空间地理分布有关的地理信息,不仅包含所研究实体的地理空间位置、形状,还包括对实体特征的属性描述。例如,应用于土地管理的地理信息,能够反映某一点位的坐标或某一地块的位置、形状、面积等,还能反映该地块的权属、土壤类型、污染状况、植被情况、气温、降雨量等多种信息;又如用于市政管网管理的地理信息,能够反映各类地下管道的线路位置、埋设深度、宽度等信息,还能反映管线的性质(如:电缆、煤气、自来水等)、管道的材料、直径以及权属、施工单位、施工日期和使用寿命等信息。因此地理信息除具有一般信息所共有的特征外,还具有区域性和多维数据结构的特征,即在同一地理位置上具有多个专题和属性的信息结构,并具有明显的时序特征,即随着时间变化的动态特征。将这些采集到的与研究对象相关的地理信息,以及与研究目的相关的各种因素有机地结合,并由现代计算机技术统一管理、分析,从而对某一专题产生决策支持,就形成了地理信息系统GIS,如图14-1所示。

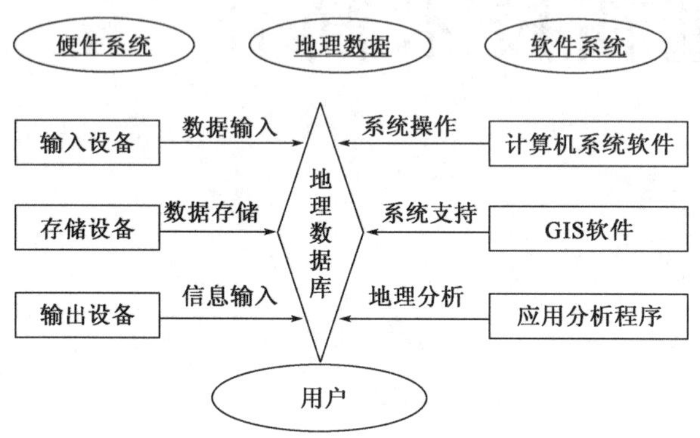

图14-1 地理位置信息系统(GIS)的组成

GIS处理分析的对象是地理空间数据,这是GIS区别其他信息系统的根本原因。根据地理空间数据的图形数据结构特征,GIS一般可分为基于栅格的GIS和基于矢量的GIS。一般来说,基于栅格结构的GIS容易与遥感数据结合,建立GIS和RS集成化系统;而矢量数据需要通过矢量至栅格的转换,才能与遥感数据集成使用。

数据源是GIS的瓶颈问题,解决GIS数据源的手段,一类是基于栅格结构的RS数据源,包括对航片、地图的扫描所获得的数据源;另一类是基于矢量结构的大地测量数据,如经纬仪、惯性测量系统、DGPS、TSS(全站仪测定系统)等野外直接测量获得的数据,包括对地形图的手扶跟踪数字化。前者数据现实性好,但数据精度和空间分辨往往不能令人满意。后者是用户关心和便于使用的,实际上这些数据有很大的局限性。近几年测绘界和GIS应用界十分关注通过DGPS、TSS直接在野外获得高精度的GIS数据,并实现自动观测,电子手薄自动记录建立数据文件*.dat,这种文件既可直接进入GIS作为数据源,配合野外记录的属性数据,绘制地图,也可以将这种数据文件在野外或室内输入数字化测图系统软件中,或实时或后处理测绘出电子地图,这种电子地图是数字式的,可与GIS实现数据交换和图形交换。

二、GIS与RS的集成

1. RS为GIS提供信息源

早期利用摄影测量像片或RS卫星,经纠正、处理,形成正射影像图,进一步目视判读之后,可编制出多种专题用图,这些图件经过扫描或手扶跟踪数字化之后成为数字电子地图,进入到GIS中,实现多重信息的综合分析,派生出新的图形和图件。例如,公路选线中根据地形图、土壤图、地质水文图和选线的约束条件模型派生出最佳路线图。

比较理想的RS作为GIS的数据源是RS的分类图像数据直接顺利地进入GIS中,经过栅矢转化形成空间矢量结构数据，满足 GIS 的多种应用和需求。同时 GIS 与 RS 结合起来，GIS 对于 RS 中“同物异谱”或“同谱异物”问题提供管理和分析的技术手段。GIS 与 RS 的结合实质是数据转换、传输、配准。

2. GIS 为 RS 提供空间数据管理和分析的技术手段

RS 信息源主要来源于地物对太阳辐射的反射作用，识别地物主要依据于 RS 量测地物灰展值的差异，实践中出现“同物异谱”和“同谱异物”是可能的，从单纯的 RS 数字图像处理，这类问题解决难度较大，若将 GIS 与 RS 结合起来，此类问题就易于解决。如 GIS 将地形划分为阳坡、阴坡、半阴半阳坡及高山、中山、低山，配合 RS 进行地表植被分类，就能获得很好的效果。

3. RS 与 GIS 的三种结合方式

图 14-2 给出 GIS 与 RS 的三种结合方式。图 14-2a) 是分开但平行的结合，RS 的数据结构为栅格数据，其几何信息（定位信息）为其行、列数，而其属性信息（定性信息）为其灰展值，GIS 多为矢量数据结构，可实现矢-栅转化，因此，GIS 与 RS 的结合实质上是数据转换、传输、配准。所谓配准是指 RS 数据与 GIS 中图形数据之间几何关系的一致。为了便于管理，在具体实施中有两种结构，一种是 GIS 为 RS 的一个子系统，另一种是 RS 为 GIS 的子系统，这种结构更易实现，因为 GIS 中增加栅格数据处理功能，在 RS 中增加矢量数据处理、分析及数据库管理功能更容易一些，逻辑上也更为合理。目前市面上的 GIS 产品，如 MGE、ARC/INFO、Geostar 等都

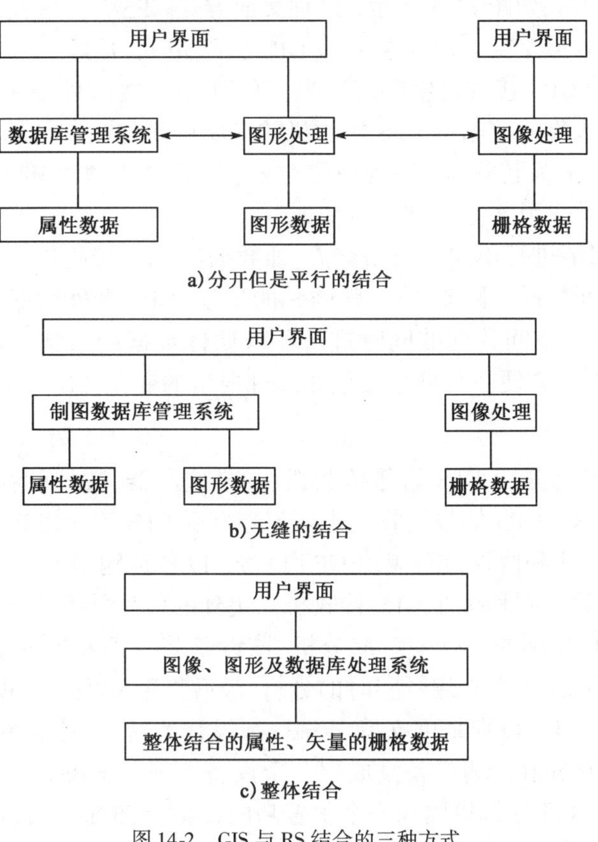

图 14-2 GIS 与 RS 结合的三种方式

加了 RS 数字图像处理系统功能。图 14-2b）是一种无缝的结合，图 14-2a）、图 14-2b）两种结构都需要建立一种标准的空间数据交换格式，作为 RS 与 GIS 之间、各种 GIS 之间、GIS 与数字电子地图之间的数据交换格式和标准，这是全世界都关注的问题，美国联邦空间数据委员会 1992 年颁布了空间数据交换标准 SDTS（Spatial Data Transfer Standard）。澳大利亚基于美国 SDTS，建立了自己的 ASDT-S，我国亦正在建立相应的标准。实际上，应该建立一个全世界统一的标准交换格式，实现空间数据共享，完成数字地球工程。图 14-2c）是一种无缝的结合，即将 GIS 与 RS 真正集成起来，形成数据结构和物理结构均为一体化的系统，国外已有这样的系统，如美国 NASA 国家空间实验室的地球资源实验室开发的 ELAS 系统，将数字化图形数据、同步卫星影像和其数据安置于统一的数据库，实现统一分析、处理、制图。

三、GPS 与 GIS 的集成

GPS 与 GIS 的集成方式，从简单地将 GPS 采集的数据（经适当处理后）导入 GIS 的“松散”结合，到将 GPS 技术直接集成到相应的 GIS 应用软件的“紧密”结合，大致可以分为基于数据的集成（Data-focused integration）、基于位置的集成（Position-focused integration）和基于技术的集成（Technology-focused integration）3 种，用户可根据不同的需求以及已有的条件选择最合适的集成方式 。

1. 基于数据的集成

基于数据的集成方式如图 14-3 所示，这种集成方式 GPS 与 GIS 是两个独立的部分，它们之间只是进行简单的数据交换。GPS 主要由 GPS 天线单元、接收和存储单元、控制与计算单元组成，通常由专业的 GPS 接收机生产商生产。利用 GPS 在野外采集数据，然后利用其相应的数据后处理软件将采集的数据从 GPS 接收机的存储单元传输到计算机上，并进行相应的数据处理（如差分处理 、坐标转换等）得到所需数据，最后将该数据转入 GIS 数据库。最初的 GPS 与 GIS 的集成就是采用这种“松散”的集成。

起初，这种方式只能进行单向的数据交流，即数据从 GPS 接收机传入 GIS 数据库，而且只能提供点状要素的空间数据。随着 GIS 型 GPS 的出现，GPS 野外数据采集不但可在采集点、线、面的地理特征要素的空间数据的同时进行相应属性数据的采集，而且可以将已有的 GIS 数据上传到 GPS 接收机，方便在野外直接核查地理要素的变化情况。

2. 基于位置的集成

基于位置的集成通常是由 GPS 信号接收机、GPS 控制器、数据的存储和分析设备 3 大部分组成 ，如图 14-4 所示。GPS 信号接收机主要负责接受 GPS 卫星发送的信号，并对其进行相关的处理 ，按一定的格式和协议重新规范 GPS 信号，以备传输给 GPS 控制器；GPS 控制器主要负责对 GPS 接收机的控制和接受 GPS 接收机采集到的信号并据此计算点位坐标；数据存储与分析器主要存储点位坐标并进行一定的分析，该设备装有简易 GIS 功能软件 ，可将原有的 GIS 数据传输到该设备上，在野外进行实时的分析，最后将采集到的数据传输到室内的 GIS 系统。随着微型设备的发展，特别是可支持 Windows 操作系统，价格低廉、轻便的设备的出现，将 GPS 控制器与数据存储和分析设备集成到一个设备上或将 GPS 接收机与控制单元集成到一个设备，甚至将这 3 大部分都集成到一个很轻巧的设备上，但这 3 部分的软件模块功能还是相对独立的。

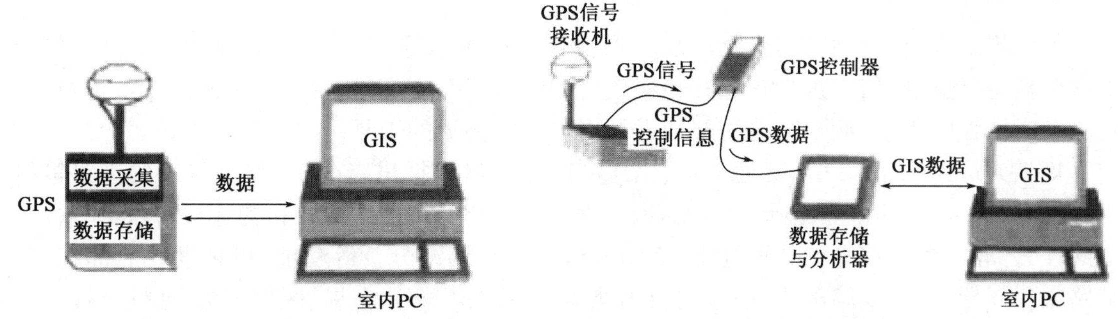

图 14-3　基于数据的集成　　　　图 14-4　基于位置的集成

3. 基于技术的集成

基于技术的集成方式如图 14-5 所示。从组成示意图上看,这种集成方式与基于位置的集成方式很类似,但它们有内在的区别。在基于位置的集成方式中,对 GPS 控制的这部分功能模块主要是由 GPS 生产厂商完成的, GIS 数据的显示与分析功能模块是由 GIS 软件商提供的, 它们虽然可集成到同一设备上,但彼此相对独立。基于技术的集成,利用同一开发环境开发出既有 GPS 控制功能的控制模块又有数据显示与分析功能的 GIS 模块的软件,是浑然一体的应用软件。基于技术的集成方式的应用开发者根据 GPS 接收机的协议(数据格式与传输协议)提取 GPS 接收机的数据,由此计算出位置参数,并根据所需的 GIS 功能开发相应的 GIS 模块。开发这种集成方式的应用需要对 GPS 接收机的协议十分熟悉,而很多 GPS 接收机的协议都是二进制格式。这对于一般的应用程序开发者来说,要对它进行应用的开发是十分复杂和困难的。

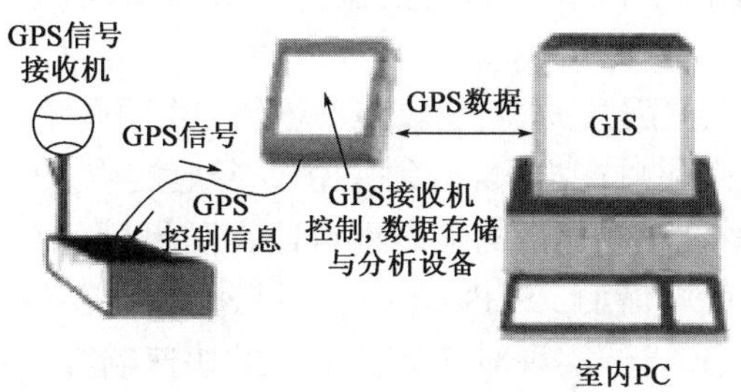

图 14-5　基于技术的集成

四、GIS 技术的应用举例

1. 资源清查与管理

资源的清查、管理与分析是 GIS 应用最广泛且趋于成熟的应用领域,也是 GIS 最基本的职能,包括土地资源、森林资源和矿产资源的清查、管理,土地利用规划、野生动植物保护等。

GIS 的主要任务是将各种来源的数据和信息有机地汇集在一起,通过 GIS 软件生成一个连续无缝的、功能强大的大型地理数据库,该数据环境允许集成各种应用,如通过系统的统计、叠置分析等功能,按照多种边界和属性条件,提供区域多种条件组合形式的资源统计和资源状况分析,最终用户可通过 GIS 的客户端软件直接对数据库进行查询、显示、统计、制图及提供区域多种组合条件的资源分析,为资源的合理开发利用和规划决策提供依据。

2. 区域规划

区域规划具有高度的综合性，涉及资源、环境、人口、交通、经济、教育、文化、通信和金融等众多要素，要把这些信息进行筛选并转换成可用的形式并不容易，规划人员需要切实可行的技术和实时性强的信息，而 GIS 能为规划人员提供功能强大的工具。

规划人员可利用 GIS 对交通流量、土地利用和人口数据进行分析，预测将来的道路等级；工程技术人员利用 GIS 将地质、水文和人文数据结合起来，进行路线和构造设计；GIS 软件的空间搜索算法、多元信息的叠置处理、空间分析方法和网络分析等功能，可帮助政府部门完成道路交通规划、公共设施配置、城市建设用地适宜性评价、商业布局、区位分析、地址选择、总体规则、分区、现有土地利用、分区一致性、空地、开发区和设施位置等分析工作，是实现区域规划科学化和满足城市发展的重要保证。

3. 灾害监测

借助遥感监测数据和 GIS 技术可有效地进行森林火灾的预测预报、洪水灾情监测和洪水淹没损失的估算及抗震救灾等工作，为救灾抢险和决策提供及时准确的信息。如根据对我国大兴安岭地区的研究，通过普查分析森林火灾实况，统计分析十几万个气象数据，从中筛选出气温、风速、降水、温度等气象要素以及春秋两季植被生长情况和积雪覆盖程度等 14 个因子，用模糊数学方法建立数学模型以及模型建立的多因子综合指标森林火险预报方法，预报火险等级的准确率可达 73% 以上。又如黄河三角洲地区防洪减灾信息系统，在 Arc/Info GIS 软件支持下，借助大比例尺数字高程模型，加上各种专题地图如土地利用、水系、居民点、油井、工厂和工程设施及社会经济统计信息等，通过各种图形叠加、操作、分析等功能，可计算出若干个泄洪区域及其面积，比较不同泄洪区域内的土地利用、房屋、财产损失等，最后得出最佳的泄洪区域，并制定整个泄洪区域内的人员撤退、财产转移和救灾物资供应等的最佳运输路线。

此外，RS 与 GIS 技术在抗震救灾中也有广泛应用。我国是地震多发国家之一，为了尽可能减少在未来地震中的生命和财产损失，必须建立一套地震应急快速响应信息系统。GIS 技术作为该系统的基础，在平时建立起来的地震重点监视防御区的综合信息数据库和信息系统基础上，一旦发生大地震，就可借助 RS 和 GIS 技术迅速获取震区的各种信息，经过快速处理来获得地震灾害的各种信息，以便实现对破坏性地震的快速响应，防震减灾应急对策建议的及时生成，各种震情、灾情、背景、方案信息的可视化图形展示。这些信息不仅可为抗震救灾的部署提供重要依据，也可为各种救灾措施的实施提供信息支持，以提高抗震救灾的效率，最大限度地减轻地震造成的损失。GIS 技术在地震中的具体应用包括应急指挥、灾害评估、辅助决策、地震灾害预测等。

4. 环境管理

随着经济的高速发展，环境问题越来越受到人们的重视，环境污染、环境质量退化已成为制约区域经济发展的主要因素之一。环境管理涉及人类的社会活动和经济活动的一切领域。传统的环境管理方式已不断受到挑战，逐渐落后于我国经济发展的要求。而 GIS 技术可为环境评价、环境规划管理等工作提供有力工具，如环境监测和数据收集、建立基础数据库和环境动态数据库、建立环境污染的有关模型、提供环境管理的统计数据和报表输出、环境作用分析和环境质量评价、环境信息传输和制图等。

5. 土地调查和地籍管理

土地调查包括对土地的调查、登记、统计、评价、使用等。土地调查的数据涉及土地的位置、房地界、名称、面积、类型、等级、权属、质量、地价、税收、地理要素及有关设施等项内容。土地调查是地籍管理的基础工作。随着国民经济的发展,地籍管理工作的重要性正变得越来越明显,土地调查的工作量变得越来越大,以往传统的手工方法已不能胜任。GIS 为解决这一问题提供了先进的技术手段。借助 GIS 可以进行地籍数据的管理、更新,开展土地质量评价和经济评价,输出地籍图,同时还可为有关的用户提供所需的信息,为土地的科学管理和合理利用提供依据。

第二节 摄影测量与遥感技术应用简介

摄影测量技术的原理是以立体数字影像为基础,结合计算机技术,自动识别像点和坐标,建立所测物体的空间模型,并获取地理信息。摄影测量技术可以直接进行被测物体采样,按照一定的测量标准,通过数据模型获取被测物体的相关信息,然后进行数据的处理和分类。

根据摄影时摄影机所处位置的不同,摄影测量学可分为地面摄影测量、航空摄影测量和航天摄影测量。根据应用领域的不同,摄影测量学又可分为地形摄影测量与非地形摄影测量两大类。根据技术处理手段的不同(也是历史阶段的不同),摄影测量学又可分为模拟摄影测量、解析摄影测量和数字摄影测量,如图 14-6 所示。

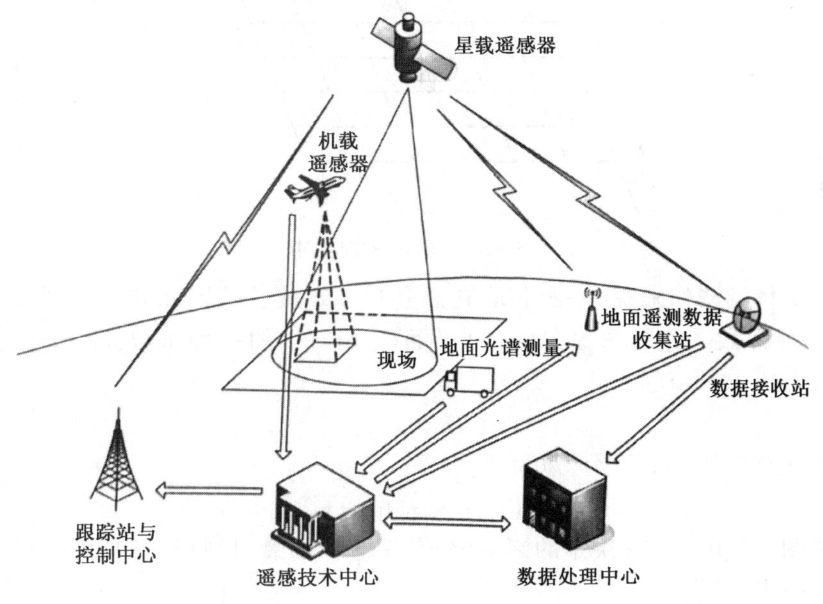

图 14-6

遥感技术(RS)是利用光谱学、光电子学和电子技术从高空或远距离平台上,利用电磁波的探测仪器,获得接收物体辐射及反射的电磁波信息,经信息处理,测定被测物体的性质、形状位置和动态变化。利用卫星对地观测称为航天遥感,利用飞机对地观测称为航空遥感。近 20 年来,随着空间技术、无线电电子技术、光学技术和计算机技术的进步,遥感技术(RS)迅猛发展。遥感器从第一代的航空摄影机，第二代的多光谱摄影机、扫描仪，很快发展到第三代的固体扫描仪（CCD）；遥感器的运载工具，从航空飞机很快发展到卫星、低空无人机、飞艇、宇宙飞船等；数据传输从图像的直接传输发展到非图像的无线电传输；而图像像元也从地面 80m × 80m 很快发展到 40m × 40m、30m × 30m、20m × 20m、10m × 10m、6m × 6m、1m × 1m。

RS 系统通常由空间信息采集系统、地面接收和预处理系统、地面实况调查系统和信息分析系统构成。RS 数字图像处理的过程就是几何、辐射校正、信息定量化、信息复合、图像增强、信息特征提取、图像分类等一系列图像处理和技术研究，为各类型区的遥感综合调查提供了大量的优质图像，并在定量化、智能化，以及和 RS、GIS 的集成等方面开展研究。

RS 图像的实质是一张电磁波辐射的能量平面分布图（图 14-7），可表示为：

$$G = f(x, y, z, \lambda, t) \tag{14-1}$$

式中：G——图像所表现出的灰度或彩色；

x、y、z——图像的空间位置；

λ——电磁波长；

t——获取图像的时间。

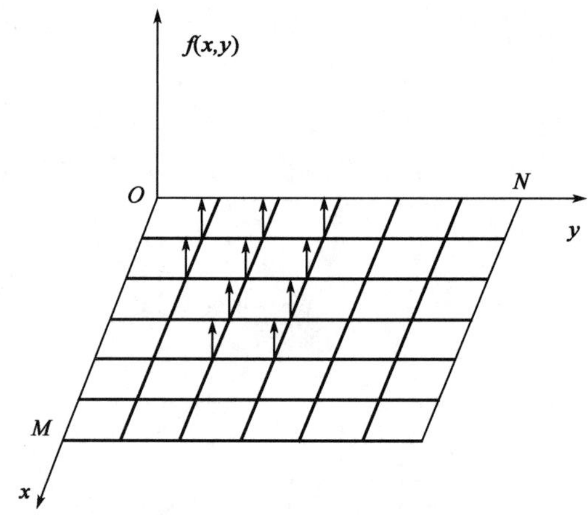

图 14-7　离散化空间格网

对于一个具体的图像来说（一次获取），总是在一定波长范围和同一时刻进行获取的，所以 λ 和 t 可视为常数。Z 是隐含在（x，y）平面（二维）中的一种函数，即 $z = f(x, y)$ 。因此式（14-1）可以写成：

$$G = f(x, y) \tag{14-2}$$

图像中的任意影像（x_i, y_i）可以写成：

$$g(x_i, y_i) = f(x_i, y_i) \tag{14-3}$$

一幅扫描图像是由时间 t 决定的诸多像元（探测器的瞬时视场）组成的。显然，每一个像元可用式（14-3）来描述。

式（14-2）说明，一幅可观察的图像是一个二维光强度的函数，它既反映了图像灰度的大小，也反映了图像灰度的分布。由于图像的灰度与景物的辐射能具有相关关系，所以 G 值必然为非负有界，即：

$$0 \leqslant f(x, y) \leqslant A \tag{14-4}$$

$[0, A]$ 称为灰度区间，通常将 $f(x, y) = 0$ 定为黑色，$f(x, y) = A$ 定为白色，所有中间值都是由黑连续地变为白时的灰度等级。由此可见,所谓光学图像就是人眼可观察的图像,其基本特点是:它的灰度(或彩色)在像幅几何空间(二维)和图像灰度空间(第三维)上的分布都是连续的无间断的。

如果将一幅光学图像在像幅空间和灰度空间上离散化,即将其划分为 $\boldsymbol{M}\times\boldsymbol{N}$ 的空间格网,并将在每一格网上量测的平均灰度值数字化,如图 14-7 所示,则可得到一个由离散化的坐标和灰度值组成的 $\boldsymbol{M}\times\boldsymbol{N}$ 数字矩阵:

$$G = f(x,y) = \begin{bmatrix} f(0,0) & f(0,1) & \cdots & f(0,N-1) \\ f(1,0) & f(1,1) & \cdots & f(1,N-1) \\ \vdots & \vdots & \vdots & \vdots \\ f(M-1,0) & f(M-1,1) & \cdots & f(M-1,N-1) \end{bmatrix} \tag{14-5}$$

式(14-5)即为数字化图像,其中每一个格网称为一个像素(元),它在 $\boldsymbol{M}\times\boldsymbol{N}$ 数字矩阵中,用行、列号和灰度值表示。图像的数字化是在专门的数字化设备上进行的,例如 CCD 摄像机、光电扫描鼓等。基本过程是:第一,进行像幅空间坐标的数字化,即沿像幅 x 轴和 y 轴等距离的分割,并量测每一个空间格网上的平均灰度值,这一过程称为采样;第二,对量测的灰色度值进行数字化,即将灰度值转换成二进制字码代表的某一灰度级。灰度级的级数 i 一般选用 2^m,即:

$$i = 2^m (m = 1,2,\cdots,8)$$

$m=1$,灰度只有黑白二级;$m=8$,则有 256 个从黑到白的级。

数字 RS 图像处理的一般过程如图 14-8 所示。

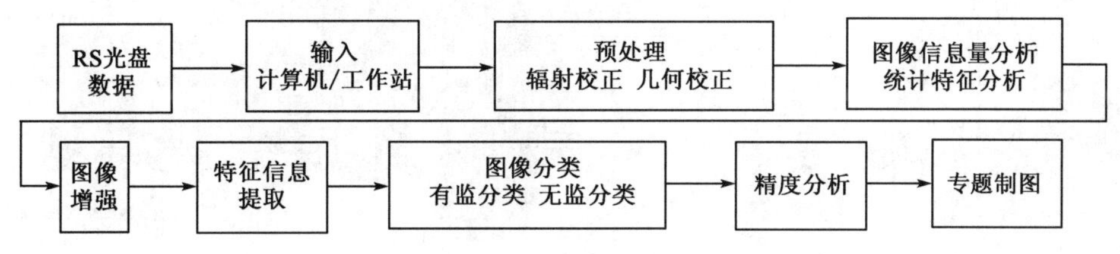

图 14-8 RS 图像处理过程

第三节 三维激光扫描技术

激光扫描技术应用非常广泛,如防伪的激光全息扫描、医疗外科诊断的激光显微扫描、食品品质检测的激光检测扫描等。不同的应用采用了不同的激光扫描手段和方法。本章所述的三维激光扫描技术,是近十年来发展起来的一种新的激光测量技术。

三维激光扫描系统,也称为三维激光成图系统,主要由三维激光扫描仪和系统软件组成,其工作目标就是快速、方便、准确地获取近距离静态物体的空间三维模型,以便对模型进行进一步的分析和数据处理。三维激光扫描通过连续的发射激光,将空间信息以点云(PointCloud)形式记录,纵向可绕仪器横轴进行 270°扫描,横向可绕仪器纵轴进行全圆 360°扫描,扫描距离可达到 6 000m,通过拼接等技术手段,可实现更大的扫描范围。真正实现所见及所得的效果。

还可以通过三维激光扫描设备自身携带的影像设备,获取物体的影像信息。

其应用范围与近景摄影测量大致相同,但激光扫描系统具有精度高、测量方式更加灵活、方便的特点,因此,三维激光扫描可广泛应用于如下方面:

①建筑物、构筑物的三维建模,如房屋、亭台、庙宇、塔、城堡、教堂、桥梁、高架桥、立交桥、道路、海上石油平台、炼油厂管道等。

②小范围的数字地面模型或高程模型,如高尔夫球场、摩托车障碍赛赛车场、岩壁等。

③独立物体的三维模型,如飞机、轮船、汽车、塑像等。

④自然地貌的三维模型,如岩洞等。

三维激光扫描是一项新兴的测量技术,结合工程应用来看,它的应用领域十分广泛,它不仅可以用于房屋建筑、公路、桥梁、大坝、测绘工程,而且可以用于工业测量领域、文物 保护、CAD 设计与动画制作,可以说,三维激光扫描技术的发展前景十分诱人。

一、三维激光扫描仪的分类

1. 按扫描平台分类

三维激光扫描仪按照扫描平台的不同可以分为:机载(或星载)激光扫描系统(图 14-9)、车载激光扫描系统(图 14-10)、便携式(手持式)激光扫描系统(图 14-11 和图 14-12)。

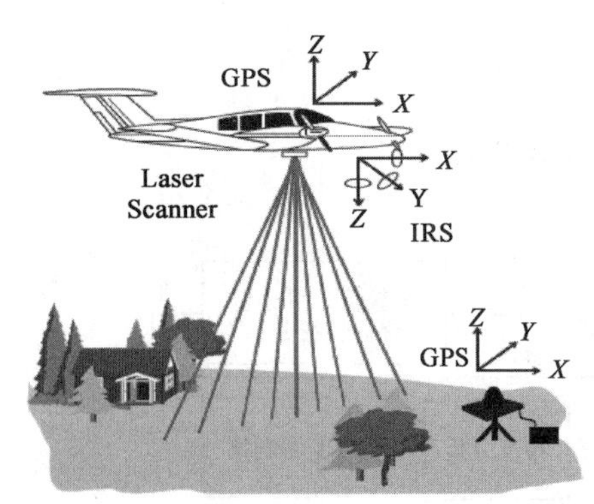

图 14-9　机载激光扫描仪

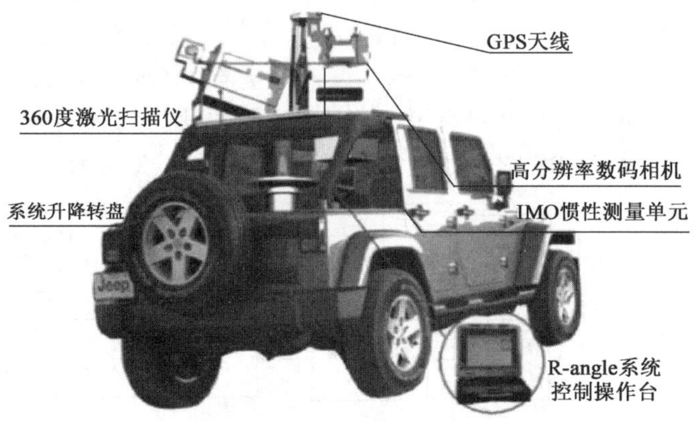

图 14-10　车载激光扫描仪

图 14-11　固定式激光扫描仪

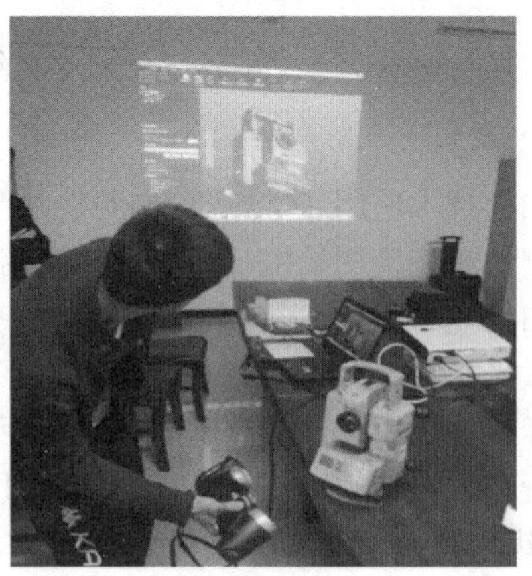

图 14-12　便携式(手持式)激光扫描仪

(1)机载三维激光扫描系统(Light Detection andRanger,简称LiDAR)集激光、全球定位系统(GPS)和惯性导航系统(IMU)等多种尖端技术于一身,是目前最为先进的对地观测系统。它将三维激光扫描仪和航空数码摄像机装载在飞机上,利用激光测距原理和航空摄影测量原理,快速获取地球表面坐标数据和影像数据。可用于快速生产数字高程模型(DEM)、数字表面模型(DOM),也可用于城市三维建模、自然灾害评估、资源调查、海洋监测、军事测绘、大型工程测量等各个方面。

(2)车载三维激光扫描仪,是一种移动型三维激光扫描系统,是目前城市建模的最有效的工具之一。传统的三维建模方法主要是由单点测量(全站仪、GPS等)或航空摄影测量的方法来实现的。但是这两种方式建立几何模型的工作量很大,精度也不高,不能快速获取三维空间数据、精确建立模型,而且后者也不适合小区域的数据采集。三维激光扫描技术通过非接触式测量快速获取物体表面大量的三维点云坐标和纹理颜色信息,是一种快速、精确、高效的三维空间信息获取方式。

(3)便携式(手持式)三维激光扫描仪的应用场合广泛,不仅可以满足原创设计阶段的实体模型转换为数据模型的要求,还可以满足生产阶段的检验要求。由于其尺寸小带来的便携性,可以在一些机载三维激光扫描仪与车载三维激光扫描仪无法使用的狭小地段或者场合进行使用,大大减少了环境上的制约,广泛应用于各类工程领域。

2.按有效扫描距离分类

三维激光扫描仪作为现今时效性最强的三维数据获取工具可以划分为不同的类型。通常情况下按照三维激光扫描仪的有效扫描距离进行分类,可分为:

(1)短距离激光扫描仪

其最长扫描距离不超过3m,一般最佳扫描距离为0.6~1.2m,通常这类扫描仪适合用于小型模具的量测,不仅扫描速度快且精度较高,可以多达三十万个点精度至±0.018mm。例如:美能达公司出品的VIVID 910高精度三维激光扫描仪,手持式三维数据扫描仪FastScan等,都属于这类扫描仪。

(2)中距离激光扫描仪

最长扫描距离小于30 m的三维激光扫描仪,属于中距离三维激光扫描仪,其多用于大型模具或室内空间的测量。

(3)长距离激光扫描仪

扫描距离大于30m的三维激光扫描仪属于长距离三维激光扫描仪,其主要应用于建筑物、矿山、大坝、大型土木工程等的测量。例如,奥地利Riegl公司出品的LMS Z420i三维激光扫描仪和加拿大Cyra技术有限责任公司出品的Cyrax 2500激光扫描仪等,属于这类扫描仪。

(4)航空激光扫描仪

最长扫描距离通常大于1km,并且需要配备精确的导航定位系统,其可用于大范围地形的扫描测量。

之所以按上述进行分类,是因为激光测量的有效距离是三维激光扫描仪应用范围的重要条件,特别是针对大型地物或场景的观测,或是无法接近的地物等,这些都必须考虑到扫描仪的实际测量距离。此外,被测物距离越远,地物观测的精度就相对较差。因此,要保证扫描数据的精度,就必须在相应类型扫描仪所规定的标准范围内使用。

二、系统组成与工作过程

三维激光扫描系统主要由扫描仪和扫描软件(用于野外现场扫描数据的记录与后处理)组成。此外,还包含软件配件设备,如安置扫描仪的三脚架、运行软件的笔记本或平板电脑、用于将扫描数据从扫描仪传送到计算机的接口线缆、用作扫描图像匹配控制点的标靶、供电电源等。图 14-13 为 Leica 三维激光扫描仪,主要由扫描主机、扫描窗、数据通信端口等组成。一个典型的三维激光扫描系统如图 14-14 所示。

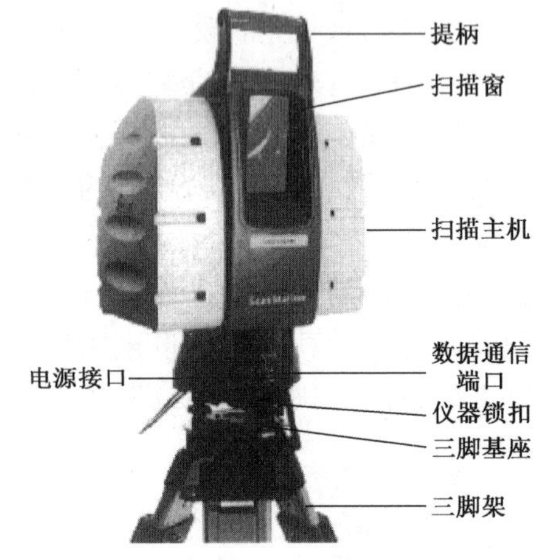

图 14-13　三维激光扫描仪

图 14-14　典型的三维激光扫描系统

一般说来,扫描工作过程有如下的几个步骤:

1. 准备工作

根据扫描目标的状况及扫描现场的条件确定扫描方案,同时做好仪器、人员、交通、后勤等方面的组织。

2. 外业扫描

在扫描现场,按扫描方案实施扫描。对于大型的扫描工作,如果有必要,还需要布设控制网,对于中、小型的扫描工作,应先设置控制标靶。在每一个扫描测站上,应首先将扫描仪安置好,并和运行有扫描软件的电脑连接好。在扫描软件中定义扫描范围、扫描分辨率等扫描参数,然后启动扫描仪进行扫描。扫描仪实时地将扫描数据下载到电脑中。

3. 内业处理

将扫描的数据进行处理(如数据检测、配准、建模等),进而生成扫描对象的三维模型。

4. 后续处理

在三维模型的基础上,可生成二维平面图、等高线图或断面图等。或对三维模型进行纹理渲染,以便用于景观设计或规划等,或将模型输出到其他的模型处理软件中,进行进一步的处理。

三、三维激光扫描原理

采用激光进行距离测量已有三十余年的历史,而自动控制技术的发展使三维激光扫描最终成为现实。无论扫描仪的类型如何,三维激光扫描仪的构造原理都是相似的。三维激光扫描仪的主要构造是由一台高速精确的激光测距仪,配上一组可以引导激光并以均匀角速度扫描的反射棱镜。激光测距仪主动发射激光,同时接受由自然物表面反射的信号从而进行测距,针对每一个扫描点可测得测站至扫描点的斜距,再配合扫描的水平和垂直方向角,可以得到每一扫描点与测站的空间相对坐标。如果测站的空间坐标是已知的,那么则可以求得每一个扫描点的三维坐标。三维激光扫描仪的工作过程,实际上就是一个不断重复的数据采集和处理过程,它通过具有一定分辨率的空间点(坐标 x、y、z, 其坐标系是一个与扫描仪设置位置和扫描仪姿态有关的仪器坐标系)所组成的点云图来表达系统对目标物体表面的采样结果。

激光测距技术是三维激光扫描仪的主要技术之一。激光测距的原理主要有基于脉冲距法、相位测距法、激光三角法、脉冲一相位式四种类型。目前,测绘领域所使用的三维激光扫描仪主要是基于脉冲测距法测距,近距离的三维激光扫描仪主要采用相位干涉法测距和激光三角法测距。激光测距技术类型介绍如下:

1. 脉冲测距法

脉冲测距法是一种高速激光测时测距技术。脉冲式扫描仪在扫描时激光器发射出单点的激光,记录激光的回波信号,通过计算激光的飞行时间(Time of Flight,缩写为 TOF),利用光速来计算目标点与扫描仪之间的距离。这种原理的测距系统测距范围可以达到几百米到上千米。激光测距系统主要由发射器、接收器、时间计数器、微电脑组成。

脉冲测距法也称为脉冲飞行时间差测距,由于采用的是脉冲式的激光源,适用于超长距离的测量,测量精度主要受到脉冲计数器工作频率与激光源脉冲宽度的限制,精度可以达到米数量级。

2. 相位测距法

相位式扫描仪是发射出一束不间断的整数波长的激光,通过计算从物体反射回来的激光波的相位差来计算和记录目标物体的距离。基于相位测量原理,主要用于中等距离的扫描测量系统中。扫描范围通常在 100m 内,它的精度可以达到毫米数量级。

相位式扫描仪由于采用的是连续光源,功率一般较低,所以测量范围也较小,测量精度主要受相位比较器的精度和调制信号的频率限制,增大调制信号的频率可以提高精度,但测量范围会随之变小,所以为了在不影响测量范围的前提下提高测量精度,一般都设置多个调频频率。

3. 激光三角法

激光三角法是利用三角形几何关系求得距离。先由扫描仪发射激光到物体表面,利用在基线另一端的 CCD 相机接收物体反射信号,记录入射光与反射光的夹角,已知激光光源与 CCD 之间的基线长度,由三角形几何关系推求出扫描仪与物体之间的距离。为了保证扫描信息的完整性,许多扫描仪扫描范围只有几米到数十米。这种类型的三维激光扫描系统主要应用于工业测量和逆向工程重建中。它可以达到亚毫米级的精度。

4. 脉冲-相位式测距法

将脉冲式测距和相位式测距两种方法结合起来,就产生了一种新的测距方法:脉冲-相位式测距法,这种方法利用脉冲式测距实现对距离的粗测,利用相位式测距实现对距离的精测。三维激光扫描仪主要由测距系统和测角系统以及其他辅助功能系统构成,如内置相机以及双轴补偿器等。工作原理是通过测距系统获取扫描仪到待测物体的距离。再通过测角系统获取扫描仪至待测物体的水平角和垂直角，进而计算出待测物体的三维坐标信息。在扫描的过程中再利用本身的垂直和水平马达等传动装置完成对物体的全方位扫描，这样连续地对空间以一定的取样密度进行扫描测量，就能得到被测目标物体密集的三维彩色散点数据，称为点云。

一幅有关立交道路的实际点云图如图 14-15 所示。

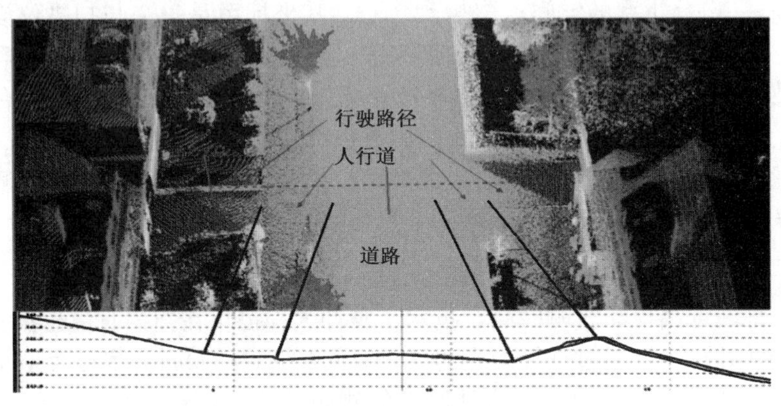

图 14-15 立交道路扫描点云图

5. 三维激光扫描仪所得到的原始观测数据

(1)根据两个连续转动的用来反射脉冲激光的镜子的角度值得到的激光束的水平方向值和竖直方向值。

(2)根据脉冲激光传播的时间而计算得到的仪器到扫描点的距离值。

(3)扫描点的反射强度等。前两种数据用来计算扫描点的三维坐标值，扫描点的反射强度则用来给反射点匹配颜色。

脉冲激光测距的原理如图 14-16 所示，扫描仪的发射器通过激光二极管向物体发射近红外波长的激光束，激光经过目标物体的漫反射，部分反射信号被接收器接收。通过测量激光在仪器和目标物体表面的往返时间，计算仪器和点间的距离。

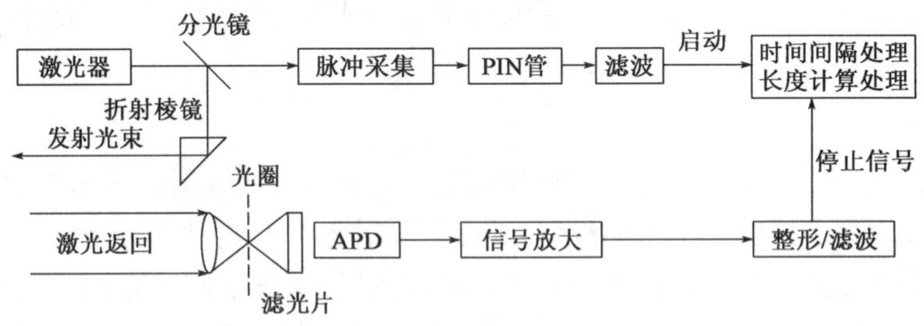

图 14-16 脉冲激光测距原理图

四、三维模型的生成与处理

1. 参照点云数据逆向建模

逆向建模，相对于传统设计建模，是一个反向过程，因此被称为逆向。基于点云数据的逆向建模是指通过三维激光扫描技术对已真实存在的物体进行扫描,这样就获取了该物体的空间几何信息,相当于对其进行了数字化,然后再将已被数字化的物体导入三维设计软件,参照该数字化信息进行模型的建立,就是通常所讲的逆向建模,图 14-17 为逆向建模效果图。

图 14-17 逆向建模效果图

2. 三维模型的生成

要将经过扫描得到的点云转化为通常意义上的三维模型,一般来说系统软件至少应具备以下几个条件:

(1)常用三维模型组件(如柱体、球体、管状体、工字钢等立体几何图形)。

(2)与模型组件相对应的点云配准算法。

(3)几何体表面 TIN 多边形算法。

前两个条件主要是用来满足规则几何体的建模需求,而最后一个条件则是用来满足不规则几何体的建模需求。

系统软件一般提供一个称为自动分段处理的工具(Auto-segmentation tools),它容许从扫描的点云图中抽取出一部分点(这部分点往往组成一个物体或为物体的一部分),以进行自动配准处理。但这种自动配准方式的处理,只适用于那些与软件中所包含的常用几何形体相一致的目标实体组件,对于那些不能分解为常用几何形体的目标实体组成部分则是无效的。此时,需要在相应的点集中构造 TIN 多边形,以模拟不规则的表面。

3. 三维模型的处理

在任意一幅点云图中,扫描点间的相对位置关系是正确的,而不同点云图间点的相对位置关系的正确与否,则取决于它们是否处于同一个坐标系下,在大多数情况下,一幅扫描点云图无法建立物体的整个模型。因此,三维模型的处理就是如何将多幅点云图精确地"装配"在一起,处于同一个坐标系下。目前采用的方法称之为坐标配准。

所谓坐标配准,就是在扫描区域中设置控制点或控制标靶,从而使得相邻的扫描点云图上有 3 个以上的同名控制点或控制标靶。通过控制点的强制符合,可以将相邻的扫描点云图统一到同一个坐标系下。

坐标配准的基本方法有 3 种:①配对方式(Pairwise Registration);②全局方式(Global Registration);③绝对方式(World Registration)。前 2 种方式都属于相对方式,它是以某一幅扫描图的坐标系为基准,其他扫描图的坐标系都转换到该扫描图的坐标系下。这两种方式的共同表现是:在野外扫描的过程中,所设置的控制点或标靶在扫描前都没有观测其坐标值。而第 3

种方式，则在扫描前，控制点的坐标值（某个被定义的公用坐标系，非仪器坐标系）已经被测量，在处理扫描数据时，所有的扫描图都需要转换到控制点所在的坐标系中。前两种方法的区别在于：配对方式只考虑相邻扫描图间的坐标转换，而不考虑转换误差传播的问题；而全局方式则将扫描图中的控制点组成一个闭合环，从而可以有效地防止坐标转换误差的积累。一般说来，前两种方式的处理，其相邻扫描图间往往需有部分重叠，而最后一种方式的处理，则不一定需要扫描图间的重叠。

当需要将目标实体的模型坐标纳入某个特定的坐标系中时，也常常将全局纠正方式和绝对纠正方式组合起来进行使用，从而可以综合两者的优点。

相对于二维线划图、三维线框，甚至是三维点云，模型在视觉效果的直观性上都更胜一筹，它更能给我们带来最真实的空间存在感，如图 14-18 为一幅点云地形图。无论是查看整体，还是剖切局部，模型在几何空间信息的表现力方面一直都有着不可替代的地位。非专业人士在查看传统的二维线划图时会有一定的困难，但对三维模型信息的读取却不存在任何障碍，点云虽然能够直接呈现三维场景，但从视觉效果上来讲，与实体的模型还是有着一定的差距。

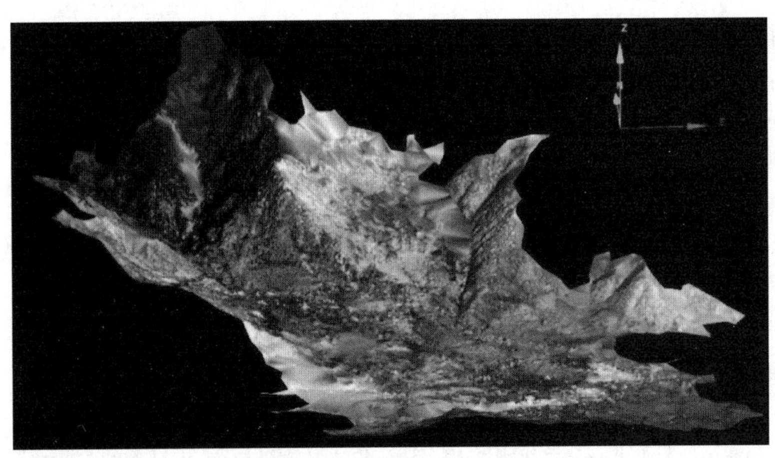

图 14-18　三维激光扫描地形图

五、三维激光扫描与近景摄影测量的比较

虽然三维激光扫描系统和近景摄影测量有许多的相似之处，但由于其基本工作原理的不同，实际应用中有不少的差别。

1. 原始数据格式不同

扫描所得到的数据是由带有三维坐标的点所组成的点云，而摄影测量所得到的数据是影像照片。由于点云中的点已经包含有坐标，所以，可以直接在点云中进行空间量测；而单独的一幅影像照片则无法进行空间量测。

2. 拼合各测站间数据的方式不同

扫描系统采用坐标配准方式，而摄影测量则采用相对定向和绝对定向方式。

3. 测量精度不同

采用激光扫描直接测量得到的测点精度高于摄影测量中的解析点，且精度分布均匀。

4. 对外界环境的要求不同

激光扫描在白天和黑夜都可以工作,光亮度和温度对于扫描没有影响,而摄影测量的要求相对的要高一些(如高温会产生影像变形,夜晚无法进行摄影等)。

5. TIN 模型建立方式不同

在扫描系统中可以直接进行,而在摄影测量中,则首先需要用特定的软件进行相片间的配准处理。

6. 对实物材质的获取方式不同

扫描系统由反射强度来配准与真实色彩相类似的颜色或从数码影像中获取,在模型上加贴定制的材质;而摄影测量则根据影像照片直接获得真实的色彩。

第四节 基于无人机倾斜摄影的交通 BIM 实景建模

一、无人机简介

无人机(UAV)是无人驾驶飞机(Unmanned Aerial Vehicle)的简称,它是无人机作业系统的一个重要组成。无人机自从问世以来,已经实现了多个角色的转变,从最初的单一用途靶机到现在的广泛应用于民用和军用方面,包括航拍、侦察等多种任务应用。无人机航测在飞行困难和小范围的高分辨率影像快速获取方面具有显著的优势。随着技术不断发展,再加上数码相机不断向小型化、成像高清化发展,小型旋翼无人机在航测平台逐渐显示出其独特的优势,使得"无人机数字低空遥感"成为遥感测量领域的一个崭新发展方向。如今,无人机通过和遥感测控技术的融合,可按预定航线自主飞行,实现低空摄影和实时监测,目前无人机主要分为多旋翼式无人机和固定翼无人机(图 14-19),作为遥感搭载平台具有以下优势:

(1)机动快速的相应能力;

(2)高分辨影像和高精度定位数据的获取能力;

(3)使用成本低廉;

(4)能够承担高风险的飞行任务;

a)旋翼式无人机

b)固定翼无人机

图 14-19 无人机

(5)起降条件要求很低；

(6)飞行兼具稳定性和灵活性；

(7)多旋翼无人机机动性强,可实现超低空飞行；

(8)固定翼无人机速度快、效率高,飞行高度高。

二、无人机倾斜摄影测量技术

1. 倾斜摄影基本原理

倾斜摄影技术是传统摄影测量的基础上发展起来的一项高新技术,它同样也是通过处理光学相机所获取的影像以确定被摄物体的形状大小、位置及其相互关系,但它颠覆了传统摄影测量只能从垂直角度拍摄的局限,通过在同一飞行平台上搭载多台传感器,多角度对地物进行拍摄,获取多视角的倾斜影像,从而保证地物信息的完整性。如图 14-20 所示,倾斜影像是通过具有一定倾角的航摄像机获取的。

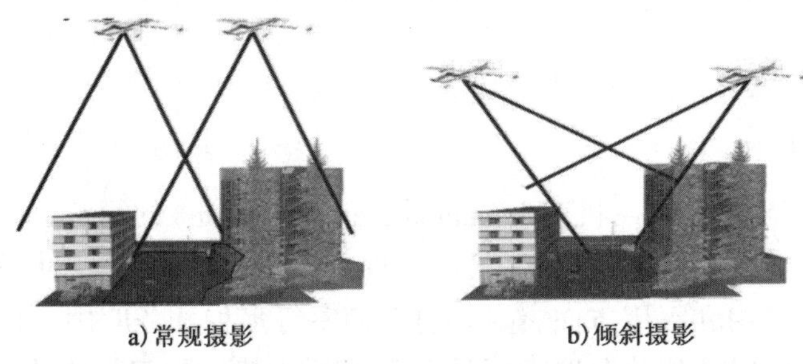

图 14-20　常规摄影与倾斜摄影

与常规的摄影测量比较,倾斜摄影具有如下的特点：

(1)可以获取多个视点和视角的影像,从而得到更为详尽的侧面信息,如图 14-21 所示。

图 14-21　倾斜摄影

(2)具有较高的分辨率和较大的视场角。

(3)同一地物具有多重分辨率的影像,如图 14-22 所示。

2. 基于倾斜摄影的实景建模

利用倾斜摄影数据进行实景三维建模的关键技术包括空中三角测量计算、多视角影像密集匹配、密集点云生成、TIN 构建、纹理映射及实景三维建模。

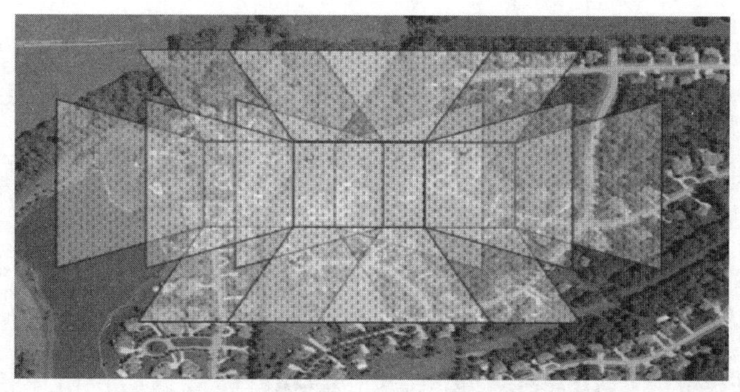

图 14-22　同一地物的多重分辨率摄影

首先将倾斜影像进行空中三角测量计算,以获得所有影像的高精度外方位元素,即摄影中心的空间坐标值和姿态参数;再通过多视角影像密集匹配,获得高密度三维点云,构建 TIN 模型;然后根据 TIN 模型中每个三角面与对应纹理的关联关系,实现纹理的自动贴附;最后输出并获得三维实景模型。其基本建模流程如图 14-23 所示。

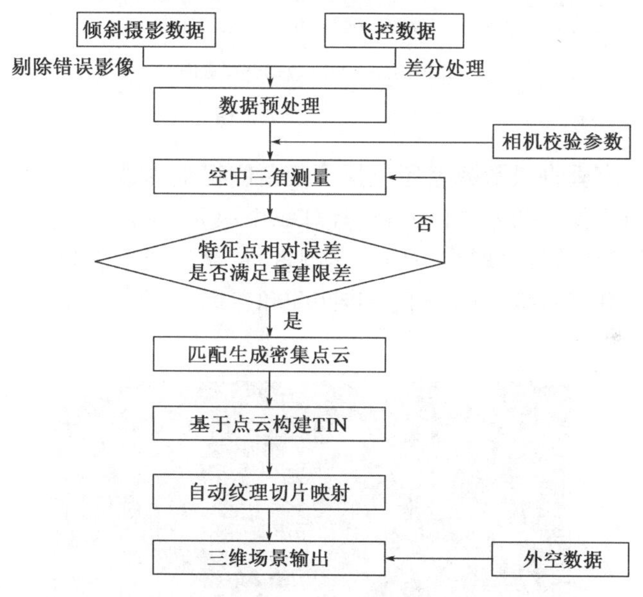

图 14-23　实景建模流程图

三、长安大学太白校区建模实例简介

1. 布设像控点和航线规划

布设像控点见图 14-24,航线规划见图 14-25。

2. 原始数据准备及预处理

原始数据主要包括倾斜影像数据、POS 数据和相控点成果数据。需要将原始影像进行检查整理,其航向重叠度不宜小于 80%,旁向重叠度不小于 50%,可根据不同相机视角进行分类储存,不许出现中文路径,并插入 POS 数据和相控点成果,其中 POS 数据需与影像数据一一对应,如图 14-26 所示。

图 14-24　布设像控点

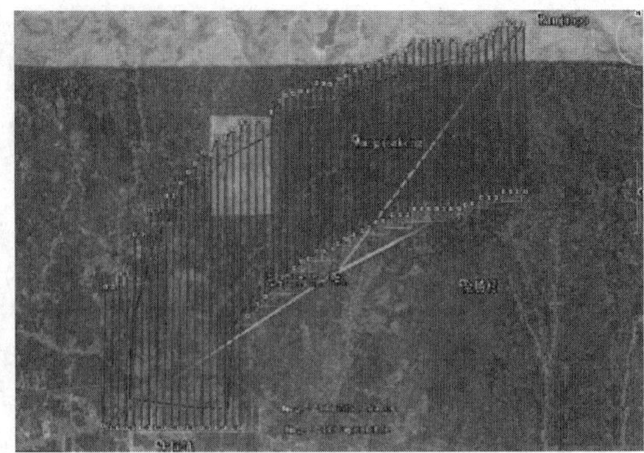

图 14-25　航线规划

DSC00012.JPG	27.811231420	113.246599760	308
DSC00013.JPG	27.811401780	113.246660860	307.6
DSC00014.JPG	27.811583880	113.246735130	308.1
DSC00015.JPG	27.811754120	113.246805300	307.9
DSC00016.JPG	27.811925430	113.246868320	307.8
DSC00017.JPG	27.812095450	113.246934050	307.9

图 14-26　POS 数据整理截图

3. 空中三角测量计算

倾斜影像中不仅有垂直摄影数据还包括大倾角侧视摄影数据，以拍摄瞬间 POS 系统的观测值作为多角度倾斜影像的初始方位元素，计算每个像元的物方坐标；结合少量的外业控制点通过区域网平差，可实现多视角联合空中三角测量，最终生成空三报告（报告可以用于理解场景和图像的空间结构并且直接应用于下一步匹配和建模）。如图 14-27 所示，为空中三角计算结束后生成的 3D 视图。

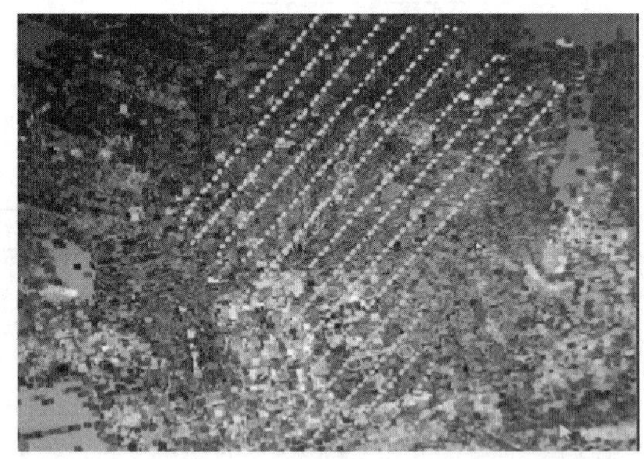

图 14-27　空中三角计算 3D 视图

4. 匹配生成密集点云

多视影像密集匹配能得到高密度数字点云，通过优化构网算法构建数字表面模型（DSM）可用于后期模型构建及正射影像生成。倾斜影像联合空三后解算出各影像的外方位元素，分析并选择最佳影像匹配单元进行特征匹配和逐像素级匹配，引入并行算法，可以提高计算效率。在获取高密度 DSM 数据后，可进行滤波处理，即将不同匹配单元进行融合，形成统一的 DSM。由于部分影像存在遮挡或者缺少足够的同名点信息,因此会造成匹配精度不高,生成的模型不够精确,也会影响后期正射影像的自动生成,这些问题需要人工编辑修改进行解决。

倾斜影像联合空三后解算出各影像的外方位元素,分析并选择最佳影像匹配单元进行特征匹配和逐像素级匹配,通过多视影像密集匹配得到高密度数字点云,如图 14-28 所示。

图 14-28 密集点云

5. 构建 TIN 模型

经过密集匹配获得的高密度点云数据量很大,需要进行切割分块。可根据计算机性能以及设置的优先级别对切块的点云数据进行不规则三角网构建。具体为:①利用同一地物不同角度的影像信息,采用参考影像不固定的匹配策略逐像素匹配;②基于多视匹配的冗余信息,避免遮挡对匹配产生的影响,再引入并行算法提高计算效率以快速准确地获取多视影像上同名点坐标,进而获取地物的高密度三维点云数据;③基于点云构建不同层次细节度下的三角网(TIN)模型。通过对三角网优化,将内部三角的尺寸调整至与原始影像分辨相匹配的比例,同时通过对连续曲面变化的分析简化相对平坦地区的三角网络,降低数据冗余,获得 TIN 模型矢量架构。

在获取地物的高密度三维点云数据的基础上,构建不同层次细节度下的三角网(TIN)模型。通过对三角网优化,将内部三角的尺寸调整至与原始影像分辨相匹配的比例,同时对相对平坦地区的三角网络进行简化,降低数据冗余,获得 TIN 模型矢量架构,如图 14-29 所示。

图 14-29 TIN 模型

6. 自动纹理关联

TIN 模型矢量架构生成后进行纹理映射,自动纹理映射主要基于瓦片技术,将整个建模区域分割成若干个一定大小的子区域(瓦片),将每个瓦片打包建立成为一个任务,自动分配给各计算节点进行模型与纹理影像的配准和纹理贴附,同时为带纹理的模型建立多细节、多层次的 LOD,从而生成最终的三维场景。图 14-30 为附有纹理的 TIN 矢量框架,图 14-31 为拼接完成后最终输出的三维实景模型。

图 14-30　附有纹理的 TIN 矢量框架

图 14-31　长安大学太白校区三维实景模型

四、建模过程中存在的问题及建议

采用 ContextCapture 进行三维建模,其自动化程度较高,但生成的三维模型会存在一些错误需要修正:如部分模型边缘细节表现不够准确;个别地面、水面及建筑物侧面纹理缺失;部分地形存在变形,并与实地不一致(例如道路路面)等。产生这些错误主要是由于多相位影像建筑物遮挡或植被、水面等影像明显特征点较少造成同名影像匹配较少,从而影响 DSM 精度和切片纹理的缺失和错位造成的。

针对这些问题,需要将有问题的模型进行修正。常用的修正方法是:

(1)通过 ContextCapture 的模型修正功能对几何模型进行修正,之后再导入对应的瓦片并重新针对新导入的几何模型自动重新生成贴图,或者直接导入包含修正贴图的模型进行下一步数据生产导出。

(2)对建筑变形部分进行修补。

(3)对地面上部分模型进行精细重建。

(4)对非单体模型进行单体化并挂载属性信息,使其达到后期三维 GIS 的应用要求。另外必须通过数据资料分析和预处理,排除资料先天缺陷,确保用于建模的数据和资料完整、格式正确。

【思考题与习题】

1. 地理信息系统(GIS)以图形数据结构为特征分为哪几种类型？各有哪些优缺点。
2. 遥感技术(RS)由哪几部分组成？
3. 简述三维扫描技术的原理与应用？
4. 倾斜摄影测量的基本原理是什么？BIM 实景建模应注意哪些问题？

参 考 文 献

[1] 宁津生,陈俊勇,等.测绘学概论[M].3版.武汉:武汉大学出版社,2016.
[2] 潘正风,程效军,等.数字地形测量学[M].武汉:武汉大学出版社,2015.
[3] 王侬,过静珺等.现代普通测量学[M].2版.北京:清华大学出版社,2009.
[4] 翟翊,赵夫来,等.现代测量学[M].2版.北京:测绘出版社,2016.
[5] 王腾军,田永瑞,等.现代测量学[M].北京:人民交通出版社股份有限公司,2017.
[6] 陆国胜,等.测绘学基础[M].北京:测绘出版社,2006.
[7] 武汉大学测绘学院测量平差学科组.误差理论与测量平差基础[M].3版.武汉:武汉大学出版社,2014.
[8] 程效军,鲍峰,顾孝烈.测量学[M].5版.北京:中国建筑工业出版社,2016.
[9] 许娅娅,雒应.测量学[M].4版.北京:人民交通出版社,2014.
[10] 徐绍铨,张华海,杨志强.GPS测量原理及应用[M].4版.武汉:武汉大学出版社,2017.
[11] 华锡生,田林亚.测绘学概论[M].北京:国防工业出版社,2014.
[12] 张勤,李家权.GPS测量原理及应用[M].北京:科学出版社,2017.
[13] 张福荣,田倩,等.GPS卫星测量技术与应用[M].2版.成都:西南交通大学出版社,2017.
[14] 李征航、黄劲松.GPS测量与数据处理[M].2版.武汉:武汉大学出版社,2010.
[15] 赵红,徐文兵.数字地形测绘[M].北京:地震出版社,2017.
[16] 陈永奇,潘正风,等.工程测量学[M].北京:测绘出版社,2016.
[17] 张正禄,黄声享,等.工程测量学[M].武汉:武汉大学出版社,2013.
[18] 李青岳,陈永奇.工程测量学[M].3版.北京:测绘出版社,2008.8.
[19] 张坤宜,等.交通土木工程测量[M].4版.北京:人民交通出版社,2013.
[20] 秦琨,李裕忠,等.桥梁工程测量[M].北京:测绘出版社,1991.
[21] 贺国宏.桥隧控制测量[M].北京:人民交通出版社,1999.
[22] 冯兆祥.现代特大型桥梁施工测量技术[M].北京:人民交通出版社,2010.

[23] 张项铎,张正禄. 隧道工程测量[M]. 北京:测绘出版社,1998.

[24] 张正禄,黄全义,等. 工程的变形监测分析与预报[M]. 北京:测绘出版社,2007.11.

[25] 张勤. GPS 监测滑坡变形的基准研究[J]. 西安工程学院学报,2001,23(4):69-71.

[26] 赵超英,张勤,等. GPS 高差在滑坡监测中的应用研究[J]. 测绘通报,2005,(1):39-41.

[27] 刘万林,张勤,等. 黑河水库库岸滑坡 GPS 监测网布设中的若干技术问题[J]. 测绘技术装备,2001,(4):1-6.

[28] 张勤,王利,等. 黑河引水工程库岸滑坡监测技术总结报告[R]. 长安大学地质工程与测绘工程学院,2008.3.

[29] 李捷斌. 黑河水库水门沟滑坡稳定性分析[D]. 西安:长安大学,2009.

[30] 彭建兵,等. 西安地裂缝灾害[M]. 北京:科学出版社,2012.

[31] 张勤,赵超英,等. 利用 GPS 与 InSAR 研究西安现今地面沉降与地裂缝时空演化特征[J]. 地球物理学报,2009,52(5):1214-1222.

[32] 张勤,黄观文,等. GPS 在西安市地面沉降和地裂缝监测中的应用研究[J]. 工程地质学报,2007,15(6):828-833.

[33] 张勤,黄观文,等. 附有系统参数和附加约束条件的 GPS 城市沉降监测网数据处理方法研究[J]. 武汉大学学报(信息科学版),2009,34(3):269-272.

[34] 黄声享,郭英起,等. GPS 在测量工程中的应用[M]. 2 版. 北京:测绘出版社,2012.

[35] 过静珺,戴连君,等. 虎门大桥 GPS(RTK)实时位移监测方法研究[J]. 测绘通报,2000,(12):4-5.

[36] 岳建平,田林亚,等. 变形监测技术与应用[M]. 2 版. 北京:国防工业出版社,2014.

[37] 中华人民共和国行业标准. 建筑变形测量规范:JGJ 8—2016[S]. 北京:中国建筑工业出版社,2016.

[38] 中华人民共和国国家标准. 全球定位系统(GPS)测量规范:GB/T 18314—2016[S]. 北京:中国标准出版社,2009.

[39] 中华人民共和国国家标准. 工程测量规范:GB/T 50026—2016[S]. 北京:中国计划出版社,2016.

[40] 中华人民共和国行业标准. 公路勘测规范:JTG C10 2018[S]. 北京:人民交通出版社股份有限公司,2018.

[41] 中华人民共和国行业标准. 公路勘测细则:JTG/T C10 2018[S]. 北京:人民交通出版社股份有限公司,2018.

[42] 中华人民共和国行业标准. 公路桥涵施工技术规范:JTG/T F50—2011[S]. 北京:人民交通出版社,2011.

[43] 中华人民共和国行业标准. 公路隧道施工技术规范:JTG F60—2009[S]. 北京:人民交通出版社,2009.

[44] 中华人民共和国行业标准. 高速铁路工程测量规范:TB 10601—2009[S]. 北京:中国铁道出版社,2009.

[45] 杜玉柱,等. GNSS 测量技术[M]. 武汉:武汉大学出版社,2013.

[46] 赵长胜,等. GNSS 原理及其应用[M]. 北京:测绘出版社,2015.

[47] 蒲仁虎,等. GNSS 现代测绘技术[M]. 成都:西南交通大学出版社,2017.
[48] 李德仁,李清泉,杨必胜,等,3S 技术与智能交通[J]. 武汉大学学报(信息科学版),2008. 33(4):331-336.
[49] 陈久强,刘文生,等. 土木工程测量[M]. 3 版. 北京:北京大学出版社,2012.